高职高专建筑设计类专业规划教材

建筑装饰材料与施工工艺

主　编　杨　逍　谢代欣

副主编　李静瑶　陈　渊

中国建材工业出版社

图书在版编目（CIP）数据

建筑装饰材料与施工工艺/杨逍，谢代欣主编．--北京：中国建材工业出版社，2020.9（2022.7 重印）

高职高专建筑设计类专业规划教材

ISBN 978-7-5160-2696-0

Ⅰ.①建…　Ⅱ.①杨…②谢…　Ⅲ.①建筑材料—装饰材料—高等职业教育—教材②建筑装饰—工程施工—高等职业教育—教材　Ⅳ.①TU56②TU767

中国版本图书馆 CIP 数据核字（2019）第 211328 号

内 容 简 介

本书教学内容设计来源于建筑装饰施工工程的实际流程和相关岗位的岗位需求，共分上、中、下三篇，12 个学习项目。

本书将建筑装饰的材料标准、结构工艺等内容融入一个完整的施工流程，使材料、结构、工艺、技术等整合到具体的学习项目之中，让各项目及项目各学习任务之间不再孤立，其逻辑关系清晰，能提高学习的有效性。同时，教材配备了齐全的教学慕课、课件等网络教学资源。

本书可作为高等职业教育建筑装饰工程技术、室内艺术设计等专业的教学用书，也可作为广大相关从业者的自学和参考资料。

建筑装饰材料与施工工艺

Jianzhu Zhuangshi Cailiao yu Shigong Gongyi

杨　逍　谢代欣　主编

出版发行：中国建材工业出版社

地　　址：北京市海淀区三里河路 11 号

邮　　编：100831

经　　销：全国各地新华书店

印　　刷：北京印刷集团有限责任公司

开　　本：889mm×1194mm　1/16

印　　张：18.25

字　　数：440 千字

版　　次：2020 年 9 月第 1 版

印　　次：2022 年 7 月第 3 次

定　　价：68.00 元

本社网址：www.jccbs.com，微信公众号：zgjcgycbs

请选用正版图书，采购、销售盗版图书属违法行为

举报信箱：zhangjie@tiantailaw.com　举报电话：（010）57811389

本书如有印装质量问题，由我社市场营销部负责调换，联系电话：（010）57811387

前　言

我国经济的持续健康发展，使人们的生活品质得到了极大的提高，人们对居住生活的环境也随之有了更高的要求，从而极大地促进了建筑业及建筑装饰行业的飞速发展。目前，我国建筑装饰各类公司都急需大量精于设计、能施工、会管理、懂计价的“一专多能”高技术高技能型人才。据不完全统计，我国目前建筑装饰行业的从业人员中，一线操作人员80%以上是农民工，技师和高级技师的比例还不足1%。专业技术和经营管理人员的学历水平较之建筑施工技术领域的人员略高，专科及专科以上学历约占33.3%。因此建筑装饰行业企业对建筑装饰设计与技术岗位的人才需求量极大，建筑装饰相关专业的发展潜力巨大。

“建筑装饰材料与施工工艺”是高职院校室内设计技术、建筑装饰工程技术、室内艺术设计等专业广泛开设的一门专业核心课程。然而由于我国建筑装饰的职业教育乃至我国的整体职业教育起步都很晚，积累自然不多，发展也很滞后，高等职业教育的课程教学内容、教学方法、教学项目设计等改革和创新迫在眉睫。其中尤以“以能力为本位”的课程内容、教学项目的开发为当务之急。

本教材始终贯彻“以就业为导向，以能力为本位，以学生为中心”的国家职业教育指导思想，采用理论与实践相结合的方式，注重学生综合职业能力的培养。编写的初衷就是让学习建筑装饰材料与施工工艺知识变得更加容易、轻松，适合高职院校学生的认知。编者根据高职学校学生的实际综合水平，参考了其他同类教科书的优缺点，在编写中采用通俗易懂、深入浅出、简明扼要的文字讲解，配以大量的图片，使学生易懂易学，加之全书每个重要知识点的慕课，使学生能够随时随地地进行反复多次的学习，对本教材的知识点能够最大程度地理解与掌握。

本教材的编者有多年的教学经验和多年的建筑装饰工程设计、施工等丰富经验。编者在多年教学过程中选用过国内多个版本课程教材，发现多数教材都是在孤立地讲解材料或者工艺，将二者紧密联系起来讲解的并不多，将材料和工艺紧密联系到施工流程各工序来讲解的更是少之又少。因此本教材在参考国内众多相关书籍的撰写规律，听取吸收多位行业专家、企业负责人、专业设计师、资深教师等多方意见，结合编者多个大中小各类建筑装饰空间的装饰装修工程实践及多年本课程的教学经验后，根据建筑装饰工程的流程来开发设置了教学内容和项目，将建筑装饰的材料标准、结构工艺全部统一到一个完整的施工流程之中，使材料、结构、工艺与施工流程和施工技术实训紧密结合为一个完整的学习项目，从而使学生的学习不再孤立，能极大地提高学生的学习自主性、连贯性、积极性和主动性。

本教材共有上、中、下三篇，12个项目，由杨道、谢代欣任主编，李静瑶、陈渊任副主编。由杨道对本教材的总体知识模块、教学项目任务模式等进行整体撰写和搭建，同时主持教材的编辑事务，并对全书进行主审。参编人员有陈爽、张龙帅、梁玉秋。各项目编写教师及课时分配见下表：

序号	项目任务		编写人	课时数		
				讲授	实训	合计
1	绪论		杨　道	2	0	2
2	上篇　建筑装饰之基础硬装工程	项目一：空间改造工程		4	4	8
3		项目二：隐蔽工程之电气工程		8	8	16
4		项目三：隐蔽工程之给排水工程	张龙帅	6	6	12
5		项目四：泥作工程		4	4	8
6		项目五：木作工程	陈　渊	6	6	12
7		项目六：涂饰工程		1	1	2
8	中篇　建筑装饰之成品设备安装工程	项目一：成品竹木地板安装工程	李静瑶	1	1	2
9		项目二：成品卫生洁具设备安装工程		1	1	2
10		项目三：成品电器设备安装工程	陈　爽	1	1	2
11		项目四：其他成品设备安装工程		1	1	2
12	下篇　建筑装饰之集成化装修	项目一：集成吊顶工程	梁玉秋	1	1	2
13		项目二：集成装修工程		1	1	2
小计				37	35	72

本教材在编写过程中得到了各级领导的悉心指导和大力支持，同时在教材的经典装饰案例提供及教学视频、施工工艺流程与技术的拍摄、慕课制作中也得到了贵州室内装饰协会、创艺装饰集团贵州分公司、贵州云上装饰建设工程有限公司、智慧树网等单位的大力支持，在此深表谢意！

由于编者水平有限，书中难免有不妥之处，敬请读者及专家批评指正。

编　者

2020 年 7 月

目　录

中篇　建筑装饰之成品设备安装工程

下篇　建筑装饰之集成化装修

绪　论

建筑装饰是为了保护建筑物的主体结构、完善建筑物的使用功能及美化建筑物而采用装饰装修材料或饰物，对建筑物的内外表面及空间进行各种处理的过程。建筑装饰也常说成建筑装修、建筑装潢等。

一、建筑装饰工程的分类

随着建筑装饰的发展与演变，今天的建筑装饰已经有了很多工种和市场化的细分。建筑装饰的分类方式方法较多，主要有按装饰的建筑的性质来分类的公共空间装饰（如医院、学校、办公楼、酒店、餐厅、酒吧等）与居住空间装饰；按对建筑物的装饰部位来分类的内装饰与外装饰；按对建筑物装饰空间来分类的地面装饰、墙面装饰与天棚装饰；按施工工序流程来分的基础硬装工程、成品设备安装工程、软装装饰工程等。本书主要是根据建筑装饰的施工工序流程来分类和讲解。

（一）基础硬装工程

基础硬装工程主要是指空间改造工程、水电隐蔽工程、泥作装饰工程、木作装饰工程、吊顶工程、瓷粉乳胶漆涂饰工程等。基础硬装工程主要是完成对建筑使用功能的二次完善，非常强调建筑空间的各种使用功能。如基础硬装工程中的水电和防水等隐蔽工程就关系到建筑空间后续能否舒适并安全使用的问题。泥作装饰工程、木作装饰工程及瓷粉乳胶漆等涂饰工程都是对墙地面进行各种装饰技术的处理，是对建筑主体的装饰和保护。

（二）成品设备安装工程

成品设备安装工程主要是指木地板、门窗、玻璃制品等成品及各种家具家电的安装工程，是建筑装饰工程里一个主要的环境。很多成品的安装必须在硬装之前便要进行预装。如对各种家具家电成品的大小尺寸、安装位置、预埋管件等进行预装，否则便会导致后期无法安装。如水处理设备，就必须要在建筑空间总体进水与出水的地方预埋自来水、软水、循环水等进出管件。

（三）软装装饰工程

软装装饰工程主要是在基础硬装工程、成品设备安装工程完成后，为美化装饰空间运用植物花卉、雕塑雕刻工艺品、各种织物等软性装饰物品对建筑空间进行的装饰。随着人们生活品质的提高，在解决了硬装的条件下，大家对空间的装饰性越来越看重，甚至出现了“轻硬装，重软装”的说法。其实所谓的“轻硬装，重软装”并不是指轻视硬装只重视软装，而对生活品质和装饰效果有更高要求，是对建筑装饰空间精神象征性和舒适性的追求，软装装饰时下已经成为一种大流的发展之势。

二、建筑装饰材料的选择原则和标准

目前国际上对建筑装饰工程的三大衡量标准为 S（Safety）即安全性、H（Health）即健康性和 C（Comfort）即舒适性，而在我国一般套用建筑设计的安全性、实用性、经济性、美观性这四大标准。建筑装饰离不开建筑装饰材料。建筑装饰材料的选择和使用是本课程的重点教学内容之一。建筑装饰材料的选择套用我国建筑装饰的标准依然是实用性、经济性、美观性、安全性。而实用性、经济性和美观性，易懂易解，在此就不再对其进行赘述。但安全性原则包括的内容却很多，如结构安全、材料安全、施工安全等。其中材料安全除了材料的物理性能安全外，主要指材料中所含的甲醛、苯等有毒气体的释放安全标准和防火的等级安全标准，这是在装饰工程中必须达标的条件。

（一）室内空气的安全标准

建筑装饰材料中所含的甲醛、苯、氨、氡、TVOC 等有害气体的释放安全标准应严格参照国家质量标准。其中通用的标准有《室内装饰装修材料 人造板及其制品中甲醛释放限量》（GB 18580—2017）、《民用建筑工程室内环境污染控制规范》（GB 50325—2010）、《室内空气质量标准》（GB/T 18883—2002）等标准。

1. 甲醛

甲醛化学式 HCHO 或 CH_2O，分子量 30.03，又称蚁醛。甲醛是一种无色但有强烈刺激性气味的水溶液或气体，对人眼、鼻、皮肤黏膜等均有刺激作用。甲醛在室内达到一定浓度人就有不适感，当甲醛浓度大于 0.08mg/m^3 时便可引起眼红、眼痒、咽喉不适或疼痛、声音嘶哑、喷嚏、胸闷、气喘、皮炎等症状。甲醛在常温下是气态，易溶于水、乙醇和醚。生活中熟知的福尔马林其实就是 35%～40%的甲醛水溶液。

甲醛和苯是建筑新装饰工程中最容易产生的两种“致癌双气体”，2017 年 10 月 27 日同时被世界卫生组织国际癌症研究机构认定为一类强烈致癌物。甲醛在新装修的房间中含量较高，对人体的伤害教大，是众多疾病的主要诱因，所以在选择建筑装饰材料时一定要选择甲醛释放达标的材料。

室内空气中的甲醛来源主要有以下几种途径：一是用作建筑装饰的胶合板、细木工板、中密度纤维板和刨花板等人造板材。生产人造板使用的胶粘剂以甲醛为主要成分，板材中残留的和未参与反应的甲醛会逐渐向周围环境释放，是形成室内空气中甲醛的主体；二是用人造板制造的家具。厂家使用不合格的板材，或者在粘接贴面材料时使用劣质胶水，使板材与胶水中的甲醛严重超标；三是含有甲醛成分并有可能向外界散发的其他各类装饰材料，如贴墙布和贴墙纸的胶水、化纤地毯、油漆和涂料等。

2. 苯

苯（Benzene）是一种碳氢化合物，即芳烃。在常温下是一种甜味、可燃、有致癌毒性的无色透明液体，带有强烈的芳香气味。苯难溶于水，易溶于有机溶剂，本身也可作为有机溶剂。

苯可以引起白血病和再生障碍性贫血。人在短时间内吸入高浓度的甲苯或二甲苯，会出现中枢神经麻醉的症状。轻者头晕、恶心、胸闷、乏力，严重的会出现昏迷甚至因呼吸系统衰竭而亡。慢性苯中毒会对皮肤、眼睛和上呼吸道有刺激作用，长期吸入苯能导致再生障碍性贫血，若造血功能完全破坏，可发生致命的颗粒性白细胞消失症，引起白血病。苯对女性的危害比对男性更多更大，育龄妇女长期吸入苯会导致月经失调，孕期的妇女接触苯会导致妊娠并发症的发病率显著增高，甚至会导致胎儿先天缺陷。

室内空气中的苯主要来自含苯的胶粘剂、油漆、涂料和防水材料的溶剂或稀释剂等。

3. 甲醛和苯的避免与祛除方法

（1）选择符合国家检验标准的装饰材料

在选择建筑装饰材料时一定要选择符合国家标准的胶合板、细木工板、中密度纤维板、刨花板、墙布、贴墙纸、化纤地毯、油漆、涂料、胶粘剂、防水材料等材料。如于 2018 年 5 月 1 日起正式实施国家质量监督检验检疫总局、国家标准化管理委员会修订后的《室内装饰装修材料 人造板及其制品中甲醛释放限量》（GB 18580—2017）中规定甲醛释放限量值为 0.124mg/m^3，限量标识（环保标识）为 E1 级板材，取消了原来国家标准规定中的 E2 级标准。

（2）选择符合国家检验标准的家具

家具是甲醛和苯的“病毒携带者”，在选择家具时，尽量选择大厂家、大品牌、国家免检的家具。杜绝伪劣产品，少用大芯板或密度板家具，多用实木家具，减少甲醛和苯的释放量。

（3）选择合适的施工工艺

不同的施工工艺会增加或减少甲醛和苯的释放。如选择水溶性的木器漆涂饰施工工艺家具会减少有害物质的排放。但在装修中如果选择用油漆封墙底的做法则会长时间严重污染室内空气环境，使有害气体超标释放。

（4）常开门窗保持室内空气流通

运用空气的流通来祛除室内空气里的甲醛和苯等有害气体是最有效最原始的方法。所以装修完成后要保持门窗打开，进行空气对流。甲醛的释放时间较长，一般在三年左右，而苯挥发比较快，所以装修完后不要急于入住，应该让房间敞开一段时间，让苯基本挥发完后才入住，对身体有利无害。

（5）用产品或植物净化空气

购买产品或植物祛除甲醛和苯等有害气体也是一种常见的方法。如空气清新剂、甲醛除味剂等产品，可对甲醛、苯及氨气等有害气体进行的捕捉和分解，达到净化空气、消除异味的功效。某些植物也有吸收分解甲醛、苯的功能，可多买相应的植物如长春藤、吊兰、虎尾兰、芦荟等。

4.《室内空气质量标准》（GB/T 18883—2002）

为保护人体健康，预防和控制室内空气污染，制定本标准。本标准规定了室内空气质量参数及检验方法。本标准适用于住宅和办公建筑物，其他室内环境可参照本标准执行（表 1）。

表 1　室内空气质量标准

序号	参数类别	危害	单位	标准值	备注
1	物理性	温度	℃	22～28	夏季空调
				16～24	冬季采暖
2		相对湿度	%	40～80	夏季空调
				30～60	冬季采暖
3		空气流速	m/s	0.3	夏季空调
				0.2	冬季采暖
4		新风量	m^3/（h. 人）	30*	
5	化学性	二氧化硫 SO_2	mg/m^3	0.50	1h 均值
6		二氧化氮 NO_2	mg/m^3	0.24	1h 均值
7		一氧化碳 CO	mg/m^3	10	1h 均值
8		二氧化碳 CO_2	%	0.10	日平均值
9		氨 NH_3	mg/m^3	0.20	1h 均值
10		臭氧 O_3	mg/m^3	0.16	1h 均值
11		甲醛 HCHO	mg/m^3	0.10	1h 均值
12		苯 C_6H_6	mg/m^3	0.11	1h 均值
13		甲苯 C_7H_8	mg/m^3	0.20	1h 均值
14		二甲苯 C_8H_{10}	mg/m^3	0.20	1h 均值
15		苯并［a］芘 B（a）P	ng/m^3	1.0	日平均值
16		可吸入颗粒 PM_{10}	mg/m^3	0.15	日平均值
17		总挥发性有机物 TVOC	mg/m^3	0.60	8h 均值
18	生物性	细菌总数	cfu/m^3	2500	依据仪器定
19	放射性	氡 ^{222}Rn	Bq/m^3	400	年平均值

* 新风量要求≥标准值，除温度、相对湿度外的其他参数要求≤标准值。

（二）装饰材料的防火等级和标准

1. 建筑装饰材料的防火等级

建筑装饰材料的防火等级根据强制性的国家标准《建筑内部装修设计防火规范》（GB 50222—2017）规定如表 2。

表 2　建筑装饰材料防火等级表

等级	装修材料燃烧性能	描述
A	不燃性	几乎不发生燃烧的材料
B_1	难燃性	难燃类材料有较好的阻燃作用。其在空气中遇明火或在高温作用下难起火，不易很快发生蔓延，且当火源移开后燃烧立即停止
B_2	可燃性	可燃类材料有一定的阻燃作用。在空气中遇明火或在高温作用下会立即起火燃烧，易导致火灾的蔓延，如木柱、木屋架、木梁、木楼梯等
B_3	易燃性	无任何阻燃效果，极易燃烧，火灾危险性很大

建筑装饰材料防火等级材料举例见表 3。

表 3　建筑装饰材料防火等级材料举例

材料类别	级别	材料举例
各部位材料	A	花岗石、大理石、水磨石、水泥制品、混凝土制品、石膏板、石灰制品、黏土制品、玻璃、瓷砖、马赛克、钢铁、合金等
顶棚材料	B_1	纸面石膏板、纤维石膏板、水泥刨花板、矿棉装饰吸声板、玻璃棉装饰吸声板、珍珠岩装饰吸声板、难燃胶合板、难燃中密度纤维板、岩棉装饰板、难燃木材、铝箔复合材料、难燃酚醛胶合板、铝箔玻璃钢复合材料等
墙面材料	B_1	纸面石膏板、纤维石膏板、水泥刨花板、矿棉板、玻璃棉板、珍珠岩板、难燃胶合板、难燃中密度纤维板、防火塑料装饰板、难燃双面刨花板、多彩涂料、难燃玻璃钢平板、PVC 塑料护墙板、轻质高强复合墙板、阻燃模压木质复合板材、彩色阻燃人造板、难燃玻璃钢等
	B_2	各类天然木材、木制人造板、竹材、纸制装饰板、装饰微薄木贴面板、印刷木纹人造板、塑料贴面装饰板、聚酯装饰板、复塑装饰板、塑纤板、胶合板、塑料壁纸、无纺贴墙布、墙布、复合壁纸、天然材料壁纸、人造革等
地面材料	B_1	硬 PVC 塑料地板、水泥刨花板、水泥木丝板、氯丁橡胶地板等
	B_2	半硬质 PVC 塑料地板、PVC 卷材地板、木地板、氯纶地毯等
装饰织物	B_1	经阻燃处理的各类难燃织物等
	B_2	纯毛装饰布、纯麻装饰布等其他织物
其他装饰材料	B_1	聚氯乙烯塑料、酚醛塑料、聚碳酸酯塑料、聚四氟乙烯塑料、三聚氰胺、脲醛塑料、硅树脂塑料装饰型材、经阻燃处理的各类织物等。 另见顶棚材料和墙面材料内中的有关材料
	B_2	经阻燃处理的聚乙烯、聚丙烯、聚氨酯、聚苯乙烯、玻璃钢、化纤织物、木制品等

2. 建筑装饰材料防火等级使用标准

（1）安装在钢龙骨上燃烧性能达到 B_1 级的纸面石膏板、矿棉吸声板，可作为 A 级装修材料使用；

（2）当胶合板表面涂覆一级饰面型防火涂料时，可作为 B_1 级装修材料使用；

（3）单位面积质量小于 $300g/m^2$ 的纸质、布质壁纸，当直接粘贴在 A 级基材上时，可作为 B_1 级材料使用；

(4) 施涂于A级基材上的无机装饰涂料，可作为A级装修材料使用；

(5) 施涂于A级基材上，湿涂覆比小于1.5kg/m^2的有机装饰涂料，可作为B_1级装修材料使用；涂料施涂于B_1、B_2级基材上时，应将涂料连同基材确定其燃烧性能等级；

(6) 照明灯具及电气设备、线路的高温部位，当靠近非A级装修材料或构件时，应采取隔热、散热等防火保护措施，与窗帘、帷幕、幕布、软包等装修材料的距离不应小于500mm；灯饰应采用不低于B_1级的材料；

(7) 建筑内部的配电箱、控制面板、接线盒、开关、插座等不应直接安装在低于B_1级的装修材料上；用于顶棚和墙面装修的木质类板材，当内部含有电器、电线等物体时，应采用不低于B_1级的材料；

(8) 当室内顶棚、墙面、地面和隔断装修材料内部安装电加热供暖系统时，室内采用的装修材料和绝热材料的燃烧性能等级应为A级。当室内顶棚、墙面、地面和隔断装修材料内部安装水暖（或蒸汽）供暖系统时，其顶棚采用的装修材料和绝热材料的燃烧性能应为A级，其他部位的装修材料和绝热材料的燃烧性能不应低于B_1级，且尚应符合本规范有关公共场所的规定；

(9) 建筑内部不宜设置采用B_3级装饰材料制成的壁挂、布艺等，当需要设置时，不应靠近电气线路、火源或热源，或采取隔离措施；

(10) 阳台装修宜采用不低于B_1级的装修材料，厨房内的固定橱柜宜采用不低于B1级的装修材料，卫生间顶棚宜采用A级装修材料。

三、本课程的性质和学习方法

（一）课程性质

“建筑装饰材料与施工工艺”课程是建筑装饰工程技术、室内艺术设计等专业的一门专业核心课程。本课程主要讲解建筑装饰工程中常用材料的种类与标准、装饰结构与工艺、施工流程与规范等。本课程的前课程有建筑工程识图与制图、建筑CAD等，后续课程有建筑装饰空间设计、建筑装饰工程计量与计价等。本课程与其他课程进行融会贯通、联系起来，起到承前启后的作用，这是我们必须思考的问题。所以在课程开发与教学设计上，我们必须大胆创新，在实训设施建设上必须加大投入。

（二）学习方法

1. 理论联系实际，加强实训

本课程知识涉及面广、实践性强、技术要求高、施工精细，不但要求学生具备识图、读图、绘图的能力，同时还要求必须具备一定的综合设计能力。因此，教学活动中应注重理论联系实际，加强对操作性、实用性、通用性的培养。

学生一方面要到市场调研认识材料，更要到企业实际的装饰装修现场考察学习，另一方面学生要在学院建筑装饰类专业的系列“职场化实训工场”（如建筑装饰材料展示实训工场、建筑装饰施工技术实训工场等）里实训。实训中分组、分项目、分任务地进行实际施工工艺的实训，从而加强技能，加深理解和认识。将理论联系实际，在做中学，在学中做。

2. 加强市场调研

建筑装饰材料的市场调研是指利用科学的方法，系统客观、有目的、有计划地收集、分析、整理与建筑装饰材料问题相关的市场信息，为解决建筑装饰设计、建筑装饰施工、建筑装饰预决算等问题提供决策依据。市场调研通常针对具体问题，搜集整理分析市场相关信息，并利用科学有效的方法对信息加以分析，并形成市场调研报告的过程。

(1) 明确调研目标

1) 分清建筑装饰空间改造工程装饰材料的分类和类别；

2) 了解当地市场建筑装饰工程装饰材料的常用品牌、厂家有哪些；

3）了解建筑装饰工程装饰材料的规格、价格、特性等材料属性；

4）了解各种建筑装饰工程装饰材料在施工中的应用和要求；

5）对各种建筑装饰工程装饰材料进行横向对比，研究分析出施工中的最优选择方案。

（2）建筑材料的市场调研方法

1）文献调查法：是指查阅、阅读、收集历史和现实的各种资料，并通过甄别、统计分析得到的调查者想要得到的各种资料的一种调查方法。该种方法比较简单、成本低、快速，但是具有滞后性。

2）询问调查法：包括个别询问法、集体询问法、深度询问法、常规询问法、当面询问法、通信询问法、街头询问法、公众场合询问法、跟踪询问法等。该方法成本较高，对调查人员的素质要求比较高，而且管理起来比较困难。

3）观察调查法：包括（非）参与调查法、（非）结构性观察法、自然环境下的观察、社会环境下的观察、公开观察、隐蔽观察、全面观察、事后痕迹观察、定期观察、追踪观察等。该方法具有直观性、客观性、易操作等优点，但是受人员、经费的限制。

4）试验调查法：它是指调查人员有目的、有意识地改变一个或几个影响因素，来观察市场现象在这些因素的影响下的变动情况，以确定市场中各种因素的因果关系而使用的信息收集方法。它包括五个基本要素：试验者（主持试验的人员）、试验对象、试验环境、试验活动、试验监测。该方法具有科学性强、可重复等优点，但也有成本高、试验环境难以控制等缺点。

5）电话访问法：是将需要调查的问题通过电话访问的方式进行调研的方法。

6）问卷调研法：即将事先准备好的调查问题写于调查问卷，把调查问卷发放给调研对象后收集问卷进行总结分析的调研方法。

各种装饰材料的调研表见附表1。

3. 适时了解新材料、新工艺

在我国大中型城市，随着城镇化进程的推进和人们生活水平的提高，对房屋的居住有了更高的要求。在运用装饰材料与施工工艺的过程中，也更加讲究环保与健康，在科学技术、材料技术日新月异的今天，新型装饰材料也广泛推出，各种建筑装饰施工工艺也更新换代，这就要求设计师不断研究新材料的新属性、新工艺，才能做到与时俱进，时刻保持与建筑装饰发展的步伐。

上篇

建筑装饰之基础硬装工程

项目一　空间改造工程

■概　述

本项目分为三个任务，任务一主要是认识各种室内建筑装饰空间改造的原材料，各种类型的管件、施工工具等；任务二主要是室内建筑装饰空间改造工程施工分类介绍及分类流程介绍，如“三一”砌砖法等；任务三是让学生到实训室进行室内建筑装饰空间改造工程的施工实训。

室内建筑装饰空间改造的概念在过去的含义是对于经鉴定为危险建筑装饰空间改造或外观损坏十分严重的砌体，予以改造，宋式或明清式称建筑装饰空间改造。随着中国城市现代化进程的加快，旧建筑的改造也日益增多，改造结构也从砖木结构发展到混合结构、框架结构、板结构等，从房屋改造发展到烟囱、水塔、桥梁、码头等建筑物或结构的改造。因此，近年来建筑结构改造已成为一种产业化趋势。

室内建筑装饰空间改造工程分为拆墙和砌墙。室内建筑装饰空间改造是以砌墙和拆墙来达到业主的要求，根据建筑物的使用性质、所处环境和相应标准，创造功能合理、舒适优美、满足人们物质和精神生活需要的室内环境。

■任务一　建筑装饰空间改造材料

一、明确任务

教师给学生发放并讲解任务书（表 1-1-1）。

表 1-1-1　建筑装饰空间改造材料学习任务书

项目任务名称	建筑装饰空间改造材料	项目任务编号	1-1-1
项目组组长		项目组成员	
任务完成时间			
任务学习目标	1. 认知目标： （1）了解建筑装饰空间改造工程的分类及其材料的特性； （2）了解建筑装饰空间改造工程材料的品牌； （3）了解建筑装饰空间改造工程材料的使用规格。 2. 技能目标： （1）能根据实际分析户型的承重墙与非承重墙，判断是否能拆除； （2）能合理运用墙体拆除类工具和新建墙体类工具		
任务内容	1. 对空间改造工程的材料分类； 2. 了解空间改造工程的原材料		
完成考核点	小组对调研材料的市场、属性、功能等进行分析，撰写并提交调研报告一份		

续表

完成项目任务情况分析与反思：			
组长签字		成员签字	

二、项目计划与决策

项目组根据项目任务书进行项目实施计划制订和进行具体实施。项目任务教学实施流程与步骤详见“附表3：项目任务实施计划书”。

三、建筑装饰空间改造材料

（一）建筑装饰空间改造的种类

1. 按建筑装饰空间改造材料分类

（1）砖墙：用作建筑装饰空间改造的砖有普通黏土砖、黏土多孔砖、黏土空心砖、焦渣砖等。黏土砖用黏土烧制而成，有红砖、青砖之分。焦渣砖用高炉硬矿渣和石灰蒸养而成（图1-1-1）。

（2）加气混凝土砌块墙（图1-1-2）：加气混凝土是一种轻质材料，其成分是水泥、砂子、磨细矿渣、粉煤灰等，用铝粉作为发泡剂，经蒸养而成。加气混凝土具有体积质量轻、隔声、保温性能好等特点。这种材料多用于非承重的隔墙及框架结构的填充墙。

图1-1-1　砖墙

图1-1-2　加气混凝土砌块墙

（3）石材墙（图1-1-3）：石材是一种天然材料，主要用于山区和产石地区。

（4）板材墙（图1-1-4）：板材以钢筋混凝土板材、加气混凝土板材为主，玻璃幕墙亦属此类。

图1-1-3　石材墙

图1-1-4　板材墙

(5) 透光混凝土墙（图 1-1-5）：透光的混凝土由大量的光学纤维和精致混凝土组合而成。这种混凝土通常做成预制砖或墙板的形式，离这种混凝土最近的物体可在墙板上显示出阴影。

图 1-1-5　透光混凝土墙

2. 按建筑装饰空间改造位置分类

建筑装饰空间改造按所在位置一般分为外墙及内墙两大部分，每部分又各有纵、横两个方向。

3. 按建筑装饰空间改造受力分类

建筑装饰空间改造根据结构受力情况不同，有承重墙和非承重墙之分。凡直接承受上部屋顶、楼板所传来荷载的墙称承重墙；凡不承受上部荷载的墙称非承重墙。非承重墙包括隔墙、填充墙和幕墙。隔墙起分隔室内建筑装饰空间的作用，应满足隔声、防火等要求，其重量由楼板或梁承受；填充墙一般填充在框架结构的柱墙之间；幕墙则是悬挂于外部骨架或楼板之间的轻质外墙。

4. 按建筑装饰空间改造构造分类

建筑装饰空间改造按构造可以分为实体墙、空体墙和组合墙。实体墙是由单一材料（砖、石块、混凝土和钢筋混凝土等）和复合材料（钢筋混凝土与加气混凝土分层复合、黏土砖与焦渣分层复合等）砌筑的不留空隙的墙体；空体墙内留有空腔，如空斗墙；复合墙是由两种或两种以上材料组合而成的墙体。

（二）建筑装饰空间改造砖墙厚度

目前砖的规格和尺寸也有多种形式。普通黏土砖是国家统一的规格尺寸，砖墙的厚度以我国标准黏土砖（小红砖）的长度为单位，我国现行黏土砖的规格是 240mm×115mm×53mm（长×宽×厚）。

常用的有以下几种（图 1-1-6）：

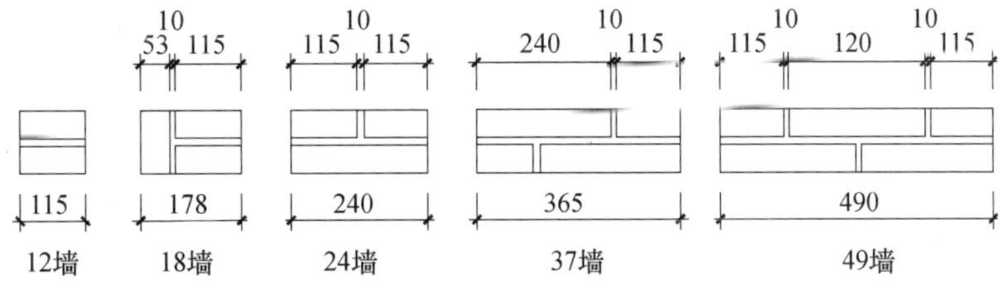

图 1-1-6　砖墙厚度（单位：mm）

半砖墙：图纸标注为 120mm，实际厚度为 115mm；

3/4 砖墙：图纸标注为 178mm，实际厚度为 178mm；

一砖墙：图纸标注为 240mm，实际厚度为 240mm；

一砖半墙：图纸标注为 370mm，实际厚度为 365mm；

二砖墙：图纸标注为 490mm，实际厚度为 490mm。

（三）砖墙改造方式

常见的砖墙建筑装饰空间改造方式有一顺一丁式、多顺一丁式、十字式（梅花定式）等（图 1-1-7）。

（四）建筑装饰空间改造原材料

1. 水泥

水泥俗称洋灰、红毛泥、英泥，是用于土木工程上的胶结性材料的总称，依照胶结性质的不同可分为水硬性水泥与非水硬性水泥，是当今世界上最重要的建筑材料之一。

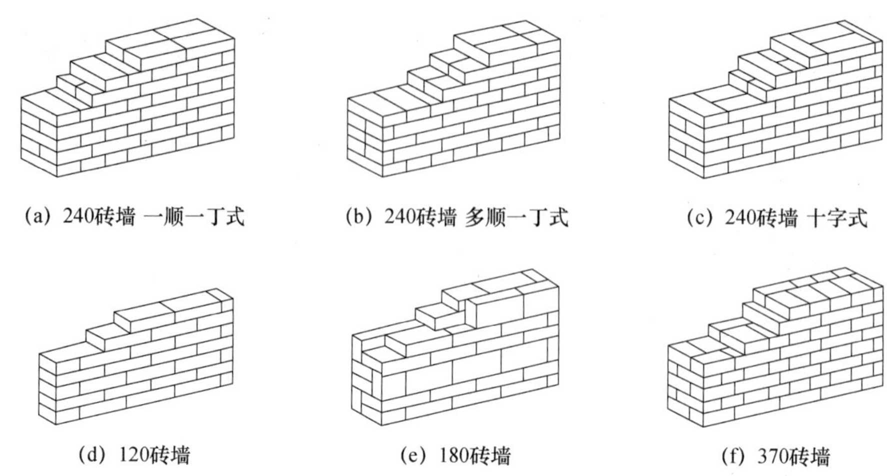
(a) 240砖墙 一顺一丁式　(b) 240砖墙 多顺一丁式　(c) 240砖墙 十字式
(d) 120砖墙　(e) 180砖墙　(f) 370砖墙

图 1-1-7　砖墙建筑装饰空间改造方式

水泥按其主要水硬性物质名称分为：①硅酸盐水泥，即国外通称的波特兰水泥；②铝酸盐水泥；③硫铝酸盐水泥；④铁铝酸盐水泥；⑤氟铝酸盐水泥；⑥以火山灰或潜在水硬性材料及其他活性材料为主要组成的水泥。

2. 砂

砂宜采用中砂，其中毛石砌体宜用粗砂。

砂的含泥量：对水泥砂浆和强度等级不小于 M5 的水泥混合砂浆，不应超过 5%；对强度等级小于 M5 的水泥混合砂浆，不应超过 10%。

3. 水

拌制砂浆须采用不含有害物质的水，水质应符合国家现行标准《混凝土用水标准》（JGJ 63—2006）的规定。

4. 外掺料

砂浆中的外掺料包括石灰膏、黏土膏、电石膏和粉煤灰等。采用混合砂浆时，应将生石灰熟化成石灰膏，并用孔径不大于 3mm×3mm 筛网过滤，使其充分熟化。配制水泥石灰砂浆时，不得采用脱水硬化的石灰膏。

5. 外加剂

凡在砂浆中掺入有机塑化剂、早强剂、缓凝剂、防冻剂等，应经检验和试配符合要求后，方可使用。

（五）其他材料

1. 空心砖（图 1-1-8）

空心砖以黏土、页岩等为主要原料，经过原料处理、成型、烧结制成。空心砖的优点是质轻、强度高、保温、隔声降噪性能好。空心砖的一般规格是 390mm×190mm×190mm。

2. 玻璃空心砖（图 1-1-9）

玻璃空心砖首先是空心的，其次是玻璃制品，由两块半坯在高温下熔接而成，由于中间是密闭的腔体并且存在一定的微负压，具有透光、不透明、隔声、热导率低、强度高、耐腐蚀、保温、隔潮等特点。

玻璃空心砖的化学成分是高级玻璃砂、纯碱、石英粉等硅酸盐无机矿物，原料高温熔化，并经精加工而成，无毒无害无污染，无异味，不对人体构成任何侵害，是一种绿色环保产品。

空心玻璃砖最常见的形状为正方形，最常见的玻璃砖规格为 190mm×190mm×80mm/95mm。

图 1-1-8　空心砖

图 1-1-9　玻璃空心砖

四、建筑装饰空间改造工程施工工具及其使用方法

（一）墙体拆除类工具

1. 测距工具

测距工具有普通的卷尺、钢尺、塞尺、游标卡尺以及技术比较高的激光测距仪等，种类非常多，且新的测距工具不断出现。

2. 角度检查工具

水平垂直以及角度检查工具是非常关键和常用到的工具。用角度检查工具检查墙面等是否水平和方正，有利于后一步的施工，能保证装修施工效果。常用的水平垂直检查工具有吊线、垂直检测尺、激光水平仪以及内外直角检测尺等。

3. 标记记录工具

有些工具虽然小，但是不可忽视，就像装修拆墙时常常需要用到的标记记录工具。常见的标记记录工具有铅笔、颜色笔、便签、本子等。

4. 敲墙工具

敲墙当然是用锤子这个工具，而且拆除墙面一般是大面积的，所以常用到大锤子，第一种做法是从上往下打，这是常用做法，这种做法比较耗时间；第二种做法是从下往上打，虽然省时间，但是需要注意安全（高于 3m 的不建议采用第二种做法，因为要搭脚手架，上边墙体落下来时，人不容易跑掉）。

5. 拆墙工具

对于现浇的墙体，拆除墙体可以使用冲击钻（图 1-1-10）、气钻和电锤。

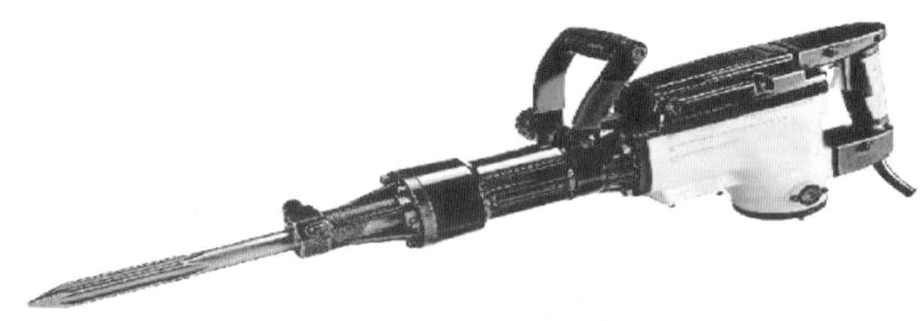

图 1-1-10　冲击钻

（二）新建墙体类工具

1. 小型工具

（1）瓦刀。瓦刀又称泥刀，是个人使用及保管的工具，用于涂抹、摊铺砂浆、砍削砖块、打灰条及发碹。

（2）大铲（图 1-1-11）。大铲是用于铲灰、铺灰和刮浆的工具，操作中也可以用它随时调和砂浆。大铲以桃形者居多，也有长三角形和长方形的。它是实施“三一”（一铲灰、一块砖、一揉挤）砌筑法的关键工具。

（3）刨锛。刨锛是用以打砍砖块的工具，也可当作小锤与大铲配合使用。为了便于打“七分头”（3/4 砖），有的操作者在刨锛手柄上刻一凹槽线为记号，使凹口到刨锛刃口的距离为 3/4 砖长。

（4）手锤（图 1-1-12）。手锤俗称小榔头，做敲凿石料和开凿异型砖之用。

图 1-1-11　大铲

图 1-1-12　手锤

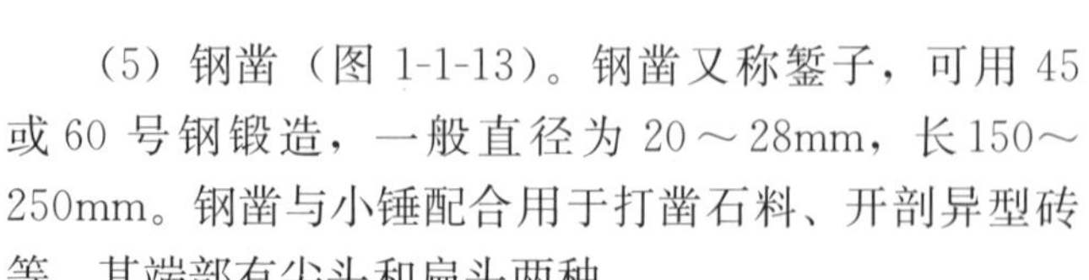

（5）钢凿（图 1-1-13）。钢凿又称錾子，可用 45 或 60 号钢锻造，一般直径为 20～28mm，长 150～250mm。钢凿与小锤配合用于打凿石料、开剖异型砖等。其端部有尖头和扁头两种。

（6）灰槽。灰槽用 1～2mm 厚的黑铁皮制成，供砖瓦工存放砂浆用。

（7）其他。如橡皮水管、大水桶、灰镐、灰勺、钢丝刷等。

2. 质量检测工具

（1）钢卷尺（图 1-1-14）。钢卷尺有 1m、2m、3m、5m 及 30m、50m 等几种规格。砖瓦工操作宜使

图 1-1-13　钢凿

用 2m 的钢卷尺。钢卷尺应选用有生产许可证的厂家生产的产品。钢卷尺主要用来测量轴线尺寸、位置及墙长、墙厚，还有门窗洞口的尺寸、留洞位置尺寸等。

（2）托线板（图 1-1-15）。托线板又称靠尺板，用于检查墙面垂直和平整度。托线板由施工单位用木材自制，长 1.2～1.5m。

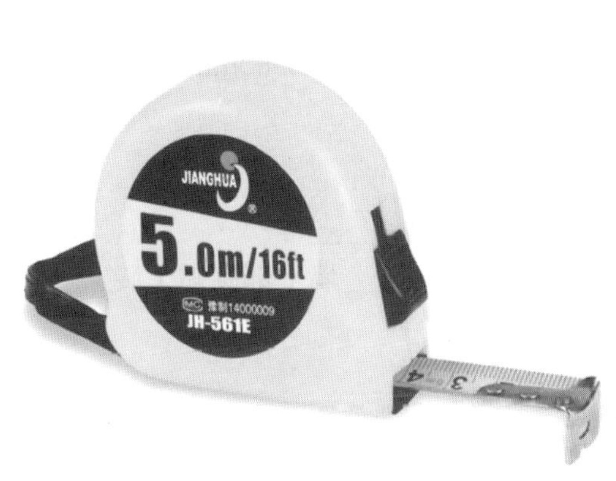

图 1-1-14　钢卷尺

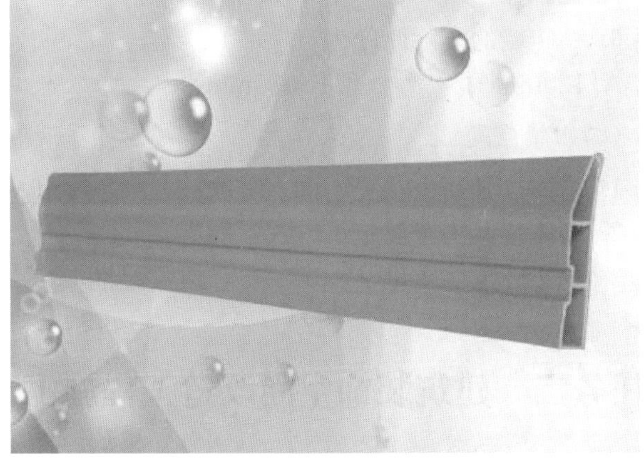

图 1-1-15　托线板

（3）水平尺（图 1-1-16）。水平尺用铁和铝合金制成，中间镶嵌玻璃水准管，用来检查砌体水平位置的偏差。

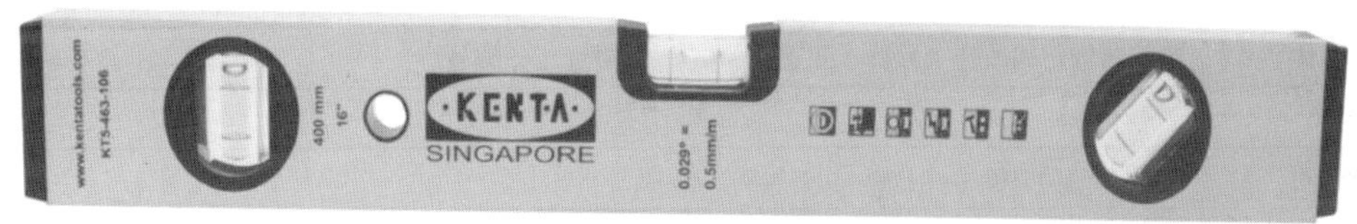

图 1-1-16　水平尺

（4）准线（图 1-1-17）。准线是指砌墙时拉的细线，一般使用直径为 0.5～1mm 的小白线、麻线、尼龙线或弦线，用于砌体砌筑时拉水平用，另外也用来检查水平缝的平直度。

图 1-1-17　准线

五、项目任务考核

本项目的考核主要是学生自评、学生互评和教师评价相结合，权重分别为 20%、20%和 60%。考核内容详见“附表 2：认识材料任务实施计划书”。

六、职业技能训练

（一）选择题

1. 普通黏土砖的规格为（　　）。

A. 240mm×120mm×60mm　　B. 240mm×110mm×55mm

C. 240mm×115mm×53mm　　D. 240mm×115mm×55mm

2. 半砖墙的实际厚度为（　　）。

A. 120mm　　B. 115mm　　C. 110mm　　D. 125mm

3. 120 墙采用的组砌方式为（　　）。

A. 全顺式　　B. 一顺一顶式　　C. 两平一侧式　　D. 每皮顶顺相间式

4. 18 砖墙、37 砖墙的实际厚度为（　　）。

A. 180mm；360mm　　B. 180mm；365mm　　C. 178mm；360mm　　D. 178mm；365mm

5. 两平一侧式组砌的墙为（　　）。

A. 120 墙　　B. 180 墙　　C. 240 墙　　D. 370 墙

6. 一砖墙的实际厚度为（　　）。

A. 120mm　　B. 180mm　　C. 240mm　　D. 60mm

（二）填空题

1. 墙体按其受力状况不同，分为__________和__________两类。

2. 墙体按其构造及施工方式不同有__________、__________和__________等。

3. 空心砖隔墙质量__________，但吸湿性__________，常在__________墙下部砌黏土砖。

■ 任务二　建筑装饰空间改造工程施工工艺

一、明确任务

教师给学生发放并讲解任务书（表 1-1-2）。

表 1-1-2　建筑装饰空间改造工程施工工艺学习任务书

项目任务名称	建筑装饰空间改造工程施工工艺	项目任务编号	1-1-2
项目组组长		项目组成员	
任务完成时间			
任务学习目标	1. 认知目标： （1）了解拆墙的注意事项； （2）了解砌墙形式； （3）了解砖砌体的施工工序及施工要求和原则。 2. 技能目标： 能根据墙体改造设计图纸结合实际施工情况，进行墙体的拆改和新建		
任务内容	了解并学习拆墙和砌墙的施工工程原则		
完成考核点	完成布管布线施工工艺		
完成项目任务情况分析与反思：			
组长签字		成员签字	

二、项目计划与决策

项目组根据项目任务书进行项目实施计划制订和进行具体实施。项目任务教学实施流程与步骤详见“附表 3：项目任务实施计划书”。

三、建筑装饰空间改造前注意事项

（一）禁止改造承重墙

承重墙是空间改造上无预制圈梁的墙面，户型图上承重墙的空间改造厚度明显画得比非承重墙要厚，其实体墙壁的厚度一般是 24cm，非承重墙则为 10～15cm。业主进行房屋结构改造需要查看施工结构设计图，看看哪些是承重墙，咨询相关专业人士后再进行施工。

（二）鉴别非承重墙、承重墙

（1）通过声音判断：敲击空间改造墙体，有清脆的大回声的，是轻体墙；承重墙发出的声音厚重而且没太多回声。

（2）通过厚度判断：承重墙都较厚，仅次于外墙，厚度和外墙一样的基本都是承重墙，其厚度一般在 24cm 左右。一般来说，承重墙体是砖墙时，结构厚度为 24cm，寒冷地区外墙结构厚度为 37cm，混凝土墙结构厚度为 20cm 或 16cm，非承重墙结构厚度为 12cm、10cm、8cm 不等。

（3）通过部位判断：外墙通常都是承重墙，和邻居共用的墙也是承重墙。一般非承重墙在卫生间、储藏间、厨房及过道。

（三）哪些墙可以拆？

轻体结构墙，如轻钢龙骨、石膏板墙或水泥板轻体墙这种充当隔断的空间改造拆改是没有什么危险的，这类非承重墙是可以改造的。

但请注意，对于卫生间的半砖墙，如楼层结构中设计了支撑空间改造的支撑梁，则可以改造，否则就不能拆。即便能拆，也要防止破坏防水层。

（四）拆墙后修补

墙体安全拆除后，后期的修补工作也不能忽略。比如拆除原有墙面，要用砖新砌墙面时，就要在新修建的墙体上设置拉筋。“拉筋”是对新旧墙接缝处的施工方法，就是用钢筋把新、旧墙面拉住，保证墙体的稳定性、抗震性。

（五）拆墙前应报物业审批

一般情况下，楼房竣工时，原设计单位会给物业公司留一份图纸，图纸上对承重墙、非承重墙等各种空间改造的厚度和材质等都已标明。根据图纸，物业公司便能确定哪些是可以改造的。因此业主在空间改造之前，必须把设计师给的施工图纸递交到物业公司，得到物业的批准后才能施工。

四、建筑装饰空间改造砌墙形式

（一）240mm 厚砖墙的组砌形式（图 1-1-18）

1. 一顺一丁

一顺一丁砌法是一皮中全部顺砖与一皮中全部丁砖相互间隔砌成，上下皮间的竖缝相互错开 1/4 砖长，如图 1-1-18（a）所示。

2. 三顺一丁

三顺一丁砌法是三皮中全部顺砖与一皮中全部丁砖间隔砌成，上下皮顺砖与丁砖间竖缝错开 1/4 砖长，上下皮顺砖间竖缝错开 1/2 砖长，如图 1-1-18（b）所示。

3. 梅花丁

梅花丁砌法是每皮中丁砖与顺砖相隔，上皮丁砖坐中于下皮顺砖，上下皮间竖缝相互错开 1/4 砖长，如图 1-1-18（c）所示。

砖砌体的组砌要求：上下错缝，内外搭接，以保证砌体的整体性，同时组砌要有规律，少砍砖，以提高砌墙效率，节约材料。

当采用一顺一丁组砌时，七分头的顺面方向依次砌顺砖，丁面方向依次砌丁砖，如图 1-1-19（a）所示。

砖墙的丁字接头处，应分皮相互砌通，内角相交处的竖缝应错开 1/4 砖长，并在横墙端头处加砌七分头砖，如图 1-1-19（b）所示。

砖墙的十字接头处，应分皮相互砌通，立角处的竖缝相互错开 1/4 砖长，如图 1-1-19（c）所示。

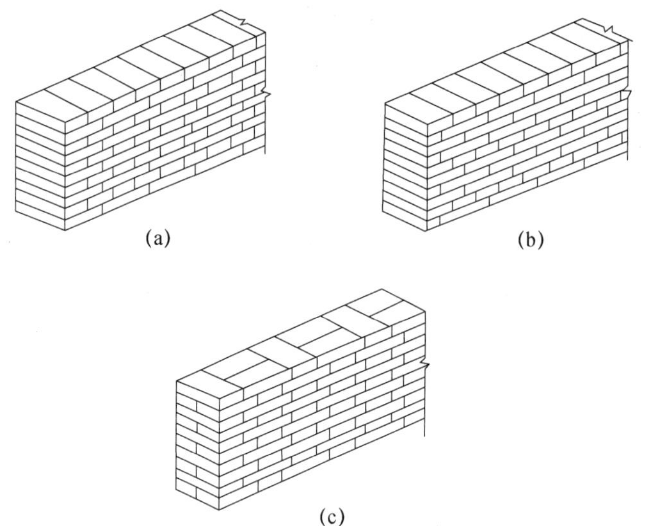

图 1-1-18 240mm 厚砖墙的组砌形式

(a) 一顺一丁；(b) 三顺一丁；(c) 梅花丁

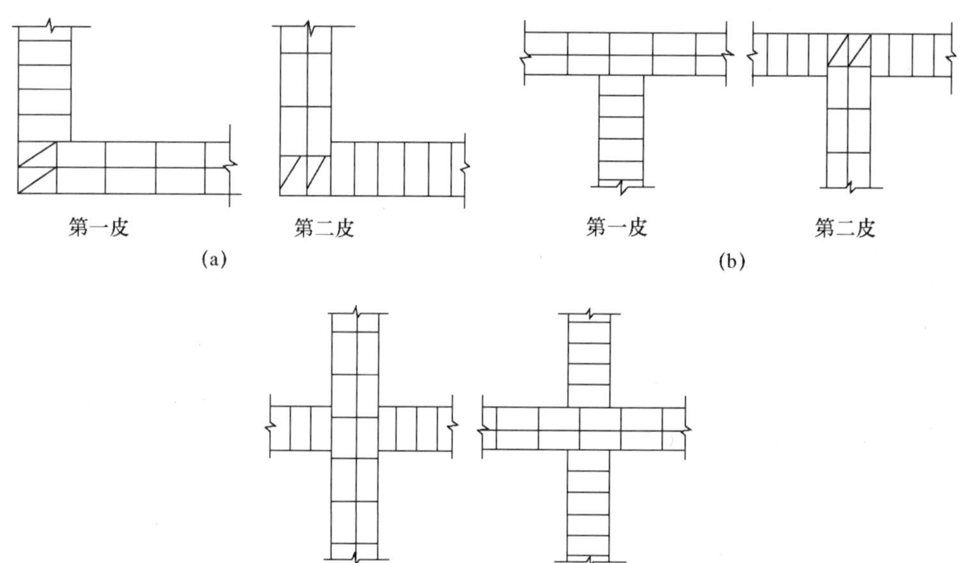

图 1-1-19 砖墙交接处的组砌

（二）多孔砖墙的组砌形式（图 1-1-20）

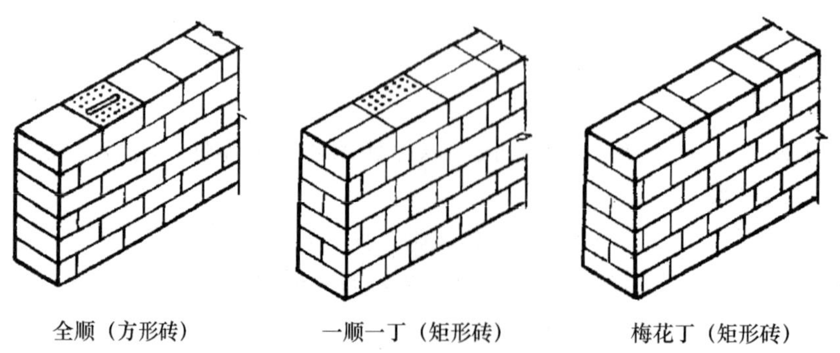

图 1-1-20 多孔砖墙的组砌形式

（三）砖基础的组砌（图 1-1-21）

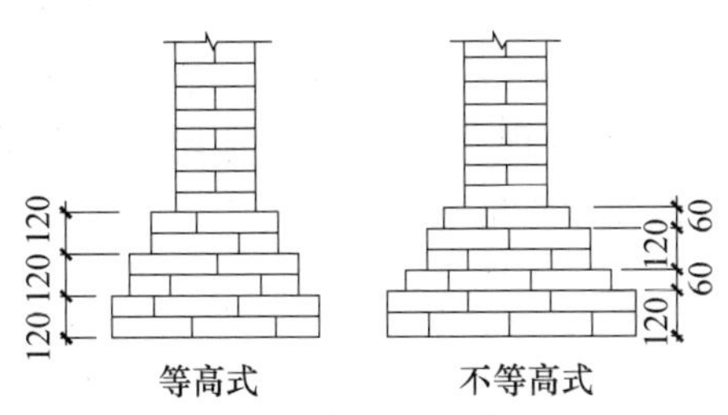

图 1-1-21　砖基础大放脚

砖基础下部扩大部分称为大放脚，有等高式和不等高式两种。

等高式大放脚是两皮一收，两边各收进 1/4 砖长，不等高式大放脚是两皮一收和一皮一收相间隔，两边各收进 1/4 砖长，底层大放脚必须为两皮砖高。

大放脚一般采用一顺一丁砌法，竖缝要错开，要注意十字及丁字接头处砖块的搭接；在这些交接处，纵横墙要隔皮砌通；大放脚的最下一皮及每层的最上一皮应以丁砌为主。

五、砖砌体施工工艺

（一）砖砌体的砌筑方法

砖砌体的砌筑方法有“三一”砌砖法、挤浆法、刮浆法和满口灰法。其中“三一”砌砖法和挤浆法最为常用。

“三一”砌砖法即一块砖、一铲灰、一揉压并随手将挤出的砂浆刮去的砌筑方法。这种砌法的优点：灰缝容易饱满，粘结性好，墙面整洁。故实心砖砌体宜采用“三一”砌砖法。

挤浆法即用灰勺、大铲或铺灰器在墙顶上铺一段砂浆，然后双手拿砖或单手拿砖，用砖挤入砂浆中一定厚度之后把砖放平，达到下齐边、上齐线、横平竖直的要求。这种砌法的优点：可以连续挤砌几块砖，减少烦琐的动作；平推平挤可使灰缝饱满；效率高；保证建筑装饰空间改造质量。

（二）砖砌体的施工工序

砖砌体的施工工序为：抄平，放线，摆砖，立皮数杆，挂线，砌砖，勾缝、清理等。

（1）抄平：砌墙前应在基础防潮层或楼面上定出各层标高，并用 M7.5 水泥砂浆或 C10 细石混凝土找平，使各段砖墙底部标高符合设计要求。

（2）放线：根据门板上给定的轴线及图纸上标注的砌体尺寸，在基础顶面上用墨线弹出墙的轴线和墙的宽度线，并定出门洞口位置线。

（3）摆砖：摆砖是指在放线的基面上按选定的组砌方式用干砖试摆。摆砖的目的是核对所放的墨线在门窗洞口、附墙垛等处是否符合砖的模数，以尽可能减少砍砖。

（4）立皮数杆：皮数杆是指在其上画有每皮砖和砖缝厚度以及门窗洞口、过梁、楼板、梁底、预埋件等标高位置的一种木制标杆，如图 1-1-22 所示。皮数杆一般立于房屋的四个大角、内外墙交接处、楼梯间以及洞口多的地方，沿墙每隔 10～15m 立一根。

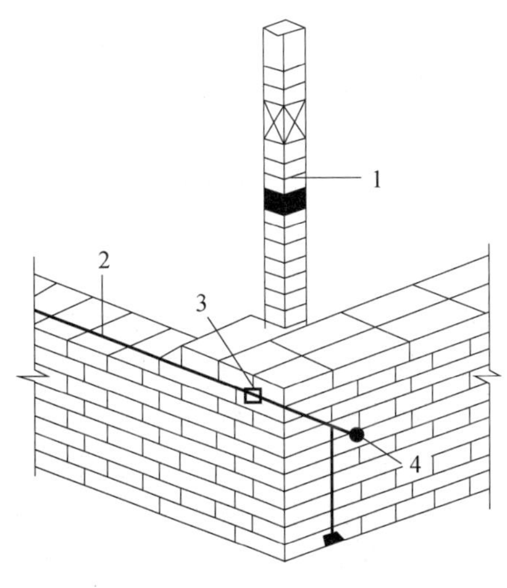

图 1-1-22　皮数杆示意图

1—皮数杆；2—准线；3—竹片；4—圆铁钉

（5）挂线：为保证砌体垂直平整，砌墙时必须挂线，一般二四墙可单面挂线，三七墙及以上的墙则应双面挂线。

（6）砌砖：砌砖时，先挂上通线，按所排的干砖位置把第一皮砖砌好，然后盘角。盘角又称立头角，指在砌墙时先砌墙角，然后从墙角处拉准线，再按准线砌中间的墙。砌墙过程中应三皮一吊、五皮一靠，保证墙面垂直平整。

（7）勾缝、清理：清水墙砌完后，要进行墙面修正及勾缝。墙面勾缝应横平竖直、深浅一致、搭接平整，不得有丢缝、开裂和粘结不牢等现象。砖墙勾缝宜采用凹缝或平缝，凹缝深度一般为4～5mm。勾缝完毕后，应进行墙面、柱面和落地灰的清理。

六、观摩学习砖砌体施工工艺

学生按项目组在教师的带领下到建筑装饰工艺结构展示工场观摩学习砖砌体施工工艺案例实训。

七、项目任务考核

先由学生对自己的工作结果进行自我评估，再由教师进行检查评分。师生共同讨论、评判项目工作中出现的问题、学生解决问题的方法以及学习行动的特征。通过对比师生评价结果，找出造成结果差异的原因。本项目的考核主要是学生自评、学生互评和教师评价相结合，权重分别为20%、20%和60%。考核内容详见“附表2：认识材料任务实施计划书”。

八、职业技能训练

（一）选择题

1. 砖基础砌筑施工，下列做法不正确的是（　　）。

A. 基础深度不同，应由底往上砌筑

B. 先砌转角和交接处，再拉线砌中间

C. 先立皮数杆再砌筑

D. 抗震设防地区，基础墙的水平防潮层应铺油毡

2. 砖墙的转角处和交接处应（　　）。

A. 分段砌筑　　B. 同时砌筑　　C. 分层砌筑　　D. 分别砌筑

3. 每层承重墙的最上一皮砖，在梁或梁垫的下面，应用（　　）砌筑。

A. 一顺一丁　　B. 丁砖　　C. 三顺一丁　　D. 顺砖

4. 砌体结构最适宜建造的房屋类型为（　　）。

A. 高层办公楼　　B. 大礼堂　　C. 影剧院　　D. 多层住宅

5. 实心砖砌体宜采用（　　）砌筑，容易保证灰缝饱满。

A. 挤浆法　　B. 刮浆法　　C. “三一”砌砖法　　D. 满口灰法

6. 有钢筋混凝土构造柱的标准砖应砌成马牙槎，每槎高度不超过（　　）。

A. 一皮砖　　B. 二皮砖　　C. 三皮砖　　D. 五皮砖

7. 对空心砖墙的砌筑，以下说法正确的是（　　）。

A. 不得采用半砖厚的空心砖隔墙

B. 承重空心砖的孔洞应呈水平方向砌筑

C. 非承重空心砖墙的底部至少砌五皮实心砖

D. 在门口两侧一砖长范围内，用实心砖砌筑

8. 下列哪一个不是“三一”砌筑的内容？（　　）

A. 一铲灰　　B. 一杆尺　　C. 一块砖　　D. 揉一揉

9. 砖墙的水平缝厚度与竖向缝宽度变化范围通常控制在（　　）。

A. 6～8mm　　B. 8～12mm　　C. 12～14mm　　D. >14mm

10. 七分头砖是指（　　）。

A. 1/7砖长　　B. 7皮砖长　　C. 3/4砖长　　D. 1/4砖长

（二）多项选择题

1. 砖墙砌筑时，在（　　）处不得留槎。

A. 洞口　　B. 转角　　C. 墙体中间

D. 纵横墙交接　　E. 隔墙与主墙交接

2. 砌砖宜采用“三一”砌筑法，即（　　）的砌筑方法。

A. 一把刀　　B. 一铲灰　　C. 一块砖

D. 一揉压　　E. 一铺灰

3. 下述砌砖工程的施工方法，错误的是（　　）。

A. “三一”砌筑法即三顺一丁的砌法

B. 砌筑空心砖砌体宜采用“三一”砌筑法

C. “三一”砌筑法随砌随铺，随即挤揉，灰缝容易饱满，粘结力好

D. 砖砌体的砌筑方法有砌砖法、挤浆法、刮浆法

E. 挤浆法可使灰缝饱满，效率高

4. 预防墙面灰缝不平直、游丁走缝的措施是（　　）。

A. 砌前先撂底（摆砖样）　　B. 设好皮数杆

C. 挂线砌筑　　D. 每砌一步架，顺墙面向上弹引一定数量的立线

E. 采用“三一”砌法

■任务三　建筑装饰空间改造工程施工实训

一、明确任务

教师给学生发放并讲解任务书（表 1-1-3）。

表 1-1-3　建筑装饰空间改造工程施工实训学习任务书

项目任务名称	砌体工程施工实训	项目任务编号	1-1-3
项目组组长		项目组成员	
任务完成时间			
任务学习目标	1. 认知目标： （1）了解建筑装饰空间改造工程施工实训的注意事项； （2）了解各种墙体拆改施工工程的要求及国家标准； （3）了解各种墙体拆改工程的工艺流程及施工要求和原则； （4）了解各种墙体拆改工程所需设备及其相关知识； （5）了解墙体拆改工程中会遇到的问题及后期维护问题。 2. 技能目标： （1）具备认清设计图纸墙体拆改的位置和尺寸的能力； （2）具备合理正确使用电路施工工具的能力； （3）能正确解决施工中会遇到的问题及后期维护问题		
任务内容	1. 了解并学习墙体拆改注意事项； 2. 了解并学习墙体拆改施工工程的工艺流程； 3. 墙体拆改施工工艺结构观摩； 4. 墙体拆改工具认识与了解； 5. 墙体拆改技术实际操作实践		

续表

完成考核点	完成墙体拆除和新建墙体的施工工艺实训内容		
完成项目任务情况分析与反思：			
组长签字		成员签字	

二、项目计划与决策

项目组根据项目任务书进行项目实施计划制订和具体实施。项目任务教学实施流程与步骤详见“附表 3：项目任务实施计划书”。

三、砌砖的技术要求

1. 砖基础的技术要求

建筑装饰空间改造砖基础前，应校核放线尺寸，允许偏差应符合表 1-1-4 的规定。

表 1-1-4　放线尺寸的允许偏差

长度 L、宽度 B（m）	允许偏差（mm）	长度 L、宽度 B（m）	允许偏差（mm）
L（或 B）≤30	±5	60＜L（或 B）≤90	±15
30＜L（或 B）≤60	±10	L（或 B）＞90	±20

2. 砖墙的技术要求

砖砌体的水平灰缝厚度和竖缝厚度一般为 10mm，但不小于 8mm，也不大于 12mm。

水平缝的砂浆应饱满，实心砖墙水平灰缝的砂浆饱满度不应低于 80%，可用百格网检查砖底面与砂浆的粘结痕迹面积，每处检测 3 块砖，取其平均值。竖向灰缝宜用挤浆或加浆方法，使砂浆饱满，不得出现透明缝、瞎缝和假缝，严禁用水冲浆灌缝。

砖砌体的转角处和交接处应同时进行建筑装饰空间改造，严禁无可靠措施的内外墙分砌施工，如图 1-1-23 所示。

非抗震设防及抗震设防烈度为 6 度、7 度地区的临时间断处，当不能留斜槎时，可留直槎，但直槎必须做成凸槎，如图 1-1-24 所示。

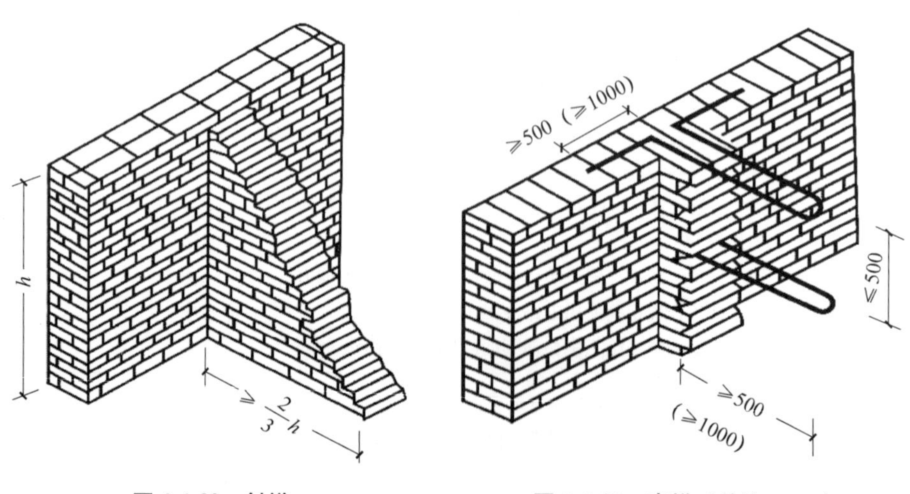

图 1-1-23　斜槎　　图 1-1-24　直槎（单位：mm）

在墙上留置的临时施工洞口，其侧边离交接处的墙面不应小于 500mm，洞口净宽度不应超过 1m。

每层承重墙最上一皮砖、梁或梁垫下面的砖应用丁砖建筑装饰空间改造。

砌体相邻工作段的高度差，不得超过一个楼层的高度，也不宜大于 4m。

现场施工时，砖墙每天砌墙高度不宜超过 1.8m；雨天施工时，每天砌墙高度不宜超过 1.2m。

尚未施工楼板或屋面的墙或柱，当可能遇到大风时，其允许自由高度不得超过表 1-1-5 的规定。

表 1-1-5　墙和柱的允许自由高度（m）

墙（柱）厚（mm）	砌体密度>1600kg/m³			砌体密度 1300～1600kg/m³		
	风载（kN/m²）			风载（kN/m²）		
	0.3（约 7 级风）	0.4（约 8 级风）	0.5（约 9 级风）	0.3（约 7 级风）	0.4（约 8 级风）	0.5（约 9 级风）
190	—	—	—	1.4	1.1	0.7
240	2.8	2.1	1.4	2.2	1.7	1.1
370	5.2	3.9	2.6	4.2	3.2	2.1
490	8.6	6.5	4.3	7.0	5.2	3.5
620	14.0	10.5	7.0	11.4	8.6	5.7

设有钢筋混凝土构造柱的抗震多层砖房，应先绑扎钢筋，而后砌砖墙，最后浇筑混凝土。构造柱与墙体的连接处应砌成马牙槎，马牙槎应先退后进，预留的拉结钢筋应位置正确，施工中不得任意弯折。

四、砌体工程施工实训

学生在实训指导教师的指导下，严格按照施工实施流程及施工要求，分组后逐步进行按墙体拆改注意事项和图纸实训，并填写实训操作的学习资源。

学生确定各自在小组中的分工以及小组成员合作的形式，然后按照已确立的工程实施步骤进行实训。本项目就是按墙体拆改施工实施流程及施工要求进行实际施工，做到拆除墙体和新建墙体。

实训指导教师根据各组学生实训操作，进行因材施教和安全作业的管理。

五、实训作业验收和评价

项目组根据施工流程进行施工项目检查。检查墙体拆除是否正确，检查墙体新建是否达到要求，墙体是否平整，墙体是否牢固等，如发现问题及时进行调整。最后对实训作业进行验收和评价。本项目的考核主要是学生自评、学生互评和教师评价相结合，权重分别为 20%、20%和 60%。考核内容详见“附表 7：建筑装饰设计施工类项目任务考核表”。

六、职业技能训练

（一）选择题

1. 关于砌体结构房屋的受力特点的描述，下列说法错误的是（　　）。

A. 抗压强度高，抗拉强度低　　B. 不适宜于高层建筑

C. 墙和柱的抗弯能力很强　　D. 墙的稳定性用高厚比控制

2. 抗震设防烈度为 6 度、7 度地区，砖砌体临时间断采用直槎时，拉结筋埋入墙体长度每边不应小于（　　）。

A. 240mm　　B. 500mm　　C. 750mm　　D. 1000mm

3. 砌砖墙留槎正确的做法是（　　）。

A. 墙体转角留斜槎加拉结钢筋　　B. 内外墙交接处必须做成阳直槎

C. 外墙转角处留直槎　　D. 不大于 7 度的抗震设防地区留阳槎加拉结筋

4. 砖体墙不得在（　　）部位留脚手眼。

A. 宽度大于 1m 的窗间墙　　B. 梁垫下 1000mm 范围内

C. 距门窗洞口两侧 200mm　　D. 距砖墙转角 450mm

（二）实训题

为了培养学生的动手能力，理论联系实际，使学生了解建筑工程中建筑装饰空间改造工种的基本内涵、基本作用及目的、基本操作流程，增强感性认识，本任务结束以后组织学生进行砖砌体的实际操作。

新建砖墙实训

任务要求：完成一面 L 型墙，两边等边 900mm 长，900mm 高，240mm 厚的砖墙，在墙中留设构造柱 200～240mm。建议一组 6～8 人，在规定课程时间内完成。

项目二　隐蔽工程之电气工程

■概　述

一、隐蔽工程的概念

建筑装饰工程中的隐蔽工程是指运用遮蔽、掩盖、敷设等手段使装饰装修完工后无法肉眼可见的工程项目。如强弱电的布管布线、给排水、防水、暖通、消防等工程。本教材的隐蔽工程主要介绍和讲解水电工程和防水工程。隐蔽工程是建筑装饰实现水电使用功能性的部分，作用至关重要，绝不可忽视。

由于隐蔽工程在施工完就会进行隐蔽，甚至边施工边隐蔽，所以如果发生漏水、断电等问题，必须返工，这将会给业主方、施工方甚至楼上、楼下的住户带来生活的不便或经济等各方面巨大的损失。且由于人们往往在装饰装修过程中更注重外在的装饰效果，隐蔽工程时常得不到足够的重视，造成在选择隐蔽工程材料时以次充好，在施工过程中马马虎虎，忽视安全因素和后期检修情况，给日后生活埋下严重的安全隐患。

二、隐蔽工程之电气工程

电气工程是隐蔽工程中最为重要的工程之一，涉及用电的所有管线敷设、开关插座、空开等施工内容。

（1）电气工程按电路的应用功率类型，可分为强电工程和弱电工程。

强电工程包括居民用电、动力用电、商业用电、景观照明用电、办公用电等。在我国，强电的输送功率一般为380V的工业动力用电或220V的普通民用电。在建筑装饰工程中，主要指各种照明的开关电路，热水器、空调、洗衣机、电视机等电器的电路及各种插座的电路。按国家规定，照明、开关、插座要用2.5mm^2的电线，空调要用4.0mm^2的电线，热水器要用6.0mm^2的电线，但我们在具体施工中一般会升级使用，以保证用电安全。

弱电工程一般是指直流电路或音频、视频线路，网络线路，电话线路，交流电压在36V以内的弱电安装工程。

（2）电气工程按施工内容，可分为管线布设工程与开关、插座安装工程。

管线布设工程又可分为边布管边穿线工艺和先布管后穿线工艺。

边布管边穿线工艺指在布管的同时就将线缆穿于导管中，管布完，线也同时布完。这种工艺施工简单快捷，工期短、工价低，但最大的弊端是完工后不便检修。

先布管后穿线工艺指先将导管布于线槽中，布管时在导管中穿入连通的细铁丝或其他细线，布完管糊完线槽后再运用细铁丝将电线牵引穿入导管中。这种工艺施工相对复杂，难度和要求都较高，工期较长且工价偏高，其最大的优点是：即使在以后的使用中出现故障，也可以将电路全部更换，以便检修。

通常情况下，公共空间建筑装饰工程采用先布管后穿线工艺，以便后期管线的检修。

（3）电气工程按导管是否隐蔽，可分为明设和暗敷。

电路导管或电线不进行开槽隐蔽敷设的就是明设工艺，反之则是暗敷。

现代的室内装饰装修工程一般是按电路的功能类型来确定是否进行暗装隐蔽铺设。

电气工程在室内装饰装修中非常重要，在施工过程中稍微不注意便会给业主在后期使用中带来极大的不便甚至造成生命危险，所以要严加重视。

■任务一　电气工程材料

一、明确任务

教师给学生发放并讲解任务书（表 1-2-1）。

表 1-2-1　电气工程材料学习任务书

项目任务名称	认识电气工程材料	项目任务编号	1-2-1
项目组组长		项目组成员	
任务完成时间			
任务学习目标	1. 认知目标： （1）了解电气工程的分类及其材料特性； （2）了解电路材料的品牌； （3）了解电路材料的使用规格。 2. 技能目标： （1）能根据实际分析出强、弱电，并选择相应的品牌； （2）能根据设计要求及实际使用需要选择电路材料规格		
任务内容	1. 学习并了解电气工程材料的种类、特性等知识； 2. 按计划到建材市场进行材料市场调研，收集整理并汇总资料； 3. 对调研材料进行分析，并形成调研报告； 4. 进行成果展示与汇报		
完成考核点	小组对调研材料的市场、属性、功能等进行分析，撰写并提交调研报告一份		
完成项目任务情况分析与反思：			
组长签字		成员签字	

二、项目任务教学实施流程与步骤

各项目组根据项目任务制订计划并实施。确定各自在小组中的分工以及小组成员合作的形式，然后按照已确立的实施步骤进行实际的任务实施与学习。项目任务教学实施流程与步骤详见“附表 2：认识材料任务实施计划书”。

三、电气工程材料核心知识链接

（一）强电电线的种类

现代装饰装修中，电线电缆都分为铜芯线和铝芯线两种材质，现在一般家庭装修用的多数是铜芯线，铜芯线中的 BV 电线是常用的电线。

1. 按材料种类分

电线按材料种类不同可分为BV、BX、RV、RVV、BVR、BVVR、BLV等电线。

(1) BV电线。BV电线简称塑铜线，是单芯聚氯乙烯绝缘铜硬芯电线（图1-2-1）。B是指电线归类属于布线类，即用于布设（铺设）的电线，所以用拼音首字母B。V指PVC聚氯乙烯，即塑料。BV线允许长期负载温度为65℃，最低负载温度−15℃，工作电压交流500V，直流1000V，可固定明设、暗敷于室内外。

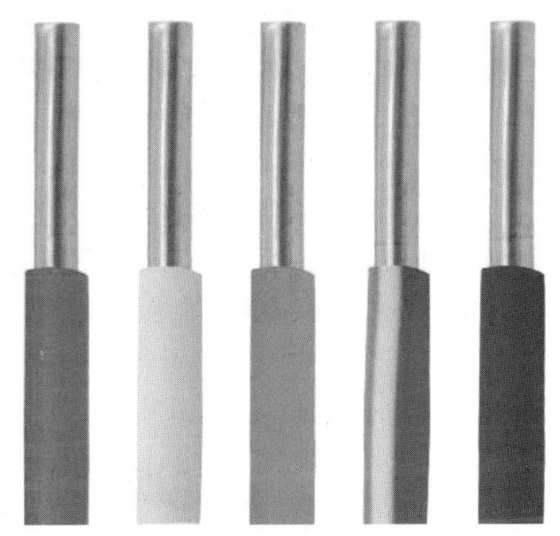

图1-2-1　单铜芯BV电线

BV线可以分为ZR-BV和NH-BV，即阻燃（ZR）和耐火（NH）两种。

ZR-BV：铜芯聚氯乙烯绝缘阻燃电线。绝缘料加有阻燃剂，离开明火不自燃。阻燃BV线又分为A、B、C、D四个等级，其中A等级的阻燃性最好，依此类推。

NH-BV：铜芯聚氯乙烯绝缘耐火电线。正常着火情况下还可以正常使用。适用于交流电压450/750V及以下动力装置、日用电器、仪表及电信设备用的电缆电线。

铜芯聚乙烯绝缘电线型号及名称见表1-2-2。

表1-2-2　铜芯聚氯乙烯绝缘电线型号一览表

序号	型号代号	名称
1	BV	铜芯聚氯乙烯绝缘电线
2	BVR	铜芯聚氯乙烯绝缘软电线
3	BVV	铜芯聚氯乙烯绝缘聚氯乙烯护套圆形电线
4	BVVB	铜芯聚氯乙烯绝缘聚氯乙烯护套平形电线
5	BV-105	铜芯耐热105℃聚氯乙烯绝缘电线

(2) BLV电线。BLV电线是指塑料铝线，是单芯聚氯乙烯绝缘铝（L是铝芯的代码）硬芯电线（图1-2-2）。因为铝的导电性能没有铜好，现代装修中已经较少使用，一般都用铜芯线。

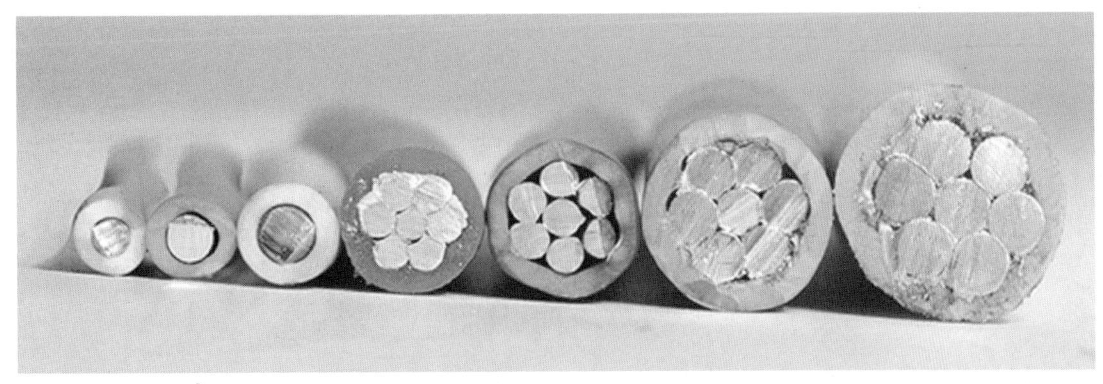

图1-2-2　2.5/4/6/10/16/25/35mm² BLV电线

(3) 其他种类的电线。电线种类按照不同的导体材料，绝缘材料，阻燃、耐火等级，护套工艺，软硬等可以有很多种分类。常用的电线除上面两种还有BX、RV、BVR、RVV、BVVB等。

如两根塑料铜线再用一层塑料绝缘包在一起叫护套线。X是指橡胶绝缘，两根或两根以上的橡胶绝缘铜软电线外层再用橡胶包起来叫防水线。

硬电线用在不移动的地方，而软电线用在移动的地方。比如电水壶、吸尘器、电饭锅等都用软电线。

BX：铜芯橡皮绝缘线，最高使用温度 65℃，敷于室内。

RV：聚氯乙烯绝缘单芯软线，最高使用温度 65℃，最低使用温度−15℃，工作电压交流 250V，直流 500V，用作仪器和设备的内部接线。

BVR：铜芯聚氯乙烯绝缘软电线，只有绝缘层，无外护层，主要用于家庭装修和一般类电子仪表的铺设。

RVV：铜芯聚氯乙烯绝缘和护套软电线（图 1-2-3），允许长期工作温度 105℃，工作电压交流 500V，直流 1000V，用于潮湿、机械防护要求高、经常移动和弯曲的场合。

BVVB：铜芯聚氯乙烯绝缘聚氯乙烯护套电线（图 1-2-4），有外护层。

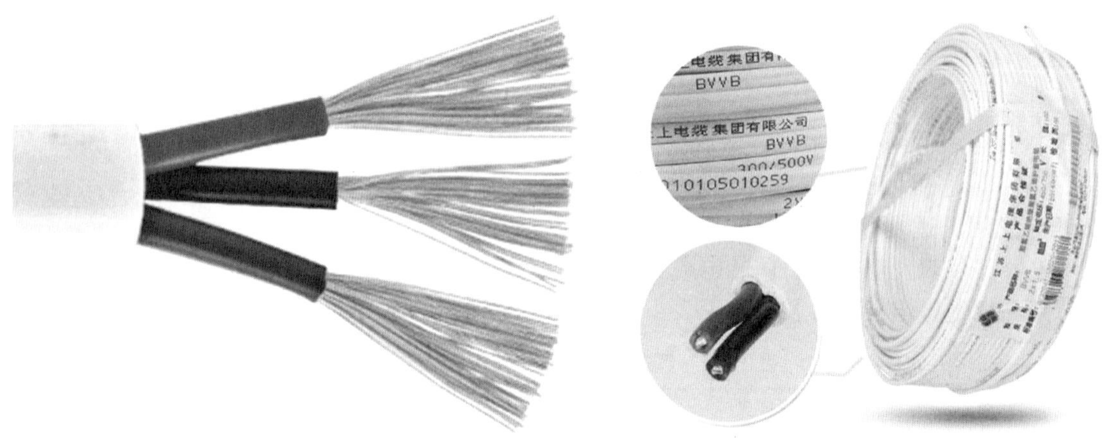

图 1-2-3　RVV 电线　　　图 1-2-4　BVVB 电线

通常说的单塑线是指 BV 系列；双塑线是指 BVV 系列，第一个 V 是指聚氯乙烯绝缘，第二个 V 是指聚氯乙烯护套。

2. 按电线铜芯的横截面面积分

电线按其铜芯的横截面面积（规格）不同可分为电线和电缆。

（1）电线。电线一般指 $10mm^2$ 线径以下由导电线芯和绝缘护套组成的导电线。常用的有 $16mm^2$、$10mm^2$、$6mm^2$、$4mm^2$、$2.5mm^2$、$1.5mm^2$、$1mm^2$ 的电线（图 1-2-5）。

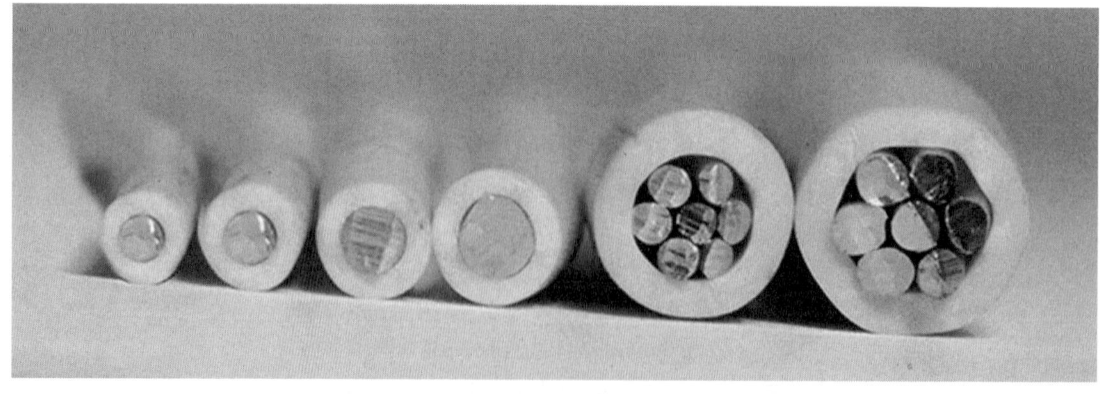

图 1-2-5　1.5/2.5/4/6/10/16mm^2 铜芯电线

$10mm^2$ 的铜芯线一般为家庭入户使用；$6mm^2$ 的铜芯线一般用于大功率的耗电设备如 4P 的空调等；$4mm^2$ 的铜芯线一般是主电路使用，如各居室空间插座；$2.5mm^2$ 的铜芯线一般用在多灯线或用电量不大的居室空间等；$1.5mm^2$ 的铜芯线一般用作地线等。

（2）电缆。电缆（图 1-2-6）一般指 $10mm^2$ 以上由一根或多根相互绝缘的导电线芯置于密封护套中构成的绝缘导电线。其外可加保护覆盖层，用于传输、分配电能或传送电信号。它与普通电线（图 1-2-7）的差别主要是电缆尺寸较大，结构较复杂。

图 1-2-6　电缆　　　　图 1-2-7　电线

电线和电缆的区别方法：直接可以将直径小的叫“线”，直径大的叫“缆”；或结构简单的叫“线”，结构复杂的叫“缆”。但是线和缆其实很多时候是“线中有缆”又“缆中有线”，没有必要严格区分。在日常习惯上，人们把家用布电线叫作电线，把电力电缆简称电缆。

3. 按线芯数量分

电线按线芯数量不同可分为单芯、两芯、三芯、四芯、五芯等。单芯线指在电线中只有一根导电线芯，两芯线指有两根导电线芯，依此类推。三芯以上的就叫多芯线。

4. 按线芯的软硬分

电线按线芯的软硬不同可分为硬芯线和软芯线。硬芯线是指电线的线芯是硬的，不便折弯使用。软芯线指电线的线芯是软的，可以折弯使用。

电线的分类方法很多，除了以上介绍的几种之外，还可以按用途来分等。

（二）弱电线缆的种类

弱电线缆也可以像强电一样根据材料、用途、构成等来分类。由于建筑装饰中弱电常以用途来分类，本教材介绍的也是按用途分类，主要有网络数据线、闭路电视线、电话线、音频连接线等。

1. 网络数据线

网络数据线是用于输送网络数字数据信息的线缆。常见的网络数据线主要有双绞线、同轴电缆、光缆三种。

（1）双绞线。双绞线（图 1-2-8）是由许多对线组成的数据传输线，又分为 STP 和 UTP 两种。双绞线由于价格便宜而被广泛使用。STP（屏蔽双绞线）内有一层或几层屏蔽层，在数据传输时可减少电磁干扰，所以它的稳定性较高。UTP（非屏蔽双绞线）内没有屏蔽层，所以它的稳定性较差，但它的优势是价格便宜。双绞线不但可以用作网络数据线，还可以用作电话线等。

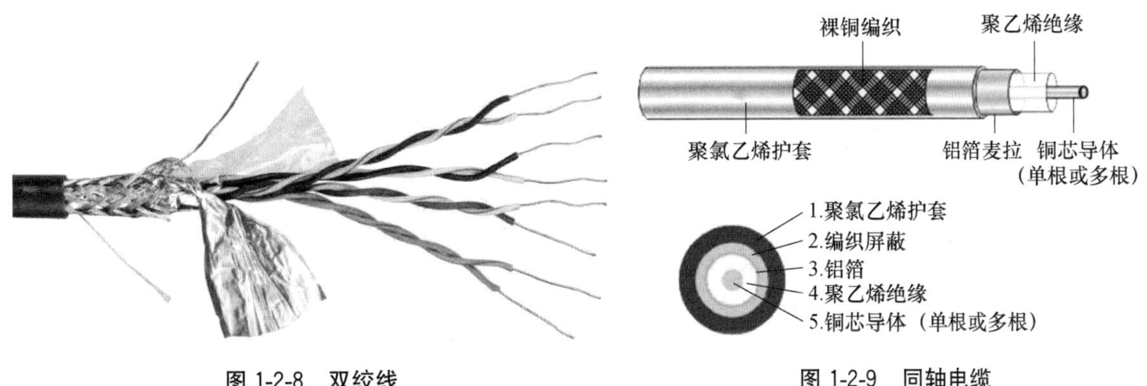

图 1-2-8　双绞线　　　　图 1-2-9　同轴电缆

（2）同轴电缆。同轴电缆（图 1-2-9）是指有两个同心导体，而导体和屏蔽层又共用同一轴心的电缆。最常见的同轴电缆由绝缘材料隔离的铜线导体组成，在里层绝缘材料的外部是另一层环形导体及其绝缘体，然后整个电缆由聚氯乙烯或特氟纶材料的护套包住。同轴电缆的优点是抗干扰能力好、传输数据稳定、价格便宜，所以得到了广泛使用。同轴电缆除了可以用作网络数据线以外，还可以用作闭路电视线等。

（3）光缆。光缆又名光纤，是由一定数量的光导纤维（细如头发的玻璃丝）按照一定方式组成缆心，再加上加强钢丝、填充物和护套等几部分组成。光缆是目前最先进的网络数据线，由于靠光波传送，其特点就是抗电磁干扰性极好，保密性强，速度快，传输容量大，且由于价格便宜，如今已经是大容量网络数据传输的主要材料，得到了广泛的普及和运用。

2. 音频连接线

音频连接线简称音频线，是用于传输电声信号或数据的缆线，一般为双芯屏蔽线缆。

3. 弱电线路辅助材料

弱电线路的辅助材料较多，如网络数据线的辅助材料水晶头、电视视频线的插头等各种接头及线卡。

（三）电线质量的要求

为了方便电线坏掉以后的更换，护套线等一些直接埋在墙内的线种不要用在家装中，家装最好使用单根铜芯线。根据不同的电器用电负荷，使用不同的线径，以确保正常使用。

1. 铜芯

现代装饰工程中强电工程绝大多数用的都是铜芯线，要求铜芯线必须是精红紫铜而不能用再生杂铜。精红紫铜的铜芯线（图 1-2-10）没有杂质，在施工过程中能缠绕和折叠，具有良好的柔软手感和优良的导电性。再生杂铜做的铜芯在施工过程中容易折断和损坏，由于存在杂质，其导电性能差，在长期的导电过程中容易发热将绝缘皮熔化，从而发生不可预知的危险。

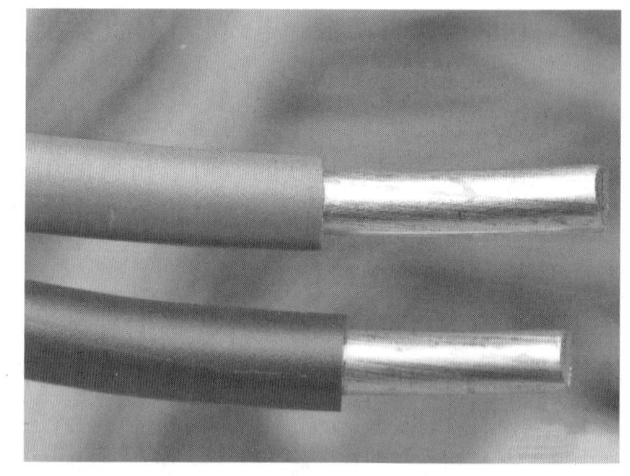

图 1-2-10　优质铜芯线

2. 绝缘皮

优质电线的绝缘皮色泽比较鲜艳，厚薄一致。劣质电线的绝缘皮多为再生塑料，色泽比较暗淡。隐蔽敷设的电线绝缘皮不能有破损，否则容易发生漏电、短路、起火等安全事故。

3. 线径

线径的粗细要达到要求，长度要够数。有的劣质电线 4mm^2 的铜芯只有 2.8mm^2 左右，2.5mm^2 的铜芯只有 1.8mm^2 左右，严重影响大功率电器的运行使用，导致经常跳闸。有的劣质电线规定 100m 的长度却只有 85m 左右，严重短尺少寸。

4. 认证标识

电线电缆产品是国家强制安全认证产品，所有生产企业必须取得中国电工产品认证委员会的“CCC”认证，在合格证或产品上有“CCC”认证标志。

5. 品牌选择

电路线在现代装修中一般要求埋暗线，出了问题后很难真正维护。所以一定要选择好品牌的线材。如目前贵州省本地的装修市场，强电线一般选本地生产的玉蝶牌硬（软）芯护套线，质量有保障；国内比较知名的电线电缆品牌有宝胜电缆、胜华电缆、南洋电缆、亨通光电、远东电缆、鲁能泰山电缆等。

（四）电线导管的种类

电线导管可以按导管材料、导管的直径大小等来分类。

1. 按导管材料分类

按导管材料不同，目前用于电气工程线缆导管的主要有聚氯乙烯管材（PVC-U 管）、高密聚乙烯管材（HDPE管）、双壁波纹管、铝塑复合管、硅芯管和混凝土管等。建筑装饰工程中通常用的是内、外壁光滑的实壁软、硬聚氯乙烯塑料管。室外的电路输送系统一般埋于地下，主要选用混凝土管（水泥管）、PVC-U管、HDPE管、双壁波纹管等。

（1）聚氯乙烯电线导管（PVC-U管）。聚氯乙烯电线导管（PVC-U管）（图1-2-11）是热塑性树脂材质，其主要成分为聚氯乙烯树脂，是由聚氯乙烯树脂混合稳定剂、润滑剂等后用热压法挤压成型。成型的聚氯乙烯树脂导管耐热性、韧性、延展性都得到了加强，管长通常为4m、5.5m或6m。PVC-U管表面膜的最上层是漆，中间的主要成分是聚氯乙烯，最下层是背涂胶粘剂。电线埋墙暗装必须使用导管进行保护，由于PVC-U管具有价格实惠、可弯曲性强、便于施工、绝缘性能好、防潮、耐酸耐碱耐腐蚀、耐压耐冲强度高，且适用于各种条件下的缆线施工等优点，是现代家庭装饰装修的首选材料，得到了普遍使用。

PVC-U管的辅助材料很多，主要有各种型号的槽盒、管卡、管托、分线盒、胶粘剂、接头等，如图1-2-12所示。

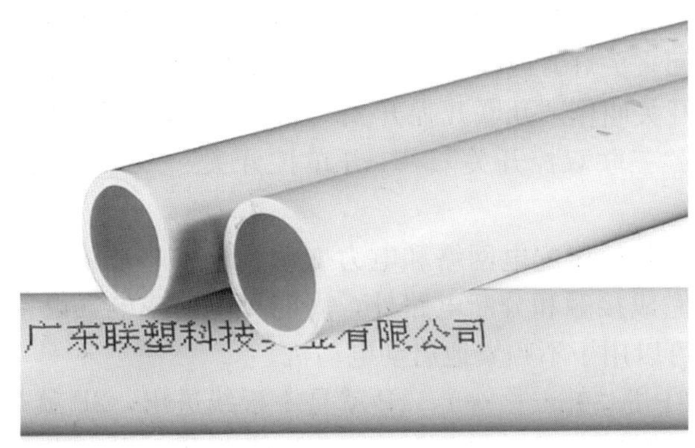

图1-2-11　PVC-U管

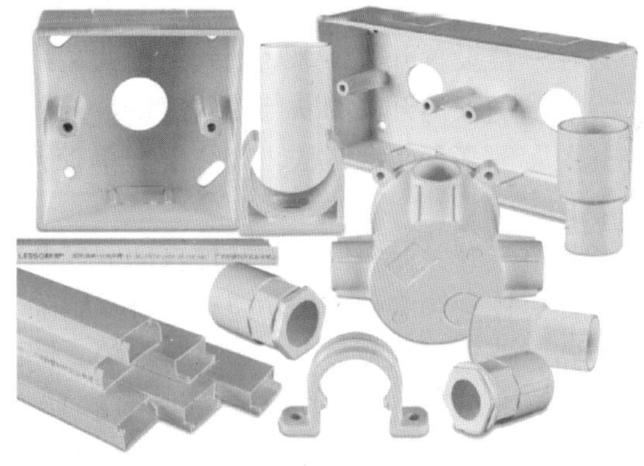

图1-2-12　PVC-U管配件

（2）金属导管材料。金属导管材料主要有KBG管（扣压式薄壁钢管）（图1-2-13）和JDG管（紧定式薄壁钢管）等。金属导管材料的成本相较PVC-U管要贵，且施工难度要大，主要用于防火要求高的公共空间，现在大有被PVC-U管取代的趋势。

图1-2-13　KBG电线导管

2. 按直径大小分类

导管的直径指的是导管的内径，由于壁厚不一样，管外径有多种。PVC-U管按直径大小可分为16mm、20mm、25mm、30mm、40mm、50mm、75mm、90mm、110mm等直径的导管。常用于室内敷设的导管有16mm、20mm、25mm三种，主要是根据线缆的数量而定。

（五）电线导管质量要求

（1）PVC-U管可用手大力捏看是否容易捏瘪，能够轻松捏瘪的线管为劣质线管。要选用强度、韧性好的阻燃绝缘PVC-U管；金属导管需要内外壁都平滑，无明显气泡、裂纹及色泽不均等缺陷，内外表面没有凸棱及类似缺陷，管口边缘平滑，不损伤电线、电缆的绝缘层；KBG钢管内外壁镀锌层应光亮、均匀，无破损脱落。

（2）用手折，看是否容易折断或折裂，易断裂的为劣质导线管。

（3）看品牌、厂址等标识是否清晰，模糊的为劣质导线管。

（4）看防伪标志。别选择“三无”产品。

（六）插座的种类

1. 开关的种类

（1）普通电路开关。普通电路开关的分类主要是按“联”和“控”来分。

所谓“联”也叫“位”“开”，即在同一开关面板里可以切断几个电路回路，一个的为单联开关，两个的为双联开关，三个的为三联开关，四个的为四联开关，五个及以上的统称为多联开关。简单说就是一个开关面板里有几个开关按键，就是几联开关。如有三个开关按键的就是“三联开关”，也叫“三开开关”“三位开关”。开关的联数是根据建筑装饰空间里需要控制的灯具数量的电路路数来决定的。

所谓“控”又称“级”，指一个电路回路可以在几个地方有几个开关进行控制，只能在一个地方一个开关的为单控，在两个地方两个开关的为双控，在三个地方三个开关的为三控，四控以上的很少运用，只可能在某些特殊的建筑空间才会用到。单控和双控的较为常用，适用三控的建筑空间也较少。单控开关主要用于较小的建筑空间，便于操作，节约成本。双控开关主要用于主卧室、较长的走道、楼梯间等，主要是便于使用。三联以上的开关较少用，主要用在多层楼、别墅等建筑空间。如在有三层别墅的楼梯间，就需要将楼梯间的大吊灯设计成三控开关，使在每层楼都可以进行开和关的控制，如果只在一楼设置开关，那么上到三楼就又需要倒回来关灯，或摸黑上楼，给使用者带来诸多不便。

为了准确表达开关的联与控的数量，一般会把开关叫作“几联几控开关”“几开几控开关”“几位几控开关”等多种组合叫法。如“单联单控开关”“三联双控开关”“一开单控开关”“三位二控开关”等。

（2）空气开关。空气开关又称自动空气断路器，是低压配电网络和电力拖动系统中非常重要的一种电器，集控制和多种保护功能于一身。它除了能完成接触和分断电路外，尚能对电路或电气设备发生的短路、严重过载及欠电压等进行保护，同时也可以用于不频繁地启动电动机。

空气开关可从1P到4P（1P的厚度是18mm，2P是36mm……），1P就是1根线进出，2P就是2根线进出，依此类推。家里一般就用到1P或者2P，1P和2P的区别就是1P只能断开1根火线，2P是能同时断开火线和零线也就是1P＋N，所以相对来说2P的更好点。

1P的只能保护一根火线，适用于照明或者是小功率电器使用安装。

2P的保护一根火线和一根零线，可以接在220V的电动机之类的电器上。

3P的保护三根火线，使用在380V的电器上，一般家庭很少使用。

4P的保护三根火线和一根零线，用在带零线的380V的电器上，作为总开关也是不错的选择。

2. 插座的型号种类

（1）86型插座（图1-2-14、图1-2-15）：形状为正方形。大小规格为86mm×86mm。上面可以有1、2、3个模块功能元件。86型为国际标准，很多发达国家都是装的86型，也是目前我国常用的开关类型。

图1-2-14　86型5孔插座

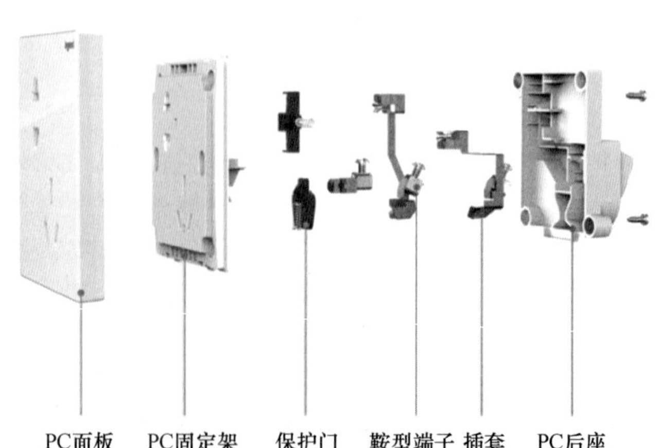

图1-2-15　86型插座分解图

（2）118 型插座（图 1-2-16、图 1-2-17）：118 型插座的标准面板为 118mm×74mm，可进行三孔插座、双孔插座、网线、电视线等多种功能模块元件的自由组合。118 型插座模块按大小分为 1/2、1 位两种。目前在实际的建筑装饰工程中，由于 118 型、120 型模块外形美观，组合自由，已经逐渐成为通用的插座类型。

图 1-2-16　118 型插座

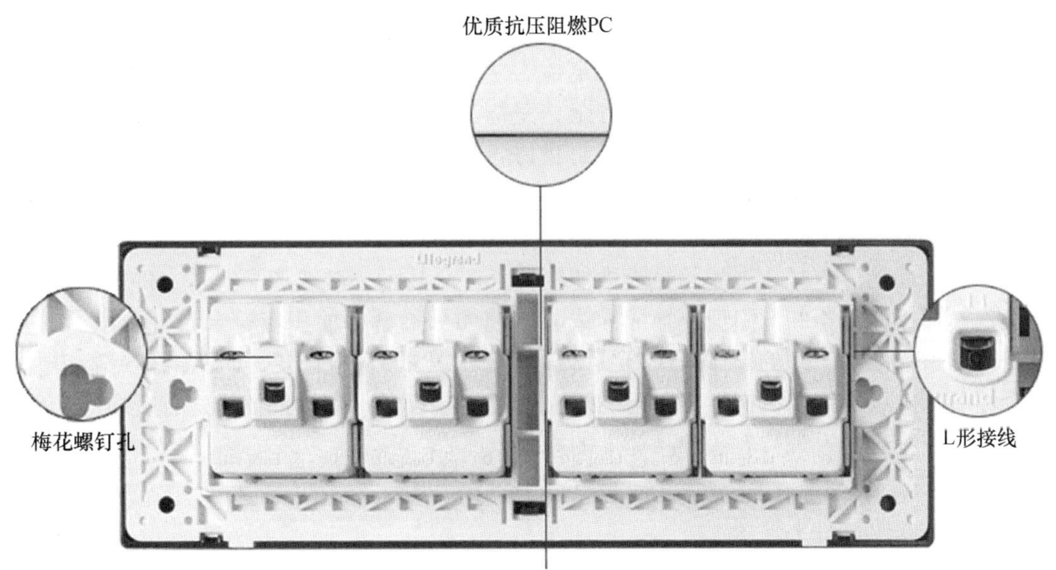

图 1-2-17　118 型插座元件组合图

（3）120 型插座：120 型插座常见的模块以 1/3 为基础标准，即在一个竖装的标准 120mm×74mm 面板上，能安装下三个 1/3 标准模块。其模块按大小分为 1/3、2/3、1 位三种。

（七）开关插座质量要求

（1）开关插座要有生产检验合格证。

（2）包装、外观及开关插座不能有破损。

（3）开关插座的参数必须达到实际使用要求。

（八）照明灯具的种类

灯光是夜晚的精灵，更是现代生活的必需品。灯具的分类方式很多，可以从用途上分为家居照明灯具、商业照明灯具、工业照明灯具、道路照明灯具、景观照明灯具及特种照明灯具等；也可以从材质上分为白炽灯、荧光灯、节能灯、卤素灯、卤钨灯、气体放电灯和 LED 特殊材料的照明等；还可按风格、材质等来进行分类。一般来说，建筑家居装饰空间所用到的灯具主要是按灯具本身的形态来分类，可分为吊灯、吸顶灯、壁灯、筒灯、灯带、灯管等。

吊灯是用吊杆将灯具主体吊于屋顶的灯。吊灯设计款式繁多，如有尖扁罩花灯、锥形罩花灯、玉兰罩花灯、束腰罩花灯、橄榄吊灯、五花圆球吊灯等。吊灯适用于客厅、餐厅、卧室等。

吸顶灯是指直接安装于顶的灯具，因整个灯具像吸附在顶上一样而得名。常用的吸顶灯有方罩吸顶灯、圆球吸顶灯、尖扁圆吸顶灯、半圆球吸顶灯、半扁球吸顶灯、小长方罩吸顶灯等，适合安装于客厅、餐厅、卧室、阳台等装饰空间。

壁灯是安装于墙壁上的灯具。壁灯适用于卧室、卫生间、户外等空间。常用的壁灯有双头玉兰壁灯、双头橄榄壁灯、双头花边壁灯、玉柱壁灯、镜前壁灯等。

筒灯是指直接安装在吊顶上的灯具，其形状像个圆筒。只要是有吊顶且吊顶的高度在 10cm 以上都可以安装合适的筒灯。

灯带和 T4、T5 灯管都是为塑造带状光带而设置的照明灯具。其主要安装于吊顶、电视背景墙等需要营造各种氛围的装饰空间。

灯具的选择原则主要是安全耐用、节能环保、造型美观、经济实惠。

四、电气工程材料验收

（一）电气工程材料验收标准

1. 绝缘导线、电缆的进场验收

绝缘导线、电缆的进场验收应符合下列规定

（1）合格证的查验。合格证内容填写应齐全、完整。

（2）外观检查。包装完好，电缆端头应密封良好，标识应齐全。抽检的绝缘导线或电缆绝缘层应完整无损，厚度均匀。电缆无压扁、扭曲，包装不应松卷。绝缘导线、电缆外护层应有明显标识和制造厂标。

（3）检测绝缘性能。电线、电缆的绝缘性能应符合产品技术标准或产品技术文件规定。

（4）检查标称截面面积和电阻值。绝缘导线、电缆的标称截面面积应符合设计要求，其导体电阻值应符合现行国家标准《电缆的导体》（GB/T 3956—2008）的有关规定。当对绝缘导线和电缆的导电性能、绝缘性能、绝缘厚度、机械性能和阻燃耐火性能有异议时，应按批抽样送有资质的实验室检测。检测项目和内容应符合国家现行有关产品标准的规定。

2. 导管的进场验收

导管的进场验收应符合下列规定

（1）查验合格证。钢导管应有产品质量证明书，塑料导管应有合格证及相应检测报告。

（2）外观检查。钢导管应无压扁，内壁应光滑；非镀锌钢导管不应有锈蚀，油漆应完整；镀锌钢导管镀层覆盖应完整、表面无锈斑；塑料导管及配件不应碎裂，表面应有阻燃标记和制造厂标。

（3）应按批抽样检测导管的管径、壁厚及均匀度，并应符合国家现行有关产品标准的规定。

（4）对机械连接的钢导管及其配件的电气连续性有异议时，应按现行国家标准《电气安装用导管系统》（GB 20041）的有关规定进行检验。

（5）对塑料导管及配件的阻燃性能有异议时，应按批抽样送有资质的实验室检测。

3. 开关、插座、接线盒和风扇及附件的进场验收

开关、插座、接线盒和风扇及附件的进场验收应包括下列内容

（1）查验合格证。合格证内容填写应齐全、完整。

（2）外观检查。开关、插座的面板及接线盒盒体应完整、无碎裂、零件齐全，风扇应无损坏、涂层完整，调速器等附件应适配。

（3）电气和机械性能检测。对开关、插座的电气和机械性能应进行现场抽样检测，并应符合下列

规定：不同极性带电部件间的电气间隙不应小于3mm，爬电距离不应小于3mm；绝缘电阻值不应小于5MΩ；用自攻锁紧螺钉或自切螺钉安装的，螺钉与软塑固定件旋合长度不应小于8mm，绝缘材料固定件在经受10次拧紧退出试验后，应无松动或掉渣，螺钉及螺纹应无损坏现象；对于金属间相旋合的螺钉、螺母，拧紧后完全退出，反复5次后，应仍然能正常使用。

(4) 对开关、插座、接线盒及面板等绝缘材料的耐非正常热、耐燃和耐漏电起痕性能有异议时，应按批抽样送有资质的实验室检测。

(二) 填写完成材料验收表

详见“附表4：建筑装饰材料验收表”。

五、项目任务考核

本项目的考核主要是学生自评、学生互评和教师评价相结合，权重分别为20%、20%和60%。考核内容详见“附表2：认识材料任务实施计划书”。

六、职业技能训练

1. 选择题

(1) BV电线是指（　　）。

A. 聚氯乙烯绝缘铝硬芯线　　B. 聚氯乙烯绝缘铝软芯线

C. 聚氯乙烯绝缘铜软芯线　　D. 聚氯乙烯绝缘铜硬芯线

(2) BVR电线是指（　　）。

A. 铜芯橡皮绝缘线　　B. 聚氯乙烯绝缘单芯软线

C. 铜芯聚氯乙烯绝缘聚氯乙烯护套电线　　D. 铜芯聚氯乙烯绝缘软电线

(3) 铜芯聚氯乙烯绝缘电线长期允许工作温度最高、最低分别为（　　）。

A. 65℃、−10℃　　B. 65℃、−15℃　　C. 60℃、−15℃　　D. 60℃、−10℃

(4) 电线一般指（　　）线径以下由导电线芯和绝缘护套组成的导电线。

A. $6mm^2$　　B. $8mm^2$　　C. $10mm^2$　　D. $12mm^2$

(5) 建筑装饰中弱电材料按用途分类，下列不是弱电的是（　　）。

A. 闭路电视线　　B. 网络数据线　　C. 保护地线　　D. 音频线

(6) 鉴别铜芯线质量的办法较多，下面不是其鉴别办法的是（　　）。

A. 绝缘皮是否完整　　B. 铜芯是否有杂质　　C. 线径是否达标

D. 是否具有“CCC”认证标识　　E. 产地是否为原产地

(7) 下列不属于聚氯乙烯电线导管（PVC-U管）的主要特点的是（　　）。

A. 耐压耐冲强度高　　B. 防火防高温　　C. 防霉防潮

D. 耐酸耐碱耐腐蚀　　E. 绝缘性好防漏电

(8) 一个面板上有三个开关闭合控制键，其中一个是可以在两个地方同时控制一个灯具的叫（　　）开关。

A. 三联双控　　B. 三级双控　　C. 三级双联　　D. 三控双联

(9) 下面的开关插座面板中不是常用尺寸的是（　　）。

A. 86型　　B. 90型　　C. 118型　　D. 120型

(10) 下边不是灯具选择的主要原则的是（　　）。

A. 安全耐用　　B. 节能环保　　C. 正规厂家生产　　D. 经济实惠

2. 简答题

(1) 简述BV线的种类及其特点。

(2) 简述弱电线缆的种类及其特点。

（3）简述普通电路开关的分类。
（4）电路材料的验收标准主要有哪些。
3. 实训题
以小组形式到市场对电路材料进行调研，并填写调研表，写出不少于3000字的调研报告。

■任务二　电气工程布线与分组设计

一、明确任务

教师给学生发放并讲解任务书（表1-2-3）。

表1-2-3　电气工程布线与分组设计学习任务书

项目任务名称	电气工程布线与分组设计	项目任务编号	1-2-2
项目组组长		项目组成员	
任务完成时间			
任务学习目标	1. 认知目标： （1）了解并掌握电的核心知识； （2）了解电路分组的方法与原则； （3）了解电路分组符号与制图技巧。 2. 技能目标： （1）能根据实际分析户型所用电量的大小； （2）能根据使用要求进行电路的设计与分组； （3）能将电路的设计与分组用CAD绘制出来		
任务内容	1. 对电的核心知识的再认识； 2. 进行电路的设计与分组实训		
完成考核点	小组对调研材料的市场、属性、功能等进行分析，撰写并提交调研报告一份		
完成项目任务情况分析与反思：			
组长签字		成员签字	

二、项目计划与决策

项目组根据项目任务书进行项目实施计划制订和具体实施。项目任务教学实施流程与步骤详见“附表3：项目任务实施计划书”。

三、电的核心知识

（一）交流电与直流电

1. 交流电

交流电流（Alternating Current，AC，也称“交变电流”，简称“交流”）是指大小和方向随时间做周期性变化的一种电流。交流电在一个周期内的运行平均值为零。

当发现了电磁感应后，产生交流电流的方法就被人们知晓。1882年，英国电工詹姆斯·戈登建造了大型双相交流发电机。开尔文勋爵与塞巴斯蒂安·费兰蒂（Sebastian Ziani de Ferranti）开发了早期交流发电机，频率介于 100Hz 与 300Hz 之间。

尼古拉·特斯拉（Nikola Tesla，1856—1943）于 1891 年发明了交流发电机。

交流电最基本的形式是正弦电流。我国交流电供电的标准频率规定为 50Hz（方向和强度每秒改变 50 次），日本等国家为 60Hz。

2. 直流电

直流电（Direct Current，DC）又称恒定电流，是电荷的单向流动或者移动，是指方向和时间不做周期性变化的电流。但电流大小可能不固定，而产生波形。其所通过的电路称直流电路，是由直流电源和电阻构成的闭合导电回路。直流电是爱迪生发现的。

直流电通常可分为脉动直流电和稳恒电流。脉动直流电中有交流成分，如彩电中的电源电路中有大约 300V 的电压是脉动直流电成分。稳恒电流则是比较理想的，大小和方向都不变。

（二）单相电与三相电

1. 单相电

单相电（Single-phase electric power）是指在交流电力线路中具有的单一交流电动势，通常指电压为 220V、50Hz 的交流电。单相电是由一根相线（俗称火线，颜色一般为红色）和一根零线（颜色一般为蓝色）构成的电能输送形式，必要时会有第三根线（地线），用来防止触电（图 1-2-18、图 1-2-19）。对外供电时一般有两个接头，单相供电方式广泛用于日常生活之中，如电脑、白炽灯泡、电视等的用电。

图 1-2-18　单相接空开

图 1-2-19　单相接插座

2. 三相电

三相交流电是电能的一种输送形式，简称三相电。三相交流电源是由三个频率相同、振幅相等、相位依次互差 120°的交流电势组成的电源。

三相交流电的用途很多，工业中大部分的交流用电设备，例如电动机，都采用三相交流电，也就是经常提到的三相四线制。三相电用于电动机的电源，发动机转子不会发生卡住现象，因为三相电的三个相位差均为无差别的 120°。图 1-2-20～图 1-2-22 所示分别为三相电度表的连接方式、三相电连接方式、三相电传输方式。

3. 三相电与单相电的关系

中国的电力系统是三相四线制。三条相线、一条零线，相与相之间的电压是线电压，电压为 380V；相线与零线之间称为相电压，电压是 220V。单相电是三相电的一部分，一路三相电（三相四线）可以分为三路单相电，其关系如图 1-2-23 所示。

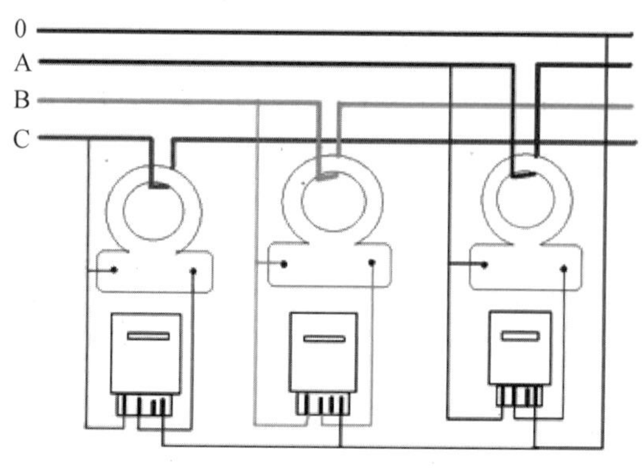

图 1-2-20　三相电度表的连接方式

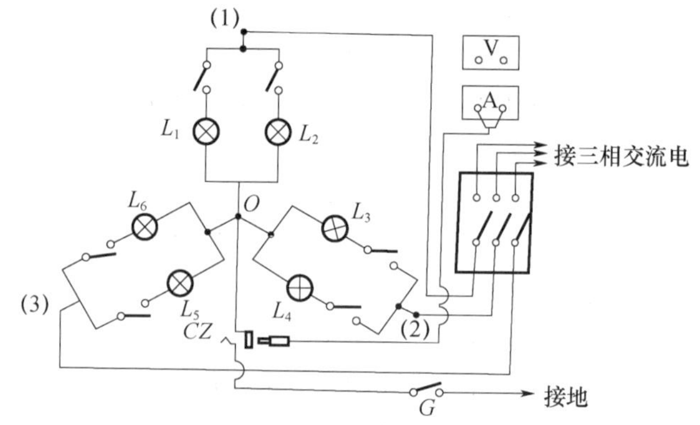

图 1-2-21　三相电连接方式

图 1-2-22　三相电传输方式

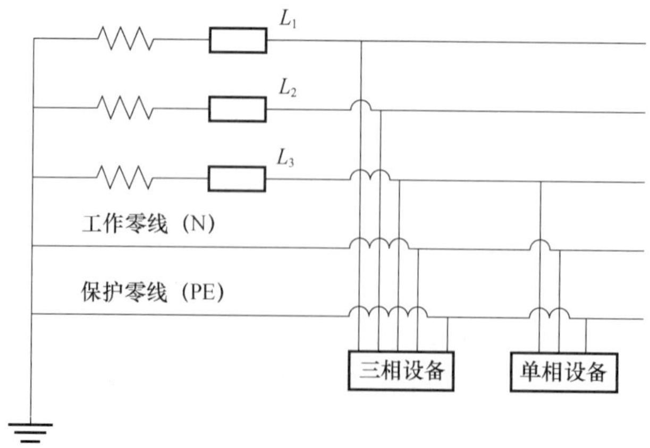

图 1-2-23　单相电与三相电关系示意图

（三）各种电量关系

耗电量单位：千瓦·小时（kW·h），又称“度”。

功率（P）单位：瓦特，简称瓦（W）。

电流（I）单位：安培，简称安（A）。

电压（U）单位：伏特，简称伏（V）。家用电源一般是单相交流电，电压为220V；工业用电源是三相交流电，电压为380V。

功率＝电流×电压，即 $P=U\cdot I$。

耗电量＝功率×用电时间，即耗电量＝$P\cdot T$。耗电量的单位是度，1度电是指1000瓦的功率使用1小时所消耗的用电量。

（四）常见电压值

电压单位及其换算：1伏特等于对每1库仑的电荷做了1焦耳的功，即1V=1J/C。强电压常用千伏（kV）为单位，弱小电压的单位可以用毫伏（mV）、微伏（μV）。

它们之间的换算关系是：1kV=1000V；1V=1000mV；1mV=1000μV。

日常生活中的电压值见表1-2-4。

表1-2-4　日常生活中的电压值一览表

序号	电压类型	电压值	备注	序号	电压类型	电压值	备注
1	电视天线感应的电压	约0.1mV		8	家庭电路	220V	中国内地
2	维持人体生物电流的电压	约1.2mV		9	动力电路	380V	
3	碱性电池标称电压	1.5V		10	无轨电车电源	550～600V	
4	电子手表用氧化银电池两极间的电压	1.5V		11	电视机显像管	10kV以上	
5	铅蓄电池电压	2V		12	列车电网	25000V	
6	移动电话电池两极间的电压	3.7V		13	闪电云层间电压	1000kV	
7	对人体安全的电压	不高于36V	干燥情况下				

（五）电线规格的计算方法

电线的“平方”是电线规格的一个标称值，是指电线圆形的横截面，其单位是mm^2。电线分铜芯线和铝芯线（老房子有，现在很少了）两种，一般家庭装修用的是铜芯线。电线中间的铜丝、铝丝都是圆形的，这些圆形的截面面积，就是电线的平方数。电线圆截面“平方”计算公式为：

$$S=\pi r^2$$

式中：S——电线圆截面面积；r——电线圆截面半径；π——圆周率。

例如，1平方的电线就是指单股（BV）线的线芯截面面积为$1mm^2$。我们根据计算公式可以算出1平方电线的直径（丝径）：

$$r^2=S\div\pi=1\div3.14\approx0.3185$$

$$r=\sqrt{0.3185}\approx0.564358$$

$$D(\text{电线直径})=r\times2=1.12871608(\text{mm})$$

1平方电线的直径（丝径）就是1.12871608mm。通常情况下，电线的直径取值保留两位小数，故1平方的电线直径约等于1.13mm。

再如，2.5平方电线的直径（丝径）是1.78mm，面积计算则为1.78÷2=0.89；0.89×0.89×3.14=2.48，约等于2.5，所以称为2.5平方的电线。

（六）电线规格的选用

电线一般分为0.5、1、1.5、2.5、4、6、10、16、25、35、50、70、95、120、150、185、240平方等。10（平方）以下的一般叫电线，10（平方）以上的叫电缆。在购买时说买电线，一般就认为是买10平方以下的，如果说买电缆，一般就认为是要10平方以上的。10平方以上的电缆大都是多根铜线绞成一根组成。10 平方以下的由毛丝铜线组成的一根电线叫软线，也叫绞合线，而只有一根的铜线叫硬线，也叫独股线。

在进行电线规格的选用时，如果导线是铝线，线径要取铜线的 1.5～2 倍。即选铜线适应 1.5 平方的，铝线就要选择 2.5 平方的。如果铜线电流小于 28A，按每平方 10A 来取就比较安全。如果铜线电流大于 120A，就按每平方 5A 来取。导线的截面面积所能正常通过的电流可根据其所需要导通的电流总数进行选择，一般可按照如下口诀进行电线规格的选择：

十下五　百上二　二五三五四三界　柒拾玖伍两倍半　铜线升级算

即 10 平方以下的铝线，平方数乘以 5，如 2.5 平方的铝线只能负载 2.5×5＝12.5A；100 以上的截面面积乘以 2；25 平方以下的乘以 4；35 平方以上的乘以 3；70 平方和 95 平方的都乘以 2.5。

如果导线是铜线，升一个档就安全了。如本来该用 2.5 平方的铜线，选用 4 平方的就很安全。

一般来说，当电网电压是 220V 时，每平方电线的经验载电量是 1kW 左右。每个平方铜线可以载电 1～1.5kW，铝线每个平方可载电 0.6～1kW。

BV 线负载电流值见表 1-2-5。

表 1-2-5　BV 线负载电流值

型号	BV 线负载电流值														
额定电压（kV）	0.45/0.75														
导体工作温度（℃）	70														
环境温度（℃）	30	35	40	30				35				40			
导线排列	O—S—O—S—O														
导线根数				2～4	5～8	9～12	12 以上	2～4	5～8	9～12	12 以上	2～4	5～8	9～12	12 以上
标称截面（mm^2）	明敷载流量（A）			导线穿线管敷设载流量（A）											
1.5	23	22	20	13	9	8	7	12	9	7	6	11	8	7	6
2.5	31	29	27	17	13	11	10	16	12	10	9	15	11	9	8
4	41	39	36	24	18	15	13	22	17	14	12	21	15	13	11
6	53	50	46	31	23	19	17	29	21	18	16	20	20	16	15
10	74	69	64	44	33	28	25	41	31	26	23	38	29	24	21
16	99	93	86	60	45	38	34	57	42	35	32	52	39	32	29
25	132	124	115	83	62	52	47	77	57	48	43	70	53	44	39
35	161	151	140	103	77	64	58	96	72	60	54	88	66	55	49
50	201	189	175	127	95	79	71	117	88	73	66	108	81	67	60
70	259	243	225	165	123	103	92	152	114	95	85	140	105	87	78

四、电路分组设计

建筑装饰工程中的电路分组是指将室内的电路根据电气设备的使用用途、功率等进行分开分组设计，而不是全部置于一条线路一根导管之中。其目的是方便用户使用时不会因为一处故障造成大面积断电问题。若所有电路的电线都在一组导管中，一是不利于检修；二是导管空间有限，线多容易发热导致线的绝缘外层破损，造成短路等事故。一般分组越多，故障范围越小，越好查找哪个电器出了问题。但分组过细，不仅造成用线量增加，同时也会使施工困难，线管难穿。所以建筑装饰工程中的电路分组是需要根据室内的电气设备、照明灯具等的使用情况来进行设计的。

建筑装饰工程中的电路主要分为强电与弱电。建筑装饰工程中的电气工程也就分为强电布管布线工程、弱电布管布线工程、插座与电气安装工程。

强电与弱电是相对的概念。它们的主要区别是电压的强度不同和用途的不同，不是单纯的以电压大小来界定两者的关系，电压也不是区分强电和弱电的标准。人们习惯上把高于人体安全电压的 36V 及以上划定为强电，低于 36V 划定为弱电。

强电指电工领域的电力部分，即给电气设备提供电能动力的供配电系统，包括空调线、照明线、插座线、动力线、高压线等。强电的特点是电压高、电流大、功率大、频率低（一般是 50Hz），主要是工业用的 380V 的三相交流强电或民用的 220V 的单相交流强电，以电线输送。

弱电主要有两类：一类是国家规定的安全电压等级及控制电压等低电压电能，有交流与直流之分，如 24V 直流控制电源，或应急照明灯备用电源。另一类是以输送载有语音、图像、数据等信息源的电话、网络、闭路电视、音响、广播系统、楼宇自动控制（如门禁和安防）等电气设备的信息为主的电路系统，实现信息的传送和控制。其特点是电压低（一般在 36V 以下）、电流小、功率小、频率高，主要考虑的是信息传送的效果问题，如信息传送的保真度、速度、广度、可靠性。弱电的传输有有线与无线之分，无线电以电磁波传输，如网络的无线发送器。

（一）常用电气设备电负荷计算

1. 负荷计算的目的

(1) 确定建筑物的用电计算负荷，以便正确合理地选择电气设备。

(2) 确定用户的进线开关、电表流程、进线电缆截面的大小。

(3) 确定区域楼层的配电箱进线开关及电缆截面。

(4) 确定整个建筑物的计算负荷，合理选择变压器容量。

(5) 确定当地供电部门规定的补偿电容的容量。

(6) 确定线路损耗及电能损耗。

2. 计算前的准备

(1) 由于建筑物内功能繁多，受用户对象、气候条件、生活工作特点等因素影响，用电负荷的不确定因素多，要准确进行负荷计算难度很大，需要设计人员详细了解每个装饰空间的用电特点，加强调查研究，掌握装饰空间的用电设备情况。

(2) 参考国内外同类装饰工程的实例进行分析，运用“需要系数法”“负荷密度法”或“单位指标法”准确地进行装饰空间用电负荷计算。

3. 常用电气设备功用电负荷、功率因数和计算电流参考表

根据《民用建筑电气设计手册（第二版）》的参考数值，一般家用电器用电负荷、功率因数和计算电流见表 1-2-6。

表 1-2-6　常用电气设备用电负荷、功率因数和计算电流参考表

设备名称	规格	耗电功率（kW）	功率因数	计算电流（A）
收录机		0.01～0.06	0.7	0.1～0.4
电唱机		0.02	0.7	0.2
电视机	黑白、彩电	0.03～0.06	0.7	0.2～0.3
		0.07～0.09	0.7	0.4～0.5
洗衣机		0.12～0.4	0.6	0.8～2.3
家用电冰箱	50～200L	0.04～0.15	0.6	0.3～1
台扇	ϕ200～400mm	0.03～0.07	0.6	0.3～0.5
落地扇	ϕ400mm	0.07	0.6	0.5
箱式电扇	ϕ300mm	0.06	0.6	0.4
吊扇	ϕ900～1200mm	0.08	0.6	0.6
排气扇	ϕ140mm	0.01	0.5	0.1
冷风器		0.07	0.6	0.5

续表

设备名称	规格	耗电功率（kW）	功率因数	计算电流（A）
电空调器		0.75～2	0.7～0.8	4.3～11.4
电熨斗		0.3～0.6	1	1.4～2.8
电烙铁		0.04～0.1	1	0.2～0.5
电热梳		0.02～0.12	1	0.1
电吹风		0.25～1.2	1	1.2～5.8
电热烫发钳		0.02～0.03	1	0.1
电卷发器		0.02	1	0.1
电褥子		0.04～0.08	1	0.2～0.4
电水杯		0.4	1	1.9
电荷壶（瓷）		0.5	1	2.3
电荷壶（铝）	2.5～5L	0.7～1.5	1	3.2～6.9
电热锅	1.5L	0.5～0.75	1	
电烤箱		0.5～0.6	1	2.3～2.8
电炒勺		0.8～0.9	1	3.7～4.1
电饭锅		0.3～1.5	1	1.4～6.9
电炉	ϕ100～170mm	0.3～1	1	1.4～4.6
暖式电炉	立式	0.3～1	1	1.4～4.6
电热水器		2	1	9.1
电吸尘器		0.25	0.6	1.9

注：1. 功率因数 $\cos\phi$ 为近似值；
2. 额定电压均为 220V。

（二）强弱电电路分组设计原则

强弱电电路分组设计要根据装饰空间内电气设备的使用频率、功率等来进行，应遵循便于施工与检修、造价合理、科学负载、方便使用等原则。

（1）便于施工与检修原则：是指强弱电在电路分组设计时，一方面是要利于技术人员工程施工；另一方面要避免强弱电线路过多的穿插、交错，造成线路布局过于复杂。只有布线的走向、组合、穿插等各方面设计合理的电路分组才能在后期出现故障时便于检修。

（2）造价合理原则：是指强弱电在电路分组设计时不能只考虑使用方便与利于检修，要科学合理地对工程的预算造价进行评估，使电路分组设计的材料费、人工费都在可控的范围之内。

（3）科学负载原则：是指在做强电电路分组设计时，每一组电路的负载都要科学计算，要考虑到长期负载的因素和负载的功率大小，达到安全用电的目的。一般按一组电路上的电气设备同时按最大功率使用的标准来计算功率和所需要使用的电线平方数。否则极容易发生跳闸、短路、绝缘层起火等事故。如单灯线选用 1 平方的 BV 电线，单插座选用 2.5 平方的 BV 电线，多用插座选用 4 平方的 BV 电线，空调和热水器选用 6 平方的 BV 电线等都不会造成浪费，同时也能做到电路电线的科学负载。

（4）方便使用原则：是指在做强电电路分组设计时，每一组电路要明确控制的电气设备，不能各个房间零星、混乱地穿插布线控制，给后期的使用造成极大的不便。在设计时，尽量将临近或便于一条线路的分到一组，同时将空调、热水器等大功率的电气设备单独设为一组，便于控制，方便后期的使用。

（三）电路分组设计

现代的建筑装饰工程中常用分线制，也就是对电路进行分组设计和施工。一般的家居空间装饰装修中遵循照明、插座、空调、热水器、厨房分别设计单独的一组线，并再加独立开关和总漏电保护。一般照明用1.5mm^{2}的线，插座用4mm^{2}的线，空调和厨房分别用4～6mm^{2}的铜芯线。

电路分组设计主要分主电路的分组设计、照明电路的分组设计及弱电的分组设计。

1. 主电路的分组设计

建筑装饰空间的主电路是指提供主要电能动力的线路，在建筑的室内装饰中主要包括插座、空调、热水器、取暖器等线路。建筑装饰空间主电路的设计方法很多，主要采用的方法为“需要系数法”。采用需要系数法时，必须根据装饰空间的用电总功率进行分组设计，并算出各组用电设备的设备容量P_e。并根据用电设备的工作性质、设备用途与功率、设备数量、线路效率、施工工艺等诸多因素综合计算用电量及需要用电系数。一般情况下，民用建筑中的大多数单相用电设备和家用电器都属于相负荷。在电路设计中要充分考虑和计算最大负荷相的单相设备容量$P_{mφ}$去计算电流（线电流）。

以三室两厅一厨一卫的家居空间为例，原则上要将每个空间的主电路独立设计成一组，这样就会避免当某一空间的电路发生短路等故障时影响到其他空间。七个空间就需要7组电路；另外，主卧、书房、次卧及客厅的空调单独一组，共需要4组；卫生间热水器的功率较大，需要单独分1组，总共需要12组电路，每组都需要单独的空开进行控制。具体分组如表1-2-7、图1-2-24所示。

表1-2-7　三室两厅一厨一卫的家居空间主电路分组设计统计表

分组编号	居室空间	设备用途	分组数量	功率(kW)	电流(A)	铜芯线线径(mm^2)	导管	备注
N1	客厅	Gree/格力大3P空调(KFR-72LW/NhMaB3W)	1	6.4	29.1	6	DN20	按铜芯线升一挡原则选择线径
N2	主卧	Gree/格力KFR-35GW/NhBaB3大1.5P空调	1	3.15	14.3	4	DN20	
N3	次卧	Gree/格力KFR-35GW/NhBaD3 1.5P挂式空调	1	2.69	12.2	4	DN20	
N4	书房	Gree/格力KFR-35GW/NhBaD3 1.5P挂式空调	1	2.69	12.2	4	DN20	
N5	卫生间	海尔（Haier）ES300F-L电热水器	1	5	22.7	6	DN20	
N6	客厅	照明、取暖、客厅电器等	1	4.5	20.5	4	DN20	
N7	餐厅	照明、电磁炉等电器	1	3.5	15.9	4	DN20	
N8	卫生间	插座、照明	1	3.5	15.9	4	DN20	
N9	厨房	照明及微波炉、电饭锅等厨房电器	1	3.5	15.9	4	DN20	
N10	主卧	照明及电视等卧室电器	1	2.5	11.4	4	DN20	
N11	次卧		1	2.5	11.4	4	DN20	
N12	书房	照明及电脑等书房电器设备	1	2.5	11.4	4	DN20	
合计			12	42.43	192.9			

KBG32：扣压式薄壁钢管，K——扣压式连接，B——薄壁，G——钢管，32指管径为32mm。

ZR-BV=3×10^2：表示3根10平方的铜芯阻燃聚氯乙烯绝缘电线敷设。

DZ47-63 C40N2P/63A：DZ47-63小型空气断路器，适用于照明配电系统（C型）或电动机的配电系统（D型）。DZ表示塑料外壳式断路器；47是设计代号；63表示壳架等级额定电流；C表示断路器瞬时脱扣值为10倍；40表示额定电流为40A。N+2P表示2极开关再加一个N极，2P就是零线、火线都进的开关，63A表示选用额定电流63A的单相开关。

DPN-VIGI 16A（32A）：其中DPN-VIGI是指具有漏电断路功能的微型空气断路器；16A表示额定电流为16A；32A则表示额定电流为32A。

图 1-2-24　三室两厅一厨一卫的家居空间主电路分组设计系统图

DN 指公称直径；DN20 指公称管外径为 26.8mm、内径为 20.0mm 的管件。

2. 照明电路的分组设计

照明电路一般都是设计在主电路之上，在设计每个空间的主电路时都是将照明的用电量计算进去考虑和设计的。照明电路分组设计主要是指根据每个空间照明灯具的数量、功率、照明亮度需求等进行照明灯具的不同控制分组设计，即照明分几组电路进行控制，需要分多少个开关进行控制。

照明电路的设计主要考虑照明的需求和使用的方便。比如有的客厅的照明灯具的种类有筒灯、吊灯和灯带等光源类型，在设计中就可将各种光源灯具分别进行控制，不能客厅的所有光源和灯具一开全开，一关全关，要一种光源一个开关，一组电路就可以在需要什么光源时开什么光源，实现照明开关控制的多样选择。

以图 1-2-25 所示的客厅照明灯具分组为例：

照明电路设计过程中还要考虑到使用的方便性。控制开关的位置一定要选择方便合理的位置，尽量不要选择放在门背后等难以操作的地方。开关的高度在适应人体工程学的 1200mm 左右。同时有的空间照明需要设计成双控开关。如在设计别墅楼梯间的光源控制时，需要在一楼、二楼分别设计可控开关，若只设计在一楼，人上二楼后还需要到一楼进行开关，或只设置在二楼，在一楼上二楼的过程中就只能摸黑上楼。再如在空间比较大的主卧里，当业主冬天在床上看书休息准备睡觉时，若不实现双控，就需要再离开被子去关灯等，这些情况都会造成使用的不便。

3. 弱电的分组设计

弱电的分组设计是指有多少种弱电和多少个控制端口的分布设计。弱电的分组设计主要考虑的是弱电信号的传输耗损、干扰及如何节约成本、方便使用。一般将相邻空间的相同弱电放在一组，但不会将多种弱电放到一组。弱电的载体如果选择具有较强屏蔽干扰功能的线路，可以在一根导管里选择多放几组线路，但线路截面面积总量不能超过管径的 3/4。

五、电路分组制图

（一）电气制图符号

电气制图相关符号见表 1-2-8～表 1-2-10。

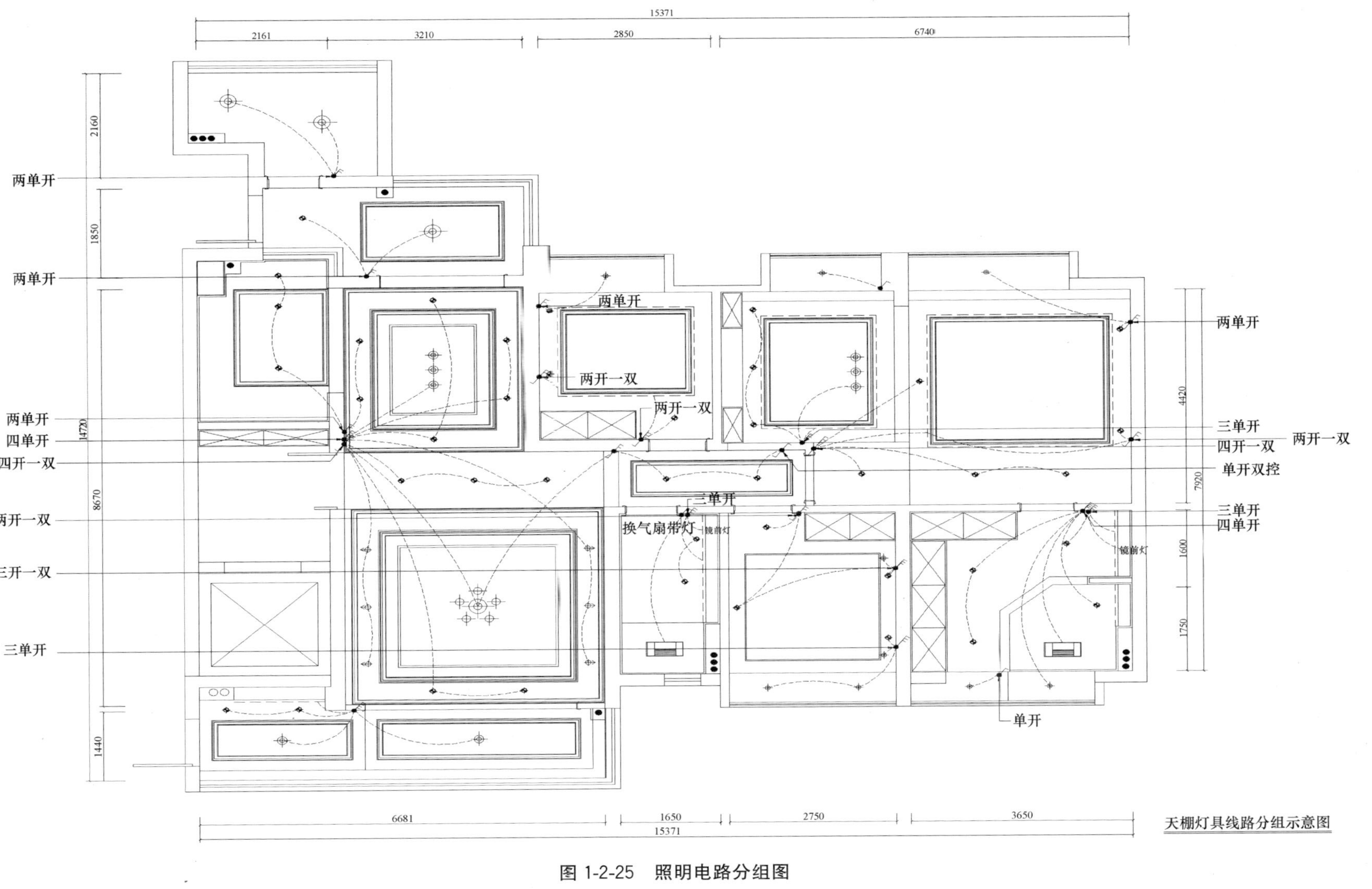

图 1-2-25　照明电路分组图

表 1-2-8 与特定导体相连接的设备端子和导体终端的标志

序号	特定导体		文字符号		符号来源国家标准
			设备端子标志	导体和导体终端标志	
1-001	交流导体	第 1 相	U	L1	GB/T 4026—2010
1-002		第 2 相	V	L2	
1-003		第 3 相	W	L3	
1-004		中性导体	N	N	
1-005	直流导体	正极	+	L+	GB/T 4026—2010
1-006		负极	—	L—	
1-007		中性导体	M	M	
1-008	保护导体		PE	PE	

表 1-2-9 电气控制图常用图形符号和文字符号

序号	图形符号	文字符号	说明
2-001	DC	—	直流
2-002	AC	—	交流
2-003	3/N～380/220V 50Hz 或 3/N AC380/220V 50Hz	—	交流，三相带中性线， 380V（相线和中性线的电压为 220V），50Hz
2-004	3/N/PE～50Hz/TN-S 或 3/N/PE AC 50Hz/TN-S		交流，三相，50Hz；具有一个直接接地点且 中性线与保护导体全部分开的系统
2-005	+	详见 1-005、 1-006	正极性
2-006	—		负极性
2-007	N	N	中性（中性线）
2-008	M	M	中间线
2-009		PE	接地，地，一般符号
2-010	- - - - - - - - - - -	W	连线，一般符号 （导线；电缆；电线；传输通路；电信线路）
2-011		XD	插座、连接器的阴接触件
2-012		XG	插头、连接器的阳接触件
2-013		RA	电阻器，一般符号
2-014		TB	AC/DC 变换器；整流器
2-015	f1/f2	TA	变频器
2-016		QB	隔离开关
2-017		QA	断路器

续表

序号	图形符号	文字符号	说明
2-018		QAC	接触器；接触器的主动合触点（在非操作位置上触点断开）
2-019		QAC	接触器；接触器的主动断触点（在非操作位置上触点闭合）
2-020		FA	熔断器，一般符号
2-021		K	瞬时接触继电器的动合（常开）触点，图形符号也可作为开关的一般符号
		QAC	接触器的辅助动合（常开）触点，图形符号也可作为开关的一般符号
2-022		K	瞬时接触继电器的动断（常闭）触点
		QAC	接触器的辅助动断（常闭）触点
2-023		BG	带动合触点的位置开关
2-024			带动断触点的位置开关
2-025		MB	电磁阀
2-026	V	PG	电压表
2-027	A		电流表
2-028			信号灯一般符号，灯一般符号

表 1-2-10　建筑装饰常用电路电器制图符号表

图例	名称	图例	名称
	强电配电箱		单联单控开关
	弱电配电箱		双联单控开关
	插座		三联单控开关
	地面插座		四联单控开关
TP	电话插座		多联单控开关
TD	网络插座		单联双控开关
TV	有线电视插座		双联双控开关
TV	有线电视地插		三联双控开关
K	空调插座		多联双控开关
	豪华吊灯		对讲机
			主灯

续表

图例	名称	图例	名称
⊡	成品集成灯	⊕	吸顶灯
⊕⊕⊕	连排吊灯	▭	换气扇带灯
⊕	筒灯	▤	排气扇
———	暗藏灯带	⊕	射灯

（二）电路分组制图原则

（1）配电箱户表后应根据室内用电设备的不同功率分别配线供电；大功率家电设备应独立配线安装插座。

（2）配线时，火线与零线的颜色应不同；火线宜用红色，零线宜用蓝色，保护线必须用黄绿双色线。不管选用哪种颜色，火线、零线和保护线在同一住宅中必须各自统一为一种颜色。

（3）电路配管、配线施工及电器、灯具安装除遵守本规定外，尚应符合国家现行有关标准的规定。

（4）工程竣工后应向业主提供综合布线工程竣工图。

（三）电路分组案例图

见附录附图 1～附图 4。

六、项目任务考核

本项目的考核主要是学生自评、学生互评和教师评价相结合，权重分别为 20%、20%和 60%。考核内容详见“附表 3：项目任务实施计划书”。

七、职业技能训练

1. 选择题

（1）于 1891 年发明了交流发电机的是（　　）。

A. 尼古拉·特斯拉　　B. 托马斯·阿尔瓦·爱迪生

C. 乔治·西蒙·欧姆　　D. 亚历山德罗·伏特

（2）下列常使用三相交流电的电器是（　　）。

A. 电冰箱　　B. 电灯　　C. 发动机　　D. 电动车

（3）耗电量的计算公式是（　　）。

A. $U \cdot I$　　B. $U \cdot T$　　C. $P \cdot I$　　D. $P \cdot T$

（4）对人体安全电流的电压值是（　　）。

A. 不高于 15V　　B. 不高于 20V　　C. 不高于 36V　　D. 不高于 50V

（5）2.5mm^2 铜芯线允许长期负载电流为（　　）。

A. 6～8A　　B. 8～15A　　C. 16～25A　　D. 25～32A

（6）两根 4mm^2 的 BV 电线运用导线穿线管敷设在 35℃环境温度下的负载电流值为（　　）。

A. 18A　　B. 22A　　C. 28A　　D. 以上都不对

（7）按照国家规定，厨房应采用不低于（　　）mm^2 的电线。

A. 1.5　　B. 2.5　　C. 4　　D. 6

（8）在电路设计主（供电）电路系统中，下列（　　）表示用 3 根 10 平方的铜芯阻燃聚氯乙烯绝缘电线进行敷设。

A. ZR-BV＝3×10^2　　B. NR-BV＝3×10^2　　C. ZR-BLV＝3×10^2　　D. NR-BLV＝3×10^2

(9) 下面（　　）是瞬时接触继电器的动合（常开）触点的图形符号。

A.　　B.　　C.　　D.

(10) 在电路制图之中，一般用（　　）颜色来进行火线、零线的标示。

A. 红、绿　　B. 红、蓝　　C. 黄、绿　　D. 黄、蓝

2. 简答题

(1) 简述三相电与单相电的关系。

(2) 简述电流、电压、功率及耗电量之间的关系。

(3) 简述强弱电种类及其分组设计原则。

3. 实训计算题

根据电线规格的计算方法，分别计算出0.5、1.5、4、6、10、16、25、35、50、70mm^2电线的直径是多少。

4. 绘图题

运用Auto CAD制图软件完成本任务电路分组设计实训内容，根据电路的分组设计绘制×××住宅小区赵先生的新建住宅四室二厅一厨双卫户型的电路分组设计系列套图。

■任务三　电气工程施工工艺

一、明确任务

教师给学生发放并讲解任务书（表1-2-11）。

表1-2-11　电气工程施工工艺学习任务书

项目任务名称	电气工程施工工艺	项目任务编号	1-2-3
项目组组长		项目组成员	
任务完成时间			
任务学习目标	1. 认知目标： (1) 了解强弱电和线路分组的含义及其用线标准； (2) 了解各种电路布线的施工工艺要求及国家标准； (3) 了解电路布线施工工程的工艺流程及施工要求和原则。 2. 技能目标： 能根据电气工程设计图纸结合实际施工情况，绘制电气工程竣工图		
任务内容	1. 了解并学习电路布线施工工程原则； 2. 了解并学习电路布线施工工程的工艺流程		
完成考核点	完成布管布线施工工艺		
完成项目任务情况分析与反思：			
组长签字		成员签字	

二、项目计划与决策

项目组根据项目任务书进行项目实施计划制订和具体实施。项目任务教学实施流程与步骤详见

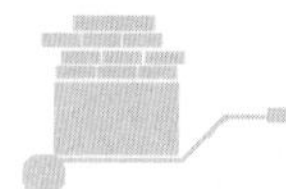

“附表 3：项目任务实施计划书”。

三、电路布线施工工程原则

（一）电路布线部位选择原则

电路布线部位选择原则是“布顶不布墙，布墙不布地”。

建筑装饰工程中，强弱电一般都是埋暗线。这样一旦电路发生短路、损坏等故障，很难维修。所以，在施工中首选线路布在顶面（图 1-2-26）。当电线布在吊顶或者石膏线里面，即便电线出了问题，也便于检修，可将损失降到最小。只有在顶面不能布线的情况下才会选择布在墙面上。电线布在地面上（图 1-2-27）最便于施工，但电线布在地面上有三个弊端：一是混凝土结构的地面在开线槽时会伤害到其结构甚至钢筋；二是就算施工完成，一旦电路发生故障，必须将地砖或地板掀起来才能检修，不但施工难度大，而且损失严重；三是一旦地面发生溢水情况，难免会造成漏电等不可想象的后果。

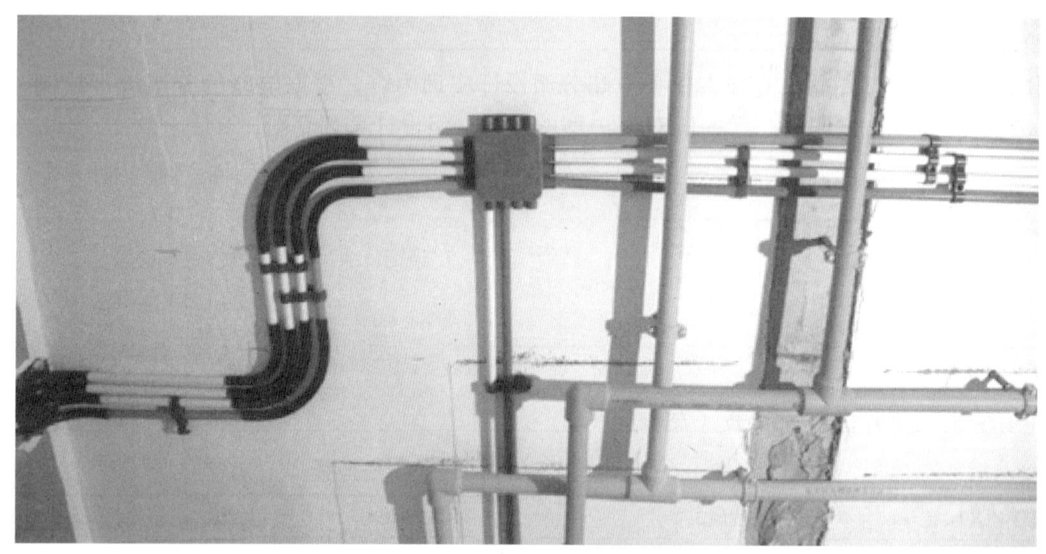

图 1-2-26　电路布顶图

图 1-2-27　配电路布地图

（二）强弱电布线原则

（1）配电箱户表后应根据室内用电设备的不同功率分别配线供电；大功率家电设备应独立配线安装插座。

（2）配线时，火线与零线的颜色应不同；同一住宅火线颜色宜统一用红色，零线宜用蓝色，保护线必须用黄绿双色线。开关、插座面对面板，应该左侧零线，右侧火线。

（3）导线间和导线对地间电阻必须大于 0.5MΩ。

（4）各弱电子系统均用星形结构。

（5）进线穿线管 2～3 根从户外引入家用信息接入箱。出线穿线管从家用信息箱到各个户内信息插座。所敷设暗管（穿线管）应采用钢管或阻燃硬质聚氯乙烯管（硬质 PVC 管）。

（6）长距离的线管尽量用整管，直线管的管径利用率应为 50%～60%，弯管的管径利用率应为 40%～50%，如 20 管内最多穿 4 根 2.5 平方的线。

（7）所布线路上存在局部干扰源，且不能满足最小净距离要求时，应采用钢管。

（8）暗管直线敷设长度超过 15m 或中间有 3 个弯曲时，在中间应该加装一个接线盒，因为拆装电线时，太长或弯曲多了，线从穿线管中过不去。

（9）暗管必须弯曲敷设时，其路由长度应≤15m，且该段内不得有 S 弯。连续弯曲超过 2 次时，应加装过线盒。所有转弯处均用弯管器完成，为标准的转弯半径。不得采用国家明令禁止的三通、四通等。

（10）暗管弯曲半径不得小于该管外径的 6～10 倍。

（11）在暗管孔内不得有各种线缆接头。

（12）电源线配线时，所用导线截面面积应满足用电设备最大输出功率。

（13）电线与暖气、热水、煤气管之间的平行距离不应小于 30cm，交叉距离不应小于 10cm。

（14）穿入配管导线的接头应设在接线盒内，接头搭接牢固，涮锡并用绝缘带包缠均匀紧密。

（15）暗盒均应加装螺接以保护线路。

（16）强弱电的间距要在 30～50cm，因为强电会干扰弱电信号；强弱电不能同穿一根管内。电线线路要和暖气、煤气管道相距 40cm 以上。

（17）在做完电路后，留电路布置图，方便以后检修、墙面修整或在墙上打孔等，防止电线被破坏。

（三）开关插座布线原则

开关插座位置如图 1-2-28 所示。

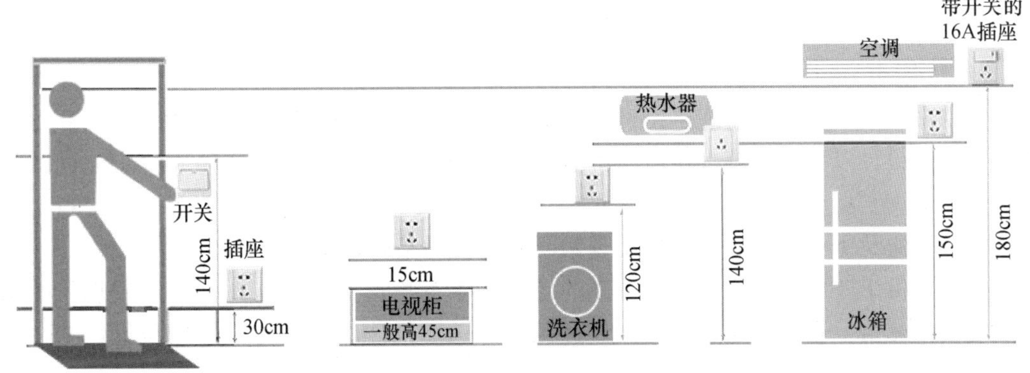

图 1-2-28　开关插座位置图

（1）进门开关盒底边距地面 1.2～1.4m，侧边距门套线必须大于 70mm。并列安装的相同型号开关距地面高度相差≤1mm，特殊位置（床头开关等）的开关按业主要求进行安装，如发现同一水平线的开关≥5mm，进行返工。

（2）灯具开关必须串接在相线上，不得零线串接开关，否则需返工。

（3）插座应依据其使用功能定位，尽量避免牵线过长，插座数量宁多勿少。地脚插座底边距地面≥300mm，凡插座底边距地低于1.8cm时须用安全型插座。

（4）在潮湿场所应用密封式或保护式插座，安装高度应≥1.5m。空调插座一般情况下安装在离地1.8m以上。

（5）在儿童房，应采用安全型插座。

（6）凡开关、插座应采用专用底盒，四周不应有空隙，盖板必须端正、牢固。

（7）计算负荷时，凡没有牢固负荷体的插座，均按1000W计算，普通插座采用2.5mm^{2}铜芯线。

（8）面板垂直度允许偏差≤1mm。

（9）凡插座必须是面板方向左接零线，右接相线，三孔插上端地线。并且盒内不允许有裸露铜线超过1mm。

（10）开关、插座要避开造型墙面，非要不可的除非设计特别要求尽量安装在不显眼的地方。

（11）开关安装应方便使用，同一室内开关必须安装在同一水平线上，并按最常用到很少用的顺序布置。

（12）开关、插座应尽量安装在瓷砖正中，避免安装在瓷砖腰线和花板上。

四、电路布线工程施工流程

电路布线工程施工流程如图1-2-29所示。

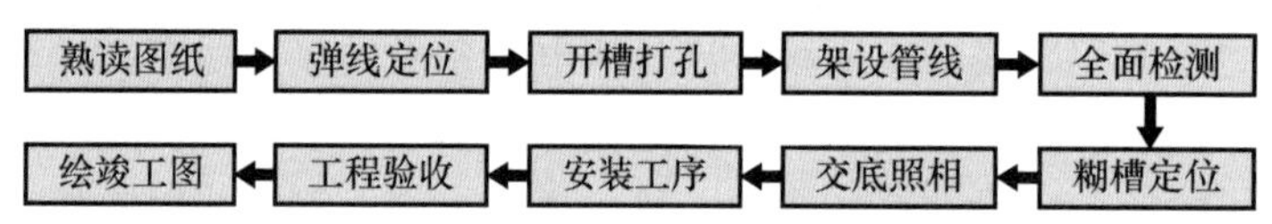

图1-2-29　电路布线工程施工流程图

（一）熟读图纸

在电路布线工程施工之前，首先要对建筑装饰空间的电器、布线要求进行全方位的了解，对电路分组做到心中有数，并熟读主电路系统图、插座电路布线图、照明电路布线图等图纸。各种电路图是电路改造的基础，整个空间的电路管线位置必须按照布线图的设计严格执行，施工人员在正式布线之前必须读懂布线图，并由监理、设计师、业主三方在施工现场做到现场交底。要做到设计图与施工现场相一致，若发现有出入，应综合各方意见提出修改意见，并重新绘制修改后的电路施工图。

（二）弹线定位

弹线定位（图1-2-30）是在监理、设计师、业主三方施工现场确认插座、开关及各种灯具的位置后，电工根据电路设计及用户实际使用电器的要求在相应位置上弹线定位，做好标记。如某些特殊要求的插座、开关应据实标记。弹线定位应在横向、纵向上用墨斗、铅笔、粉笔等工具进行标识。电气工程的弹线定位是避免下一步工序开线槽出现错误而返工的基础，不可忽视。

现在的弹线定位工序已经基本淘汰了原来的老旧如水管连通器等方法，而是运用现代的水平红外定位仪，经过精细测量，精准确定管线走向、标高和开关、插座、灯具等设备的位置，并用墨斗线进行标注。

（三）开槽打孔

开槽打孔（图1-2-31）是指电工根据弹线定位运用切割机、电锤、錾子等工具在顶面、墙面及地面开出横平竖直的2～4cm深的布线槽，或在需要打孔的位置运用打孔机进行打孔作业。开槽时，边喷水边开槽，以达到降噪、除尘、防止墙面破裂的效果。需要注意，规范的做法不允许开横槽，因为会影响墙的承受力。

图 1-2-30　弹线定位

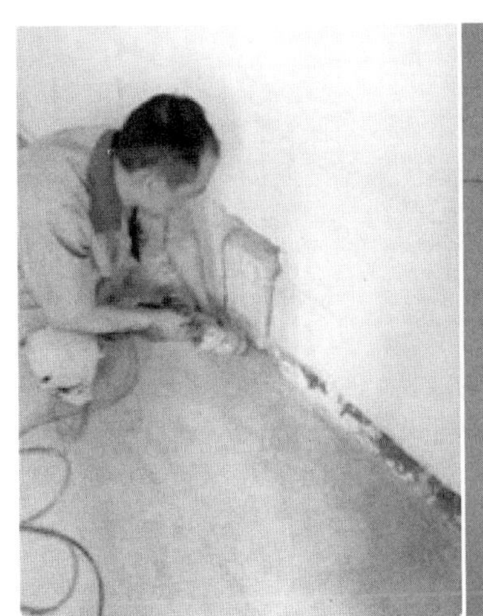
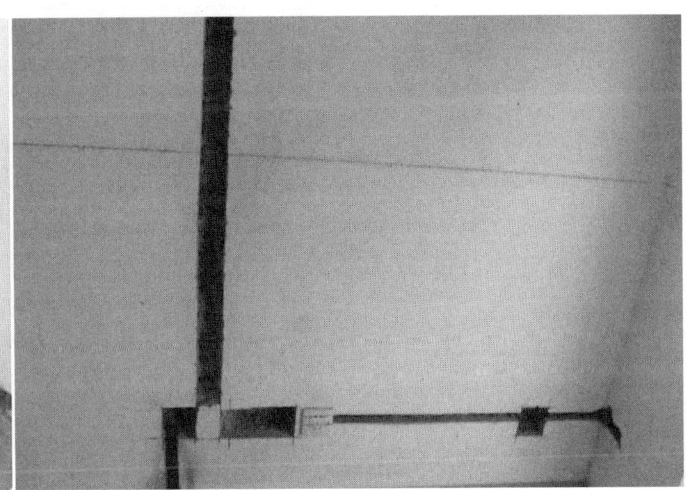

图 1-2-31　开线槽

开槽打孔都不能不破坏原有强电电路。严禁将承重墙体的受力钢筋切断，严禁在承重结构如梁、柱上打孔钻洞。

（1）起凿：根据布线的多少确定 PVC 管的多少，进而确定槽的宽度。线槽宽度如果放两根以上的管，则按两倍以上来计算长度。若选用 16mm 的 PVC 管，则开槽深度为 20mm；若选用 20mm 的 PVC 管，则开槽深度为 25mm。在墙面上画出线管定向，可以水平，可以垂直，也可以倾斜；可以是直线，也可以有适度的弯，但要保持流畅。暗盒、槽独立计算，所有线槽按开槽起点到线槽终点测量。

（2）线槽外观要求：横平竖直，大小均匀，墙面横开槽不得超出 30cm。修平线槽：将线槽修平，尽可能保持宽狭一致，转弯处应以圆弧连接（尽可能不转弯，以避免麻烦）。

（3）在槽底以冲击钻钻孔，以便敲入木橛并在木橛上钉钉以固定线管，木橛顶部应与槽底平齐。管线走顶棚时，在顶面打孔不宜过深，深度以能固定管卡为宜。

（四）架设管线

架设管线施工工序是在开完并平整清洁好线槽后，根据客户的实际需求选择 PVC 线管或钢管作为管路材料，并采用边布管边穿线的工艺或是先布管后穿线的工艺进行施工。

PVC 线管是常用的一种导管材料，多用于家庭装修或要求不高、造价经济实惠的建筑空间。钢管是一种材料及施工都相对较昂贵的金属导管材料，在一些消防要求严格的公共空间或业主要求较高的居室空间都会采用。

金属导管材料比 PVC 线管具有更好的抗冲击能力，强度高，耐腐蚀，而且防火性能极佳，同时可以屏蔽静电，有效地杜绝强电、弱电之间的交叉干扰，能够保证通信信号的良好传输，但若金属导管材料在施工前未对金属管口进行钝化处理，有可能在施工和使用过程中划伤电线。金属导管材料比 PVC 线管更难施工，施工成本更高。

边布管边穿线工艺（图 1-2-32）是大多数家庭装修选择的施工工艺。由于线已经穿于管中一起布下，在布管布线时对转角的要求不是很高，甚至经常采用在先布管后穿线工艺中几乎不会采用的直角布管的方式进行施工。边布管边穿线工艺在施工过程中尽量将导管布成横平竖直，不但美观还具有便于施工等诸多优点。

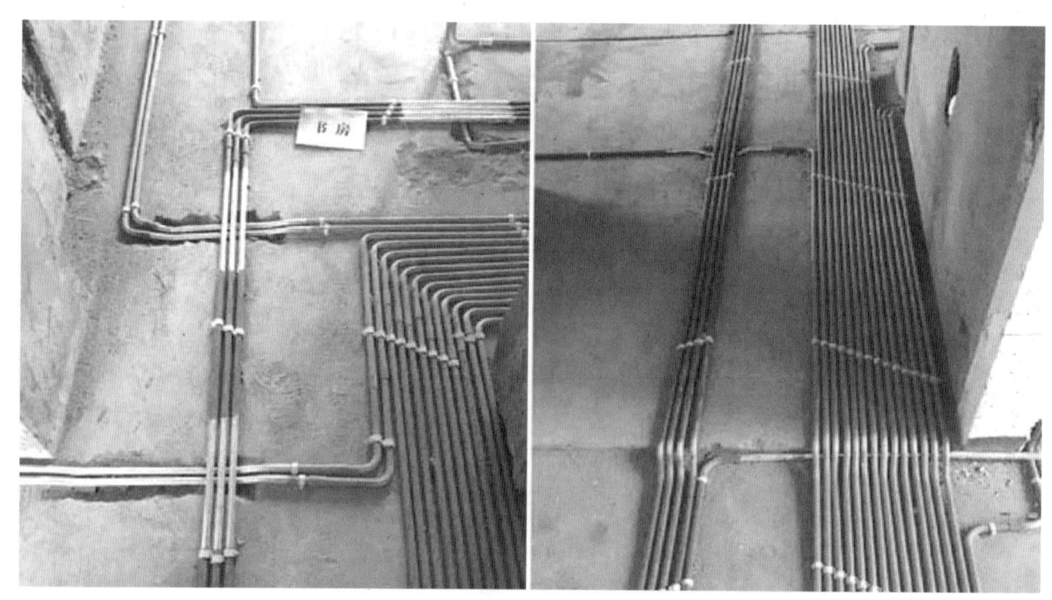

图 1-2-32　边布管边穿线工艺

先布管后穿线工艺（图 1-2-33）的施工要求很高，要求在施工过程中细铁丝或其他细软牵引线置于导管之中，便于布管完成后对线路的牵引及后期检修时使用。先布管后穿线工艺要求导管不能走成直角，因为直角基本无法实现线路的布线，所有在遇到转弯处时应该布成大圆角进行转弯。在施工过程中也尽量布成直线，除了节约成本，最主要的是保证线路的流畅牵引。

（五）全面检测

管线架设完工后必须立刻进行一次全面检测，确保没有问题才能进行封槽施工。主要检测项目为强电的通电检测、弱电线路的通断检测以及绝缘检测，检测可以通过万用表、兆欧表等进行，此外还要根据图纸查看是否有漏装的开关插座；甚至有必要接通电源彻底清查，主要是防止所布线缆有折断断电、破损漏电、交错短路等现象，避免一切不应该存在的问题，否则后期维护和检修会很麻烦。发现问题要立即返工。

（六）糊槽定位

架设的管线通过测试后，就可将固定在线槽里的导管用水泥砂浆糊好，实现线缆隐蔽（图 1-2-34）。同时将底盒、空开箱按要求的高度水平固定好，所有线缆接头都接入底盒或空开箱，且在安装开关面板之前，不管通电与否，必须全部用绝缘胶布进行保护包扎，线头不得裸露在外，拒绝漏电、触电事故发生。

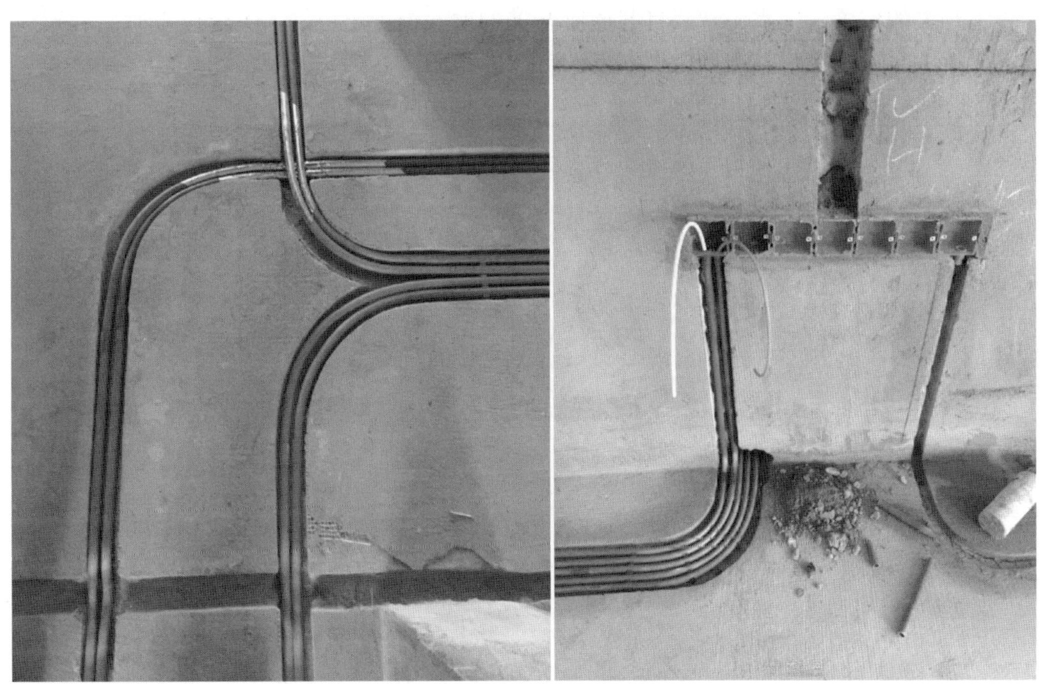

图 1-2-33　先布管后穿线工艺

图 1-2-34　糊线槽

根据插座开关的位置，用水泥砂浆将各插座开关的槽盒位置定位好，不能出现倾斜、错位等情况，同时将槽盒清洁干净后进行封闭，不让槽盒里的电线外露出来（图 1-2-35）。

图 1-2-35　槽盒定位与槽盒封闭

（七）交底照相

由于后续泥作工程、木作工程、涂饰工程等工程将会对电气工程的施工痕迹和布线线路进行遮蔽，使电气工程成为名副其实的隐蔽工程，所以此时需要与泥作工人、木作工人、监理、甲方等进行工程交底，方便彼此施工，确认工程施工阶段性成果，此外还需要在此时为电气工程的验收、审核及后期施工和检修留下珍贵的影像记录。

（八）安装工序

待电气工程后续的泥作工程、木作工程、涂饰工程等都施工完成后，电气工程便需要完成安装强电箱及空开、弱电箱及各种弱电转换连接器、各种开关、各种插座和各种灯具等工序。

（九）工程验收

当电路布线工程全部完工后，经监理、甲方等多方共同对电路布线工程的所有施工工艺工序及质量检查，符合设计、达到施工要求后，便可要求监理、甲方签发验收合格单或客户验收单。

电路布线施工工程验收表见表 1-2-12。

表 1-2-12　电路布线施工工程验收表

验收标准	是否合格	
	是	否
1. 是否所有电线为正规生产厂家生产	□	□
2. 阻燃 PVC 管强度是否符合要求（踩上去不扁不破）	□	□
3. 插座电线相零是否≥1.5mm²，开关两线是否≥ 1.5mm²，插座地线是否≥1.5mm²	□	□
4. 电视、电脑、音响线是否符合各质量要求	□	□
5. 所有导线是否穿阻燃 PVC 管，导线是否无裸露，不能穿管处是否用护导线	□	□
6. 强、弱电是否单独穿管，强电与弱电线路间距是否≥300mm	□	□

续表

验收标准	是否合格	
	是	否
7. 同一管内导线总根数是否不超过 8 根，导线截面面积（包括绝缘外表）是否不超过管截面面积的 60%	□	□
8. 电线与暖气、水、气管之间的平行距离是否≥300mm，交叉距离是否≥100mm	□	□
9. 入配管导线接头是否在拉线盒内，接头是否牢靠，接头是否用绝缘防水胶布包缠 5 圈以上，均匀紧密	□	□
10. 同一室内的电源、电话、电视等底盒是否在同一标高上，高差是否<5mm	□	□
11. 厨房、卫生间是否安装防水溅开关、插座	□	□
12. 电源、插座距地是否为 350mm，开关底距地是否约 1200mm	□	□
13. 电源面向插座的是否左零右火，接地在下	□	□
14. 当导线长度超过 15mm 或有两个直弯时，是否增设拉线盒	□	□
15. 所有线管是否横平竖直、固定可靠，顶上线管是否未直接吊顶头上	□	□
16. 每个插座相—零、相—地、地—零电阻测试是否大于 5MΩ/500V	□	□
17. 厨房、卫生间所有导线截面面积是否满足用电设备最大输出功率	□	□
18. 是否向业主提供水电走向图	□	□
19. 水电验收是否由甲方、工长、水电工组长、巡检四方参加	□	□
20. 底盒是否用锁扣	□	□
21. 底盒是否端正	□	□
22. 底盒内是否打扫干净，强弱电线头是否卷入盒内	□	□
23. 底盒的强、弱电线头是否保留 15～20cm 长	□	□
24. 强弱电线中间是否无接头现象	□	□
25. 开槽是否用墨线划分，宽度 2.5～3cm	□	□
26. 开槽是否用切割机，横平竖直是否规范	□	□
27. 线管是否用直接接头，并用 PVC 胶粘接	□	□
28. 墙面、地面弯角处理是否用弹簧自然弯弧，以便于检修，禁止 90°弯头	□	□
29. 同一类型强弱电线管是否一根线管开槽埋于地面	□	□
30. 地面十字线管交叉是否一根线管开槽埋于地面	□	□
31. 线管是否有踩破、拆坏等现象	□	□
32. 糊线槽、线管是否低于墙面，或无空鼓现象	□	□
33. 下水、电源、冷热供水位置是否与房主购买洁具相符	□	□

（十）绘竣工图

电气工程竣工图就是在电气工程的所有工序施工竣工并经监理、甲方签字验收合格后，由施工单位按照电路施工的实际情况绘制的图纸。

电气工程在施工过程中应该严格遵循电气工程的设计图纸，但由于施工的实际情况和设计始终存在差异，设计和施工难免出现差异，为了让电气工程的实际使用者能了解电气工程中各种导管的实际走向和其他设备的实际安装情况，按照国家规定，电气工程在工程竣工之后必须提交竣工图。

由于电气工程属于隐蔽工程，一旦完工便无法重新打开，当电路在使用过程中出现任何问题时，检修人员便可以拿电气工程竣工图来查看，便于检查维修，因此电气工程竣工图非常重要。

五、观摩学习电路施工工艺

学生按项目组在教师的带领下到建筑装饰工艺结构展示工场观摩学习电路施工工艺案例实例。

六、项目任务考核

先由学生对自己的工作结果进行自我评估，再由教师进行检查评分。师生共同讨论、评判项目工作中出现的问题、学生解决问题的方法以及学习行动的特征。通过对比师生评价结果，找出造成结果差异的原因。本项目的考核主要是学生自评、学生互评和教师评价相结合，权重分别为20%、20%和60%。考核内容详见“附表2：认识材料任务实施计划书”。

七、职业技能训练

1. 选择题

（1）根据电工国家标准的规定，导线间和导线对地间电阻必须大于（　　）。

A. 0.2MΩ　　B. 0.3MΩ　　C. 0.4MΩ　　D. 0.5MΩ

（2）电线与暖气、热水、煤气管之间的平行距离不应小于（　　），交叉距离不应小于10cm。

A. 20cm　　B. 30cm　　C. 40cm　　D. 50cm

（3）电线线路要和暖气、煤气管道相距（　　）以上。

A. 20cm　　B. 30cm　　C. 40cm　　D. 50cm

（4）强弱电线不但不能同时布在一根导线管内，而且强弱电导管之间的间距应该在（　　）cm之间，以避免强电干扰弱电信号。

A. 20～30　　B. 30～50　　C. 50～70　　D. 70～90

（5）普通建筑装饰空间的开关盒底边应距地面（　　）。

A. 0.6～0.8m　　B. 0.8～1m　　C. 1.2～1.4m　　D. 1.4～1.6m

（6）普通建筑装饰空间的插座底边应距地面（　　）。

A. ⩾20cm　　B. ⩾30cm　　C. ⩾40cm　　D. ⩾50cm

（7）布线槽的深度通常为（　　）。

A. 1～2cm　　B. 2～3cm　　C. 2～4cm　　D. 2～5cm

（8）开凿线槽外观要求横平竖直，大小均匀，且墙面横开槽不得超出（　　），否则可能会破坏墙体的结构。

A. 20cm　　B. 30cm　　C. 40cm　　D. 50cm

（9）暗管弯曲半径不得小于该管外径的（　　）倍。

A. 6～10　　B. 10～14　　C. 14～18　　D. 18～22

（10）在电路施工过程中，进行电路的（　　）主要是为后边的开线槽打基础。

A. 电路分组　　B. 弹线定位　　C. 布管　　D. 布线

2. 简答题

（1）简述电路布线部位选择时为什么要遵循布顶不布墙、布墙不布地的原则。

（2）简述布管布线时有几种穿线工艺，各有什么优缺点。

（3）简述电路布线工程施工流程及每个步骤的主要注意事项。

3. 绘图题

根据本任务户型的电路分组设计案例，在原来电路设计施工图的基础上运用Auto CAD绘制电气工程竣工图。

■任务四　电气工程施工实训

一、明确任务

教师给学生发放并讲解任务书（表 1-2-13）。

表 1-2-13　电气工程施工实训学习任务书

<table>
<tr><td>项目任务名称</td><td>电气工程施工实训</td><td>项目任务编号</td><td>1-2-4</td></tr>
<tr><td>项目组组长</td><td></td><td>项目组成员</td><td></td></tr>
<tr><td>任务完成时间</td><td colspan="3"></td></tr>
<tr><td>任务学习目标</td><td colspan="3">1. 认知目标：
（1）了解电气工程施工实训的注意事项；
（2）了解各种电路施工工程的要求及国家标准；
（3）了解各种电路施工工程的工艺流程及施工要求和原则；
（4）了解各种电路施工工程所需设备及其相关知识；
（5）了解装饰工程中会遇到的问题及后期维护问题
2. 技能目标：
（1）具备根据电气工程设计图进行电路分组的能力；
（2）能根据设计要求及用户使用习惯科学合理地选择电线品牌、载荷大小；
（3）具备根据电路分组在室内合理进行线路的走向、穿插等布线的能力；
（4）具备合理正确使用电路施工工具的能力；
（5）会布导管，会穿线，会安装插座、开关和灯具；
（6）能正确解决施工中会遇到的问题及后期维护问题</td></tr>
<tr><td>任务内容</td><td colspan="3">1. 了解并学习电路分组设计；
2. 了解并学习电路布线施工工程的工艺流程；
3. 电路布线、插座、灯具施工工艺结构观摩；
4. 电路布线、插座、灯具施工工具认识与了解；
5. 电路布线、插座、灯具施工技术操作实践</td></tr>
<tr><td>完成考核点</td><td colspan="3">完成电路布线、插座、灯具施工工艺实训内容</td></tr>
<tr><td colspan="4">完成项目任务情况分析与反思：</td></tr>
<tr><td>组长签字</td><td></td><td>成员签字</td><td></td></tr>
</table>

二、项目计划与决策

项目组根据项目任务书进行项目实施计划制订和具体实施。项目任务教学实施流程与步骤详见“附表 3：项目任务实施计划书”。

三、电气工程施工工具及其使用方法

（一）测量与放线类工具

测量与放线工具有传统的钢卷尺、架尺、皮尺、靠尺、直尺、游标卡尺、三角板、墨斗、粉笔等工具和现代的激光投线仪、激光测距仪等。由于传统的工具使用方法简单，在此不再赘述。

1. 激光投线仪

激光投线仪（图 1-2-36）又被称作激光标线仪或激光水准仪，其实是在普通水准仪望远镜筒上安装并固定了激光装置而制成的一类测量仪器。在使用过程中，激光投线仪通过发射激光束，使激光束通过棱镜导光系统形成激光面以投射出水平和铅垂的激光线，最终实现测量、放线等目的。

图 1-2-36 激光投线仪及其使用场景

使用方法与注意事项：使用激光投线仪时，首先按照激光投线仪的操作方法安置、整平仪器，并瞄准目标，然后接好激光电源，开启电源开关，待激光器正常起辉后，将有最强的激光输出，目标上将得到明亮的红色光斑。当光斑不够清晰时，可调节镜管调焦螺旋，至清晰为止。激光投线仪有 1 垂 1 平（2 线）、2 垂 1 平（3 线）、4 垂 1 平（5 线）、4 垂 4 平（8 线）之分。

2. 激光测距仪

激光测距仪（图 1-2-37）是利用调制激光的某个参数对目标的距离进行准确测定的仪器。其测量范围为 3.5～5000m。脉冲式激光测距仪是在工作时向目标射出一束或一序列短暂的脉冲激光束，由光电元件接收目标反射的激光束，计时器测定激光束从发射到接收的时间，计算出从测距仪到目标的距离。

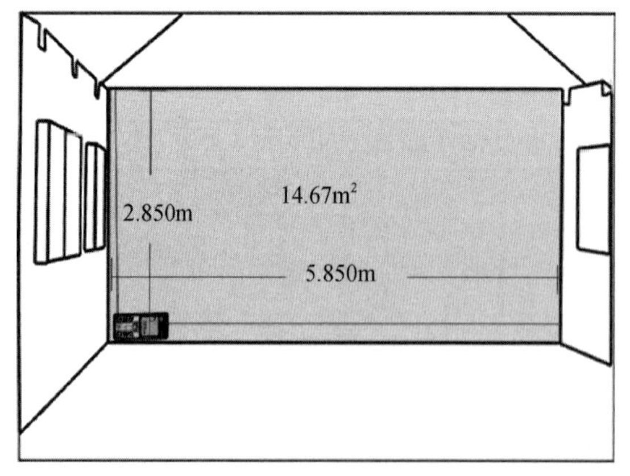

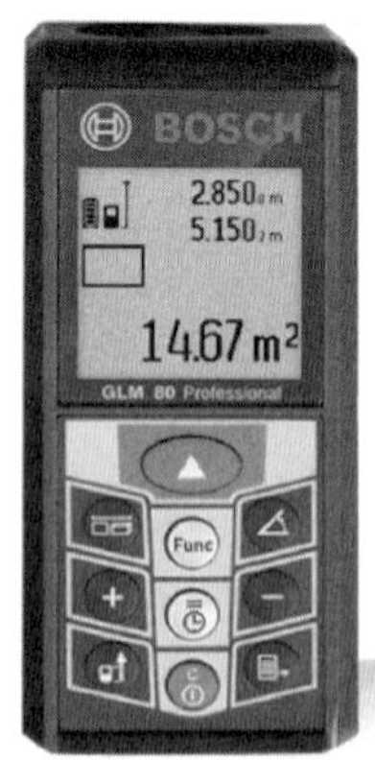

图 1-2-37 激光测距仪及其使用场景

使用方法与注意事项：按照测距方法分为相位法测距仪和脉冲法测距仪。脉冲法激光测距仪是在工作时向目标射出一束或一序列短暂的脉冲激光束，由光电元件接收目标反射的激光束，计时器测定激光束从发射到接收的时间，计算出从观测者到目标的距离。相位法激光测距仪是利用检测发射光和反射光在空间中传播时发生的相位差来检测距离的。

激光测距仪质量轻、体积小、操作简单、速度快而准确，其误差仅为其他光学测距仪的五分之一到数百分之一。

（二）电路检测类工具

电路检测类工具主要有验电器、万用表等。

1. 验电器

验电器是由法国的让·安东尼·诺雷于1748年发明的一种检测物体是否带电以及粗略估计带电量大小的仪器。验电器分低压验电器和高压验电器。

低压验电器是用来检验对地电压在1000V及以下的低压电气设备的，也是家庭及建筑装饰工程中常用的电工安全工具，一般为验电笔、试电笔。现代的验电笔分接触式的普通验电笔（图1-2-38）和非接触式的光学显示验电笔（图1-2-39）。

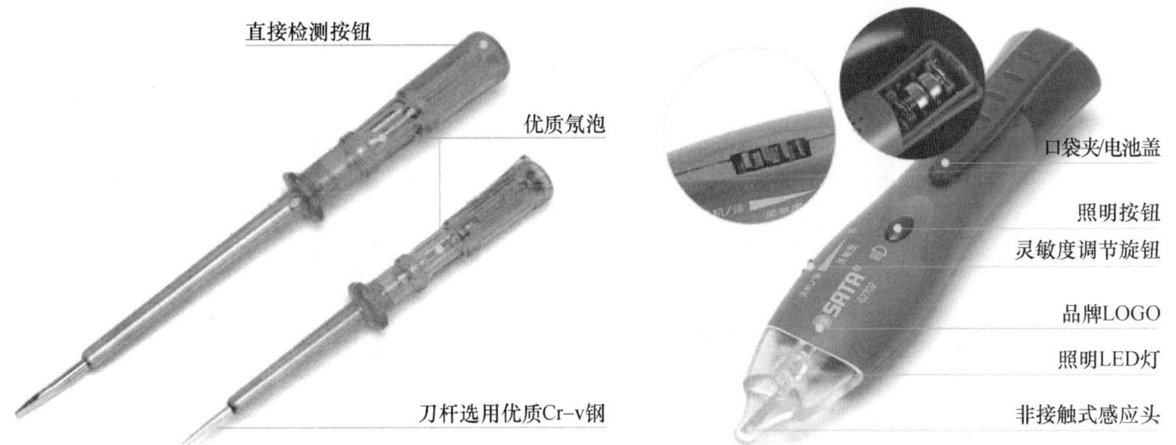

图1-2-38　低压普通型验电笔　　图1-2-39　低压非接触式验电笔

低压普通型验电笔主要由工作触头、降压电阻、氖泡、弹簧等部件组成。

只要带电体与大地之间电位差超过一定数值（36V以上），验电器就会发出辉光，低于这个数值，就不发光，从而来判断低压电气设备是否带有电压。

使用方法：使用前，先检查验电笔是否有破损，并先在有电的电路上进行验证，在确认验电笔无损后才可使用。在使用低压普通型验电笔时，手握笔帽端金属挂钩或尾部螺丝，笔尖金属探头接触带电设备（图1-2-40）。低压非接触式验电笔是直接将其感应头置于要测试的电路上，便会显示出带电的状态数字（图1-2-41）。

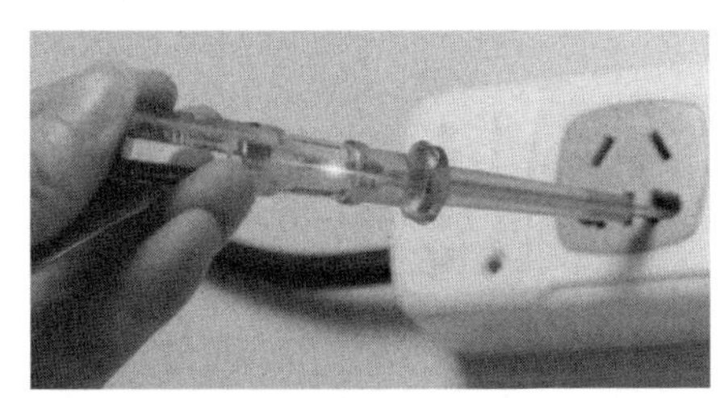

图1-2-40　低压普通型验电笔使用方法

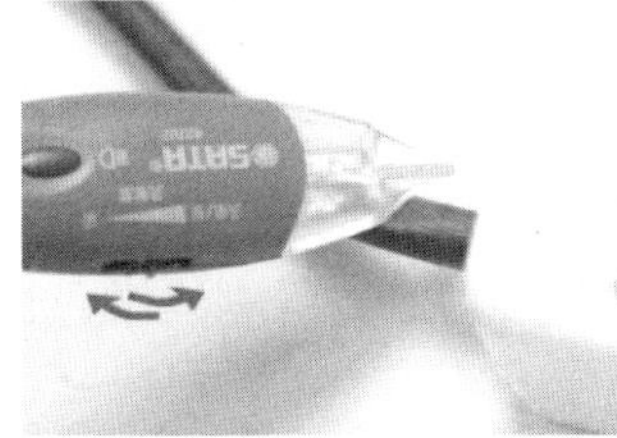

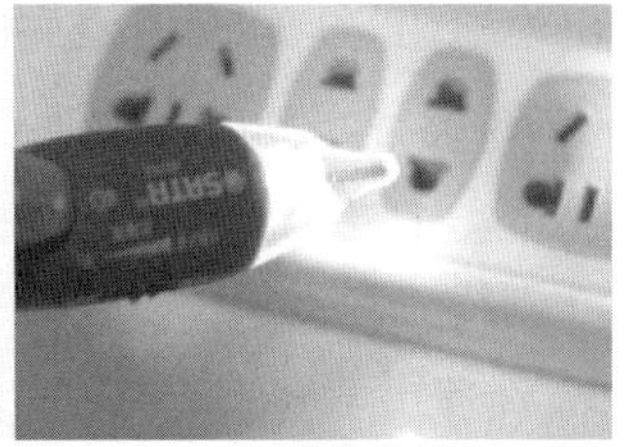

图1-2-41　低压非接触式验电笔使用方法

注意事项：湿手不要去验电，不要用手接触笔尖金属探头。

低压验电笔除主要用来检查低压电气设备和线路外，还可区分相线与零线、交流电与直流电以及电压的高低。通常氖泡发光者为火线，不亮者为零线，但中性点发生位移时要注意，此时零线同样会使氖泡发光；对于交流电通过氖泡时，氖泡两极均发光，直流电通过的，仅有一个电极附近发亮；当用来判断电压高低时，氖泡暗红轻微亮时，电压低；氖泡发黄红色光，亮度强时，电压高。

2. 万用表

万用表（图1-2-42）是一种带有整流器的，可以测量交、直流电流，电压及电阻等多种电学参量的磁电式仪表。万用表又称为复用表、多用表、三用表、繁用表等，是电力电子等部门不可缺少的测量仪表，一般以测量电压、电流和电阻为主要目的。万用表按显示方式分为指针万用表和数字万用表，是一种多功能、多量程的测量仪表。如今最主流的万用表都是数字万用表（图 1-2-43），指针万用表很少用。数字万用表属于比较简单的测量仪器。作为一种多用途电子测量仪器，其一般包含安培计、电压表、欧姆计等功能。

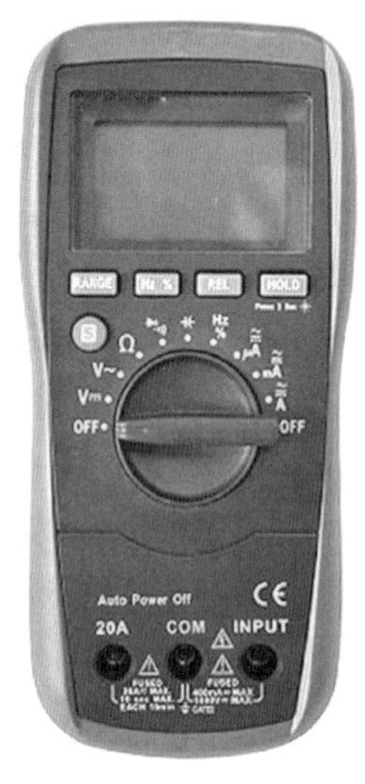

图 1-2-42 普通型万用表

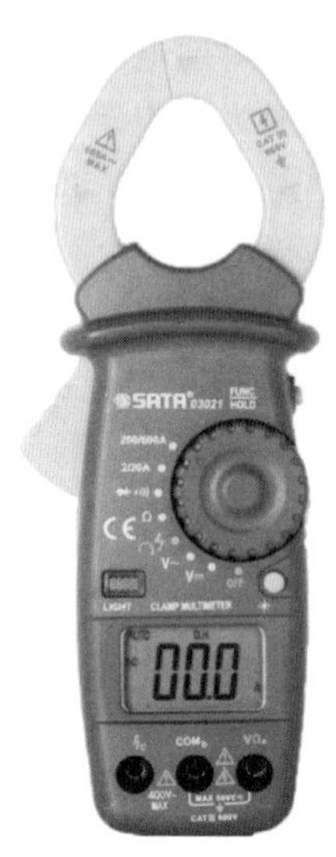

图 1-2-43 数字钳式万用表

注意事项：

（1）在使用万用表之前，应先进行“机械调零”，即在没有被测电量时，使万用表指针指在零电压或零电流的位置上。

（2）在使用万用表过程中，不能用手去接触表笔的金属部分，一方面可以保证测量的准确；另一方面也可以保证人身安全。

（3）在测量某一电量时，不能在测量的同时换挡，尤其是在测量高电压或大电流时，更应注意。否则会毁坏万用表。如需换挡，应先断开表笔，换挡后再去测量。

（4）万用表在使用时必须水平放置，以免造成误差。同时还要注意避免外界磁场对万用表的影响。

（5）万用表使用完毕，应将转换开关置于交流电压的最大挡。如果长期不使用，还应将万用表内部的电池取出来，以免电池腐蚀表内其他器件。

（三）夹持、剪切类工具

夹持类工具主要有各种规格和用途的钳子。剪切类工具主要有各种用于切割、剪切的美工刀、电工刀、剥线刀、锯子、航空剪、线缆剪、光纤剥线钳、开孔器、切管工具等。

1. 各种钳子

多功能钳子和多功能尖嘴钳、斜嘴钳、剥线钳、线缆切割钳等各种钳子是电路施工工程中常用的工具，主要用于剪断钢丝、铜丝、铁丝等各种金属丝线，剪切电线、绑扎电线及夹螺丝等其他辅助使用功能，其使用方法简单且非常实用。

2. 美工刀、电工刀

美工刀俗称刻刀或壁纸刀，在建筑装饰施工工程中主要用来切割电线绝缘皮、胶布、PVC 导管等质地较软的东西。美工刀多由塑料刀柄和刀片两部分组成，为抽拉式结构，也有少数为金属刀柄。其刀片多为斜口，用钝后可顺片身的划线折断，出现新的刀锋，方便使用。

电工刀是电工常用的一种切削工具。普通的电工刀由刀片、刀刃、刀把、刀挂等构成。不用时，把刀片收缩到刀把内。刀片根部与刀柄相铰接，其上带有刻度线及刻度标识，前端有螺丝刀刀头，两面加工有锉刀面区域，刀刃上具有一段内凹形弯刀口，弯刀口末端形成刀口尖，刀柄上设有防止刀片退弹的保护钮。电工刀的刀片汇集有多项功能，使用时只需一把电工刀便可完成连接导线的各项操作，无须携带其他工具，具有结构简单、使用方便、功能多样等优点。

注意事项：美工刀、电工刀对人来说会比较危险，使用时应多加小心。不要以为美工刀、电工刀脆弱，如果使用不正确的话，造成的伤口同样可以致命，所以使用过程中务必要小心。

3. 各种导管剪切工具

线槽剪：是PVC线槽专用剪。

管子台虎钳：又名龙门钳，是用于切割钢管、PVC塑料管等管形材料的夹持工具。管子台虎钳的钳座是固定在三脚铁板工作台上的。

管子切割器：又称管子割刀。

（四）开槽打孔类工具

开槽打孔类工具主要是开线槽时所用的工具，主要包含电钻（图1-2-44）、电锤、切割机（图1-2-45）、开槽机（图1-2-46）、开孔器等。这类工具在施工过程中主要是用于对混凝土墙地面进行切割、开槽和打孔作业，对操作员的技术要求很高，稍微不注意不但可能开槽打孔会跑偏，更甚者由于这类工具力量大、冲击力强，极易导致工具伤人等事故，故使用这类工具的技术人员必须经过专业训练。

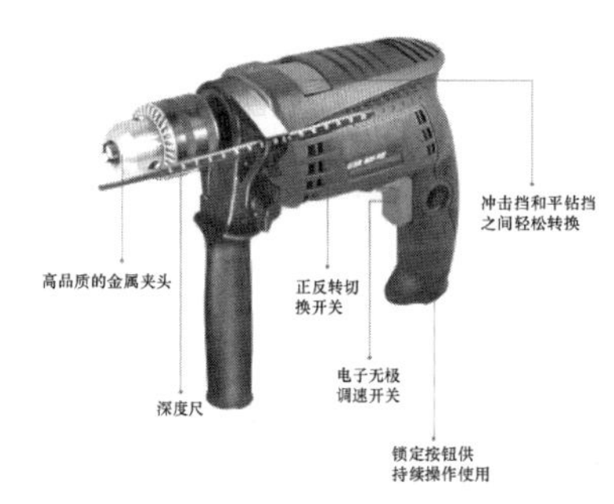

图1-2-44 多功能电钻

图1-2-45 多功能切割机

图1-2-46 开槽机

手电钻：适用于在金属型材、木材、塑料上钻孔，是布线系统安装中经常用到的工具。手电钻由电动机、电源开关、电缆、钻孔头等组成。

冲击电钻：是一种旋转带冲击的特殊用途的手提式电动工具，由电动机、减速箱、冲击头、辅助手柄、开关、电源线、插头及钻头夹等组成。适用于在混凝土、预制板、瓷面砖、砖墙等建筑材料上进行钻孔或打洞。

电锤：电锤是以单相串激电动机为动力，适用于在混凝土、岩石、砖石砌体等脆性材料上进行钻孔、开槽、凿毛等作业。电锤钻孔速度快，而且成孔精度高。它与冲击电钻从功能上看有相似的地方，主要区分是电锤具有强烈的冲击力。

电镐：电镐采用精确的重型电锤机械结构，具有极强的混凝土铲凿功能，比电锤功率大，更具冲击力、震动力，减震控制和可调控冲击能量，适合多种材料条件下的施工。

（五）手动扭力敲击类常用工具

手动扭力敲击类常用工具主要包含各种螺丝刀、螺丝批、平头内六角、扳手、套筒、榔头等。

螺丝刀、螺丝批：螺丝刀是一种用来拧转螺丝钉以迫使其就位的工具，通常有一个薄楔形头，可插入螺丝钉头的槽缝或凹口内。螺丝刀、螺丝批都主要有一字（负号）和十字（正号）及六角（包括内六角和外六角两种）螺丝刀。

四、开关插座及灯具安装工程实施流程

开关插座及灯具安装工程是在泥作工程、木作工程、涂饰工程、木地板安装工程、成品设备安装

工程等完工后进行的工序。否则安装的开关插座和灯具很容易被破坏、损耗、弄脏等。

由于开关插座及灯具安装工程是在前期的布管布线工程的基础上进行的后期开关插座和灯具的成品安装，其安装工艺流程相对简单，可归纳为槽盒清理、接电路、安装固定、通电测试和电气工程验收。

（一）槽盒清理

不管是开关插座的安装还是灯具的接线都需要在安装前将槽盒内残存的混凝土块剔掉，并清除其他杂物，且需要用湿布将槽盒内的灰尘擦拭干净（图 1-2-47）。

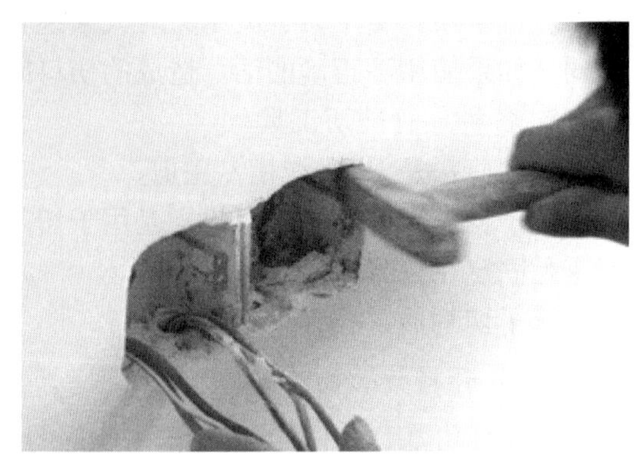

图 1-2-47 清理槽盒

（二）接电路

1. 开关接线

开关的安装位置一般在 1.2～1.4m 高度，一个装饰空间的开关尽量保持在同一高度位置。开关接线由于开关的联数、控数都不尽相同，所以比较复杂。以下是常见开关的接线方法。

（1）单控开关接线方法。单控开关是指通过开关设备上动端的“刀”与开关设备上不动端的离合来实现对一个电路回路切断或闭合控制的开关。它是最常用和最简单的开关。其只需要将 L 线进线接入开关动端，与“刀”相连，照明设备的 L 线接入开关的不动端便能实现对照明设备的开关控制（图 1-2-48、图 1-2-49）。

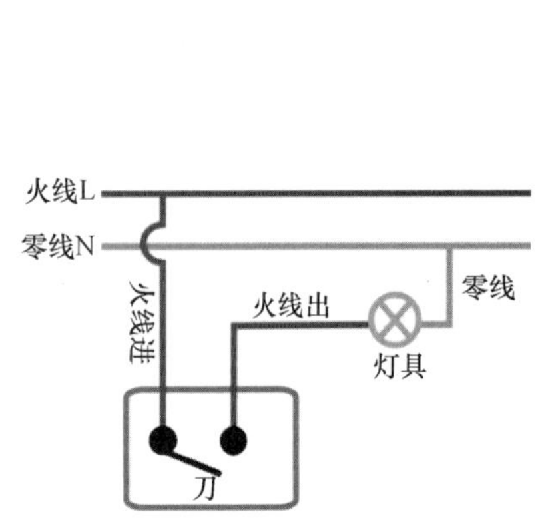

图 1-2-48 单控开关接线原理图

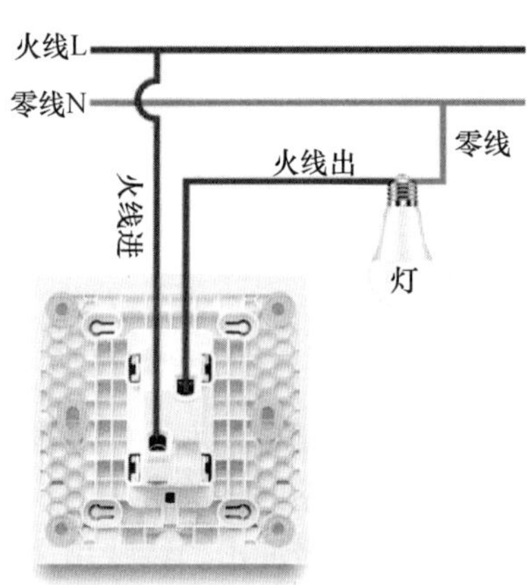

图 1-2-49 单控开关接线实物图

（2）双控开关接线方法。双控开关是一个开关同时带常开、常闭两个触点（即一对）（图 1-2-50、图 1-2-51）。通常用两个双控开关控制一个灯或其他电器，意思就是可以有两个开关来控制灯具等电器的开关，比如，在楼下时闭合开关来开启照明灯具，到楼上后断开开关来关闭照明灯具。

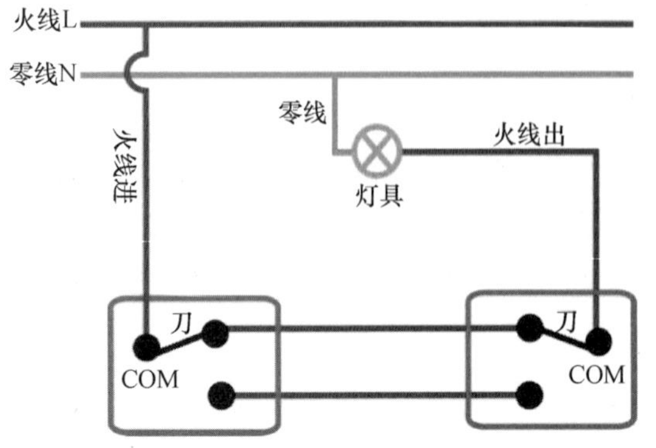

图 1-2-50 双控开关接线原理图

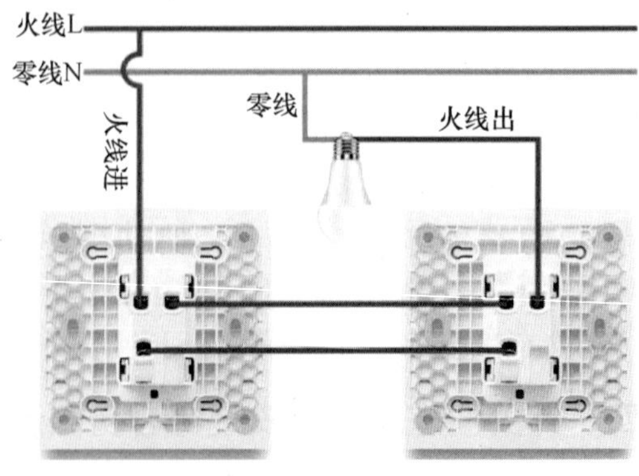

图 1-2-51 双控开关接线实物图

（3）三控开关接线方法。三控开关是指用三个开关控制一个灯，就是在两个双控开关的基础上，把两个双控开关的连接线中间再加上一个双刀双掷的中途开关（图 1-2-52）。此处要注意的是所有的"刀"随时保持在和其中任意一端相连的状态。

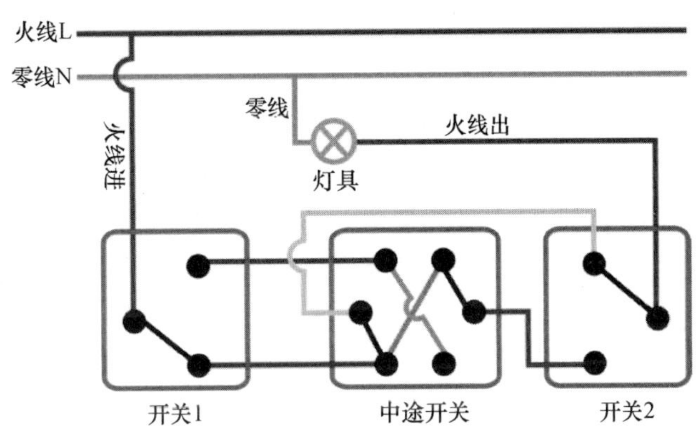

图 1-2-52　三控开关接线原理图

2. 插座接线

普通建筑装饰空间一般用的插座都是单相插座，电压为220V。常用的单相插座分为普通型、安全型、防水型、安全防水型等类型。

单相插座是在交流电力线路中具有的单一交流电动势。单相插座有二孔、三孔插座及二三结合型。三孔插座比二孔插座多一个地线接口，即平时家用的三孔插座（图 1-2-53）。二三孔插座即二孔插座和三孔插座结合在一起的插座。通常，单相用电设备，特别是移动式用电设备，都应使用三芯插头和与之配套的三孔插座。

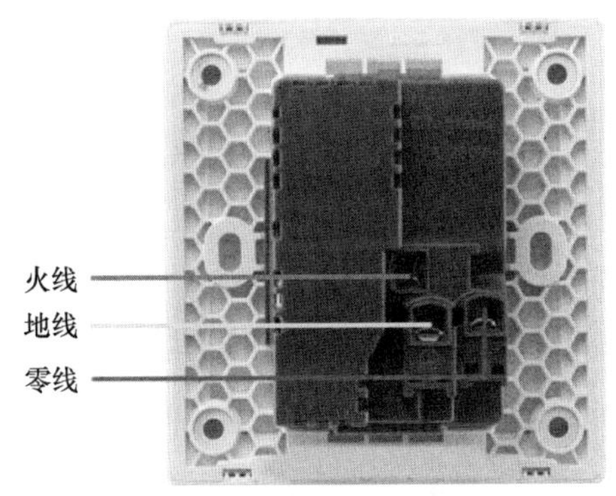

图 1-2-53　三孔单相插座接线图

注意事项：

（1）插座接线一定要遵循左零右火的接线原则。接线时面向插座正面的插孔应为左零右火（图 1-2-54），一般插座生产厂家都有接线孔标识，火线为 L，零线为 N。

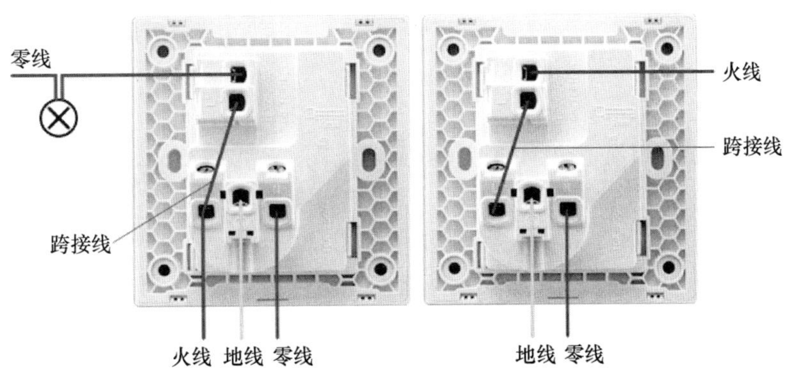

图 1-2-54　开关控制灯与控制三孔单相插座接线图

（2）压接芯线时，线芯不应外露，多芯线宜搪锡后压接。压接应牢固，防止大功率用电器使用时，生热烧毁插座。

（3）接线时专用接地插孔应与专用的保护地线相连。三孔插座接线时，不能使专用的保护接零（地）插孔与零线相接，否则在零线断开或者火线、零线接反时，其外壳等金属部分也将带有与电源相同的电压，会导致触电。

(4) 接线盒的芯线长度出盒 8～10cm 为宜。

(5) 交、直流或不同电压的插座安装在同一场所时，应有明显区别，且其插头与插座配套，均不能互相代用。

(6) 插座箱多个插座导线连接时，不允许拱头连接，应采用 1C 型压接帽压接总头后，再进行分支线连接。

(三) 安装固定

1. 安装准备

先将盒内甩出的导线留出维修长度，削出线芯，注意不要碰伤线芯。将导线按顺时针方向盘绕在开关、插座对应的接线柱上，然后旋紧压头。如果是独芯导线，也可将线芯直接插入接线孔内，再用顶丝将其压紧。注意线芯不得外露，如图 1-2-55、图 1-2-56 所示。

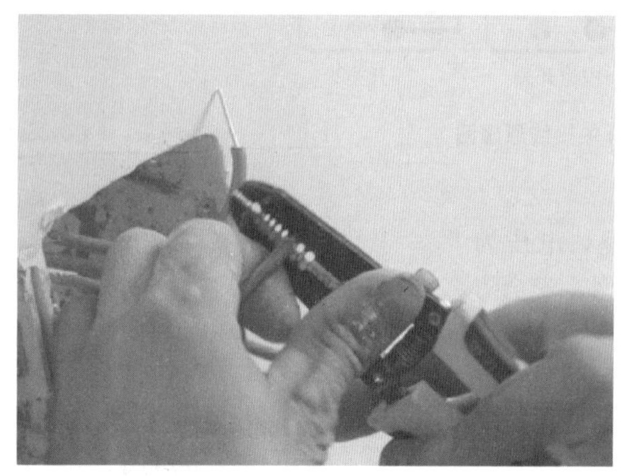

图 1-2-55 电源线处理

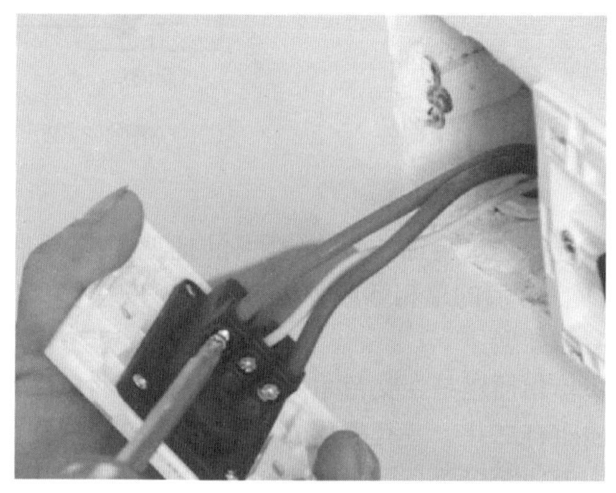

图 1-2-56 插座三线接线方法

2. 开关、插座安装

按接线要求，将盒内甩出的导线与开关、插座的面板连接好后，直接用螺丝安装于槽盒之上。将开关或插座推入盒内（如果盒子较深，大于 2.5cm 时，应加装套盒），对正盒眼，用螺钉固定牢固。固定时要使面板端正，并与墙面平齐，如图 1-2-57 所示。

图 1-2-57 固定插座面板

3. 灯具安装

(1) 日光吸顶灯安装。

① 灯具组装：日光灯的组装按说明书及组装接线图进行。

② 灯具安装：日光灯安装在吊顶上，轻型灯具应用自攻螺钉将灯具固定在龙骨上；当灯具质量超过 3kg 时，不应将灯具与吊顶龙骨直接相连接，应使用吊杆螺栓与设置在吊顶龙骨上的固定灯具的专用龙骨连接；大（重）型的灯具专用龙骨应使用吊杆与建筑物结构相连接。灯具固定后，将电源线压入灯具内的接头上，把灯具的反光板固定在灯具上，并将灯具调整顺直，最后把日光灯管装好即可。

(2) 吊杆灯安装。

① 灯具组成：吊杆、法兰、灯座或灯架，白炽灯出厂前已是组装好的成品，而日光吊杆灯需要进行组装。采用钢管做灯具的吊杆时，钢管内径一般不小于 10mm。

② 灯具组装：白炽灯软线加工后，与灯座连接好，将一端穿入吊杆内，由法兰穿出，导线露出吊

杆管口的长度不应小于 150mm，准备到现场安装。

③ 灯具安装：先固定木台，然后把灯具用木螺钉固定在木台上。超过 3kg 的灯具，吊杆应吊挂在预埋的吊钩上。灯具固定牢固后再拧紧法兰顶丝，应使法兰在木台中心，偏差不大于 2mm，安装后吊杆应垂直。双杆吊杆日光灯安装后双杆应平行。

4. 强、弱电箱安装

（1）强电箱安装。建筑装饰空间常使用的配电箱就是强电箱（图 1-2-58、图 1-2-59），配电箱里面的电压一般为 380V 或 220V，用于集中将电能按分组配送给各种电气设备。配电箱根据用途的不同，可分为照明箱、动力箱和计量箱。其中照明箱用于带照明回路等非动力负载，动力箱用于带风机、水泵、空调等动力负载，计量箱用于电能计费。三者并不是严格区别的，单个配电箱可以包括上述三种功能或任两种功能。

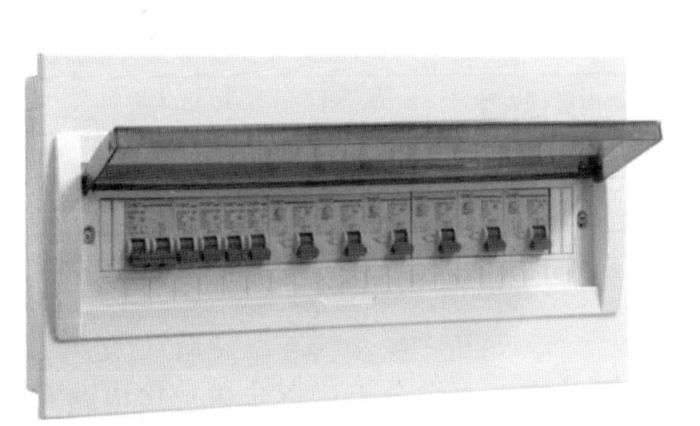

图 1-2-58　强电箱

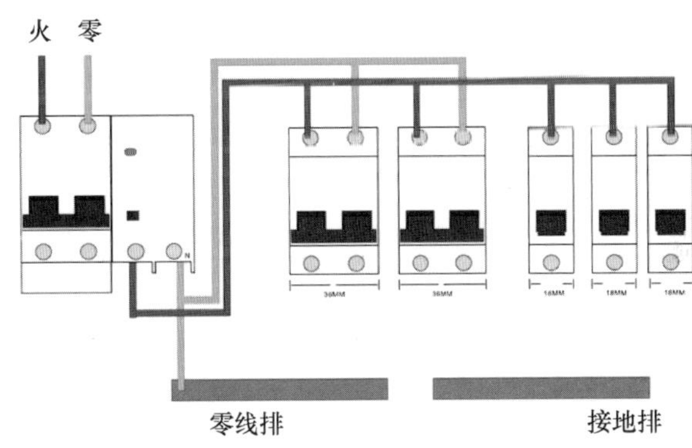

图 1-2-59　强电箱空开、强电分配示意图

居民常用的强电箱也是配电箱的一种，里边一般是辅助分组输送电能的各种型号空开，电压一般都是 220V。

（2）弱电箱安装。弱电箱指用于通信、智能控制等用途的箱式设备（图 1-2-60）。其里面的电压不超过 36V 安全电压。

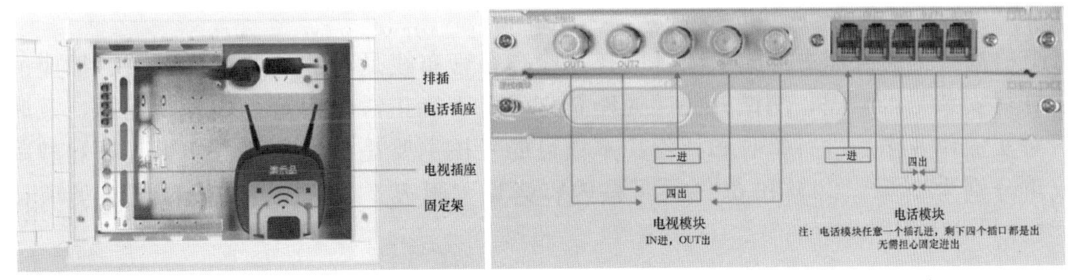

图 1-2-60　弱电箱及弱电模块

（四）通电测试

开关、插座及灯具安装完毕后，经绝缘测试检查合格，便通电试运行。通电后仔细检查和巡视，检查灯具的控制是否有效和准确，灯具有无异常声音，若发现问题，应立即断电，查出原因并修复。

（五）电气工程验收

插座、开关和灯具安装完成后，当电气工程全部完工后，经监理、甲方等多方共同对电气工程的所有施工工艺工序及质量检查，符合设计、达到施工要求后，便可要求监理、甲方签发验收合格单或客户认可验收单。开关、插座及灯具安装工程验收表见表 1-2-14。

表 1-2-14　开关、插座及灯具安装工程验收表

验收标准	是否合格	
	是	否
1. 面板点位、功能符合设计要求	□	□
2. 所用材料为指定品牌和规格，材料质量合格	□	□
3. 开关插座安装牢固，位置正确，盖板端正，表面清洁，紧贴墙面，四周无空隙，同一房间内在同一标高的开关或插座上沿高度一致	□	□
4. 相邻插座、开关间距相等，高度一致	□	□
5. 开关通断灵活，控制灯具数符合设计要求。开关除特殊要求外，底边距地面高度宜为 1200mm	□	□
6. 灯具及其配件齐全，并无机械损伤、变形、油漆剥落和灯罩破裂等缺陷	□	□
7. 灯具安装符合产品要求，灯头的绝缘外壳无破损和漏电	□	□
8. 花式灯具安装牢固，固定螺钉齐全，重型灯具按规范进行加固。同一室内成排安装的灯具，其中心线差不大于 5mm	□	□
9. 安装工程完成后，进行检查和试验。灯具试亮，开关试控制，插座通电	□	□

五、电气工程施工实训

学生在实训指导教师的指导下，严格按照施工实施流程及施工要求分组后逐步进行按电路布线、插座与灯具安装的实训，并填写实训操作的学习资源。

学生确定各自在小组中的分工以及小组成员合作的形式，然后按照已确立的工程实施步骤进行实训。本项目就是按开关、插座及灯具安装工程施工实施流程及施工要求进行实际施工，制作出布管布线，开关、插座及灯具安装工程实物作品。

实训指导教师根据各组学生实训操作进行因材施教和安全作业的管理。

六、实训作业验收和评价

项目组根据施工的流程进行施工项目检查。检查布管布线是否达到要求，开关、插座的面板是否平整，灯具安装是否牢固，测试开关、插座及灯具是否能正常使用等，如发现问题，及时进行调整。最后对实训作业作品进行验收和评价。本项目的考核主要是学生自评、学生互评和教师评价相结合，权重分别为 20%、20%和 60%。考核内容详见“附表 7：建筑装饰设计施工类项目任务考核表”。

七、职业技能训练

1. 选择题

（1）低压普通型验电笔发出辉光一般需要带电体与大地之间电位差超过（　　），否则就不发光，从而来判断低压电气设备是否带有电压。

A. ≥32V　　B. ≥34V　　C. ≥36V　　D. ≥38V

（2）接线时面向插座正面的插孔应为（　　），一般插座生产厂家都有接线孔标识，火线为 L，零线为 N。

A. 左零右火　　B. 右零左火　　C. 上零下火　　D. 下零上火

（3）单相插座有二孔、三孔插座及二三结合型，三孔插座比二孔插座多一个（　　），即平时家用的三孔插座。

A. 火线接口　　B. 零线接口　　C. 地线接口　　D. 以上都不对

(4) 下列可以放在弱电箱里的是（　　）。

A. 网线集成模块　　B. 电视集成模块　　C. 无线　　D. 以上都可以

(5) 同一室内安装的插座高低差不应大于（　　）mm；成排安装的插座高低差不应大于 2mm。

A. 2　　B. 3　　C. 4　　D. 5

2. 简答题

(1) 安装开关、插座前，应做好哪些准备?

(2) 简述开关、插座及灯具安装工程施工流程及每个流程的主要注意事项。

项目三　隐蔽工程之给排水工程

■ 水路工程概述

一、水路工程相关概念

水路工程作为建筑装饰工程之一，按其不同用途分为给水工程和排水工程。

建筑给水系统工程按用途一般分为生活给水系统、生产给水系统和消防给水系统三类。生活给水系统主要指民用住宅、公共建筑以及工业企业建筑内饮用、烹饪、盥洗、洗涤、淋浴等生活用水。其水量、水压应满足用户需要；水质符合国家规定的《生活饮用水水质标准》。生产给水系统是指为满足生产工艺要求设置的用水系统，主要有供生产设备冷却、原料和产品洗涤等所需的生产用水。因生产工艺不同，生产用水对水压、水量、水质以及其他要求各不相同。消防给水系统指供多层或高层民用建筑和公共建筑以及工业企业建筑中的各种消防设备用水。消防用水要求保证充足的水量、水压，对水质要求不高。在建筑装饰工程中，其主要指在室外供水网管连接总进水管，然后根据不同建筑空间的需求进行给水工程的管网布设。如厨房洗菜盆的冷热水，净水设备系统的供水，热水系统的供水，卫生间浴室柜的冷热水、花洒的冷热水、浴缸的冷热水、洗衣机供水等。

排水工程主要指将日常生活或生产中的水及时收集、通畅运输并排出建筑物的系统工程，根据排水的来源和水受污染程度的不同，可分为生活排水系统、工业废水排水系统、雨水排水系统。在建筑装饰工程中，排水工程是指在日常生活中产生生活废水和生活污水的排放管网系统工程。如厨房洗菜盆清洗蔬菜水果、餐具排水，洗碗机排水，净水设备系统排水，卫生间浴室柜排水、马桶排水、花洒排水、洗衣机排水、浴缸排水、地漏排水等。

建筑防水工程是保证建筑物的结构不受水的侵袭、内部空间不受水的危害的一项分部工程。建筑防水工程在整个建筑工程中占有重要的地位。建筑防水工程涉及建筑物的地下室、墙地面、墙身、屋顶等诸多部位，其功能就是要使建筑物或构筑物在设计耐久年限内，防止雨水及生产、生活用水的渗漏和地下水的浸蚀，确保建筑结构、内部空间不受到污损，为人们提供一个舒适和安全的生活空间环境。在建筑装修改造中，都要进行的一项工序就是水电改造。当水电改造完成后，就不可避免地破坏了原建筑做的防水工程，水的穿透力是非常强的，而卫生间、厨房是经常接触水的地方，这些地方一旦发生了漏水现象，水就会从楼上渗透到楼下，从而影响楼下居民的生活，漏水情况严重的会造成楼下住户财产损失，引发法律纠纷。此时要重新做防水工程，先要进行复杂的拆除工程，然后进行新的防水涂刷工程，所以在建筑装饰中，水电工程完工后会进行新的防水工程施工。

二、水路工程中常用的术语

给水：供生活饮用和生产应用的水。

排水：指排水的收集、输送、水质的处理和排放等设施以一定方式组合成的总体。

中水：指废水或雨水经适当处理后，达到一定的水质指标，满足某种使用要求，可以进行有益使用的水。

热熔：热熔一般用作热熔连接，热熔连接工艺是将两根 PP-R 管道的结合面紧贴在加热工具上来加热使其平整的端面直至熔融，移走加热工具后，将两个熔融的端面紧靠在一起，在压力的作用下保持到接头冷却，使两段管道连接成为一个整体的操作。

打压：指在给水管网施工完以后，用压力泵将管道内压力升至 1MPa，稳压后，接头部位无渗水现象，半小时内压力降不超过 0.05MPa 的施工检验工艺。

存水弯：指的是排水管网在卫生洁具内部或洁具排水管段上设置的一种内有水封的配件。存水弯分 S 形存水弯、P 形存水弯、U 形存水弯，S、P 和 U 很形象地说明了存水弯的形状。

■ 任务一　水路工程材料

一、明确任务

教师给学生发放并讲解任务书（表 1-3-1）。

表 1-3-1　水路工程材料学习任务书

项目任务名称	认识水路工程材料	项目任务编号	1-3-1
项目组组长		项目组成员	
任务完成时间			
任务学习目标	1. 认知目标： （1）了解水路工程的分类及其材料特性； （2）了解水路材料的品牌； （3）了解水路材料的使用规格。 2. 技能目标： （1）能根据实际分析出给排水，并选择相应的品牌； （2）能根据设计要求及实际使用需要选择水路材料规格		
任务内容	1. 学习并了解水路工程材料的种类、特性等知识； 2. 按计划到建材市场进行材料市场调研，收集整理并汇总资料； 3. 对调研材料进行分析，并形成调研报告； 4. 进行成果展示与汇报		
完成考核点	小组对调研材料的市场、属性、功能等进行分析，撰写并提交调研报告一份		
完成项目任务情况分析与反思：			
组长签字		成员签字	

二、项目任务教学实施流程与步骤

各项目组根据项目任务制订计划并实施。确定各自在小组中的分工以及小组成员合作的形式，然后按照已确立的实施步骤进行实际的任务实施与学习。项目任务教学实施流程与步骤详见“附表 2：认识材料任务实施计划书”。

三、水路工程材料核心知识链接

（一）给水管道的种类

给水改造工程中给水管道主要有 PP-R 管、铜管、铝塑管、不锈钢管、PB 管、镀锌铁管等。

（1）PP-R管（图1-3-1、图1-3-2，表1-3-2、表1-3-3）。PP-R管是无规共聚聚丙烯的简称，俗称三型聚丙烯。它使用无规共聚技术，使聚丙烯的强度、耐高温性得到很好的保证。PP-R管由于在施工中采用热熔技术焊接，所以也俗称热熔管。由于其无毒、质轻、耐压、耐腐蚀，是一种比较普及的材料。这种材质不但适用于冷水管道，而且由于有较好的耐热性，也适用于热水管道，最高工作温度可达95℃。PP-R管在工作温度70℃，工作压力（P. N）1.0MPa条件下，使用寿命可达50年以上（前提是管材必须是S3.2和S2.5系列以上）；常温下（20℃）使用寿命可达100年以上。PP-R水管分为热水管和冷水管，热水管在耐高温、抗压性能上要强于冷水管，一般在建筑装饰中不管是热水管还是冷水管都采用热水管。

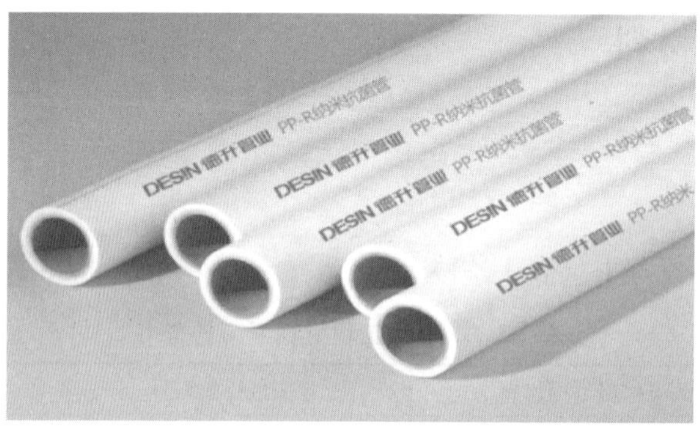

图1-3-1 PP-R水管

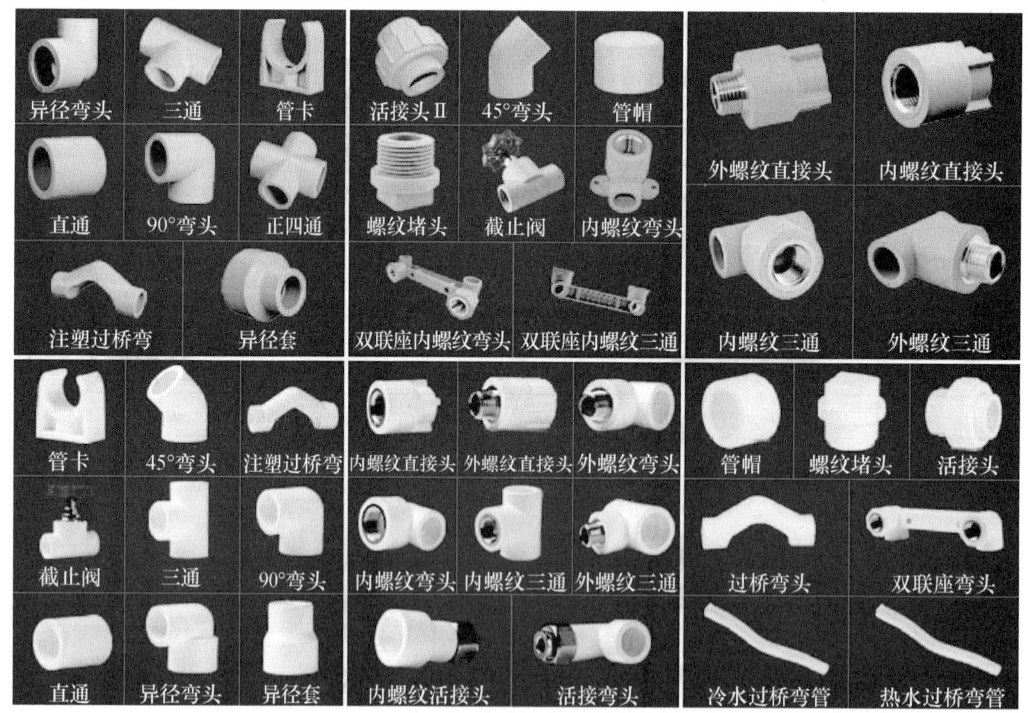

图1-3-2 PP-R水管配件

表1-3-2 PP-R管道规格表

公称外径（mm）	平均外径（mm）		S5	S4	S3.2	S2.5	S2
	最小值	最大值	公称壁厚（mm）				
12	12.0	12.3	—	—	—	2.0	2.4
16	16.0	16.3	—	2.0	2.2	2.7	3.3

续表

公称外径（mm）	平均外径（mm）		S5	S4	S3.2	S2.5	S2
	最小值	最大值	公称壁厚（mm）				
20	20.0	20.3	2.0	2.3	2.8	3.4	4.1
25	25.0	25.3	2.3	2.8	3.5	4.2	5.1
32	32.0	32.3	2.9	3.6	4.4	5.4	6.5
40	40.0	40.4	3.7	4.5	5.5	6.7	8.1
50	50.0	50.5	4.6	5.6	6.9	8.3	10.1
63	63.0	63.6	5.8	7.1	8.6	10.5	12.7
75	75.0	75.7	6.8	8.4	10.3	12.5	15.1
90	90.0	90.9	8.2	10.1	12.3	15.0	18.1
110	110.0	111.0	10.0	12.3	15.1	18.3	22.1
125	125.0	126.2	11.4	14.0	17.7	20.8	25.1
140	140.0	141.3	12.7	15.7	19.2	23.3	28.1
160	160.0	161.5	14.6	17.9	21.9	26.6	32.1

表 1-3-3 PP-R 管物理力学性能表

试验项目	试验参数			试样数量	要求
	试验温度（℃）	试验时间（h）	静液压应力（MPa）		
静液压试验	20	1	16.0	3	无破裂，无渗漏
	95	22	4.2		
	95	165	3.8		
	95	1000	3.5		
简支梁冲击试验	0±2	—	—	10	破损率<试样的 10%
纵向回缩率	135±2	*en*<8mm：1；8mm≤*en*≤16mm：2；*en*>16mm：4	—	3	≤2%
熔体质量流动速率	MFR（230℃/2.16kg）g/10min			3	变化率≤原料的 30%
静液压状态下热稳定性试验	110	8760	1.9	1	无破裂，无渗漏

（2）铜管（图 1-3-3）。铜管又称紫铜管。紫铜管是有色金属管的一种，是由压制和拉制而成的无缝管。紫铜管是住宅商品房的自来水管道，供热、制冷管道安装的首选。铜管的耐压能力是塑料管和铝塑管的几倍乃至几十倍，可承受建筑中的最高水压。在热水环境下，随着使用年限的延长，塑料管材的承压能力会显著下降，而铜管的机械性能在所有的热温范围内保持不变，其耐压能力不会降低，也不会出现老化的现象。铜的化学性能稳定，将耐寒、耐热、耐压、耐腐蚀和耐火（铜的熔点高达 1083℃）等特性集于一身，可在不同的环境中长期使用。就铜管而言，价位高是它的最大缺点，且铜管接口处连接主要取决于施工的工艺水平，对施工质量要求较高（图 1-3-4）。

（3）铝塑管（图 1-3-5、图 1-3-6）。铝塑管是一种由中间纵焊铝管，内外层聚乙烯塑料以及层与层之间热熔胶共挤复合而成的新型管道。铝塑管按用途分类有普通饮用水管、耐高温管、燃气管。聚乙烯是一种无毒、无异味的塑料，具有良好的耐撞击、耐腐蚀性能。铝塑管内外层均为特殊聚乙烯材料，中间层是铝，它不仅能够隔光，而且能够阻隔氧气。中间层纵焊铝合金使管子具有金属的耐压强度、耐冲击能力，使管子易弯曲不反弹。铝塑管拥有金属管坚固耐压和塑料管抗酸碱、耐腐蚀两大优点，是市面上使用较多的一种管材。由于其质轻、耐用、施工方便以及可弯曲性，使其更适合在家装中使用。

图 1-3-3　铜管

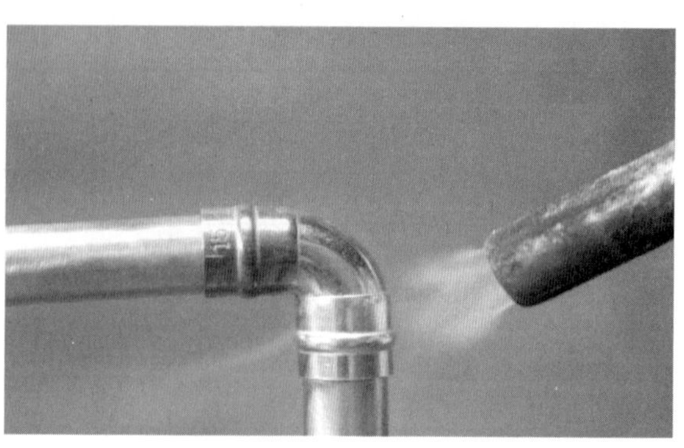
图 1-3-4　铜管的焊接

图 1-3-5　铝塑管

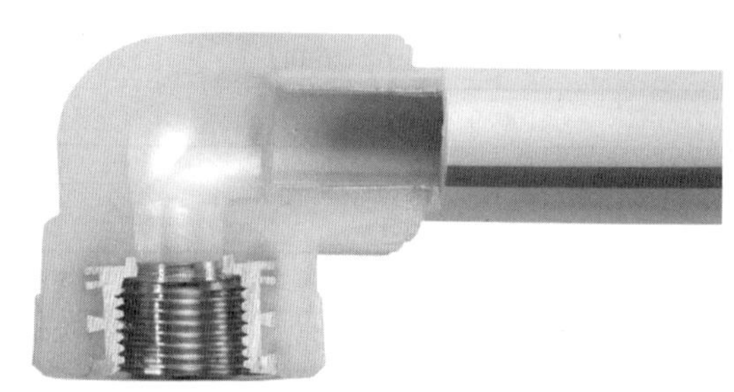
图 1-3-6　铝塑管剖面

（4）不锈钢管（图 1-3-7、图 1-3-8）。不锈钢管是一种较为耐用的管道材料。但由于其价格较高，且施工工艺要求比较高，其材质强度较硬，现场加工非常困难，所以在装修工程中被选择的概率较低。

图 1-3-7　不锈钢管及配件

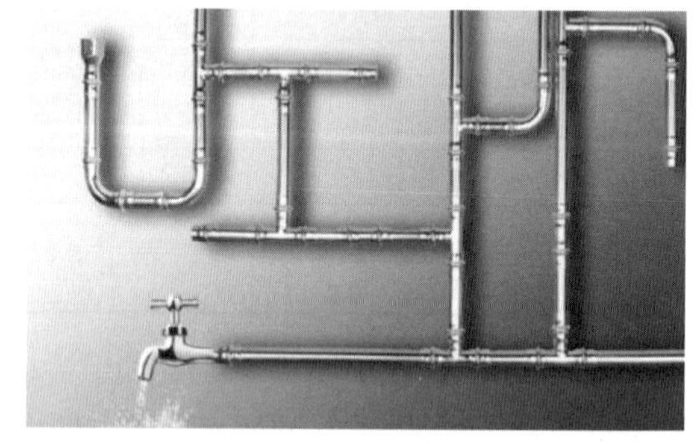
图 1-3-8　不锈钢管

（5）PB 管（图 1-3-9、图 1-3-10）。PB 管是一种高分子惰性聚合物管道，PB 树脂是由丁烯-1 合成的高分子综合体。它具有很高的耐温性、持久性、化学稳定性和可塑性，无味、无毒、无嗅，温度适用范围是－30℃至 100℃，具有耐寒、耐热、耐压、不生锈、不腐蚀、不结垢、寿命长（可达 50～100 年），且能长期耐老化等特点，是目前世界上最尖端的化学材料之一，有“塑料中的黄金”的声誉。

（6）镀锌管（图 1-3-11）。镀锌管又称镀锌钢管，分热镀锌和电镀锌两种。热镀锌镀锌层厚，具有镀层均匀、附着力强、使用寿命长等优点。电镀锌成本低，表面不是很光滑，其本身的耐腐蚀性比热镀锌管差得多。老房子大部分用的是镀锌管，煤气、暖气用的管道也是镀锌管。镀锌管作为水管使用几年后，管内会产生大量锈垢，污染水质，而且管道内壁会滋生细菌，且锈蚀造成水中重金属含量过高，严重危害人体健康。二十世纪六七十年代，国际上发达国家开始开发新型管材，并陆续禁用镀锌管。建设部等四部委也发文明确从 2000 年起禁用镀锌管。

图 1-3-9　PB 管

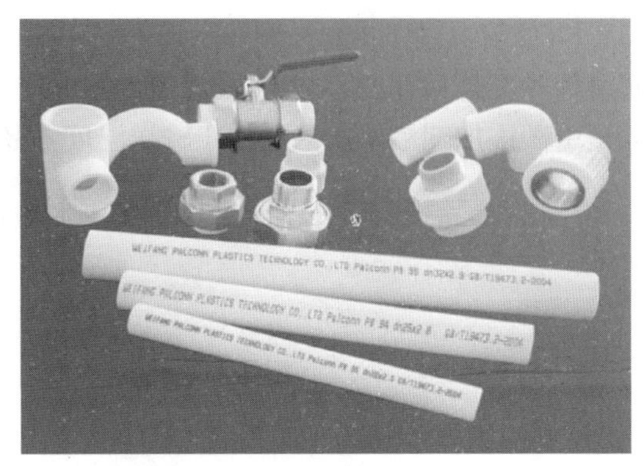

图 1-3-10　PB 管及配件

（二）排水管道的种类

排水管道有超高分子聚乙烯排水管、HDPE 双壁波纹管、PVC 排水管等，在建筑装饰工程中，PVC 管道作为排水工程的主要材料被广泛应用。

（1）超高分子聚乙烯钢塑复合排水管（图 1-3-12）：是由塑钢复合的异型带材经螺旋缠绕焊接制成，其内壁光滑平整。该种管材具有耐腐蚀、质量轻、安装简便、寿命长（50 年）等优点，可代替高能耗材质（水泥、铸铁、陶瓷等）制作的管材，属建设部推荐的绿色环保产品。

图 1-3-11　镀锌管

图 1-3-12　超高分子聚乙烯排水管

（2）HDPE 双壁波纹管（图 1-3-13）：是由高密度聚乙烯原料生产，管材内壁光滑、外壁波纹，内外壁之间中空的特殊管道，主要用于埋地排污、排水系统。HDPE 双壁波纹管的承口采用双层管壁，生产时在线扩口。双层管壁较坚硬，利用天然橡胶封圈柔性连接，安装方便、连接牢靠、不易泄漏、综合造价低，寿命长达 50 年。

图 1-3-13　HDPE 双壁波纹管

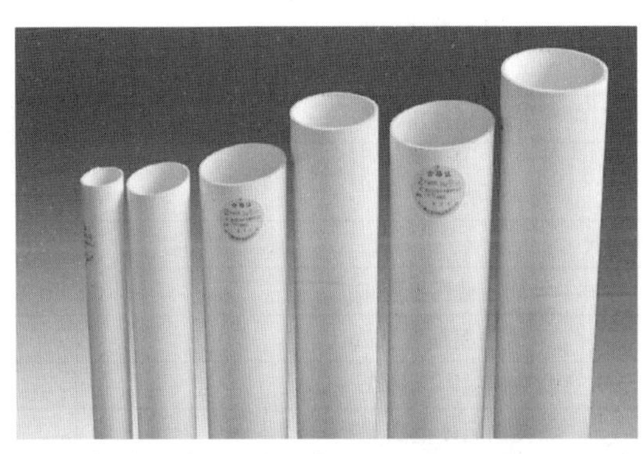

图 1-3-14　PVC 管

（3）PVC 管（图 1-3-14、图 1-3-15，表 1-3-4）：主要成分为聚氯乙烯，是由聚氯乙烯树脂与稳定剂、润滑剂等配合后用热压法挤压成型的管道。PVC 管抗腐蚀能力强、易于粘接、价格低、质地坚硬，但是由于添加剂渗出，只适用于输送温度不超过 45℃的给水系统中。

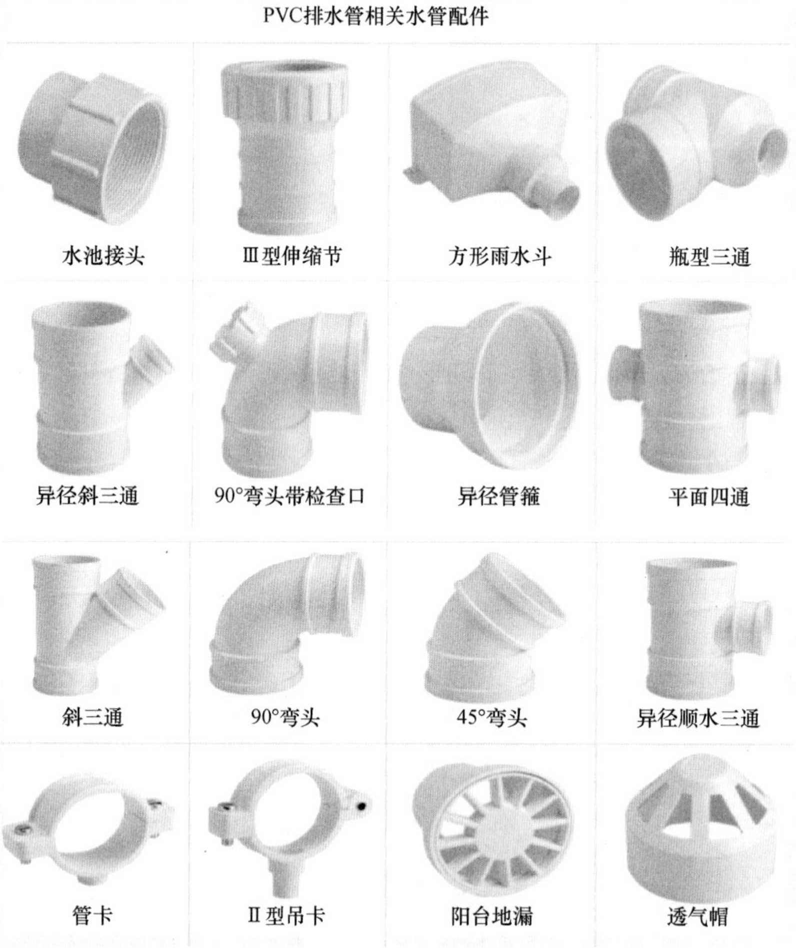

PVC排水管相关水管配件

水池接头　Ⅲ型伸缩节　方形雨水斗　瓶型三通

异径斜三通　90°弯头带检查口　异径管箍　平面四通

斜三通　90°弯头　45°弯头　异径顺水三通

管卡　Ⅱ型吊卡　阳台地漏　透气帽

图 1-3-15　PVC 管配件

PVC 管在建筑装饰工程排水项目中常用规格为 50mm、75mm、110mm、160mm。工业场所的排水管常用 200mm、250mm、400mm、500mm 等规格。

表 1-3-4　PVC 管道物理力学性能

项　　目		标准要求
拉伸屈服强度		≥40MPa
维卡软化温度		≥90℃
扁平试验		无破裂
落锤冲击试验		≤10%
外观		内外壁光滑、平整，不允许有气泡、裂口和明显的痕纹、凹陷、色泽不均及分解变色线
规格尺寸	外径壁厚	符合 GB/T 5836.1—2018
同一截面壁厚偏差		≤14%
管壁粗糙度（μm）		90
线膨胀系数［m/(℃·m)］		80
使用温度范围（℃）		0～45
导入系数 λ［W/（m·K)］		0.16

四、水路工程材料验收

（一）水路工程材料验收标准

给水管、排水管的进场验收应符合下列规定：

（1）合格证的查验：合格证内容填写应齐全、完整。

（2）外观检查：管件的内、外壁应平滑，无明显气泡、裂纹及色泽不均等缺陷；内外表面应没有凸棱及类似缺陷；管口边缘应平滑。

（3）测量：应与管材配套，用游标卡尺测量壁厚，用直尺测量长度。

（4）排水管试验方法：抽样检测，用脚踩不碎裂，用手折弯不断裂。

（5）给水管试验方法：抽样检查，分清冷、热水管，热水管标有一条红线，同种规格壁厚厚于冷水管。按当地规定现场见证取样复检。

（二）填写完成材料验收表

详见“附表 4：建筑装饰材料验收表”。

五、项目任务考核

本项目的考核是学生自评、学生互评和教师评价相结合，权重分别为 20%、20%和 60%。考核内容详见“附表 2：认识材料任务实施计划书”。

六、职业技能训练

1. 选择题

（1）建筑装饰工程中除设计注明外，冷、热水管一般采用直径为 25mm 的（　　），作为建筑装饰的主要给水管道。

A. PP-R 管　　B. 镀锌铁管　　C. 铜管　　D. 不锈钢管

（2）PP-R 管道在管道水温 95°试验时间 22h 的状态下能承受的压力为（　　）。

A. 4. 2MPa　　B. 3. 2MPa　　C. 2MPa　　D. 2. 5MPa

（3）铜管的熔点温度为（　　）。

A. 1090℃　　B. 1080℃　　C. 1085℃　　D. 1083℃

（4）下列管道中使用热熔焊接技术的是（　　）。

A. 铜管　　B. 镀锌铁管　　C. PVC 管　　D. PP-R 管

（5）下列管道在建筑装饰中作为主要的排水管道的是（　　）。

A. PP-R 管　　B. PVC 管　　C. PB 管　　D. 不锈钢管

（6）下列给水管道中被有关部门发文禁止使用的是（　　）。

A. PP-R 管　　B. 镀锌铁管　　C. 铜管　　D. 不锈钢管

（7）PVC 管的屈服强度值是（　　）。

A. ≥40MPa　　B. ≥38MPa　　C. ≥50MPa　　D. ≥48MPa

（8）下列不是存水弯的形状的是（　　）。

A. U 形　　B. S 形　　C. P 形　　D. K 形

2. 简答题

（1）简述给水管的常见种类及主要特点。

（2）简述排水管的常见种类及主要特点。

（3）简述水路改造工程施工流程。

3. 实训题

根据调研资料将调研成果做成 PPT 演示文档进行小组演示。

■任务二 水路工程布管与分组设计

一、明确任务

教师给学生发放并讲解任务书（表 1-3-5）。

二、水路

1. 热水供应系统

热水供应系统是保证用户能按时得到符合设计要求的水量、水温、水压和水质的热水供水系统。

表 1-3-5 水路工程布管与分组设计学习任务书

项目任务名称	水路工程布管与分组设计	项目任务编号	1-3-2
项目组组长		项目组成员	
任务完成时间			
任务学习目标	1. 认知目标： （1）了解并掌握水路种类等水路核心知识； （2）了解水路分组的方法与原则。 2. 技能目标： （1）能根据使用要求进行水路的设计与分组； （2）能将水路的设计与分组用 CAD 绘制出来		
任务内容	1. 对水路核心知识的再认识； 2. 进行水路设计与分组实训		
完成考核点	小组对调研材料的市场、属性、功能等进行分析，撰写并提交调研报告一份		
完成项目任务情况分析与反思：			
组长签字		成员签字	

2. 中水处理系统

中水是将生活污水作为水源，经过适当处理后作为杂用水，其水质指标介于上水和下水之间，称为中水。中水处理系统是运用中水处理技术，通过沉淀、消毒、过滤等技术将生活污水处理成可二次使用水的处理系统。经处理后的中水可用于厕所冲洗、园林灌溉、道路保洁、城市喷泉等。对于淡水资源缺乏、城市供水严重不足的缺水地区，采用中水技术既能节约水源，又能使污水无害化，是防治水污染的重要途径，也是我国目前及将来长时间内重点推广的新技术、新工艺。

中水处理系统如图 1-3-16 所示。

三、给排水路分组设计

建筑装饰工程中的水路分组是指将室内的给排水路根据不同空间的不同需求进行分组设计。

（一）给排水分组设计要求

（1）给水水管布局的基本要求是横平竖直，墙面不横向开槽，所有的管线都要走吊顶，再从吊顶上方向下分。此种工艺的优点是所有的管道接头都在吊顶上，便于检修。给水分组设计将居室中的冷

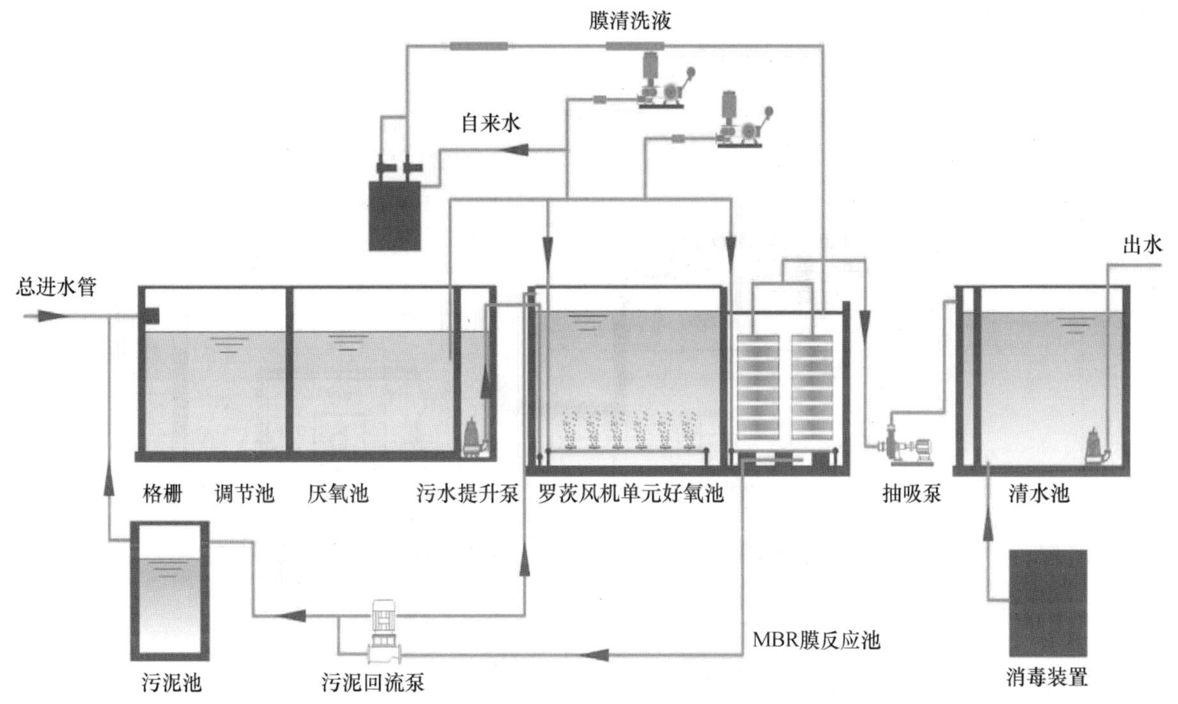

图 1-3-16　中水处理系统

水水路与热水水路根据居室方案布局与家电定位进行分组布管。根据居室面积大小进行水路的分组，如厨房菜盆需要热水水路以及冷水水路，厨房洗碗机需要冷热水水路，厨房净水器需要冷水水路，燃气热水器需要冷水水路，卫生间浴室柜需要冷热水路，马桶需要冷水水路，花洒需要冷热水路，浴缸需要冷热水路，热水器需要冷水水路。生活阳台有拖把池需要冷水水路，洗衣机需要冷水水路等。根据不同建筑空间需求，将入户冷水管通过综合布管接入不同的空间，然后在空间中分至不同的位置与高度。

（2）排水设计要求：第一，粪便污水立管应靠近大便器，使粪便污水以最短的距离进入立管；第二，在污废水分流时，废水立管应靠近浴盆；第三，在卫生间设有吊顶时，给排水支管一般都布置在吊顶内，吊顶上必须设检修口；第四，要布置地漏。

水路冷热水分组如图 1-3-17 所示。

给水管道预留高度见表 1-3-6。

表 1-3-6　给水管道预留高度

名称	离地高度（mm）
洗菜盆冷热水口	350
拖把池进水口	750
洗衣机进水口	1200
电热水器进水口	1700
燃气热水器进水口	1500
淋浴龙头冷热进水口左右管距	150
马桶进水口	200
浴缸进水口	200
洗碗机进水口	350

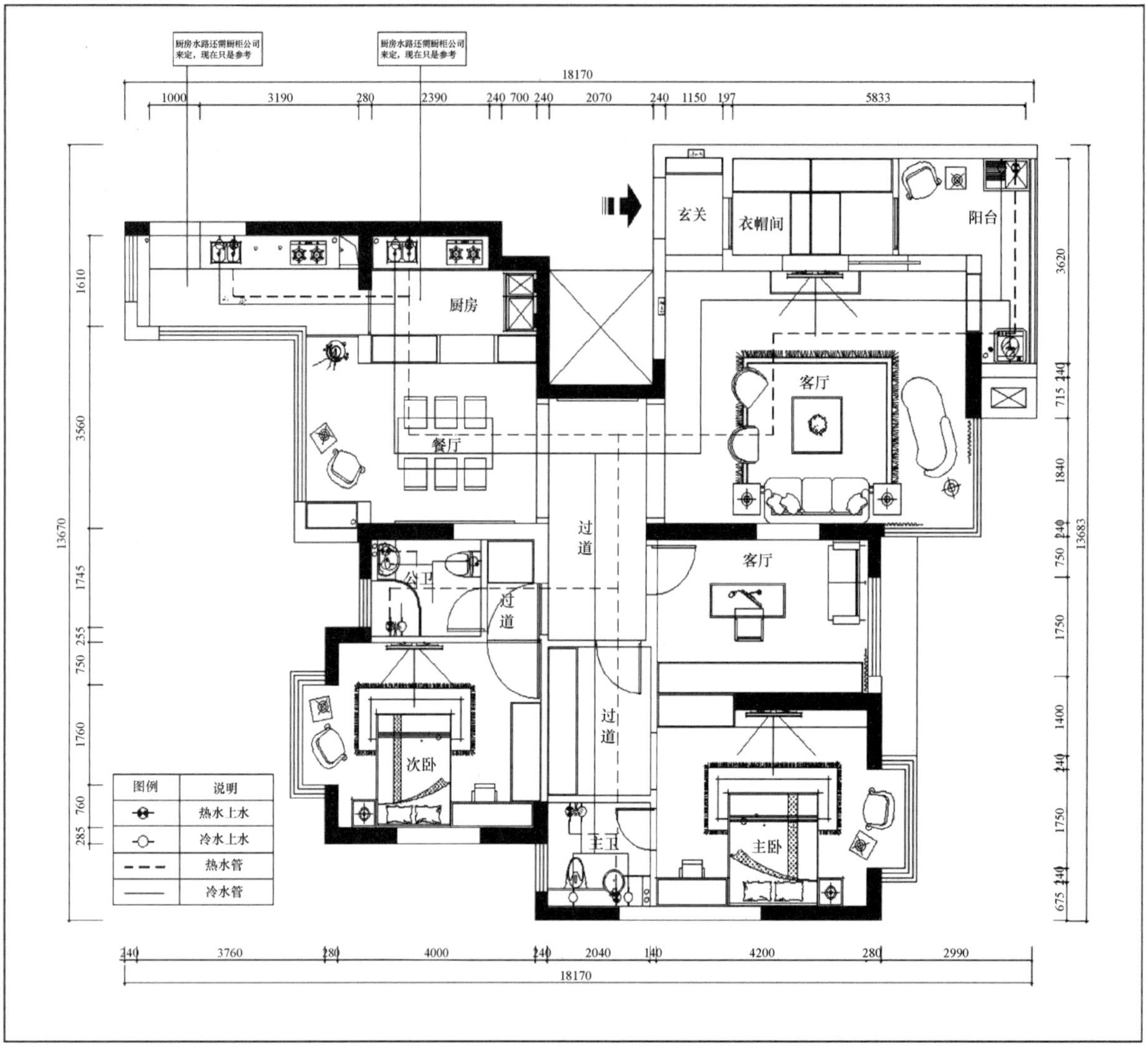

图 1-3-17　水路冷热水分组

（二）给排水路分组设计原则

给排水路分组设计要根据装饰空间内厨卫洁具设备等进行设计，其设计应遵循便于施工与检修、造价合理、科学负载、方便使用等原则。

1. 便于施工与检修原则

便于施工与检修原则是指给排水路分组设计时，一方面是要利于技术人员进行施工；另一方面是要避免给排水路过多的穿插、交错，造成水路布局过于复杂。只有布管走向、组合、穿插等各方面设计合理的水路分组才能在后期出现故障后便于检修。

2. 造价合理原则

造价合理原则是指给排水路分组设计时不能只考虑使用方便与利于检修，要科学合理地对工程的预算造价进行评估，使给排水路设计的材料费、人工费都在可控的范围之内。

3. 方便使用原则

方便使用原则是指在做给排水路设计时每一路水路要根据不同的设施设备进行预留，保证后期使用的便捷性。

四、项目任务考核

本项目的考核主要是学生自评、学生互评和教师评价相结合，权重分别为20%、20%和60%。考核内容详见“附表2：认识材料任务实施计划书”。

五、职业技能训练

1. 选择题

(1) 拖把池在预留出水孔时需要预留高度是多少？(　　)

A. 600mm　　B. 700mm　　C. 650mm　　D. 750mm

(2) 下列哪一个不是中水的用途？(　　)

A. 灌溉绿化　　B. 厕所冲洗　　C. 饮用　　D. 清洁道路

(3) 下列哪个设备不需要设计热水水路？(　　)

A. 洗菜盆　　B. 花洒　　C. 浴室柜　　D. 净水机

(4) 下列哪一项不是水路设计的原则？(　　)

A. 便于施工与检修　　B. 造价合理　　C. 过于复杂　　D. 方便使用

(5) 水路布管的基本要求是（　　）。

A. 横平竖直　　B. 墙面尽量不横向开槽

C. 尽量走吊顶　　D. 以上都是

2. 简答题

(1) 简述水路分组设计的基本原则。

(2) 简述中水的原理以及主要用途。

3. 实训题

根据附录提供的户型，设计厨房和卫生间的水路分组设计施工图。

■任务三　水路工程施工工艺

一、明确任务

教师给学生发放并讲解任务书（表1-3-7）

表1-3-7　水路工程施工工艺学习任务书

项目任务名称	水路工程施工工艺	项目任务编号	1-3-3
项目组组长		项目组成员	
任务完成时间			
任务学习目标	1. 认知目标： (1) 了解给排水分组的含义及其布管标准； (2) 了解各种水路布管的施工工艺要求及国家标准； (3) 了解水路布管施工工程的工艺流程及施工要求和原则。 2. 技能目标： 能根据水路设计图纸结合实际施工情况，绘制水路竣工图		
任务内容	1. 了解并学习水路布管施工工程原则； 2. 了解并学习水路布管施工工程的工艺流程		

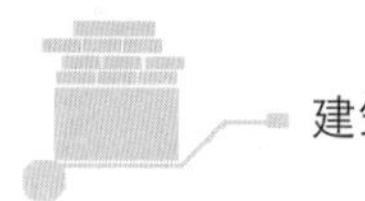

续表

完成考核点	完成水路布管施工工艺		
完成项目任务情况分析与反思：			
组长签字		成员签字	

二、项目计划与决策

学生项目组根据项目任务书进行项目实施计划制定和具体实施。项目任务教学实施流程与步骤详见“附表 3：项目任务实施计划书”。

三、水路布管施工工程原则

1. 水路布管部位选择原则

走顶不走墙，走墙不走地。

在建筑装饰中，水路改造属于隐蔽工程，装修完成后，水路都被隐藏在地面、墙面、顶面，如果水路出现问题，将造成极大的维修麻烦。严重时需要把地砖拆除，施工难度大，而且损失严重；轻则需要将吊顶拆除或者将墙面砖拆除。如果水管破裂漏水并渗透到楼下，还要对楼下邻居赔偿（图 1-3-18、图 1-3-19）。

图 1-3-18　水路顶面布管（一）

图 1-3-19　水路顶面布管（二）

2. 给水冷热水布置原则

（1）一般来说，水管布置的原则是“走顶不走地，走竖不走横”。走顶的原因是万一将来发生漏水现象，能够很快发现故障，并便于维修；走竖的原因是装修完工后，能够从外观判断出水管的具体位置，防止墙上安装挂件时破坏，竖槽还能够减少对墙体的破坏。

（2）冷热水电之间的距离一般为 10～15cm，“左热右冷”是规范的铺设，冷热水电的弯头必须处于同一平面，处于下水口上方。

（3）冷热水管不能同槽，间距不小于 15cm，上下平行时上冷下热，左右平行时左热右凉（按出水方向，因为一般人为右利手，而凉水用得多）。

（4）水路、电路和燃气、暖气管道平行间距应大于 30cm。

（5）长距离热水管须用保温材料处理：一是防止热量流失；二是防止水管的冷凝水。

水路冷热水布管如图 1-3-20、图 1-3-21 所示。

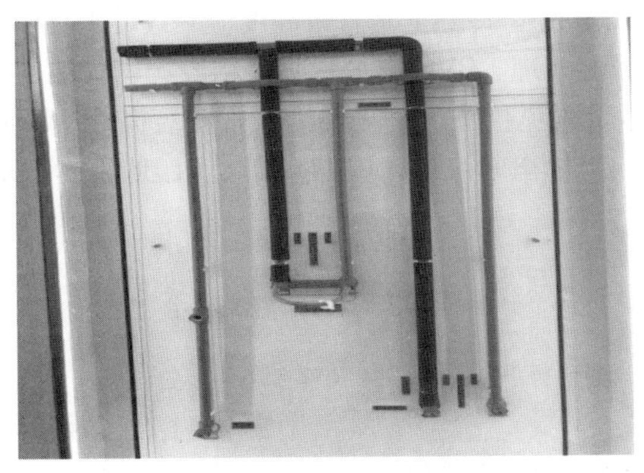
图 1-3-20　水路冷热水布管（一）

图 1-3-21　水路冷热水布管（二）

3. 下水布置原则

（1）地漏、洗手盆下水口应安装防臭弯头；

（2）下水管道下水路径应布置合理，保证下水通畅，并方便日后维修；

（3）新做下水管道回填之前需设置底座进行架空固定，保证下水坡度及下水管道牢固度。

四、水路布管工程实施流程

（一）给水水路改造工程实施流程

1. 画线定位

根据厨房、卫生间、阳台实际情况及客户需求，合理确定各用水点（如阀门、水龙头、淋浴器、角阀）的位置及管道走向途径，勾画出水管的行进路线。

2. 切槽开孔

开槽必须用无齿锯，并且开槽顺直。敷埋管道时，开墙地槽的深度应保证暗敷管粉补后不应外露，且应避免水平墙面的开凿，墙顶面开槽严禁破坏原建筑钢筋（图 1-3-22）。

3. 布管

除设计注明外，冷热水管均采用 PP-R 管，管道统一为直径 25mm，安装前应检查管道是否畅通。安装水管时，应做到横平竖直，墙面不横向开槽（图 1-3-23），所有的水路管道应走吊顶，再从吊顶上方向下分。例如，从洗面盆的出水口直接向上走管到吊顶，再走到淋浴正上方，再从淋浴正上方向下走到淋浴的混水阀处。其优点是，基本所有的接头都在吊顶上，容易维修。即便维修也不需要拆除磁砖（图 1-3-24）。

图 1-3-22　墙面开槽

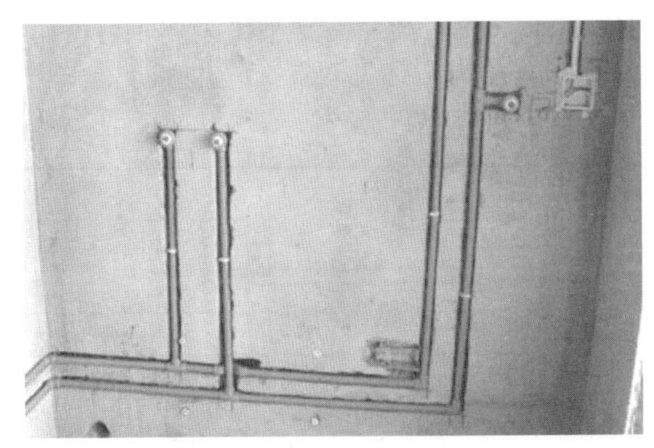
图 1-3-23　墙面布管

布设冷热水管时，布管应热上冷下，左热右冷（图 1-3-25）。冷热上水管口高度应一致，平行间距不少于 200mm，并且明露冷热水管（包括吊顶内）应做保温处理。PVC 排水管必须粘胶严密，坡度符合 35/1000 要求。通往阳台的水管必须加装阀门，中间尽量避免接头。坐便器给水管安装高度为距地面 250mm；洗面盆冷热水预留接口高度为距地面 350～450mm；淋浴阀冷热水预留接口高度为距地面 1050mm。

图 1-3-24　水管从吊顶上方向下分

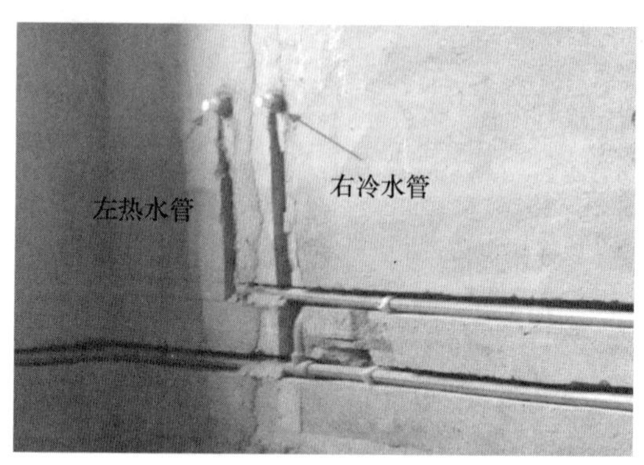

图 1-3-25　冷热水管布管

4. 验收

施工完成后必须进行打压试验，打压 1MPa，保持 30min 压力下降不超过 0.05MPa 即为合格（图 1-3-26、图 1-3-27）。

图 1-3-26　水管打压测试

图 1-3-27　打压机压力表

5. 水泥砂浆封补

验收完毕后用水泥砂浆封补保护。封补要平整，不能影响后续施工。

6. 交底照相

由于后续泥作工程、木作工程、涂饰工程等将会对水路工程的施工痕迹和布管进行遮蔽，使水路工程成为隐蔽工程，所以要在水路工程验收后进行影像记录。

PPR 水管压力指标见表 1-3-8。

表 1-3-8　PPR 水管压力指标

设计压力 P_D（MPa）	管系列 S 系列	
	级别 1 ∝ D=3.09MPa	级别 2 ∝D=2.13MPa
0.4	5	5
0.6	5	3.2
0.8	3.2	2.5
1	2.5	2

注：以上表中每个级别均对应一个特定的范围，见 GB/T 18742.1—2017 中使用条件级别的要求，各级别的典型应用范围：级别 1 供应热水（60℃）；级别 2 供应热水（70℃）。

承接口热熔技术参数见表 1-3-9。

表 1-3-9　承接口热熔技术参数

公称外径（mm）	焊接深度（mm）	加热时间（s）	加工时间（s）	冷却时间（min）
16	12	4	4	3
20	14	5	4	3
25	16	7	4	3
32	20	8	4	4
40	21	12	6	4
50	22.5	18	6	5
63	24	24	6	6
75	26	30	10	8
90	32	40	10	8
110	38.5	50	15	10
125	42	60	15	15
140	45	70	15	15
160	50	90	15	20

注：1. 该表仅供参考，PPR 管材的具体热熔参数参考各材料制造商技术文件。

2. 加热时间根据施工环境温度调整，若温度低于 5℃，加热时间应延长 50%。

PPR 管道热熔焊接工艺曲线如图 1-3-28 所示。

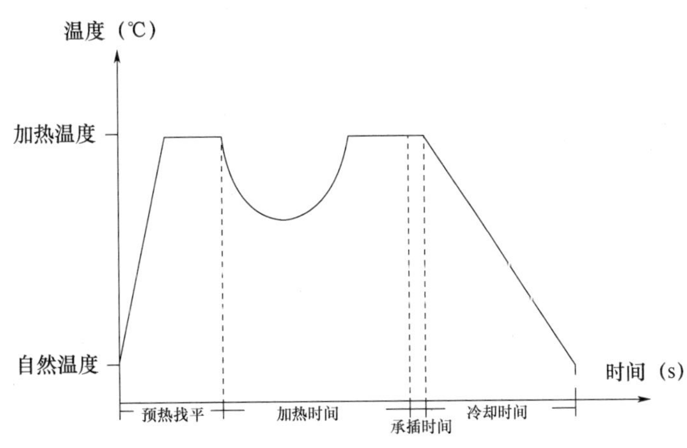

图 1-3-28　PPR 管道热熔焊接工艺曲线

（二）下水水路改造工程实施流程

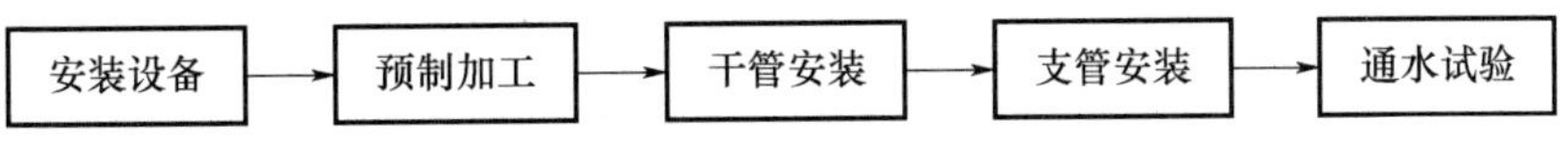

1. 排水工程施工工艺流程

（1）根据图纸要求并结合实际情况，按预留口位置测量尺寸，绘制加工草图。根据草图量好管道尺寸，进行断管。粘接前应对承插口先插入试验，不得全部插入，一般为承口的 3/4 深度。试插合格后用棉布将承插口需粘接部位的水分、灰尘擦拭干净。如有油污需用丙酮除掉。用毛刷涂抹胶粘剂，先涂抹承口后涂抹插口，随即用力垂直插入，插入粘接时将插口稍做转动，以利胶粘剂分布均匀，约 30s 至 1min 即可粘接牢固，粘接牢固后即可将溢出的胶粘剂擦拭干净。

（2）排水管道安装后，按规定必须进行闭水试验，凡属隐蔽暗装管道必须进行通水试验。

（3）胶粘剂易挥发，使用后应立即封盖。冬期施工进行粘接时，凝固时间为 2～3min。

（4）粘接场所应通风良好，远离明火。

2. 排水管道验收标准

(1) 管材为硬质聚氯乙烯（UPVC），所用胶粘剂应是同一厂家配套产品，应与卫生洁具连接相适宜，并有产品合格证及说明书。

(2) 管材内外表层应光滑，无气泡、裂纹，管壁薄厚均匀，色泽一致，直管段挠度不大于1%。管件造型应规矩、光滑、无毛刺。承口应有梢度，并与插口配套。

水路改造工程验收标准见表1-3-10。

表1-3-10 水路改造工程验收标准

验收标准		是否合格	
		是	否
水管等材料	所使用水管、套管与指定材料一致	□	□
水路外观	水路管道等的安装、走线与原设计图一致	□	□
给排水管材、管件、阀门、器具连接	安装牢固	□	□
	位置正确	□	□
	打压试验连接无渗漏	□	□
给水管与燃气管间距	平行间距≥50mm	□	□
	交叉间距≥10mm	□	□
阀门安装	表面平整	□	□
	开启灵活	□	□
	左热右冷	□	□
	出水通畅	□	□
管道安装	热水管在冷水管左侧	□	□
	冷热水管间距≥150mm	□	□

五、项目任务考核

先由学生对自己的工作结果进行自我评估，再由教师进行检查评分。师生共同讨论和评判项目工作中出现的问题、学生解决问题的方法以及学习行动的特征。通过对比师生评价结果，找出造成结果差异的原因。本项目的考核主要是学生自评、学生互评和教师评价相结合，权重分别为20%、20%和60%。考核内容详见“附表2：认识材料任务实施计划书”。

六、职业技能训练

1. 选择题

(1) 给水工程管道完工后要进行压力测试，需要测试多大的压力？（　　）

A. 0.8MPa　　B. 0.9MPa　　C. 1MPa　　D. 0.75MPa

(2) 冷水埋管后的批灰层要大于1cm，热水埋管后的批灰层要大于（　　）cm。

A. 1　　B. 1.5　　C. 2　　D. 2.5

(3) 布冷热水管时，布管应（　　）。

A. 上冷下热，左热右冷　　B. 上热下冷，左热右冷

C. 上热下冷，左冷右热　　D. 上冷下热，左冷右热

(4) 水平管道管卡的间距，冷水管卡间距不大于60cm，热水管卡间距不大于（　　）cm。

A. 10　　B. 15　　C. 20　　D. 25

(5) 水路、电路、燃气、暖气管道平行时间距应该大于（　　）cm。

A. 10　　B. 15　　C. 20　　D. 30

(6) 水路尽量走顶的原因是（　　）。

A. 便于后期维修　　B. 便于施工　　C. 节约材料　　D. 人工费用低

(7) 热水管道安装时加装保温棉的作用是（　　）。

A. 防止热量流失　　B. 防止水管冷凝水　　C. 保护水管　　D. 以上都是

(8) PVC 排水管在冬期施工中凝固时间为（　　）。

A. 4～5min　　B. 5～6min　　C. 3～4min　　D. 2～3min

(9) PVC 排水管安装时需要预留多大坡度？（　　）

A. 30/1000　　B. 32/1000　　C. 34/1000　　D. 35/1000

2. 简答题

(1) 简述给水管为什么要走顶。

(2) 简述给水管道安装时为什么要左热右冷、上热下冷。

(3) 简述给水路改造工程施工流程及工艺。

3. 实训题

进行给水管道安装以及排水管道安装实训。

■ 任务四　防水工程材料

一、明确任务

教师给学生发放并讲解任务书（表 1-3-11）。

表 1-3-11　防水工程材料学习任务书

项目任务名称	认识防水工程材料	项目任务编号	1-3-4
项目组组长		项目组成员	
任务完成时间			
任务学习目标	1. 认知目标： (1) 了解防水工程的分类及其材料特性； (2) 了解防水材料的品牌。 2. 技能目标： 能根据设计要求及实际使用需要计算防水材料数量		
任务内容	1. 学习并了解防水工程材料的种类、特性等知识； 2. 按计划到建材市场进行材料市场调研，收集整理并汇总资料； 3. 对调研材料进行分析，并形成调研报告； 4. 进行成果展示与汇报		
完成考核点	小组对调研材料的市场、属性、功能等进行分析，撰写并提交调研报告一份		
完成项目任务情况分析与反思：			
组长签字		成员签字	

二、项目任务教学实施流程与步骤

各项目组根据项目任务制定计划并实施。确定各自在小组中的分工以及小组成员合作的形式，然后按照已确立的实施步骤进行实际的任务实施与学习。项目任务教学实施流程与步骤详见“附表 2：认识材料任务实施计划书”。

三、建筑装饰常用防水材料

1. 改性沥青防水涂料

改性沥青防水涂料（图 1-3-29、图 1-3-30），是运用高分子合成技术，在天然沥青中加入环氧树脂和树脂基团的防水涂料，这种新产品更具防水、防腐、防潮、防霉等功效。

图 1-3-29　改性沥青防水涂料（一）

图 1-3-30　改性沥青防水涂料（二）

改性沥青防水涂料具有适应范围广，耐候性、抗酸性、抗变形性好，使用寿命长，拉伸强度高，延伸率大等特点。它对基层收缩和开裂变形适应性强，使用温度范围广，可在－40～100℃的温度范围内使用，防水防腐性能优越，防水防腐寿命可达 50 年，被喻为“防水防腐之王”。它在产品固化后形成橡胶状高弹性无接缝、无接头的防水防腐层，并且为连续封闭体系的防水层，可在顶面、平面、立面、斜面等各种干燥基面上粘接牢固，在形状复杂、管道纵横的部位都容易施工，解决了传统防水防腐材料卷材、涂料可能出现的卷材接缝、接头、平面空鼓、立面下滑、复杂部位操作困难等难题。

改性沥青防水涂料可运用于各种工业、民用建筑物的屋顶、天沟、阳台、外墙、卫生间、厨房、地下室、水池、下水道、矿井、隧道、管道、桥梁灌缝、地下地上金属管道、高低温管道、保温管内外壁等防水、防潮、防腐蚀等工程。

改性沥青涂料物理力学性能见表 1-3-12。

表 1-3-12　改性沥青涂料物理力学性能

序号	实验项目		指标	
			Ⅰ	Ⅱ
1	固体含量（%）≥		48	
2	耐热性（℃）		90±2	110±2
			无滑动、流淌、滴落	
3	粘结强度（MPa）≥		0.30	
4	干燥时间（h）	表干时间≤	8	
		实干时间≤	24	

续表

<table>
<tr><th rowspan="2">序号</th><th rowspan="2" colspan="3">实验项目</th><th colspan="2">指标</th></tr>
<tr><th>Ⅰ</th><th>Ⅱ</th></tr>
<tr><td rowspan="5">5</td><td rowspan="5" colspan="2">低温柔性（℃）</td><td rowspan="2">无处理</td><td>−10</td><td>−15</td></tr>
<tr><td colspan="2">无裂纹、断裂</td></tr>
<tr><td>碱处理</td><td rowspan="2">−5</td><td rowspan="2">−10</td></tr>
<tr><td>热处理</td></tr>
<tr><td>紫外线处理</td><td colspan="2">无裂纹、断裂</td></tr>
<tr><td rowspan="5">6</td><td rowspan="5">拉伸性能</td><td colspan="2">拉伸强度（无处理）（MPa）≥</td><td>0.2</td><td>0.4</td></tr>
<tr><td rowspan="4">断裂伸长率（%）≥</td><td>无处理</td><td rowspan="4" colspan="2">620</td></tr>
<tr><td>碱处理</td></tr>
<tr><td>热处理</td></tr>
<tr><td>紫外线处理</td></tr>
<tr><td>7</td><td colspan="3">不透水性（0.2MPa，30min）</td><td colspan="2">不透水</td></tr>
<tr><td>8</td><td colspan="3">刺破自愈不透水性（0.1MPa，30min）</td><td colspan="2">不透水</td></tr>
</table>

2. 丙烯酸防水涂料

丙烯酸防水涂料（图 1-3-31、图 1-3-32），环保无毒，是一种高聚物分子改性基高分子防水防腐涂料。丙烯酸防水涂料是由基料和适量化学助剂和填充料，经塑炼、混炼、压延等工序加工而成的高分子防水防腐涂料。丙烯酸防水涂料具有寿命长、施工方便的优点，可长期浸泡在水里，寿命在 50 年以上。它与砂、普通水泥或特种水泥配制成水泥砂浆，通过调和水泥砂浆浇筑，在混凝土及表面形成坚固的防水防腐砂浆层，属刚韧性防水防腐材料。其与水泥、砂子混合可使灰浆改性，可用于建筑墙壁及地面的处理及地下工程防水层。

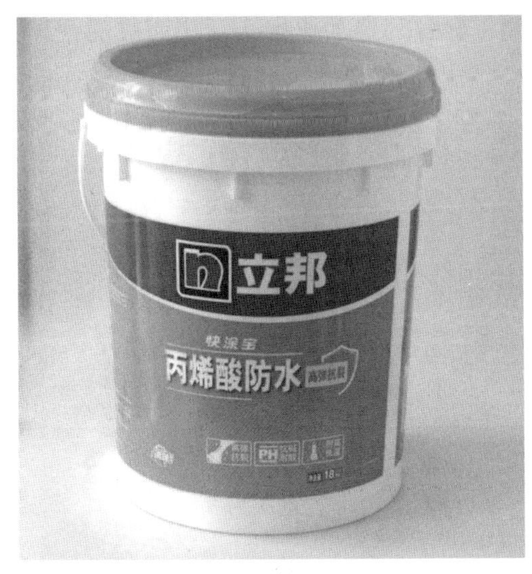

图 1-3-31　JS 丙烯酸防水涂料（一）

图 1-3-32　JS 丙烯酸防水涂料（二）

（1）应用范围

丙烯酸防水涂料适用于工业和民用建筑的内墙、外墙、混凝土、地下室、水池、水塔、异形屋面、隧道、厕浴间、大坝等部位防水、防腐、防渗、防潮及渗漏修复工程，人防、地下工程及水利水电工程的防水、防腐、粘结补强和加固处理及防水防腐衬砌，地下室的内外墙、厕浴间、大坝的防渗面板、渠道、渡槽、桥面、地面游泳池、交货池、化工耐蚀耐碱仓储等。它也可用于混凝土蓄水池的防水、抗渗、

防腐。另外，碱厂的结晶器和母液澄清桶、蒸馏塔内壁采用该产品，防腐、防水效果极佳。

（2）主要特性

① 使用方便：能在潮湿或干燥的多种材质基面上直接施工，也不受几何形状限制。

② 延伸性好：适应性强，粘结性能好，能抵御基层轻微震动和微小的位移。涂层坚韧高强，耐水性、耐候性、耐久性优异。丙烯酸防水涂料物理力学性能见表 1-3-13。

表 1-3-13　丙烯酸防水涂料物理力学性能

序号	实验项目			技术指标	
				Ⅰ型	Ⅱ型
1	固体含量			65	
2	干燥时间	表干时间（h）	≤	4	
		实干时间（h）	≤	8	
3	拉伸强度	无处理（MPa）	≤	1.0	1.5
		加热处理后保持率（%）	≥	80	80
		碱处理后保持率（%）	≥	70	80
		紫外线处理后保持率（%）	≥	80	80
4	断裂伸长率	无处理（%）	≥	300	300
		加热处理（%）	≥	150	65
		碱处理（%）	≥	140	65
		紫外线处理（%）	≥	150	65
5	低温柔韧，ϕ10mm 棒			－10℃无裂纹	－20℃
6	不透水性，0.3MPa，30mm			无透水	无透水

3. 聚氨酯防水涂料

聚氨酯防水涂料（图 1-3-33、图 1-3-34）是由异氰酸酯、聚醚等经加成聚合反应而成的含异氰酸酯基的预聚体。

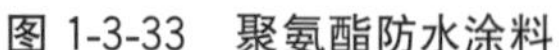
图 1-3-33　聚氨酯防水涂料

图 1-3-34　聚氨酯防水涂料涂刷

（1）适用范围：聚氨酯防水涂料适用于屋面和厕浴间、地下室、蓄水池、墙面的防水、防渗、防潮。

（2）特点：聚氨酯防水涂料能在潮湿或干燥的各种基面上直接施工，与基面粘结力强，涂膜中的高分子物质能渗入基面微细缝，追随性强。涂膜有良好的柔韧性，对基层伸缩或开裂的适应性强，抗拉性强度高，绿色环保，无毒无味，无污染环境，对人身无伤害，耐候性好，高温不流淌，低温不龟裂，具有优异的抗老化性能，能耐油、耐磨、耐臭氧、耐酸碱侵蚀。

聚氨酯涂膜防水涂料物理力学性能见表1-3-14。

表1-3-14　聚氨酯涂膜防水涂料物理力学性能

<table>
<tr><th rowspan="2">序号</th><th colspan="2" rowspan="2">实验项目</th><th colspan="2">技术指标</th></tr>
<tr><th>Ⅰ型</th><th>Ⅱ型</th></tr>
<tr><td>1</td><td colspan="2">拉伸强度（MPa）　≥</td><td>1.9</td><td>2.45</td></tr>
<tr><td>2</td><td colspan="2">断裂伸长率（%）　≥</td><td colspan="2">450</td></tr>
<tr><td>3</td><td colspan="2">撕裂强度（kN/m）</td><td>12</td><td>14</td></tr>
<tr><td>4</td><td colspan="2">低温折弯性　≤</td><td colspan="2">−35</td></tr>
<tr><td>5</td><td colspan="2">不透水性（0.3MPa，30min）</td><td colspan="2">不透水</td></tr>
<tr><td>6</td><td colspan="2">固体含量（%）　≥</td><td colspan="2">92</td></tr>
<tr><td>7</td><td colspan="2">表干时间（h）　≤</td><td colspan="2">8</td></tr>
<tr><td>8</td><td colspan="2">实干时间（h）　≤</td><td colspan="2">24</td></tr>
<tr><td>9</td><td colspan="2">加热伸缩率（%）　≤</td><td colspan="2">−4～1</td></tr>
<tr><td>10</td><td colspan="2">潮湿基面粘结强（MPa）　≥</td><td colspan="2">0.5</td></tr>
<tr><td rowspan="2">11</td><td rowspan="2">拉伸时老化</td><td>加热老化</td><td colspan="2">无裂纹及变形</td></tr>
<tr><td>人工气候老化</td><td colspan="2">无裂纹及变形</td></tr>
<tr><td rowspan="3">12</td><td rowspan="3">热处理</td><td>拉伸强度保持率（%）</td><td colspan="2">80～150</td></tr>
<tr><td>断裂伸长率（%）</td><td colspan="2">400</td></tr>
<tr><td>低温折弯性（℃）</td><td colspan="2">−30</td></tr>
<tr><td rowspan="3">13</td><td rowspan="3">碱处理</td><td>拉伸强度保持率（%）</td><td colspan="2">60～150</td></tr>
<tr><td>断裂伸长率（%）</td><td colspan="2">400</td></tr>
<tr><td>低温折弯性（℃）</td><td colspan="2">−30</td></tr>
<tr><td rowspan="3">14</td><td rowspan="3">酸处理</td><td>拉伸强度保持率（%）</td><td colspan="2">80～150</td></tr>
<tr><td>断裂伸长率（%）</td><td colspan="2">400</td></tr>
<tr><td>低温折弯性（℃）</td><td colspan="2">−30</td></tr>
<tr><td rowspan="3">15</td><td rowspan="3">人工气候老化</td><td>拉伸强度保持率（%）</td><td colspan="2">80～150</td></tr>
<tr><td>断裂伸长率（%）</td><td colspan="2">400</td></tr>
<tr><td>低温折弯性（℃）</td><td colspan="2">−30</td></tr>
</table>

四、防水工程材料验收

（一）防水工程材料验收标准

防水工程材料的进场验收的规定：

（1）合格证的查验：合格证内容填写应齐全、完整。

（2）外观检查：外观、品种、规格、包装、尺寸和数量进行检查验收。

（二）填写完成材料验收表

详见“附表4：建筑装饰材料验收表”。

五、建筑装饰防水工程涂刷施工流程

1. 基层处理

处理后的地面墙面基层表面平整、坚实、无尖锐角，无空鼓、浮尘和开裂，并按设计要求做好防水节点处理。油污清除干净，低凹破损处修平。基面要求坚实平整，具有强度，不得有空鼓疏松、起砂等现象，阴阳角应抹成小圆弧，有出水现象应先堵漏处理。

2. 防水涂料调配

（1）按产品包装上标注的液料、粉料和水的比例进行配比。水的填加量可适当调节，以调整涂料黏稠度，满足立面和平面不同部位的施工要求。

（2）涂膜防水涂料的配合方法。先将液料倒入搅拌桶，在手提搅拌器不断搅拌下将粉料徐徐加入，至少搅拌 5min，彻底搅拌均匀，呈浆状无团块，如图 1-3-35～图 1-3-37 所示。

图 1-3-35　液料倒入搅拌桶

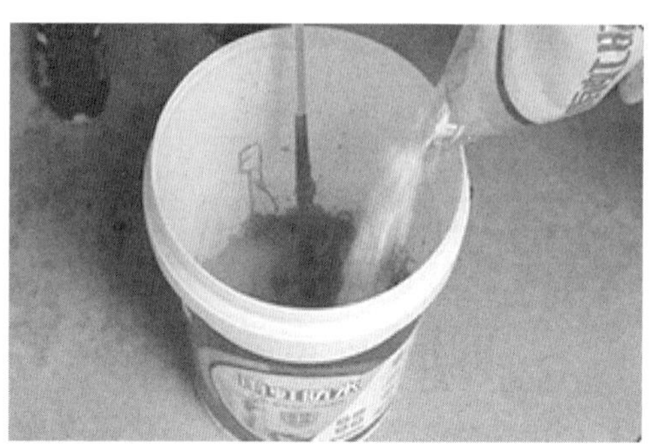

图 1-3-36　边搅拌边倒入粉料

图 1-3-37　搅拌均匀

3. 防水涂料涂刷

（1）细部附加防水层。

按设计要求在留设凹槽内填密封材料，在阴阳角、管根等细部应多遍涂刷丙烯酸防水涂料，地下工程宜夹铺一层胎体增强材料。

地面管道的防水施工措施因穿顶板部位的管道安装后封堵有可能存在缝隙，所以需对已做完圆角的管根部位用“堵漏灵”进行涂刷。对涂刷完毕的管根部位做防水加强层，加强层内需要铺贴无纺布进行抗裂，如图 1-3-38、图 1-3-39 所示。

（2）大面防水层施工。

防水涂膜应多遍涂布，宜至少两遍完成，每遍涂布时间一般间隔 8h，冬季宜延长。每遍涂膜厚度以 0.4～0.5mm 为宜，涂料用量约 0.8kg/m^2，不宜一遍过厚，立面施工以不加水或少加水为宜，以免涂料流淌，致使立面厚度不易达到设计厚度，同时导致阴阳角堆积料过厚，产生裂纹，如图 1-3-40、图 1-3-41 所示。

图 1-3-38　管道防水加强层处理（一）

图 1-3-39　管道防水加强层处理（二）

图 1-3-40　大面积防水层施工（一）

图 1-3-41　大面积防水层施工（二）

4. 防水涂料阴干

防水层施工完毕应进行阴干。

5. 试水

待防水涂料阴干以后，进行 72h 放水试水，如图 1-3-42 所示。

图 1-3-42　试水

6. 验收

涂膜防水层完成经验收合格后，应按设计要求进行保护隔离层施工，防止将防水层弄破，找坡平稳、顺直，厚度达到设计要求。图 1-3-43 所示为厨卫间地面防水保护层成型效果。

图 1-3-43 厨房地面防水保护层成型效果

7. 防水涂料施工注意事项

（1）配料要准确计量，搅拌均匀，使用时不得随意加水。

（2）施工温度在 0℃以上，负温条件下施工需采取必要的防冻措施。

（3）防水涂料不能与其他化工材料混合使用，应现用现配，配好的料 4h 内用完。

（4）防水涂料有碱性，请保护好眼睛和皮肤。

（5）防水涂料需存放在 0～35℃阴凉处，保质期为一年。

（6）防水涂料平均每 1.8kg 刷 $1m^2$。

六、防水工程规范

建筑防水工程整体质量的要求是：不渗不漏，保证排水畅通，使建筑物具有良好的防水和使用功能。建筑防水工程的质量优劣与防水材料、防水设计、防水施工以及维修管理等密切相关，因此必须高度重视。

七、检查调整与工程验收

学生项目组根据施工的流程进行施工项目检查。测量防水的高度是否合格等，如发现问题及时进行调整。检查所有都没有问题后才能进行工程验收。防水工程闭水实验记录见表 1-3-15。

防水工程质量验收表见表 1-3-16。

八、总结评价：项目任务考核

先由学生对自己的工作结果进行自我评估，再由教师进行检查评分。师生共同讨论、评判项目工作中出现的问题，学生解决问题的方法以及学习行动的特征。通过对比师生评价结果，找出造成结果差异的原因。本项目的考核主要是学生自评、学生互评和教师评价相结合，权重分别为 20％、20％和 60％。考核内容详见“附表 2：认识材料任务实施计划书”。

表 1-3-15　防水工程闭水实验记录

年　　月　　日

客户：	工程地址：
厨房	第一次检验　开始时间　年　月　日　时 验收时间　年　月　日　时 共计　小时　检验结果　□合格　□不合格 不合格复验　开始时间　年　月　日　时 验收时间　年　月　日　时 共计　小时　检验结果　□合格　□不合格
卫生间	第一次检验　开始时间　年　月　日　时 验收时间　年　月　日　时 共计　小时　检验结果　□合格　□不合格 不合格复验　开始时间　年　月　日　时 验收时间　年　月　日　时 共计　小时　检验结果　□合格　□不合格
其他房间	第一次检验　开始时间　年　月　日　时 验收时间　年　月　日　时 共计　小时　检验结果　□合格　□不合格 不合格复验　开始时间　年　月　日　时 验收时间　年　月　日　时 共计　小时　检验结果　□合格　□不合格

表 1-3-16　防水工程质量验收表

序号	项目	验收标准	实测	是否合格
1	卫生间墙面	防水高度，淋浴区≥1.8m	是　否	是　否
2	找平层防水	坡度误差±2%以内	是　否	是　否
		粘结牢固，无气泡，无浆纹，无脱层		
3	防水实验	蓄水深度≥20mm	是　否	是　否
		蓄水时间≥24h		
本次验收结果　□合格　□不合格				

九、职业技能训练

1. 选择题

(1) 装修基础工程至少 2 年保修，防水工程至少（　　）年保修。

A. 2　　B. 3　　C. 4　　D. 5

(2) 改性沥青防水涂料的粘结强度是（　　）MPa。

A. ≥0.30　　B. ≥0.35　　C. ≥0.40　　D. ≥0.45

(3) 丙烯酸防水涂料是表干时间≤（　　）。

A. 2h　　B. 3h　　C. 4h　　D. 5h

(4) 大面防水层施工时，涂刷完成后需要（　　）h 的闭水试验。

A. 12　　B. 24　　C. 36　　D. 72

(5) 下列不是双组分聚氨酯涂料特性的是（　　）。

A. 附着力强　　B. 耐磨性好　　C. 硬度大　　D. 成膜温度高

(6) 聚氨酯涂膜防水材料的潮湿基面粘结强度≥(　　)MPa。

A. 0.3　　B. 0.4　　C. 0.5　　D. 0.6

2. 简答题

(1) 简述丙烯酸防水涂料工程施工工艺。

(2) 防水涂料有哪些分类?

3. 实训题

卫生间墙面地面防水涂刷实训。

项目四　泥作工程

泥作工程是室内装饰工程中一个重要的工程，也是与人们的生活密切相关的工程。它包括地砖铺贴、墙砖铺贴、地面找平、飘窗石、门槛石铺贴、卫生间防水、回填等。因此，在施工过程中，要按国家标准要求进行施工，确保装修质量。本项目主要讲解泥作工程材料、墙、地面基层处理施工工艺和墙、地砖、石材铺贴工程。

■ 任务一　泥作工程材料

一、明确任务

教师给学生发放并讲解任务书（表 1-4-1）。

表 1-4-1　泥作工程材料学习任务书

项目任务名称	认识泥作工程材料	项目任务编号	1-4-1
项目组组长		项目组成员	
任务完成时间			
任务学习目标	1. 认知目标： （1）了解泥作工程的分类及其材料特性； （2）了解泥作材料的品牌。 2. 技能目标： 能根据设计要求及实际使用需要选择适合的泥作材料		
任务内容	1. 学习并了解泥作工程材料的种类、特性等知识； 2. 到建材市场进行材料市场调研，收集整理并汇总资料； 3. 对调研材料进行分析，并形成调研报告； 4. 进行成果展示与汇报		
完成考核点	小组对调研材料的市场、属性、功能等进行分析，撰写并提交调研报告一份		

完成项目任务情况分析与反思：

组长签字		成员签字	

二、泥作工程材料

泥作材料主要有辅材与主材，辅材是指水泥、砂子、添加剂、瓷砖胶、加气砖等。主材指的是需要甲方提供的墙地砖、大理石、马赛克等材料。

1. 辅材

(1) 水泥

水泥是粉状水硬性无机胶凝材料。加水搅拌后成浆体，能在空气中硬化或者在水中硬化，并能把砂、石等材料牢固地胶结在一起（图 1-4-1、图 1-4-2）。

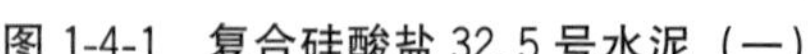

图 1-4-1　复合硅酸盐 32.5 号水泥（一）　　图 1-4-2　复合硅酸盐 32.5 号水泥（二）

水泥的分类方法有多种。

① 依据颜色分类，水泥可分为黑色水泥、白色水泥和彩色水泥。黑色水泥多用于砌墙、墙面批荡、粘贴瓷砖。白色水泥大部分用于填补砖缝等修饰性的用途。彩色水泥多用于顶棚或墙面具有装饰性的装修项目和一些人造地面，例如水磨石。

② 依据成分分类，水泥可分为普通硅酸盐水泥、矿渣水泥、火山灰质水泥和粉煤灰水泥。我们常用的水泥是普通硅酸盐水泥，普通袋装的质量为 50kg。

③ 依据用途及性能分类，水泥可分为通用水泥、专用水泥和特种水泥。通用水泥主要是指硅酸盐水泥、普通硅酸盐水泥、矿渣硅酸盐水泥、火山灰质硅酸盐水泥、粉煤灰硅酸盐水泥和复合硅酸盐水泥。专用水泥指专门用途的水泥，有 G 级油井水泥，道路硅酸盐水泥。特种水泥是指某种性能比较突出的水泥。例如，快硬硅酸盐水泥、低热矿渣硅酸盐水泥、膨胀硫铝酸盐水泥。

④ 依据主要技术特性分类，水泥可分为快硬性、水化热、抗硫酸盐性、膨胀性和耐高温性。

硝酸盐水泥初凝时间不小于 45min，终凝时间不大于 390min。普通硅酸盐水泥、矿渣硅酸盐水泥、火山灰质硅酸盐水泥、粉煤灰硅酸盐水泥和复合硅酸盐水泥初凝不小于 45min，终凝不大于 600min。

不同品种不同强度等级的通用硅酸盐水泥，其不同龄期的强度应符合表 1-4-2 的规定。

表 1-4-2　　单位为兆帕

品种	强度等级	抗压强度		抗折强度	
		3d	28d	3d	28d
硅酸盐水泥	42.5	≥17.0	≥42.5	≥3.5	≥6.5
	42.5R	≥22.0		≥4.0	
	52.5	≥23.0	≥52.5	≥4.0	≥7.0
	52.5R	≥27.0		≥5.0	
	62.5	≥28.0	≥62.5	≥5.0	≥8.0
	62.5R	≥32.0		≥5.5	
普通硅酸盐水泥	42.5	≥17.0	≥42.5	≥3.5	≥6.5
	42.5R	≥22.0		≥4.0	
	52.5	≥23.0	≥52.5	≥4.0	≥7.0
	52.5R	≥27.0		≥5.0	

续表

品种	强度等级	抗压强度		抗折强度	
		3d	28d	3d	28d
矿渣硅酸盐水泥 火山灰硅酸盐水泥 粉煤灰硅酸盐水泥 复合硅酸盐水泥	32.5	≥10.0	≥32.5	≥2.5	≥5.5
	32.5R	≥15.0		≥3.5	
	42.5	≥15.0	≥42.5	≥3.5	≥6.5
	42.5R	≥19.0		≥4.0	
	52.5	≥21.0	≥52.5	≥4.0	≥7.0
	52.5R	≥23.0		≥4.5	

(2) 砂

砂也称沙，为颗粒物质的一种。砂是自然出现被分割得很细小的岩石，其尺度为0.0625～2mm。在这个尺度内的单一粒子称为沙粒。地质学下一个更小的尺度分类为泥，其颗粒大小为0.004～0.0625mm。砂子一般的成分为二氧化硅，通常为石英的形式，因其化学性质稳定和质地坚硬，足以抗拒风化。砂是水泥砂浆里面的必需材料。如果水泥砂浆里面没有砂，那么水泥砂浆的凝固强度将几乎是零（图1-4-3、图1-4-4）。

图1-4-3 粗砂

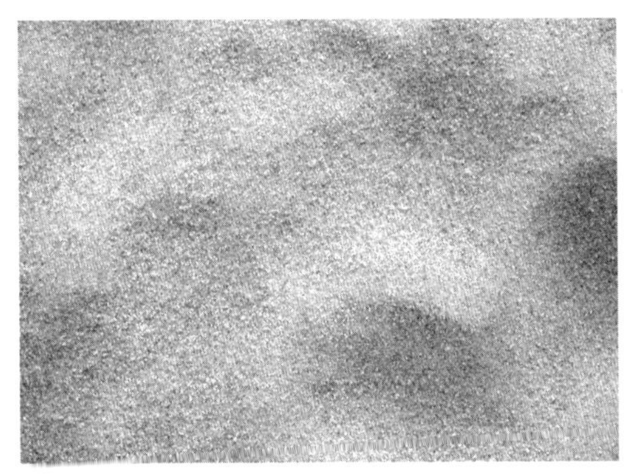

图1-4-4 细砂

砂的分类方法有多种。

① 从规格上，砂可分为细砂、中砂和粗砂。砂子粒径0.25～0.35mm为细砂，粒径0.35～0.5mm为中砂，大于0.5mm的称为粗砂。一般家装中推荐使用中砂。

② 从来源上，砂可分为海砂、河砂和山砂。在建筑装饰中，国家严禁使用海砂。海砂虽然洁净，但盐分高，会对工程质量造成很大的影响。要分辨是否是海砂，主要是看砂里面是否含有细小贝壳。山砂由于表面粗糙，所以水泥附着效果好，但山砂成分复杂，多数含有泥土和其他有机杂质。所以，一般装饰工程多使用河砂。河砂表面粗糙度适中，而且较为干净，含有杂质较少。从市面上购买回来的砂都得用网子进行筛选后方可使用。

(3) 添加剂

水泥砂浆添加剂目的是加强其黏力和弹性，主要的品种如：

① 107胶，由于107胶含毒，污染环境，目前国内已经禁用107胶。

② 108胶，是以聚乙烯醇与甲醛在酸性介质中进行缩合反应而制得的一种高分子粘结溶液，属半透明或透明水溶液。其无臭、无味、无毒，有良好的粘结性能，粘结强度可达0.9MPa。它在常温下能长期储存，但在低温状态下易发生冻胶，长时间放在高温条件下可能会发霉变污。108胶与石膏粉或滑石粉掺合成膏状物，可用于室内外墙面的基层处理，在普通水泥砂浆内加入108胶后，能增加砂浆与基层的粘结力（图1-4-5和图1-4-6）。

图 1-4-5　108 胶（一）

图 1-4-6　108 胶（二）

（4）瓷砖胶

瓷砖胶又称陶瓷砖胶粘剂，主要用于粘贴瓷砖、面砖、地砖等装饰材料，广泛适用于内外墙面、地面、浴室、厨房等建筑的饰面装饰场所。

其主要特点是粘结强度高、耐水、耐冻融、耐老化性能好及施工方便，是一种非常理想的粘结材料。

瓷砖胶作为现代装潢的新型材料，替代了传统水泥、黄砂，粘结力是水泥砂浆的数倍，能有效粘贴大型的瓷砖石材，避免掉砖的风险。其具有良好的柔韧性，可防止生产空鼓。瓷砖胶是一种聚合物改性的水泥基瓷砖胶，分成 1 号（普通型）、2 号（增强型）和 3 号（较大尺寸瓷砖或大理石）等品种。

瓷砖胶按粉料：水＝1：0.25～0.3 配比。搅拌均匀即可施工；在操作允许时间内，可对瓷砖位置进行调整，胶粘剂完全干固后大约 24h 可进行填缝工作，施工 24h 内，应避免重负荷压于瓷砖表面（图 1-4-7、图 1-4-8）。

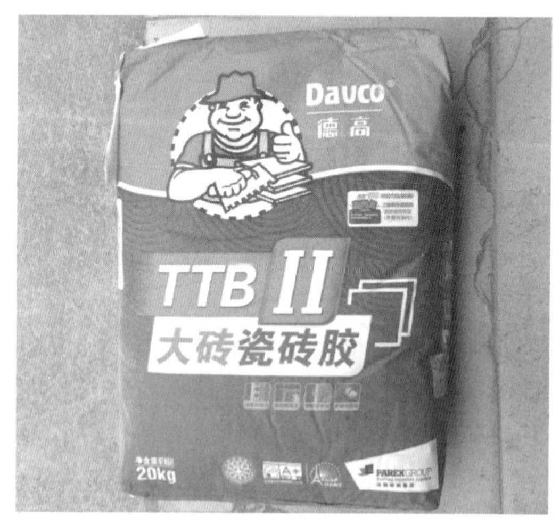

图 1-4-7　瓷砖胶

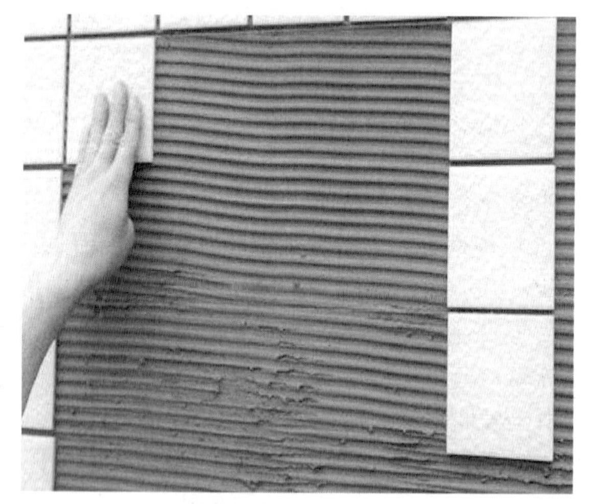

图 1-4-8　瓷砖胶效果

（5）加气砖

加气砖是一种轻质多孔的新型建筑材料，加气砖具有密度小，保温效能高，吸声好和可加工等优点，加气设备生产的建材有墙砌块、保温块、压面板、楼板、墙板和保温管等制品。加气砖在我国已经开始广泛用于工业与民用建筑中承重或非承重结构和管道保温，成为新型建筑材料的一个重要组成部分。

加气砖分粉煤灰加气混凝土砌砖和砂加气混凝土砌砖，其中粉煤灰蒸压加气混凝土砌块由于吸水率大、干燥收缩率大等原因，在建筑工程中使用后容易出现墙体裂缝，空鼓脱落等问题。

现在在建筑工程中已淘汰粉煤灰加气混凝土砌块，推广应用外墙自保温蒸压砂加气混凝土砌块和内隔墙蒸压砂加气混凝土砌块。

加气砖形成坯体后，需要经切割机的纵向切割、横向切割来达到建筑时所需要的尺寸（mm）：600×240×60、600×240×120、600×240×180、600×240×240、600×240×100、600×240×150、600×240×200、600×240×300。

加气砖如图 1-4-9、图 1-4-10 所示。

图 1-4-9　加气砖（一）

图 1-4-10　加气砖（二）

2. 主材

（1）釉面砖

釉面砖是砖的表面经过施釉、高温高压烧制处理成型瓷砖。这种瓷砖是由土坯和表面的釉面两个部分构成的。土体又分陶土和瓷土两种，陶土烧制出来的瓷砖背面呈红色，瓷土烧制的瓷砖背面呈灰白色。釉面砖表面可以做出各种图案和花纹，比抛光砖色彩和图案丰富，因为表面是釉料，所以耐磨性不如抛光砖。

根据光泽的不同，釉面砖又可以分为光面釉面砖和亚光釉面砖两类。釉面砖是装修中最常见的砖种，由于其色彩图案丰富，而且抗污能力强，因此被广泛用于墙面和地面装修。

釉面砖的色彩图案丰富、规格多、清洁方便、选择空间大、适用于厨房和卫生间。釉面砖表面可以做各种图案和花纹，比抛光砖色彩和图案丰富。

釉面砖的表面强度较大，可作为墙面和地面两用。相对于抛光砖，釉面砖最大的优点是防渗，不怕脏，大部分的釉面砖的防滑性能都非常好。虽然釉面砖的耐磨性比玻化砖稍差，但合格产品的耐磨性能满足家庭使用的需要（图 1-4-11、图 1-4-12）。

图 1-4-11　釉面砖（一）

图 1-4-12　釉面砖（二）

（2）抛光砖

抛光砖是由黏土和石材的粉末经压机压制，然后烧制而成，正面和反面色泽一致，不上釉料，烧

好后，表面再经过抛光处理。抛光砖是通体砖坯体的表面经过打磨而成的一种光亮的砖，属通体砖的一种。相对通体砖而言，抛光砖表面要光洁得多。

抛光砖不耐脏，抗污能力差。用拖布拖过之后，会留有水的印迹。如果有墨汁或者酱油等落在上面过几分钟再擦，也会留有永远都擦不去的痕迹，因为污渍已经渗入砖里面（图 1-4-13、图 1-4-14）。

图 1-4-13　抛光砖（一）

图 1-4-14　抛光砖（二）

（3）抛釉砖

抛釉砖的釉是一种可以在釉面进行抛光工序的特殊配方釉。它是施于仿古砖的最后一道釉料，目前一般为透明面釉或透明凸状花釉，施加抛釉的抛釉砖集抛光砖与仿古砖优点于一体，釉面如抛光砖般光滑亮洁，同时其釉面花色如仿古砖般图案丰富，色彩厚重或绚丽。

全抛釉的生产工艺主要有两种：一种为原来生产微晶玻璃的一些企业采用的工艺，采用的是先印花后堆釉的工艺，表面的透明釉比较厚，因此立体感更强、透明性更好，且容易抛光；另一种是原来生产仿古砖的企业采用的一种工艺，即无论是釉下的花纹还是表面的熔块，都是印上去的，这种工艺逼真度高、成本低，但很容易露底。

抛釉砖的瓷质、硬度、密度比抛光砖差，抛光砖是二次补料再经过抛光的，表面晶体很厚；抛釉砖表面是一层釉，很薄，其耐磨性相对抛光砖要差点（图 1-4-15、图 1-4-16）。

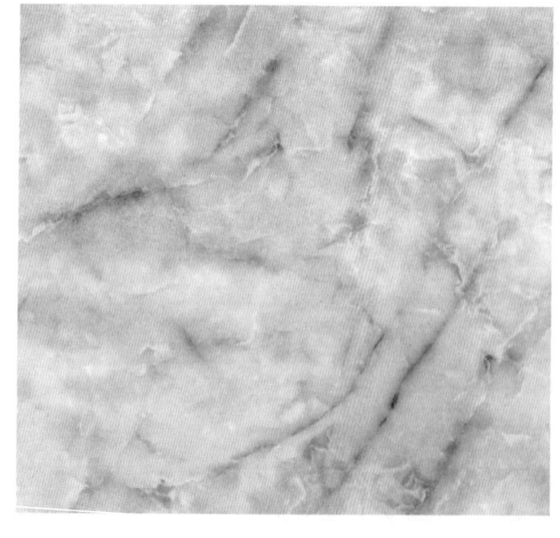

图 1-4-15　抛釉砖（一）

图 1-4-16　抛釉砖（二）

（4）微晶石

微晶石是新型的装饰建筑材料，复合微晶石被称为微晶玻璃复合板材，是将一层 3～5mm 的微晶玻璃复合在陶瓷玻化石的表面，经二次烧制后完全融为一体的高科技产品。微晶石厚度为 13～18mm，光泽度大于95。

微晶石是在与花岗岩形成条件类似的高温下，经烧结晶化而成的材料。在外观质感方面，其抛光板的表面光洁程度远高于石材。更重要的特点是，其特殊的微晶结构，使得光线无论从任何角度射入，经过精细微晶微粒的漫反射，都能将光线均匀分布到任何角度（而不再是像镜面那样仅仅是集中在反射角度），使板材形成柔和的玉质感，比天然石材更为晶莹柔润，使建筑更加流光溢彩。

微晶石表面晶玉层莫氏硬度为5～6级，强度低于抛光砖的莫氏硬度的6～7级。微晶石表面光泽度高，可以达到90%，但是如果遇划痕会很容易显现出来（图1-4-17、图1-4-18）。

图1-4-17　微晶石（一）

图1-4-18　微晶石（二）

（5）石材

根据不同的目的与标准，石材有各种各样的分类。例如，根据石材形成途径可分为天然石和人造石两类。下面主要从天然石和人造石两个方面来介绍石材。

① 天然石

a. 天然大理石

天然大理石属于变质岩，通常是层状结构，有明显的结晶和纹理，它属于中硬石材，主要由方解石和白云石组成。

天然大理石品种繁多、花纹多样、色泽鲜艳、石质细腻、吸水率小、耐腐蚀、耐磨、耐久性好、有良好的抗压性、不变形、便于清洁等。

天然大理石比花岗岩硬度低、磨光面易损坏，其耐用年限一般为30～80年，抗风化能力和耐腐蚀性差。不宜用在室外装饰和其他露天部位的装饰，也不宜用在经常用水冲刷和酸性洗涤的墙面、地面。

b. 天然花岗岩

天然花岗石属于火成岩，由长石、石英和少量云母组成。构造密实、呈整体均粒状结构。花纹特征是晶粒细小，并分布着繁星般的云母黑点和闪闪发光的石英结晶。

天然花岗岩的分类如下：

根据加工方法分，可分为磨光板材、亚光板材、剁斧板材、机刨板材、火烧板材、蘑菇石。

磨光板材：经过细磨加工和抛光处理，表面很光滑，光泽度非常好。

亚光板材：表面打磨后，平整细腻，能使光线产生漫射现象。

剁斧板材：经人工剁斧加工，使石材表面产生有规律的条状斧纹。

机刨板材：用机械将石材表面加工成有相互平行的刨纹，替代剁斧石。

火烧板材：经机械加工成型后，表面用火焰烧蚀，形成不规则的粗糙表面，表面呈灰白色。

蘑菇石：将板材四边基本凿平齐，中部石材自然凸出一定高度。

根据颜色分，可分为红橙色系列、暗色系列、灰白色系列、蓝绿色系列、褐黄色系列。

天然花岗岩具有结构致密、质地坚硬、耐酸碱、耐腐蚀、耐高温、耐摩擦、吸水率小、抗压强度高、耐暴晒、抗冻融性好、耐久性好（一般的耐用年限为75～200年），其自重大，用于房屋建筑会增加建筑物的重量，其硬度大，开采和加工难度大，质脆，耐火性差，某些花岗石含有微量的放射性元素，对人体有害。

石材技术指标见表1-4-3。

表1-4-3　石材技术指标

序号	项目	允许偏差值
		优等品
1	长度	0～－1
2	厚度（不含背胶）	＋0.5，－1.5
3	平面度（板材长度≥800mm，＜1000mm）	≤0.7
4	角度（板材长度≥800mm，＜1000mm）	≤0.5
5	裂纹	不允许
6	缺棱（长度不超过8mm，宽度不超过3mm，每米长允许个数）	不允许
7	缺角（沿板材边长顺延长度，长度≤3mm，宽度≤3mm，每块允许个数）	不允许
8	色斑（面积不超过6m^{2}每块板允许个数，面积不超过2m^{2}不计）	不允许
9	砂眼（直径2mm以下，每块允许个数）	不允许
10	镜面板材镜向光泽度	≥85
11	体积密度（g/m^3）	≥2.6
12	吸水率（%）	≤0.5
13	干燥压缩强度（MPa）	≥50
14	干燥（水饱和）弯曲强度（MPa）	≥2.6
15	耐磨度（1/cm^3）	≥2.6
16	镭-226，钍-232，钾-40的放射性比活度内照射指数（IRA）	≤1
17	镭-226，钍-232，钾-40的放射性比活度内照射指数（I_r）	≤1.3

② 人造石

人造石是以天然大理石、花岗岩碎料或方解石、白云石、石英砂、玻璃粉等无机矿物骨料，拌和树脂、聚酯等聚合物或水泥、胶粘剂、颜料等，经过真空强力拌和振动、混合、浇筑、加压成型、打磨抛光以及切割等工序制成的板材。其具有质量轻、强度高、色泽均匀、结构紧密、耐磨、耐腐蚀、耐寒等特点（图1-4-19、图1-4-20）。

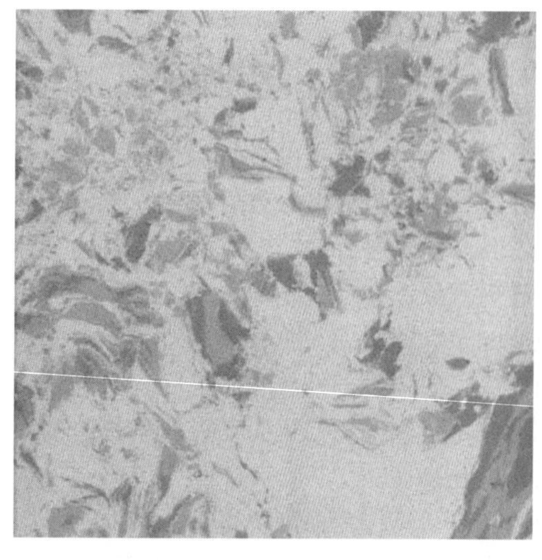

图1-4-19　人造石材（一）

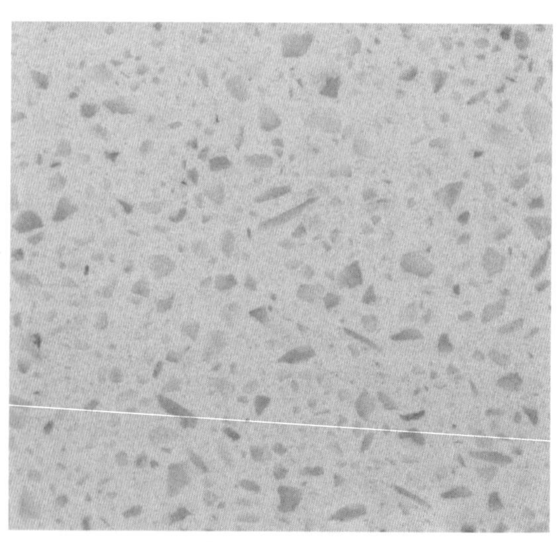

图1-4-20　人造石材（二）

人造石材的种类如下：

树脂型人造石材的基本材料为胶粘剂（不饱和聚酯及其配套材料）和骨料（石英砂、大理石、方解石粉）。

树脂型人造石材的特点为光泽好，颜色浅，可调成不同的鲜明颜色，宜用于室内，价格相对较高。

复合型人造石材的基本材料为胶粘剂（兼有无机材料和有机高分子材料）、底层（性能稳定的无机材料）和面层（聚酯树脂和大理石粉）。

复合型人造石材的特点为具有大理石的优点，既有良好的物化性能，成本也较低。

（6）马赛克

① 马赛克发源于古希腊。建筑上用于拼成各种装饰图案的片状小瓷砖。坯料经半干压成型，窑内焙烧成锦砖。坯料中有时用 CaO、Fe_2O_3 等作为着色剂。马赛克主要用于铺地或内墙装饰，也可用于外墙饰面。

② 马赛克具有耐酸、耐碱、耐磨、不渗水，抗压力强，不易破碎的特性。马赛克按不同材质主要分为陶瓷马赛克、大理石马赛克、玻璃马赛克等（图 1-4-21、图 1-4-22）。

图 1-4-21　马赛克（一）

图 1-4-22　马赛克（二）

三、泥作工程材料验收

（一）泥作工程材料验收标准

1. 水泥进场验收规定

（1）对其品种、等级、包装或散装仓号、出厂日期等进行检查，并应对其强度、安定性及其他必要的性能指标进行复验，其质量必须符合现行国家标准的规定。

（2）当使用中对水泥质量有怀疑或水泥出厂超过 3 个月（快硬硅酸盐水泥超过 1 个月）时，应进行复验，并按复验结果使用。

（3）检查产品合格证、出厂检验报告和进场复验报告。为能及时得知水泥强度，可按《水泥强度快速检验方法》（JC/T 738—2004）预测水泥 28d 强度。

2. 瓷砖进场验收规定

（1）检查产品的包装箱上的相关标识是否清楚，包括产品的品牌、商标、型号、色号、规格、生产批号以及生产日期。

（2）检查瓷砖的型号是否与订货单上的型号一致。

（3）检查零片和散片是否有磕角、划伤等表面瑕疵，花砖腰线是否有磕碰情况。

（4）检查瓷砖的平整度以及瓷砖直角度问题。

（二）填写完成材料验收表

详见“附表4：建筑装饰材料验收表”。

四、项目任务考核

本项目的考核主要是学生自评、学生互评和教师评价相结合的方式，权重分别为20%、20%和60%。考核内容详见“附表2：认识材料任务实施计划书”。

五、职业技能训练

1. 选择题

（1）用目测可以区别釉面砖的种类，其中用瓷土烧制的釉面砖背面是（　　）的。

A. 红色　B. 白色　C. 黑色　D. 黄色

（2）我们平常所说的“陶瓷锦砖”指的是（　　）。

A. 釉面砖　B. 马赛克　C. 抛光砖　D. 玻化砖

（3）马赛克的体积是各种地砖中最细小的，一般俗称为块砖。常用来铺贴的范围不包括（　　）。

A. 家居厨房　B. 家居浴室　C. 家居客厅　D. 公共游泳池

（4）天然大理石比花岗岩硬度低、磨光面易损坏，其耐用年限一般在（　　）年。

A. 30～50　B. 30～60　C. 30～80　D. 30～100

（5）人造石材的种类不包括（　　）。

A. 水泥型　B. 玻璃型　C. 复合型　D. 烧结型

（6）花岗岩其耐用年限一般为（　　）年。

A. 50～75　B. 75～150　C. 75～200　D. 75～250

（7）细砂的粒径是（　　）。

A. 0.25～0.35mm　B. 0.35～0.5mm　C. 0.5mm　D. 0.6mm

2. 简答题

（1）墙地砖的种类有哪些？

（2）石材的种类有哪些？

3. 实训题

市场调研泥工工程需要用到的不同辅材与主材。

■任务二　墙、地面基层处理施工工艺

一、明确任务

教师给学生发放并讲解任务书（表1-4-4）。

表1-4-4　泥作工程基层处理工艺学习任务书

项目任务名称	墙地面基层处理施工工艺	项目任务编号	1-4-2
项目组组长		项目组成员	
任务完成时间			
任务学习目标	1. 认知目标： （1）了解墙地面基层处理的含义及其标准； （2）了解墙地面基层处理的施工工艺要求及国家标准； （3）了解墙地面基层处理施工工程的工艺流程及施工要求和原则		

续表

任务内容	1. 了解并学习墙地面基层处理施工工程原则； 2. 了解并学习墙地面基层处理施工工程的工艺流程
完成考核点	完成墙地面基层处理施工工艺

完成项目任务情况分析与反思：

组长签字		成员签字	

二、项目计划与决策

学生项目组根据项目任务书进行项目实施计划制订和进行具体实施。项目任务教学实施流程与步骤详见“附表3：项目任务实施计划书”。

三、墙地面基层处理施工工程流程

墙地面基层处理工程实施流程

基层处理→找标高弹线→抹水泥砂浆找平层→表面收光或拉毛→找平层养护。

1. 基层处理

将墙地面基层杂物清理干净，并用錾子剔掉砂浆地灰，用钢丝刷刷净浮浆层。如基层有油污时，应用10%火碱水刷净，并用清水及时将其上的碱液冲净。清理好基层后，应浇水湿润。

2. 找标高弹线

根据墙地上的+500mm垂直和水平高度线，量出墙地面砖水平线，并弹在墙地上。通过面层标高减去砖厚及粘结层的厚度计算出水泥砂浆找平层标高线。

3. 水泥砂浆找平层

（1）地面抹灰饼和冲筋。灰饼水平就是水泥砂浆找平层的标高，抹灰饼间距为1200mm或者1500mm。做好灰饼后，从房间一侧开始抹冲筋（又叫标筋）。有地漏的房间，应由四周向地漏方向放射形抹冲筋，并找好坡度。抹灰饼和冲筋应使用干硬性砂浆，厚度不宜小于2cm（图1-4-23）。

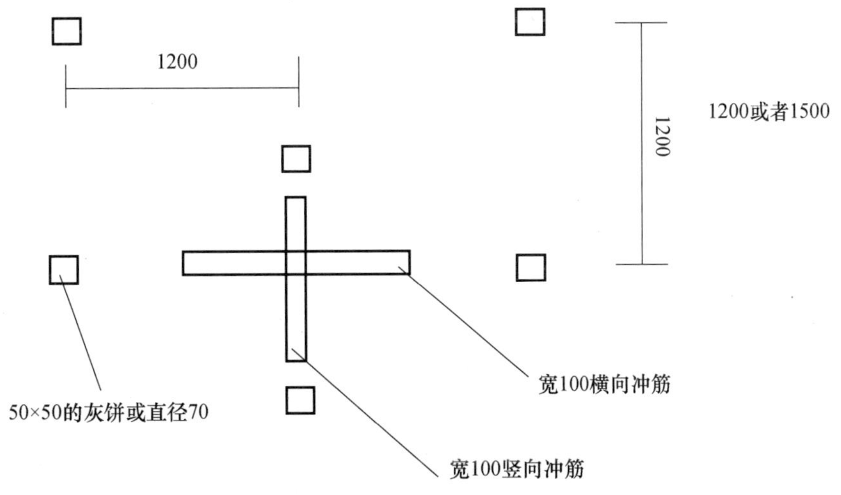

图1-4-23　地面抹灰饼和冲筋

（2）墙面抹灰饼和冲筋。用托线板检测一遍墙面不同部位的垂直、平整情况，以墙面的实际高度决定灰饼和冲筋的数量。一般水平及高度距1200～1500mm为宜。用1∶3水泥砂浆，做成50mm见方的灰饼。灰饼厚度以满足墙面抹灰达到垂直度的要求为宜。上下灰饼用托线板找垂直，水平方向用靠尺板或拉通线找平，先上后下。保证墙面上、下灰饼表面处在同一平面内，作为冲筋的依据。依照已贴好的灰饼，从水平或垂直方向用水泥混合砂浆冲筋，反复搓平，上下吊垂直。用与抹灰层相同的砂浆冲筋，冲筋的根数应根据房间的宽度或高度决定，一般筋宽为 50mm，可横向冲筋也可竖向冲筋，根据施工操作习惯而定（图 1-4-24）。

图 1-4-24　墙面抹灰饼和冲筋

（3）在冲筋间装铺水泥砂浆。将抹冲筋后的剩余浆渣清理干净，涂刷一遍水泥浆（水灰比为 0.4～0.5）粘结层，要随涂刷随铺砂浆。然后根据冲筋的标高，用小平锹或木抹子将已拌和的水泥砂浆（配合比为 1∶3～1∶4）铺装在标筋之间，用木抹子摊平、拍实，小木杠刮平，再用木抹子搓平，使其铺贴的砂浆与冲筋找平，并用检测尺横竖检查其平整度，同时检查其标高和泛水坡度是否正确。

4. 表面收光或拉毛

（1）如表面没有铺贴层（如贴砖等）的墙地面，找平层表面应在终凝前用铁抹子进行二次收光或三次收光，直至表面平整度符合要求为止。收光后的表面应平整光洁、干燥、不起灰。

（2）如找平层表面还有铺贴层，则找平层终凝前应进行拉毛处理，加大贴砖时的水泥与原墙面的拉力，增加稳定性。拉毛浆是用水泥、水、少量的细砂和 108 胶混合成黏稠液体，用拉毛辊子滚刷拉毛浆，完成面为麻面。在轻钢龙骨水泥板墙上先刷 108 胶，做一遍拉毛，挂一层菱形金属网（牛眼网），抹 15～20mm 厚抹灰层，做防水后再做第二次拉毛。

5. 找平层养护

找平层施工完 24h 后浇水养护，养护时间为 10d 左右。

四、检查调整与工程验收

学生项目组根据施工的流程进行施工项目检查。如发现问题及时进行调整。检查没有问题后才能进行工程验收（表 1-4-5）。

表 1-4-5　墙地面基层处理工程验收表

验收标准	是否合格	
	是	否
墙地面基层是否清洁，无尘土、油污、油渣等	□	□
基层处理材料是否符合设计标准	□	□

续表

验收标准	是否合格	
	是	否
抹灰层厚度是否符合要求	□	□
墙立面垂直度允许偏差为 4mm	□	□
墙表面平整度允许偏差为 4mm	□	□
墙阴阳角垂直允许偏差为 4mm	□	□
墙阴阳角方正允许偏差为 4mm	□	□
地表面平整度允许偏差为 2mm	□	□

五、项目任务考核

先由学生对自己的工作结果进行自我评估，再由教师进行检查评分。师生共同讨论、评判项目工作中出现的问题、学生解决问题的方法以及学习行动的特征。通过对比师生评价结果，找出造成结果差异的原因。本项目的考核主要以学生自评、学生互评和教师评价相结合，权重分别为 20%、20%和 60%。考核内容详见“附表 2：认识材料任务实施计划书”。

六、职业技能训练

1. 选择题

（1）墙地面基层处理都应先（　　）。

A. 浇水湿润　　B. 清扫杂物

C. 抹水泥砂浆找平层　　D. 养护

（2）有地漏的房间，应（　　）抹冲筋。

A. 由四周向地漏方向放射形　　B. 由左边向右边

C. 由右边向左边　　D. 由两边向地漏方向

（3）墙面抹灰饼和冲筋一般水平及高度距离是（　　）。

A. 1200～1600mm　　B. 1100～1400mm

C. 1200～1500mm　　D. 1200～1300mm

（4）找平施工后养护时间一般为（　　）。

A. 5 天　　B. 6 天　　C. 7 天　　D. 10 天

2. 简答题

（1）简述墙地面基层处理工艺流程。

（2）简述墙面冲筋的工艺流程。

3. 实训题

进行墙面冲筋抹灰找平施工实训。

■任务三　墙、地砖、石材铺贴工程

一、明确任务

教师给学生发放并讲解任务书（表 1-4-6）。

表 1-4-6　墙地砖、石材铺贴工程学习任务书

项目任务名称	墙地砖、石材铺贴工程施工工艺	项目任务编号	1-4-3
项目组组长		项目组成员	
任务完成时间			
任务学习目标	1. 认知目标： （1）了解墙地砖、石材铺贴工程施工工艺标准； （2）了解墙地砖、石材铺贴工程施工工艺要求及国家标准。 2. 技能目标： 具备能画出石材、地砖铺装图		
任务内容	1. 了解并学习墙地砖、石材铺贴施工工程原则； 2. 了解并学习墙地砖、石材铺贴施工工程的工艺流程		
完成考核点	完成墙地砖、石材铺贴施工工艺		
完成项目任务情况分析与反思：			
组长签字		成员签字	

二、项目计划与决策

学生项目组根据项目任务书进行项目实施计划制订和进行具体实施。项目任务教学实施流程与步骤详见“附表 3：项目任务实施计划书”。

三、墙地砖铺贴工程流程

（一）墙地砖铺贴工程实施流程

基层检查→做标志点→铺贴→擦缝→清洁→养护。

1. 基层检查

铺贴墙地砖的基层表面应具有足够的稳定性和刚度，基层表面残留的砂浆、尘土及油渍等，应用钢丝刷刷洗干净。基体表面凹凸明显部位，应事先用 1∶3 水泥砂浆补平。

2. 做标志点

标志点是用水泥砂浆粘贴在找平层上（图 1-4-25），按此拉通线或用靠尺板作为铺贴墙砖的控制点。

图 1-4-25　贴标志砖

标志点距以 1.5m×1.5m 或 2m×3m 为宜，墙砖铺贴到此处时再敲掉。注意标志点贴完，有强度后进行一次预检。

3. 铺贴

铺贴墙砖以前，砖墙面要提前一天湿润好，混凝土墙可以提前 3～4h 湿润，瓷砖要在施工前浸水（图 1-4-26、图 1-4-27），浸水时间不小于 2h，然后取出晾至手按砖背无水迹方可贴砖。

图 1-4-26　瓷砖浸水（一）

图 1-4-27　瓷砖浸水（二）

铺贴用 1∶1 水泥砂浆（体积比），使用水泥不低于 42.5 级普通硅酸盐水泥加 20%的 108 胶，砂子为中细砂（过筛），施工环境温度最低在 5℃以上，在瓷砖背面满抹灰浆，四边刮成斜面，厚度 5mm 左右，注意边角满浆，瓷砖定位后用灰抹子木柄轻轻敲击砖面，使之与邻面相平。粘贴 8～10 块，用靠尺板检查表面平整，并用卡子将缝拨直。阳角拉缝可用匀石机或磨砂机将墙砖切磨成 45°斜角，保证接缝平直、密实。扫去表面灰浆用卡子划缝，并用棉丝拭净，铺贴完一面墙后要将横竖缝内灰浆清理干净。阴角应大墙砖压小墙砖，并注意考虑主视线面向。确保在阴阳角处的缝通顺。客厅、餐厅、厨房、卫生间墙地墙砖缝隙采用塑料 1.5mm 十字卡控制。

墙砖铺贴前，墙面要先清理干净并洒水润湿，每面墙从下向上铺贴（图 1-4-28），从最下两排砖的位置稳好靠尺，竖缝用水平尺吊垂直，上口拉水平通线。铺贴高度一般为每天 1.2～1.5m。必须检查瓷砖上口灰缝是否饱满，不满时要先喂灰饱满，用塑料卡子确保灰缝通顺，随贴随将缝口的灰浆划出。

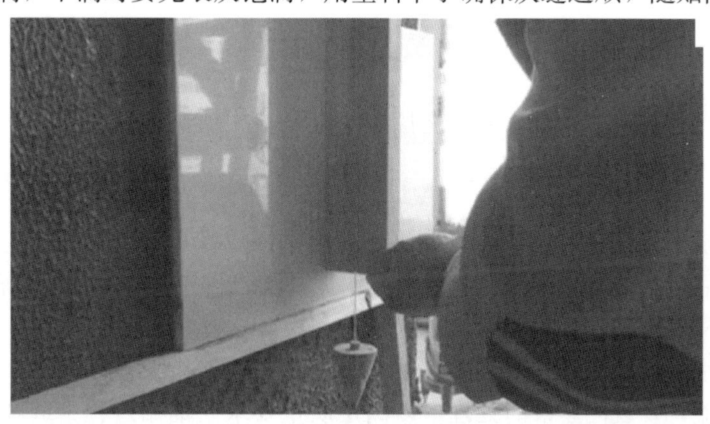

图 1-4-28　铺贴墙砖

4. 擦缝

待墙砖贴好 24h 后，用白水泥浆涂满缝隙，再用棉丝蘸浆将缝隙擦平实，待稍有强度，用溜子勾缝，溜子可采用 3mm 不掉色塑料圆线。

保证平滑凹缝 1～2mm，但必须一致（彩色墙砖可加适量颜料调成色浆擦缝）。缝溜完后要浇水养护。

5. 清洁

待嵌缝材料硬化后再清洗表面，必要时用布或棉丝头蘸稀盐酸擦洗一遍，再用清水冲洗一遍。

6. 养护

地砖铺完 48h，陶瓷砖铺完 24h 后，放锯末浇水养护，时间应不少于 7d。铺贴地砖时，最好一次铺贴一间或一部位，接槎应放在门口的裁口处。

（二）石材铺贴施工工程实施流程

找水平、拉线→对色编号→铺贴顺序→铺贴→养护→补缝。

1. 找水平、拉线

在素混凝土找平层上贴水平灰饼，按地面弹线（图 1-4-29）拉双向水平线找中找方，并找出拼花板的位置，施工前一天洒水，湿润基层。

图 1-4-29　弹水平基准线

2. 对色编号

石材地面铺贴前，应对规格板进行试拼，指对色、拼花、编号，以对号入座，试拼要保证地面石材前后左右的花纹、颜色基本一致，纹理通顺，接缝严密吻合，角度垂直，线条顺直。

3. 铺贴顺序

拉线后应先铺若干条线作为基准，起标筋作用，一般先由厅中线往两侧采取退步法铺贴，圆形地面则由中心向外围铺贴。

4. 铺贴

按照弹线位置及水平拉线将板块依线平稳放下，用木锤或橡皮锤垫木轻击，使砂浆振实。缝隙宽度、平整度满足要求后，揭开板块，在其背后批白水泥一道，再正式铺贴，轻轻敲击（图 1-4-30）、找直找平。石材铺贴需按照编号，做到对号入座。

铺贴中，随时用水平尺检查铺好的地面，使其表面平整度符合要求，同时，用直尺和楔形塞尺检查板块间的接缝高低差，发现问题及时处理，以满足质量要求。铺贴过程中缝隙内及表面的砂浆应及时用布擦拭干净。

图 1-4-30　敲击石材

石材铺贴结束后，将石材地面及缝隙再次清理一遍，用美纹纸带将每一条缝粘贴起来，以防止缝隙污染。

5. 养护

石材铺贴 24h 后，应洒水养护 1～2d，以补充砂浆在硬化过程中所需要的水分，保证板材与砂浆粘结牢固，养护期 3d 之内禁止踩踏。

6. 补缝

地面养护期过后，撕掉美纹纸进行补缝。在地面石材拼接缝中，先用吸尘器将石材缝隙处的浮尘吸掉，然后用毛刷进行刮扫直至石材拼缝内无灰尘，将石蜡电熨斗预热后熔化石蜡，配色与所用石材颜色基本一致后，将配好颜色的石蜡熔化嵌入石材缝隙，用刀片将高低不平的石蜡进行修整，再用进口金刚碟片对修补后的缝隙按粗细型号进行研磨出光，最后用石材护理液进行封面。经过此工艺处理后的石材缝隙能将石材切割过程中的崩边不足予以解决，使人无法用肉眼看出缝隙，仿佛石材为一整体，从而达到美观的效果。要求缝隙饱满、基本无色差。

四、检查调整与工程验收

学生项目组根据施工的流程进行施工项目检查。如发现问题及时进行调整。检查所有都没有问题后才能进行工程验收见表 1-4-7。

表 1-4-7　墙地砖、石材铺贴施工工程验收表

验收标准		是否合格	
		是	否
外观	铺贴牢固，表面色泽基本一致	□	□
	平整干净，无漏贴、错贴	□	□
	墙面无空鼓，缝隙均匀，周边顺直，砖面无裂纹、掉角，缺棱等现象	□	□
空鼓情况	空鼓面积不大于该块墙砖面积 15%时，不计空鼓	□	□
阳角	采用 45°拼角	□	□
表面平整度	石材误差≤4.0mm	□	□
	墙地砖误差≤3.0mm	□	□

续表

验收标准		是否合格	
		是	否
立面垂直度	石材误差≤3.0mm	□	□
	墙地砖误差≤2.0mm	□	□
阴阳角方正	石材≤3.0mm	□	□
	墙地砖≤3.0mm	□	□
接缝高低差	石材≤1.0mm	□	□
	墙地砖≤0.5mm	□	□
接缝直线度	石材≤3.0mm	□	□
	墙地砖≤2.0mm	□	□
接缝宽度	石材≤1.0mm	□	□
	墙地砖≤1.0mm	□	□

五、项目任务考核

先由学生对自己的工作结果进行自我评估，再由教师进行检查评分。师生共同讨论、评判项目工作中出现的问题、学生解决问题的方法以及学习行动的特征。通过对比师生评价结果，找出造成结果差异的原因。本项目的考核主要是学生自评、学生互评和教师评价相结合，权重分别为20%、20%和60%。考核内容详见“附表2：认识材料任务实施计划书”。

六、职业技能训练

1. 选择题

（1）铺贴墙砖时，混凝土墙需要提前（　　）湿润。

A. 1～2h　　B. 2～3h　　C. 3～4h　　D. 4～5h

（2）瓷砖要在施工前浸水，浸水时间不小于（　　）。

A. 1h　　B. 2h　　C. 3h　　D. 4h

（3）在进行瓷砖铺贴时需要用什么强度等级的水泥？（　　）

A. 22.5硅酸盐　　B. 32.5硅酸盐　　C. 42.5硅酸盐　　D. 52.5硅酸盐

（4）铺贴墙砖时铺贴顺序应该（　　）。

A. 从下向上　　B. 从上向下　　C. 从右向左　　D. 从左向右

（5）墙砖铺贴完成后（　　）可以进行勾缝处理。

A. 12h　　B. 24h　　C. 36h　　D. 72h

（6）圆形空间石材铺贴时一般采用哪种铺贴顺序（　　）。

A. 厅中线往两侧　　B. 两侧往厅中线　　C. 中心向外围　　D. 外围向中心

2. 简答题

（1）简述墙地砖铺贴施工流程。

（2）简述石材铺贴施工流程。

3. 实训题

墙地砖和石材铺贴实训。

项目五　木作工程

■概　述

本项目分为三个任务：任务一主要认识各种木作工程材料，如木作板材的种类、面板板材的种类、龙骨和施工工具等；任务二主要是木龙骨吊顶工程，包括木龙骨吊顶安装工程和工艺流程；任务三主要是轻钢龙骨纸面石膏板隔墙工程施工分类介绍及分类流程介绍，轻钢龙骨纸面石膏板隔墙安装工程和工艺流程等。

木作工程也就是人们常说的木作活。鲁班是有名的巧木匠，在他的指导下，中国成为当时木作发达的国家。在木作工程中，主要的施工项目有吊顶龙骨架设、木质柜体家具制作、木质门窗制作等。以前的木作工作非常多，随着家具工厂的出现，原来家装中很多木作活被取代，但是木作仍然有它独特的魅力，比如，顶棚个性化设计、家具的独特定制等。本项目安排了认识木作材料、木龙骨吊顶工程、轻钢龙骨纸面石膏板隔墙工程三个任务。

■任务一　认识木作工程材料

一、明确任务

教师给学生发放并讲解任务书（表 1-5-1）。

表 1-5-1　木作工程材料学习任务书

项目任务名称	木作工程材料	项目任务编号	1-5-1
项目组组长		项目组成员	
任务完成时间			
任务学习目标	1. 认知目标： （1）了解木作工程的分类及其材料特性； （2）了解木作工程材料的品牌； （3）了解木作工程材料的使用规格。 2. 技能目标： 能根据实际合理运用木作材料和施工工具		
任务内容	1. 学习木作工程的材料种类、特性等知识； 2. 到建材市场进行材料市场调研，收集整理并汇总资料； 3. 对调研材料进行分析，并形成调研报告； 4. 进行成果展示与汇报		
完成考核点	小组对调研材料的市场、属性、功能等进行分析，撰写并提交调研报告一份		

续表

完成项目任务情况分析与反思：			
组长签字		成员签字	

二、项目计划与决策

学生项目组根据项目任务书进行项目实施计划制订和进行具体实施。项目任务教学实施流程与步骤详见“附表3：项目任务实施计划书”。

三、木作工程材料质量要求

（一）木作板材的种类

1. 细木工板（Core Board）（图1-5-1）

（1）细木工板：俗称大芯板。细木工板是一种特殊的夹芯胶合板，是目前装饰中最常使用的板材之一，一般是配合装饰面板、防火板等面材使用，一般为3层结构。细木工板竖向（以芯材走向区分）抗弯压强度差，但横向抗弯压强度较高。尺度：最常见材料厚度为12～25mm不等，国际标准厚度为12mm、15mm、18mm、30mm，表面颜色是白色或淡黄色，外面由2层薄薄的单板夹着木条压制的芯。

尺寸大小：220mm×2440mm；等级：E0级和E1级。

（2）细木工板选购要点

① 选择机拼板：细木工板分为手拼板和机拼板两类。一般手拼板板芯木条排列不齐，缝隙大，多为下脚料，板面有凹凸，持钉力差，不宜锯切加工，机拼板的板芯排列均匀整齐，面层与加压板芯材结合紧密。

② 芯材最好不选硬杂木的：细木工板的芯材多为杨木、松木、硬杂木等，内填松木等树种的持钉力强，不易变形。

③ 注意板材的外观：看板材的表面是否平整、有无凹凸、是否弯曲变形等。好的板材是双面抛光，用手摸感觉非常光滑，四边平直，侧口芯板排列整齐，无缝隙（图1-5-2）。

图1-5-1 细木工板

图1-5-2 细木工板的外观

④ 注意检测板材的含水率：细木工板的含水率应不超过12%。优质细木工板采用机器烘干，含水率可达标，劣质细木工板含水率常不达标。

⑤ 注意板材的甲醛含量：选择时，应避免用有刺激性气味的装饰板。因为气味越大，说明甲醛释放量越高，污染越厉害，危害性越大。

2. 饰面板（Woodveneer）（图 1-5-3）

饰面板别名三夹板，全称装饰单板贴面胶合板，它是将天然木材或科技木刨切成一定厚度的薄片，黏附于胶合板表面，然后热压而成的一种用于室内装修或家具制造的表面材料。

尺寸大小：1220mm×2440mm、厚 2.1～2.9mm。

种类：市面上常用的天然木皮（档次从高往低排）主要有柚木、黑檀、美国樱桃木、枫木、红橡木、黑胡桃木、水曲柳、沙比利、红榉、红胡桃等。

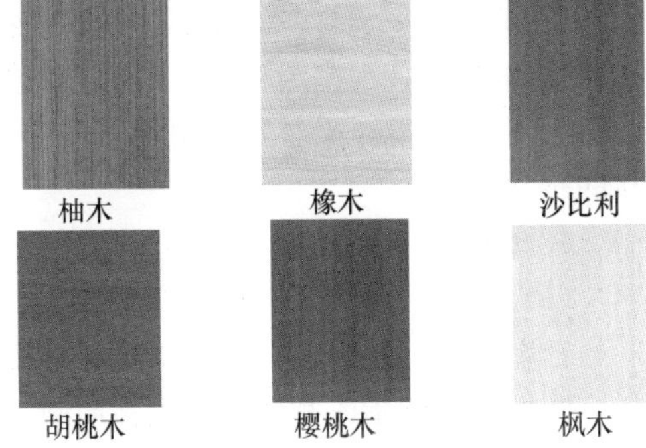

图 1-5-3　饰面板的材质

3. 指接板（WedgeJoint Board）（图 1-5-4）

（1）指接板由多块木板拼接而成，上下不再粘压夹板，由于竖向木板间采用锯齿状接口，类似两手手指交叉对接，故称指接板。

图 1-5-4　指接板

指接板与木作板的用途一样只是指接板在生产过程中用胶量比木作板少，所以是较木作板更为环保的一种板材，目前已有越来越多的人开始选用指接板来替代木作板。指接板常见厚度有 12mm、15mm、18mm 三种，最厚可达 36mm。

指接板上下无须粘贴夹板，用胶量大大减少。指接板用的胶一般是乳白胶，即聚醋酸乙烯酯的水溶液，是用水做溶剂，无毒无味，就算分解也是醋酸，无毒。

指接板还分有节与无节两种，有节的存在疤眼，无节的不存在疤眼，较为美观，有些业主直接用指接板制作家具，表面不用再贴饰面板，有特色且成本低。

简单鉴别指接板好坏的方法是看芯材年轮：指接板多是杉木的，年轮较明显，年轮越大，说明树龄长，材质也就越好。

指接板分为明齿和暗齿，暗齿最好，因为明齿在上漆后较容易出现不平现象，当然暗齿的加工难度要大些。木质越硬的板越好，因为它的变形要小得多，且花纹也会美观些。

指接板与木作板的区别：指接板属于实木的，木作板是人造板。所以指接板有天然纹理的感觉，给人回归自然的感觉。

（2）指接板选购要点：

① 木色均匀，有天然的健康光泽，无污点。

② 木纹统一、自然，能够体现纹理特征，最好形成一定的图案效果。

③ 木料的含水率为8%～12%比较合适，在使用中不会出现开裂和翘起的现象。

④ 板面光滑、平整，边角切割整齐，尺寸符合规格（1220mm×2440mm），看上去整块板没有歪斜的感觉。

4. 密度板（Medium Density Fiber Board）（图 1-5-5）

（1）密度板的定义与特点

密度板也称纤维板，是以木质纤维或其他植物纤维为原料，施加脲醛树脂或其他适用胶粘剂制成的人造板材。按其密度的不同，分为高密度板、中密度板、低密度板。密度板由于质软耐冲击，容易再加工，在国外是制作家具的良好材料，但由于我国高密度板的标准比国际标准低，所以，密度板在中国的使用质量还有待提高。

密度板表面光滑平整、材质细密、性能稳定、边缘牢固，有较高的抗弯强度和抗冲击强度，而且板材表面的装饰性好。

图 1-5-5　密度板

密度板的缺点如下：

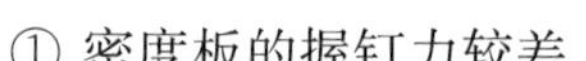

① 密度板的握钉力较差。

② 密度比较大，刨切较难。

③ 不防潮，见水就膨胀。

尺寸：市场常用规格有1220mm×2440mm、1525mm×2440mm两种，厚度2.0～2.5mm。

（2）密度板选购要点

① 看表面清洁度。清洁度好的密度板，表面应无明显的颗粒。

② 看表面光滑度。用手抚摸表面时应有光滑感觉，如感觉较涩则说明加工不到位。

③ 看表面平整度。

④ 看表面漆膜硬度。漆膜应选比较硬、比较亮、比较透明的聚酯漆。

⑤ 看整体弹性。较硬的密度板一定是劣质产品。

⑥ 用手敲击板面。声音清脆悦耳，均匀的纤维板质量较好。

⑦ 检测甲醛释放量是否超标。

5. 刨花板（Flake Board）（图 1-5-6）

图 1-5-6　刨花板

（1）刨花板的定义与特点

刨花板又叫微粒板、蔗渣板，由木材或其他木质纤维素材料制成的碎料，施加胶粘剂后在热力和压力作用下胶合成的人造板，也称碎料板。其主要用于家具和建筑工业及火车、汽车车厢制造。

刨花板优点如下：

① 有良好的吸声和隔声性能；

② 内部为交叉错落结构的颗粒状，各部方向的性能基本相同，横向承重力好；

③ 表面平整，纹理逼真，材质均匀，厚度误差小，耐污染，耐老化，美观，可进行油漆和各种贴面；

④ 刨花板在生产过程中，用胶量较小，环保系数相对较高。

刨花板缺点如下：

在裁板时容易造成暴齿的现象，所以部分工艺对加工设备要求较高，不宜现场制作。

（2）刨花板选购要点

① 注意厚度是否均匀，板面是否平整、光滑，有无污渍、水渍、胶渍等。

② 刨花板的长、宽、厚尺寸公差。国标有严格规定，长度和宽度只允许正公差，不允许负公差。而厚度允许偏差分板面平整光滑的砂光产品与表面毛糙的未砂光产品二类而定，经砂光的产品质量高，板材的厚薄公差均匀，未抛光产品精度稍差，板材中各处厚、薄公差较不均匀。

③ 注意检查游离甲醛含量，我国规定 100g 刨花板中游离甲醛含量不能超过 9mg。随便拿起一块刨花板的样板，用鼻子闻一闻，如果板中带有强烈的刺激味，显然超过了标准要求，尽量不要选择。

④ 刨花板中不允许有断痕、透裂、单位面积大于 40mm^{2}的胶斑、石蜡斑、油污斑等污染点、边角残损等缺陷。

6. 生态板（OSSB）（图 1-5-7）

（1）生态板定义与优点

三聚氰胺装饰纸经由高温压在实木板上即形成生态板。生态板与传统产品比较，追求的是环保概念。近几年，生态板成为装修板材行业的新宠。

生态板的优点如下：

① 防水、防潮；

② 握钉力好；

③ 省钱，省力，性价比高；

④ 环保 E1、E0 标准；

⑤ 耐久性良好。

图 1-5-7　生态板

（2）生态板选购要点

① 闻：由于生态板是环保材料，产品的含胶量少，所以人们可以凑近闻到生态板上淡淡的木头味；

② 掂：当一块生态板与平常木板相比较，能够很明显地感觉到生态板具有一定的重量，具有厚实感，而标准的生态板其厚度为 18mm；

③ 摸：用手触摸生态板能够感觉到表面十分光滑、平整、结实；

④ 敲：用重物敲打生态板，其表面无痕迹，耐刮性好，而平常的木板材料在物体的敲打下显出坑洼。

7. 夹板（Plywood）（图 1-5-8）

（1）夹板也称胶合板、多层板，俗称细芯板，由三层或多层 1mm 厚的单板或薄板胶贴热压制而成。

它是最早用于家装的人造板材料。其强度大，抗弯曲性能好；缺点是稳定性差；易变形，不适宜做柜门。

图 1-5-8　夹板

夹板一般分为 3 厘板、5 厘板、9 厘板、12 厘板、15 厘板和 18 厘板 6 种规格。1 厘即为 1mm。3mm 用来做有弧度的吊顶；9mm、12mm 的多用来做柜子的背板、隔断、踢脚线。15mm、18mm 多用来做工程上的脚手板。

（2）判断夹板质量好坏：看厚度。

8. 石膏板（Plaster Board）（图 1-5-9）

图 1-5-9　石膏板

（1）石膏板的规格与优点

石膏板是以建筑石膏为主要原料制成的一种材料。它是一种密度小、强度较高、厚度较薄、加工方便以及隔声绝热和防火等性能较好的建筑材料，是当前着重发展的新型轻质板材之一。石膏板已广泛用于住宅、办公楼、商店、旅馆和工业厂房等各种建筑物的内隔墙、墙体覆面板（代替墙面抹灰层）、吊顶、吸声板、地面基层板和各种装饰板等。其长度有 1800mm、2100mm、2400mm、2700mm、

3000mm、3300mm、3600mm；宽度有 900mm、1200mm；厚度有 9.5mm、12.0mm、15.0mm、18.0mm、21.0mm、25.0mm。家装常用尺寸 3000mm×1200mm×9.5mm。

石膏板的优点：质轻、耐火、保温、隔声、施工方便快捷、便于表面装饰。

（2）石膏板选购要点

① 目测：表面平整光滑，没有气孔、污痕、裂纹、缺角、色彩不均和图案不完整现象，纸面石膏板上下两层牛皮纸需结实；再看侧面，石膏质地是否密实，有没有空鼓现象。

② 用手敲击：检查石膏板的弹性。敲击发出很实的声音说明石膏板严实耐用，如发出很空的声音说明板内有空鼓现象，且质地不好。用手掂分量也可以衡量石膏板的优劣。

③ 尺寸允许偏差、平面度和直角偏离度，其要符合合格标准，如偏差过大，会使装饰表面拼缝不整齐。

④ 看标志：在每一包装箱上，应有产品的名称、商标、质量等级等标志。购买时应重点查看质量等级标志。装饰石膏板的质量等级是根据尺寸允许偏差、平面度和直角偏离度划分的。

9. 龙骨（Woodkeel）：木龙骨（图 1-5-10）、轻钢龙骨（图 1-5-11）、铝合金龙骨（图 1-5-12）

图 1-5-10　木龙骨

图 1-5-11　轻钢龙骨

图 1-5-12　铝合金龙骨

（1）木龙骨是家庭装修中最常用的骨架材料，根据使用部位来划分，木龙骨分为吊顶龙骨、竖墙龙骨、铺地龙骨以及悬挂龙骨等。

① 定义：俗称为木方，主要由松木、椴木、杉木等树木加工成截面长方形或正方形的木条。它是装修中常用的一种材料，有多种型号，用于撑起外面的装饰板，起支架作用。吊顶用木龙骨一般以松木龙骨为多。规格都是 4m 长，宽度和厚度有 2cm×3cm、3cm×4cm、4cm×4cm 等。

② 优点：容易造型，握钉力强，易于安装，特别适合与其他木制品的连接。

③ 缺点：不防潮，容易变形，不防火，可能生虫发霉等。

木龙骨选购要点如下：

① 新鲜的木龙骨略带红色，纹理清晰，如果其色彩呈现暗黄色，无光泽说明是朽木。

② 看所选木方横切面的规格是否符合要求，头尾是否光滑均匀，不能大小不一。同时木龙骨必须平直，不平直的木龙骨容易引起结构变形。

③ 要选疤节较少、较小的木龙骨，如果疤节大且多，钉子在疤节处会拧不进去或者钉断木方，容易导致结构不牢固。

④ 要选择密度大、深沉的木龙骨，可以用手指甲抠，好的木龙骨不会有明显的痕迹。

（2）轻钢龙骨

① 绝对防火：龙骨用防火的镀锌板制造，经久耐用。

② 结构合理：采用经济放置式结构、特殊连接方法，组合装卸方便，节省工时、施工简单。

③ 造型美观：龙骨表面经过烤漆处理，美观易造型。

④ 用途广泛：适用于商场、写字楼、宾馆、酒楼、银行及各大型公共场所。

（3）铝合金龙骨

铝合金龙骨是对铁皮烤漆龙骨的改进。因为铝经过氧化处理之后不会生锈和脱色，原来的铁皮烤漆龙骨时间长了会因为氧化而导致生锈、发黄、掉漆。

（二）面板板材的种类

1. 纸面石膏板

纸面石膏板是以建筑石膏为主要原料，掺入适量添加剂与纤维做板芯，以特制的板纸为护面，经加工制成的板材。纸面石膏板具有密度小、隔声、隔热、加工性能强、施工方法简便等优点。

纸面石膏板的特点如下：

（1）生产能耗低，生产效率高：生产同等单位的纸面石膏板的能耗比水泥节省78%。且投资少生产能力大，工序简单，便于大规模生产。

（2）轻质：用纸面石膏板做隔墙，质量仅为同等厚度砖墙的1/15，砌块墙体的1/10，有利于结构抗震，并可有效减少基础及结构主体造价。

（3）保温隔热：纸面石膏板板芯60%左右是微小气孔，因空气的导热系数很小，因此具有良好的轻质保温性能。

（4）防火性能好：由于石膏本身不燃，且遇火时在释放化合水的过程中会吸收大量的热，延迟周围环境温度的升高，因此，纸面石膏板具有良好的防火阻燃性能。经国家防火检测中心检测，纸面石膏板隔墙耐火极限可达4h。

（5）隔声性能好：采用单一轻质材料，如加气混凝土、膨胀珍珠岩板等构成的单层墙体厚度很大时才能满足隔声的要求，而纸面石膏板隔墙具有独特的空腔结构，具有很好的隔声性能。

（6）装饰功能好：纸面石膏板表面平整，板与板之间通过接缝处理形成无缝表面，表面可直接进行装饰。

（7）加工方便，可施工性好：纸面石膏板具有可钉、可刨、可锯、可粘的性能，用于室内装饰，可取得理想的装饰效果，仅需裁纸刀便可随意对纸面石膏板进行裁切，施工非常方便，用它做装饰材料可极大地提高施工效率。

（8）舒适的居住功能：由于石膏板的孔隙率较大，并且孔结构分布适当，所以具有较高的透气性能。当室内湿度较高时，可吸湿，而当空气干燥时，又可放出一部分水分，因而对室内湿度起到一定的调节作用，国外将纸面石膏板的这种功能称为“呼吸”功能，正是由于石膏板具有这种独特的“呼吸”性能，可在一定范围内调节室内湿度，使居住条件更舒适。

（9）绿色环保：纸面石膏板采用天然石膏及纸面作为原材料，不含对人体有害的石棉（绝大多数的硅酸钙类板材及水泥纤维板均采用石棉作为板材的增强材料）。

（10）节省空间：采用纸面石膏板作墙体，墙体厚度最小可达74mm，且可保证墙体的隔声。

由于纸面石膏板具有质轻、防火、隔声、保温、隔热、加工性良好（可刨、可钉、可锯）、施工方便、可拆装性能好，增大使用面积等优点，因此广泛用于各种工业建筑、民用建筑，尤其是在高层建筑中可作为内墙材料和装饰装修材料。如用于柜架结构中的非承重墙、室内贴面板、吊顶等。

2. 穿孔纸面石膏板（图1-5-13）

适用于既有声学要求又追求装饰效果的吊顶及隔墙系统。

图1-5-13　穿孔纸面石膏板

3. 桑拿板（图1-5-14）

桑拿板是专用于桑拿房的原木板材，以插接式连接，易于安装。桑拿板是经过高温处理，能耐高温，不易变形。桑拿板作卫生间吊顶用，安装好后需要涂漆才能防水防腐。桑拿板板材有杉木、樟松、白松、红云杉、铁杉、香柏木等。桑拿板尺寸：国产板85mm×1980mm×10mm，进口板95mm×2100mm×12mm。

图1-5-14　桑拿板

4. PVC板（图1-5-15）

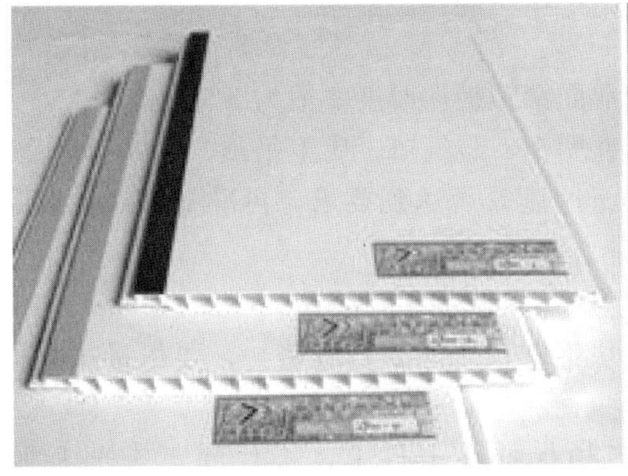

图1-5-15　PVC板

PVC板是以PVC为原料制成的截面为蜂巢状网眼结构的板材。其大多以素色为主，也有仿花纹、仿大理石纹的。

(1) 特性：防水、防潮、防蛀，内含阻燃原料，使用安全。

(2) 用途：主要用于卫生间和厨房，价格比较低。

(3) 选择：PVC 板两边的企口和凹榫完整平直，互相咬合顺畅，局部没有起伏和高度差现象。

5. 铝扣板（图 1-5-16）

图 1-5-16 铝扣板

铝扣板是铝制品，安装方法是扣在龙骨上，所以称为铝扣板。

(1) 特性：铝扣板一般厚 0.4～0.8mm，有条形、方形、菱形等。宽度为 10～15cm，厚度有 0.55mm、0.6mm、0.7mm、0.8mm。

(2) 用途：卫生间的吊顶要选择镂空花型。厨房的吊顶要选择平板型。

(3) 选择：选购铝扣板时，要小心铁板假冒品，可以使用磁铁来验证。

6. 铝塑板

铝塑板由薄铝层和塑料层构成，分单面铝塑板和双面铝塑板，厚度一般为 3～5mm。

(1) 用途：装饰性好，用于餐厅、浴室、形象墙、展柜、暖气罩、厨卫吊顶、隔断等造型等。

(2) 选择：选购铝塑板时应用游标卡尺，测量一下厚度是否达到要求，再准备磁铁检验是铁还是铝。铝塑板是易于加工、成型性好的材料。

注：铝塑板和铝扣板的工艺区别：

铝塑板是在打好龙骨后将木作板钉在龙骨上，每块铝塑板之间要打胶密封，要尽量选择与铝塑板颜色相近的胶，否则会影响整体色彩的协调。

铝扣板是将龙骨卡件固定在龙骨上，然后把铝扣板挂在卡件上，板块间不需要封胶，方便拆换。

铝塑板可以切割、裁切、开槽、带锯、钻孔、加工埋头，也可以冷弯、冷折、冷轧，还可以铆接、螺栓连接或胶合粘结等。

7. 矿棉板（图 1-5-17）

矿棉板是以矿物纤维为原料制成，最大的特点是具有很好的吸声效果。其表面有滚花和浮雕等效果，图案有满天星、十字花、中心花、核桃纹等。矿棉板能隔声、隔热、防火，高档一点儿的产品不含石棉，对人体无害，并有防下陷功能。

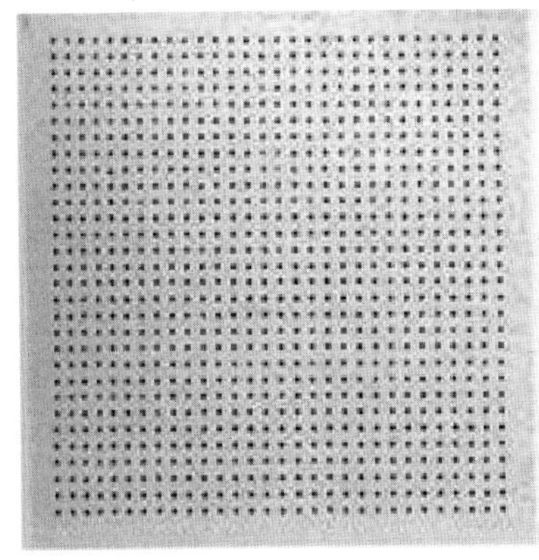

图 1-5-17　矿棉板

矿棉板特点如下：

（1）降噪性：矿棉板以矿棉为主要生产原料，而矿棉微孔发达，减小声波反射、消除回声、隔绝楼板传递的噪声。

（2）吸声性：矿棉板是一种多孔材料，由纤维组成无数个微孔，声波撞击材料表面，部分被反射回去，部分被板材吸收，还有一部分穿过板材进入后空腔，大大降低反射声，有效控制和调整室内回响时间，降低噪声。在用于室内装修时，平均吸声率可达 0.5 以上，适用于办公室、学校、商场等场所。

（3）隔声性：其有效地隔断各室的噪声，营造安静的室内环境。

（4）防火性：防止火灾是现代公共建筑、高层建筑设计的首要问题，矿棉板是以不燃的矿棉为主要原料制成，在发生火灾时不会产生燃烧，从而有效地防止火势的蔓延，是最为理想的防火吊顶材料。

（5）装饰性：矿棉吸声板表面处理形式丰富，板材有较强的装饰效果。表面经过处理的滚花型矿棉板，俗称“毛毛虫”，表面布满深浅、形状、孔径各不相同的孔洞。另外一种“满天星”，则表面孔径深浅不同。经过铣削成型的立体形矿棉板，表面制作成大小方块、不同宽窄条纹等形式。还有一种浮雕型矿棉板，经过压模成型，表面图案精美，有中心花、十字花、核桃纹等造型，是一种很好的装饰用吊顶型材。

8. 硅钙板（图 1-5-18）

硅钙板又称石膏复合板，是一种多孔材料，具有良好的隔声、隔热性能，在室内空气潮湿的情况下能吸引空气中水分子、空气干燥时，又能释放水分子，可以适当调节室内干、湿度、增加舒适感。石膏制品又是特级防火材料，在火焰中能产生吸热反应，同时，释放出水分子阻止火势蔓延，而且不会分解产生任何有毒的、侵蚀性的、令人窒息的气体，也不会产生任何助燃物或烟气。

其特点：硅钙板具有质轻、强度高、防潮、防腐蚀、防火，另一个显著特点是它再加工方便，不像石膏板那样再加工时容易产生粉状碎裂。

图 1-5-18　硅钙板

四、木作工程施工工具

木作工程施工工具见表 1-5-2、表 1-5-3。

表 1-5-2　手工工具

名称	作用
角尺	90°正角、靠紧一方画出横向定位到反面
墨斗	弹出需要的线条
钢卷尺	量出所需尺寸大小
平水管	利用连通水流的原理，确定房间内的水平高度
平水尺	局部平水、空气点在正中为平
传统手锯	鲁班利用正毛割手的原理发明的手拉锯，锯割一般木料
板锯	锯片很宽，靠自身的挺进，穿越大板中心无障碍
刀锯	锯齿很细，适用锯修口线斜角
钢锯	锯断钢条，如柜门的钢条
鸡尾锯	锯少量转弯的工艺
中刨	刨直、刀口稍微粗一些
长刨	修细、刨直、细一些
短刨	又称光刨，用于表层修饰
带线刨	用于局部、边缘修整
修线刨	可替代修边机，刨刀较窄仅 2cm，口很密
鸟刨	修光高弯度，手要掌握方向和角度
凿刀 1 套（mm）	5、10、20、30、40，装锁、装合页等
羊角钉槌	把钉子钉入木板，用力握紧手柄
胶钳	剪断铁丝、钉子、钳住小物件
拔钉钳	拔出钉歪的钉子、射钉等
十字螺钉旋具	把十字头螺钉旋进物体
一字螺钉旋具	把一字头螺钉旋进物体
试电笔	测试电源，维修电动工具
双面油石	使刀口锋利（学会磨刀是一个关键，应磨平整）
青细磨石	细磨石使锋刀口更利
手电钻	换上不同类型的钻头，可以在夹板、玻璃、石膏板、瓷砖等材料钻出适合尺寸的孔，还是上螺钉的省力工具
镙机	又称修边机，换上不用的镙头，在夹板上镙出适合尺寸的缝隙
风批	用气管把气送入风批，装上风批头，可扭螺钉
切线机	可切 90°及任何斜度的断口，如门套线拼角
曲线锯	把木板锯成曲线，可任意转弯

表 1-5-3　电动工具

名称	作用
锯机	把锯机安装在预先做好的锯台上，用来锯开大型板材
电刨	把不平的木板木框刨平
电锤	换上不同型号的钻头，在原墙、顶或瓷砖、大理石上钻孔来装钉膨胀螺钉、木楔等，还可用于墙面拉毛

续表

名称	作用
空压机	产生气压，使枪钉经射枪入木
射钉枪	根据不同的工序要求，装上不同型号的射钉，用于封闭线条和部分结构板
马钉	抽屉背板、柜体的背板需用马钉固定
文钉枪	用于饰面板和外层三夹板的固定，特点是钉眼小

五、项目任务考核

本项目的考核主要是学生自评、学生互评和教师评价相结合，权重分别为20%、20%和60%。考核内容详见“附表2：认识材料任务实施计划书”。

六、职业技能训练

1. 选择题

（1）大芯板是（　　）的俗称。

A. 细木工板　　B. 单板　　C. 手工板　　D. 机拼板

（2）选用大芯板时，家具通常用18mm，门窗、门套多用（　　）mm。

A. 10　　B. 12　　C. 14　　D. 16

（3）主要用于家具制造和建筑工业及火车、汽车车厢制造的是（　　）。

A. 大芯板　　B. 密度板　　C. 刨花板　　D. 三聚氰胺板

（4）饰面板俗称面板，是将实木板精密刨切成厚度为0.2mm左右的微薄木皮，以夹板为基材，经过胶粘工艺制作而成的具有单面装饰作用的装饰板材，厚度一般为（　　）mm。

A. 1　　B. 2　　C. 3　　D. 4

（5）具有色泽鲜艳、耐磨、耐刮、耐高温性能，耐酸碱的木作材料是（　　）。

A. 木龙骨　　B. 防火板　　C. 饰面板　　D. 三聚氰胺板

（6）吊顶的木龙骨一般以（　　）龙骨较多。

A. 榆木　　B. 松木　　C. 橡木　　D. 杨木

2. 简答题

（1）简述细木工板的分类及其特点。

（2）简述密度板的种类及其优缺点。

（3）简述三聚氰胺板的特点。

（4）简述木龙骨的分类及特点。

3. 实训题

根据该项目木作工程施工图选择相应的木作材料，写出相应的木作工程装饰材料验收表。

■任务二　木龙骨吊顶工程

一、明确任务

教师给学生发放并讲解任务书（表1-5-4）。

表 1-5-4　木作工程材料学习任务书

项目任务名称	木龙骨吊顶工程	项目任务编号	1-5-2
项目组组长		项目组成员	
任务完成时间			
任务学习目标	1. 认知目标： （1）了解木龙骨吊顶工程施工的工艺流程及施工要求和原则； （2）了解木龙骨吊顶工程施工所需设备及其设备相关知识； （3）了解施工中会遇到的问题及后期维护问题。 2. 技能目标： （1）具备能够合理正确使用木龙骨吊顶工程施工工具的能力； （2）能够根据实际进行木作材料选择的能力； （3）掌握木龙骨吊顶工程施工的工艺流程及施工方法； （4）能正确解决施工中遇到的问题及后期维护问题		
任务内容	1. 了解并学习木龙骨吊顶施工工程的分组方法和技巧； 2. 了解并学习木龙骨吊顶施工工程的工艺流程； 3. 木龙骨吊顶施工工艺结构观摩； 4. 木龙骨吊顶施工工具认识与了解； 5. 木龙骨吊顶施工技术实际操作实践		
完成考核点	1. 提交根据项目任务目标撰写的工作计划一份； 2. 学会使用木龙骨吊顶施工工艺工程相关工具； 3. 能实际进行木龙骨吊顶施工工艺工程的施工		
完成项目任务情况分析与反思：			
组长签字		成员签字	

二、项目计划与决策

学生项目组根据项目任务书进行项目实施计划制定和进行具体实施。项目任务教学实施流程与步骤详见“附表 3：项目任务实施计划书”。

三、项目实施

学生确定各自在小组中的分工以及小组成员合作的形式，然后按照已确立的工程实施步骤进行实际的实训（或工作）。本项目就是按木龙骨吊顶施工实施流程及施工要求进行实际施工，制作出木龙骨吊顶实物作品。

（一）施工结构图

木龙骨吊顶由吊杆、承载龙骨、覆面龙骨和面板组成（图 1-5-19）。木龙骨吊顶的结构设置如图 1-5-20 所示。木龙骨的双层骨架吊顶构造方法如图 1-5-21 所示。

（二）木龙骨吊顶工程实施流程

放线→木龙骨处理→龙骨拼装→安装吊点、吊筋→固定沿墙龙骨→龙骨吊装固定。

1. 放线

放线（图 1-5-22）是吊顶施工的标准，放线的内容主要包括标高线、造型位置线、吊点布置线、大中型灯位线等。放线的作用是一方面使施工有了基准线，便于下一道工序确定施工位置；另一方面能检查吊顶以上部位的管道等对标高位置的影响。

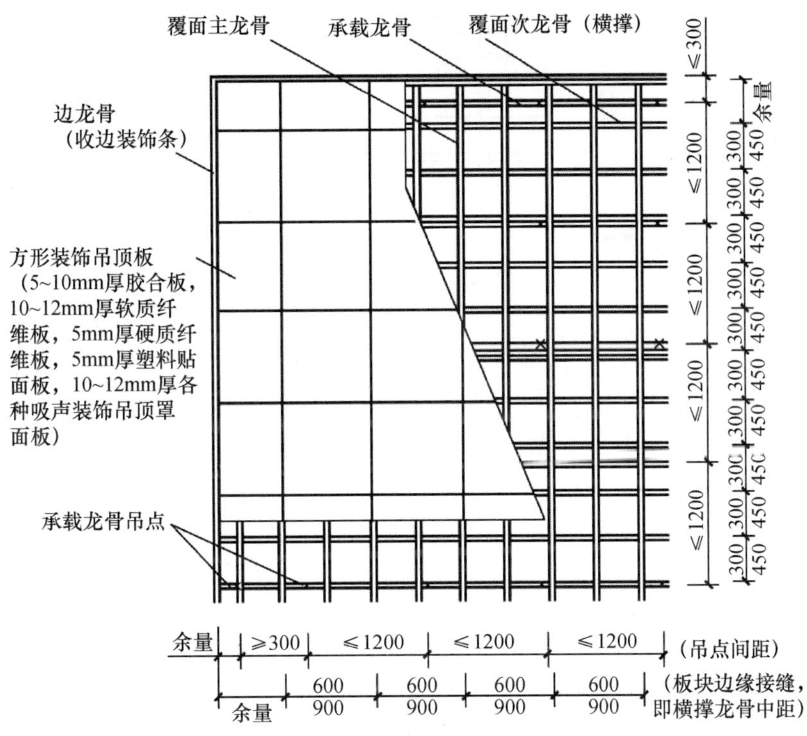

图 1-5-19　木龙骨吊顶结构

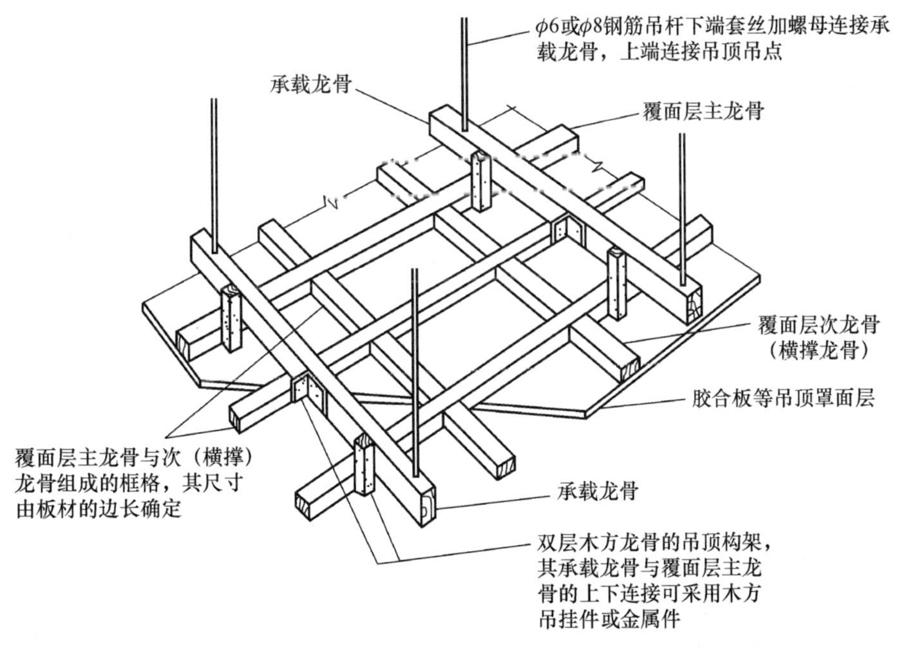

图 1-5-20　吊顶龙骨示意图（木方构架及其罩面）

吊顶时首先要确定标高线，室内吊顶装饰施工中的标高，可以以装饰好的楼地面表面为基准，根据设计要求在墙（柱）面上量出吊顶垂直高度，作为标高。确定造型位置线。根据设计要求，先以一面墙为基准量出吊顶造型位置线的距离，并按该距离在顶面画出平行于墙面的直线，即可得到造型位置外框线。确定吊点位置：吊点间距一般为900～1200mm，灯位处、承载部位、龙骨与龙骨相接处应增设吊点。

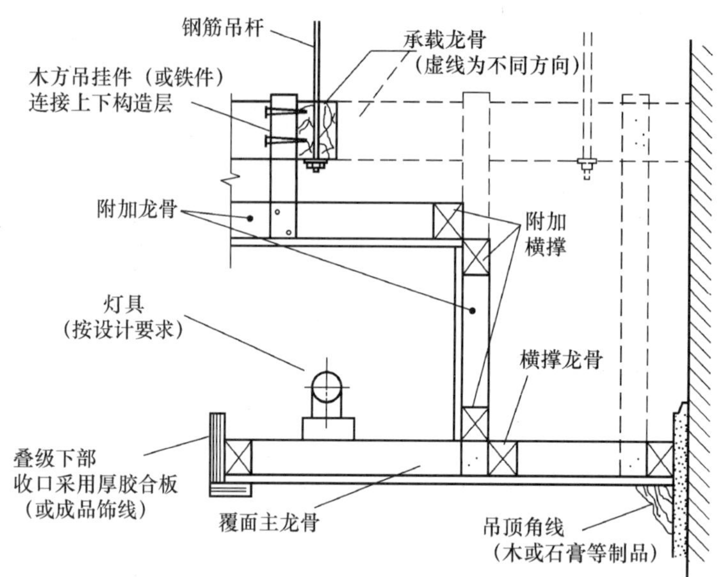

图 1-5-21　木龙骨的双层骨架吊顶构造

2. 木龙骨处理

对吊顶用的木龙骨进行筛选，将其中腐蚀部分、斜口开裂、虫蛀等部分剔除。对工程中所用的木龙骨均要进行防火处理，一般将防火涂料涂刷或喷于木材表面，也可把木材放在防火涂料槽内浸渍，图 1-5-23 所示为经过防火处理和未经过防火处理的木龙骨对比。

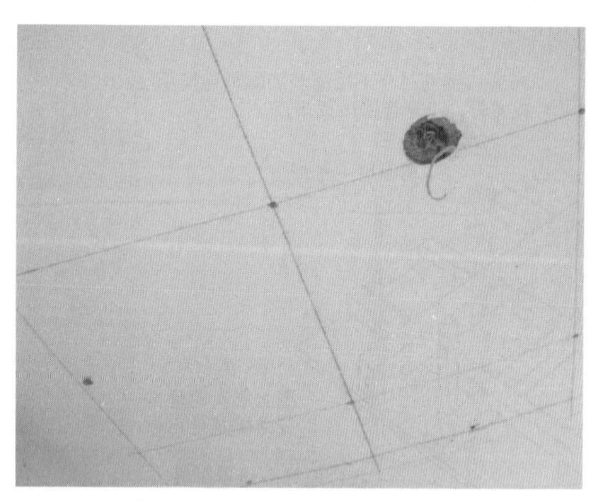

图 1-5-22　吊顶放线实景图

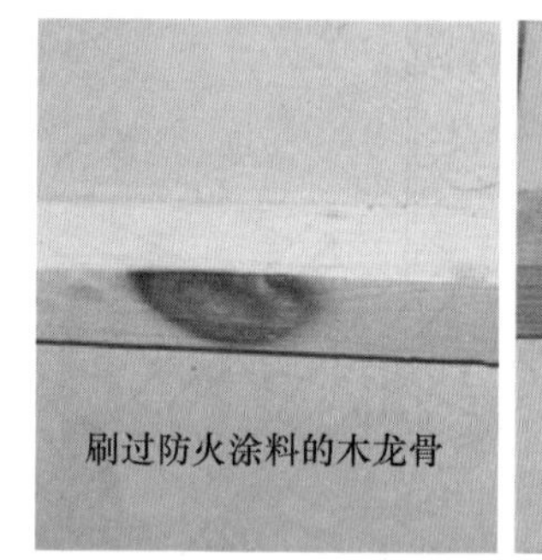

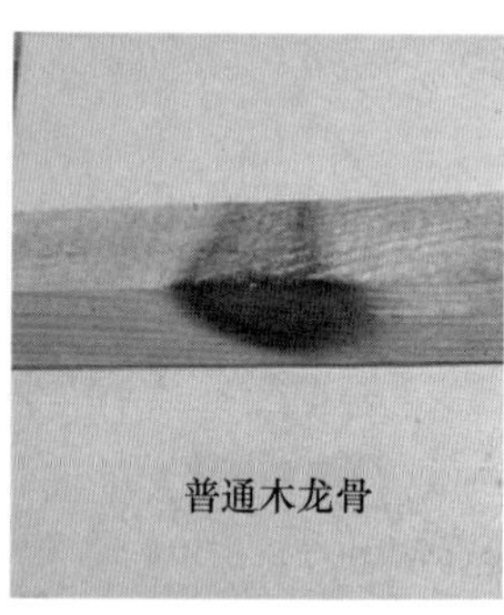

图 1-5-23　防火处理前后的木龙骨

对于直接接触结构的木龙骨，如墙边龙骨、梁边龙骨、端头伸入或接触墙体的龙骨应预先刷防腐剂，要求涂刷的防腐剂具有防潮、防蛀、防腐的功效。

3. 龙骨拼装

吊顶的龙骨架在吊装前，应在楼地面上进行拼装，拼装的面积一般控制在 10m² 以内，否则不便吊装。拼装时，先拼装大片的龙骨骨架，再拼装小片的局部骨架，接口处应涂胶并用钉子固定，如图 1-5-24 所示。

4. 安装吊点、吊筋

吊点的固定应根据楼板的类型不同有所区别，吊点可采用膨胀螺栓、射钉、预埋铁件等方法，用冲击电钻在建筑结构面上打孔，然后放入膨胀螺栓。用射钉将角铁等固定在建筑结构底面，如图 1-5-25 所示。

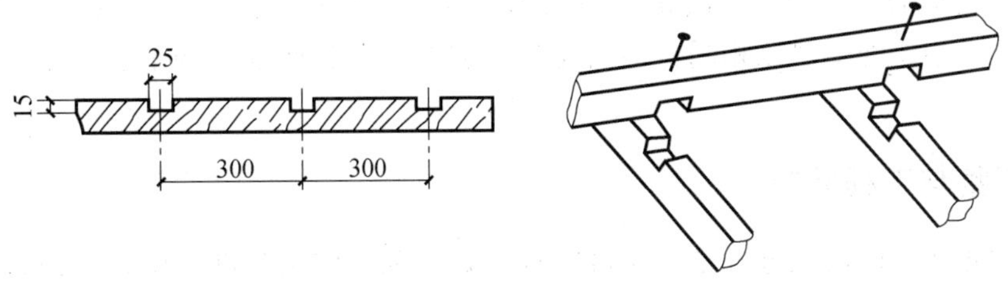

图 1-5-24　木龙骨拼装示意图

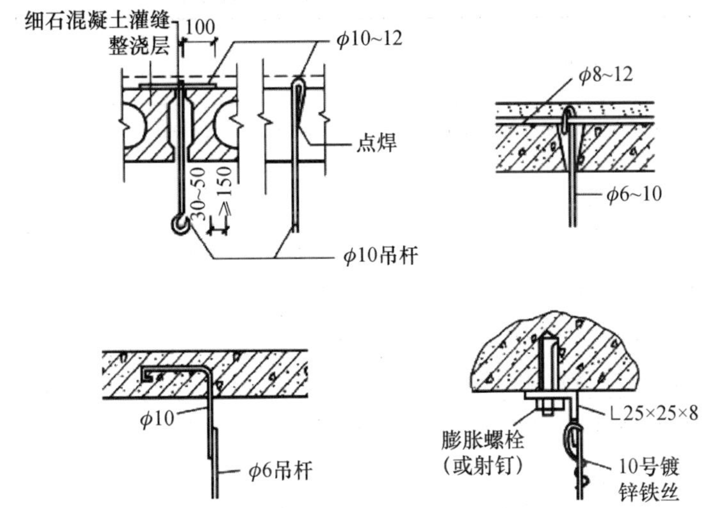

图 1-5-25　木质装饰吊顶的吊点固定形式

吊筋常采用钢筋、角钢、扁铁或方木。吊筋与吊点的连接可采用焊接、钩挂、螺栓或螺钉的连接方法。吊筋安装时，应做防腐、防火处理。

5. 固定沿墙龙骨

沿吊顶标高线固定沿墙龙骨，一般是用冲击钻在标高线以上 10mm 处墙面打孔，孔深 12mm，孔距 500～800mm，孔内塞入木楔，将沿墙龙骨钉固在墙体上，沿墙木龙骨固定后，其底边与其他次龙骨底边标高一致。

6. 龙骨吊装固定

木龙骨吊顶的龙骨架有两种形式，即单层网格式木龙骨架和双层木龙骨架。

（1）单层网格式木龙骨架的吊装固定

单层网格式木龙骨架的吊装一般先从一个墙角开始，将拼装好的木龙骨架托起至标高位置，对于高度低于 3.2m 的吊顶骨架，可在高度定位杆上作临时支撑如图 1-5-26 所示，高度超过 3.2m 时，可用铁丝在吊点做临时固定。然后用棒线绳或尼龙线沿吊顶标高线拉出平行或交叉的几条水平基准线作为吊顶的平面基准。最后，将龙骨架向下慢慢移动，使之与基准线平齐，待整片龙骨架调正调平后，先将其靠墙部分与沿墙龙骨钉接，再用吊筋与龙骨架固定。

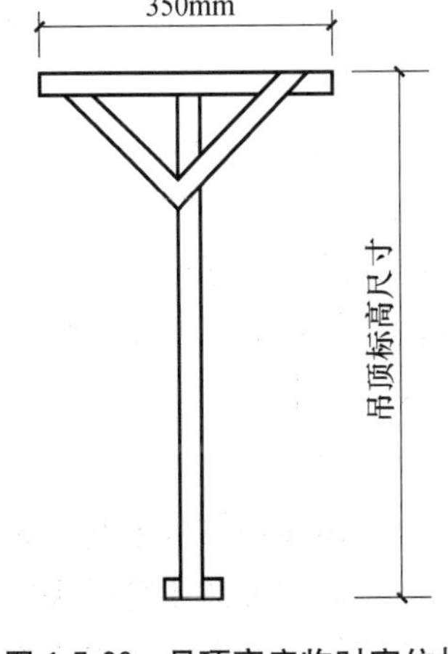

图 1-5-26　吊顶高度临时定位杆

（2）双层网格式木龙骨架的吊装固定

首先，进行主龙骨架的吊装固定。通常按照间距为 1000～1200mm 布置主龙骨，并与已经固定好的吊杆间距一致。连接时，先将主龙骨搁置在沿墙龙骨上，调平主龙骨，然后与吊杆连接并与沿墙龙骨钉接或用木楔将主龙骨与墙体楔紧。

接着进行次龙骨架的吊装固定。次龙骨是采用小木方通过咬口拼接而成的木龙骨网格，其规格、要求及吊装方法与单层木龙骨吊顶相同。将次龙骨吊装至主龙骨底部并调平后，用短木方将主、次龙骨连接牢固。

四、检查调整与工程验收

学生项目组根据施工的流程进行施工项目检查。如发现问题及时进行调整。检查所有都没有问题后才能进行工程验收（表 1-5-5）。

表 1-5-5 木龙骨吊顶施工工程验收表

验收标准	是否合格	
	是	否
吊顶所用龙骨、吊杆、连接件必须符合装修结构要求，安装位置、造型尺寸、标高必须符合设计要求	□	□
所用材料为指定品牌和规格，材料质量是否合格	□	□
轻钢龙骨骨架各连接点必须牢固、严密无松动，轻钢龙骨连接件应错位安装，次龙骨紧贴主龙骨安装，次龙骨间距小于 300mm	□	□
木龙骨必须进行防火阻燃处理，木龙骨与罩面板接触的一面必须刨平	□	□
造型符合设计要求，几何尺寸准确，灯槽断面平直、水平，无锯齿状	□	□
轻型灯具可以吊在主龙骨或附加龙骨上，重型灯具不得与吊顶龙骨连接，应另设置吊钩并拍摄加固照片	□	□
骨架表面平整≤3mm，接缝平直≤2mm，接缝高低差≤1mm，阴阳角方正≤2mm	□	□
石膏板与龙骨连接紧密、牢固，螺栓与纸包边板边距离宜为 10～15mm，与切割边板边距离为 15～20mm，螺栓间距以 150～170mm 为宜，均匀布置，并与板面垂直。固定螺栓的螺帽嵌入石膏板纸面 0.5～1mm，不使纸面受损	□	□
设备口、灯具位置分板对称，布局合理，龙骨与灯具位置应错开	□	□

五、职业技能训练

（一）选择题

1. 对于不规则的空间画吊顶造型线，宜采用（　　）。

A. 找线法　　B. 找点法　　C. 画水平线　　D. 以上都不对

2. 对于平顶吊顶，其吊点一般是按 $1m^2$ 布置（　　）个，在顶棚上均匀排布。

A. 1　　B. 2　　C. 3　　D. 4

3. 主龙骨与墙相接处，主龙骨应伸入墙面不少于（　　）mm，入墙部分涂刷防腐剂。

A. 100　　B. 110　　C. 120　　D. 130

4. 木龙骨吊顶是以（　　）为基本骨架，配以胶合板、纤维板或其他人造板作为罩面板材组合而成的吊顶体系，其加工方便，造型能力强，但不适用于大面积吊顶。

A. 金属龙骨　　B. 木龙骨　　C. 轻钢龙骨　　D. 铝合金龙骨

（二）简答题

（1）简述吊杆的安装工艺。

（2）如何安装主龙骨和次龙骨？

（3）简述木龙骨吊顶工程的施工流程。

（三）实训题

现有一批木龙骨，请以小组形式完成对木龙骨的防火防腐处理。

■任务三　轻钢龙骨纸面石膏板隔墙工程

一、明确任务

教师给学生发放并讲解任务书（表 1-5-6）。

表 1-5-6　轻钢龙骨纸面石膏板隔墙工程学习任务书

项目任务名称	轻钢龙骨纸面石膏板隔墙工程	项目任务编号	1-5-3
项目组组长		项目组成员	
任务完成时间			
任务学习目标	1. 认知目标： （1）了解轻钢龙骨纸面石膏板隔墙工程施工的工艺流程及施工要求和原则； （2）了解轻钢龙骨纸面石膏板隔墙工程施工所需设备及其设备相关知识； （3）了解施工中会遇到的问题及后期维护问题。 2. 技能目标： （1）具备能够合理正确使用轻钢龙骨纸面石膏板隔墙工程施工工具的能力； （2）能够根据实际进行木作材料选择的能力； （3）掌握轻钢龙骨纸面石膏板隔墙工程施工的工艺流程及施工方法； （4）能正确解决施工中遇到的问题及后期维护问题		
任务内容	1. 了解并学习轻钢龙骨纸面石膏板隔墙施工工程的方法和技巧； 2. 了解并学习轻钢龙骨纸面石膏板隔墙施工工程的工艺流程； 3. 轻钢龙骨纸面石膏板隔墙施工工艺结构观摩； 4. 轻钢龙骨纸面石膏板隔墙施工工具认识与了解； 5. 轻钢龙骨纸面石膏板隔墙施工技术实际操作实践		
完成考核点	1. 提交根据项目任务目标撰写的工作计划一份； 2. 学会使用轻钢龙骨纸面石膏板隔墙施工工艺工程相关工具； 3. 能实际进行轻钢龙骨纸面石膏板隔墙施工工艺工程的施工		
完成项目任务情况分析与反思：			
组长签字		成员签字	

二、项目计划与决策

学生项目组根据项目任务书进行项目实施计划制订和进行具体实施。项目任务教学实施流程与步骤详见“附表 3：项目任务实施计划书”。

三、项目实施

学生确定各自在小组中的分工以及小组成员合作的形式，然后按照已确立的工程实施步骤进行实际的实训（或工作）。本项目就是按轻钢龙骨石膏板隔墙施工实施流程及施工要求进行实际施工，制作出轻钢龙骨石膏板隔墙实物作品。

（一）施工结构图

轻钢龙骨隔墙结构如图 1-5-27 所示。

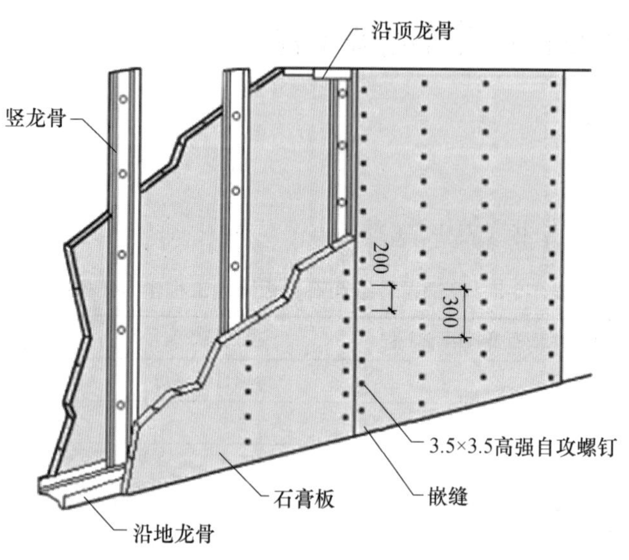

图 1-5-27　轻钢龙骨隔墙结构

（二）主要材料及配件要求

（1）轻钢龙骨主件：沿顶龙骨、沿地龙骨、加强龙骨、竖向龙骨、横向龙骨，应符合设计要求。

（2）轻钢骨架配件：支撑卡、卡托、角托、连接件、固定件、附墙龙骨、压条等附件，应符合设计要求。

（3）紧固材料：射钉、膨胀螺栓、镀锌自攻螺钉、木螺钉和粘结嵌缝料应符合设计要求。

（4）填充隔声材料：按设计要求选用。

（5）罩面板材：纸面石膏板规格、厚度由设计人员或按图纸要求选定。

（三）主要机具

直流电焊机、电动无齿锯、手电钻、螺栓旋具、射钉枪、吊线坠、靠尺等。

（四）作业条件

（1）轻钢骨架、石膏罩面板隔墙施工前应先完成基本的验收工作，石膏罩面板安装应待屋面、顶棚和墙抹灰完成后进行。

（2）设计要求隔墙有地枕带时，应待地枕带施工完毕，并达到设计要求后，方可进行轻钢骨架安装。

（3）根据设计施工图和材料计划，查实隔墙的全部材料，使其配套齐备。

（4）所有的材料，必须有材料检测报告、合格证。

（五）操作工艺

（1）工艺流程：

轻隔墙放线→安装门洞口框→安装沿顶龙骨和沿地龙骨→竖向龙骨分档→安装竖向龙骨→安装横向卡档龙骨→安装石膏罩面板→施工接缝做法→面层施工。

（2）放线：根据设计施工图，在已做好的地面或地枕带上，放出隔墙位置线、门窗洞口边框线，并放好顶龙骨位置边线。

（3）安装门洞口框：放线后按设计，先将隔墙的门洞口框安装完毕。

（4）安装沿顶龙骨和沿地龙骨：按已放好的隔墙位置线，按线安装顶龙骨和地龙骨，用射钉固定于主体上，其射钉钉距为600mm。

（5）竖向龙骨分档：根据隔墙放线门洞口位置，在安装顶地龙骨后，按罩面板的规格900mm或1200mm板宽，分档规格尺寸为450mm，不足模数的分档应避开门洞框边第一块罩面板位置，使破边石膏罩面板不在靠洞框处。

（6）安装竖向龙骨：按分档位置安装竖向龙骨，竖向龙骨上下两端插入沿顶龙骨及沿地龙骨，调整垂直及定位准确后，用抽心铆钉固定；靠墙、柱边龙骨用射钉或木螺钉与墙、柱固定，钉距为1000mm。

（7）安装横向卡档龙骨：根据设计要求，隔墙高度大于3m时应加横向卡档龙骨，采用抽心铆钉或螺栓固定。

（8）安装石膏罩面板

① 检查龙骨安装质量、门洞口框是否符合设计及构造要求，龙骨间距是否符合石膏板宽度的模数。

② 安装一侧的纸面石膏板，从门口处开始，无门洞口的墙体由墙的一端开始，石膏板一般用自攻螺钉固定，板边钉距为200mm，板中间距为300mm，螺钉距石膏板边缘的距离不得小于10mm，也不得大于16mm，自攻螺钉固定时，纸面石膏板必须与龙骨紧靠。

③ 安装墙体内电管、电盒和电箱设备。

④ 安装墙体内防火、隔声、防潮填充材料，与另一侧纸面石膏板同时进行安装填入。

⑤ 安装墙体另一侧纸面石膏板：安装方法同第一侧纸面石膏板，其接缝应与第一侧面板错开。

⑥ 安装双层纸面石膏板：第二层板的固定方法与第一层相同，但第三层板的接缝应与第一层错开，不能与第一层的接缝落在同一龙骨上。

（9）接缝做法：纸面石膏板接缝做法有三种形式，即平缝、凹缝和压条缝。接缝可按以下程序处理。

① 刮嵌缝腻子：刮嵌缝腻子前先将接缝内浮土清除干净，用小刮刀把腻子嵌入板缝，与板面填实刮平。

② 粘贴拉结带：待嵌缝腻子凝固即行粘贴拉结材料，先在接缝上薄刮一层稠度较稀的胶状腻子，厚度为1mm，宽度为拉结带宽，随即粘贴拉结带，用中刮刀从上而下一个方向刮平压实，赶出胶腻子与拉结带之间的气泡。

③ 刮中层腻子：拉结带粘贴后，立即在上面再刮一层比拉结带宽80mm左右厚度约1mm的中层腻子，使拉结带埋入这层腻子。

④ 找平腻子：用大刮刀将腻子填满楔形槽与板抹平。

（10）墙面装饰、纸面石膏板墙面，根据设计要求，可做各种饰面。

（六）轻钢龙骨石膏板隔墙的优点

（1）干作业，施工便利、快捷，按需组合，灵敏划分空间，同时易拆除。可有效地节约人工，加快施工进度。

（2）质量轻、强度能满足使用要求。石膏板的厚度一般为9.5～15mm，每$1m^2$仅6～12kg。用两张纸面石膏板中间夹轻钢龙骨就是很好的隔墙，该墙体每$1m^2$质量为23kg，仅为普通砖墙的1/10左右。用纸面石膏板作为内墙材料，其强度也能满足要求，厚度12mm的纸面石膏板纵向断裂荷载可达500N以上。

（3）收缩少。化学物理性能稳定，干燥吸湿过程中，伸缩率较小。

（4）装饰效果好。石膏板隔墙的面层可兼容多种面层装饰资料，满足绝大多数局部建筑物使用功用的装饰要求。

（5）经济合理，减少浪费。较之于普通砖混类的二次构造墙，具有防止因水电预留预埋形成的剔凿，防止面层装饰做法的抹灰找平作业，在壁纸装饰面层作业中还省略了石膏、腻子的粉刷作业，降低了造价，缩短了工期，又节约资源，防止浪费。

（6）节能环保，政策支持。

（七）轻钢龙骨石膏板隔墙的分类

轻钢龙骨石膏板隔墙按构造可分为单排龙骨单层石膏板隔墙、单排龙骨双层石膏板隔墙和双排龙骨双层石膏板隔墙，前一种用于一般隔墙，后两种用于隔声墙。

（八）质量标准

以 GB 50210—2016 中的有关规定为准，严格遵守。

（九）成品保护

（1）轻钢龙骨隔墙施工中，工种间应保证已装项目不受损坏，墙内电线管及设备不得碰动错位及损伤。

（2）轻钢骨架及纸面石膏板入场，存放使用过程中应妥善保管，保证不变形，不受潮不污染、无损坏。

（3）施工部位已安装的门窗、地面、墙面、窗台等应注意保护、防止损坏。

（4）已安装完的墙体不得碰撞，保持墙面不受损坏和污染。

（十）应注意的质量问题

（1）墙体收缩变形及板面裂缝：原因是竖向龙骨紧顶上下龙骨，没留伸缩量，超过 2m 长的墙体未做控制变形缝，造成墙面变形。隔墙周边应留 3mm 的空隙，这样可以减少因温度和湿度影响产生的变形和裂缝。

（2）轻钢骨架连接不牢固，原因是局部节点不符合构造要求，安装时局部节点应严格按图规定处理。钉固间距、位置、连接方法应符合设计要求。

（3）墙体罩面板不平，多数由两个原因造成：一是龙骨安装横向错位；二是石膏板厚度不一致。

（4）明凹缝不均：纸面石膏板拉缝不好掌握尺寸；施工时注意板块分档尺寸，保证板间拉缝一致。

四、项目任务考核

本项目的考核主要是学生自评、学生互评和教师评价相结合，权重分别为 20%、20%和 60%。考核内容详见“附表 2：认识材料任务实施计划书”。

五、职业技能训练

1. 选择题

（1）轻钢龙骨石膏板隔断施工时，石膏板中部接缝处应设置（　　）。

A. 横龙骨　　B. 沿边龙骨　　C. 穿心龙骨　　D. 天地龙骨

（2）下列关于轻钢龙骨隔墙纸面石膏板施工时，自攻螺钉钉距设置正确的是（　　）。

A. 板边钉距 300mm，板中间距为 200mm，螺钉距石膏板边缘距离不得小于 20mm，也不得大于 35mm

B. 板边钉距 300mm，板中间距为 200mm，螺钉距石膏板边缘距离不得小于 10mm，也不得大于 16mm

C. 板边钉距 200mm，板中间距为 300m，螺钉距石膏板边缘距离不得小于 20mm，也不得大于 35mm

D. 板边钉距 200mm，板中间距为 300mm，螺钉距石膏板边缘距离不得小于 10mm，也不得大于 16mm

（3）轻钢龙骨隔墙当面板采用胶合板、纤维板、人造木板时，面板安装采用螺钉固定，钉距为（　　）。

A. 170～200mm　　B. 170～300mm　　C. 200～250mm　　D. 200～300mm

2. 多选题

（1）石膏板在隔断墙施工固定时应做到（　　）。

A. 固定时应由板中心向四周固定

B. 固定时应由板四周向中心固定

C. 石膏板间须留 3～5mm 的缝隙，接缝处用专用嵌缝腻子填满抹平，修补打磨后贴嵌缝带

D. 接缝处次龙骨宽度不应小于 40mm

（2）轻质隔墙工程应对下列隐蔽工程项目进行验收（　　）。

A. 骨架隔墙中设备管线的安全及水管试压　　B. 木龙骨防火、防腐处理

C. 木龙骨的防虫处理　　D. 龙骨安装

3. 简单题

轻钢龙骨隔断的工艺流程是什么？

项目六　涂饰工程

在一般家庭装饰施工工艺中，涂料方面的支出只占整个装修费用的5%左右，却占整个装饰施工工艺面积的80%，100%决定着整体装饰的效果和居室环境，更是直接影响居住者的健康。本项目安排了认识涂料工程的材料与工具、涂饰工程施工流程、清漆工程施工流程三个任务。

■任务一　涂饰工程材料与工具

一、明确任务

教师给学生发放并讲解任务书（表1-6-1）。

表1-6-1　涂饰工程材料学习任务书

项目任务名称	认识涂饰工程材料	项目任务编号	1-6-1
项目组组长		项目组成员	
任务完成时间			
任务学习目标	1. 认知目标： （1）了解涂料工程材料的种类； （2）了解涂料工程材料的属性。 2. 技能目标： 能够根据实际进行涂料工程材料选择		
任务内容	1. 学习涂料工程材料种类，做好笔记； 2. 对材料进行分析，形成学习报告； 3. 进行学习成果展示与汇报		
项目完成验收点	1. 了解涂料种类及作用； 2. 了解各种涂料的特点		
完成项目任务情况分析与反思：			

组长签字		成员签字	

二、项目计划与决策

学生项目组根据项目任务书进行项目实施计划制订和进行具体实施。项目任务教学实施流程与步骤详见“附表3：项目任务实施计划书”。

三、认识涂饰工程材料

涂料（Paint），是指涂覆在物体表面并能形成装饰及保护作用的完整的漆膜，它还能与物体表面牢固黏合，防止外在的光、热、氧、化学物质的侵蚀，是目前市面上装饰施工工艺中一种特殊的主材。

四、认识涂料工程材料与工具

（一）涂料的分类

（1）按照涂饰的部位的不同，涂料主要分为墙漆、木器漆和金属漆。

① 墙漆包括内墙漆、外墙漆和顶面漆。它们主要是乳胶漆等。

② 木漆主要有硝基漆、聚氨酯漆等。

③ 金属漆主要是磁漆。

（2）按状态的不同，涂料可分为水性漆和油性漆。乳胶漆是主要的水性漆，而硝基漆、聚氨酯漆等多属于油性漆。

（3）按功能的不同，涂料可分为防水漆、防火漆、防霉漆、防虫漆，及具有多种功能的多功能漆等。

（4）按作用形态的不同，涂料可分为挥发性漆和不挥发性漆。

（5）按表面效果的不同，涂料可分为透明漆、半透明漆、不透明漆。

（二）内墙漆

1. 内墙漆的种类

内墙漆是以高分子的乳液为成膜物质的一种涂料，以合成树脂乳液为基料加入不同颜料、不同填料及各种助剂配制而成的一类水性涂料。其主要可分为水溶性漆和乳胶漆。内墙乳胶漆是室内墙面、顶棚的主要装饰材料之一，它的特点是装饰的效果好，施工更加方便，对环境的污染小、成本较低，应用广泛。一般装饰施工工艺中采用的是乳胶漆。乳胶漆即乳液性涂料，按照基材的不同，分为醋酸乙烯乳胶漆和丙烯酸乳胶漆两大类。

内墙乳胶漆的分类如下：

（1）醋酸乙烯乳胶漆

醋酸乙烯乳胶漆是由醋酸乙烯均聚乳液加入不同的颜料、不同的填料及各种助剂，经研磨或分散等工艺的处理而制成的一种乳液涂料。该涂料具有无毒、不燃、涂膜细腻、平滑、透气性好、价格适中等优点，但它的耐水性、耐碱性及耐候性不及其他共聚乳液，故适宜涂刷装饰工程的内墙，而不宜作为外墙涂料使用。

（2）丙烯酸乳胶漆

丙烯酸乳胶漆一般由丙烯酸乳液，配以不同的颜料、填料、水及各种助剂制得的乳胶漆。丙烯酸乳胶漆性能优异并且全面，性能可调整性好，无有机溶剂释放等优点，它有较高的原始光泽，优良的保光、保色性及户外耐久性，良好的抗污性、耐碱性及擦洗性，可制成有光、亮光、高光等各种内、外用乳胶涂料。丙烯酸乳胶漆成本适中，应用非常广泛，是发展十分迅速的一类涂料产品，通常被用作高档外墙涂料，可调多种颜色，需要哪种颜色都可由厂家调制，可根据整体家居风格定位选购。

① 亚光漆：该漆无毒、无味，有较高的遮盖力、良好的耐洗刷性，附着力强、耐碱性好，安全环保施工方便，流平性好，适用于工矿企业、机关学校、安居工程、民用住房。

② 亮光漆：地板漆用得比较多。

③ 丝光漆：涂膜平整光滑、质感细腻、具有丝绸光泽、高遮盖力、强附着力、极佳的抗菌及防霉性能，优良的耐水耐碱性能，涂膜可洗刷，光泽持久，适用于医院、学校、宾馆、饭店、住宅楼、写字楼、民用住宅等。

④ 有光漆：色泽纯正、光泽柔和、漆膜坚韧、附着力强、干燥快、防霉耐水，耐候性好、遮盖力高，是各种内墙漆首选之品。

⑤ 高光漆：具有超高的遮盖力，坚固美观，光亮如瓷，有很高的附着力，高防霉抗菌性能，耐洗刷、涂膜耐久且不易剥落，坚韧牢固，是高档豪华宾馆、寺庙、公寓、住宅楼、写字楼等的理想内墙装饰材料。

2. 内墙漆的特点

（1）色彩感丰富，质感细腻

内墙的装饰效果主要由质感、线条和色彩三个因素构成。采用涂料装饰以色彩为主（图 1-6-1）。内墙涂料的颜色一般应突出浅淡和明亮，由于众多居住者对颜色的喜爱不同，因此要求建筑内墙涂料的色彩丰富多彩。

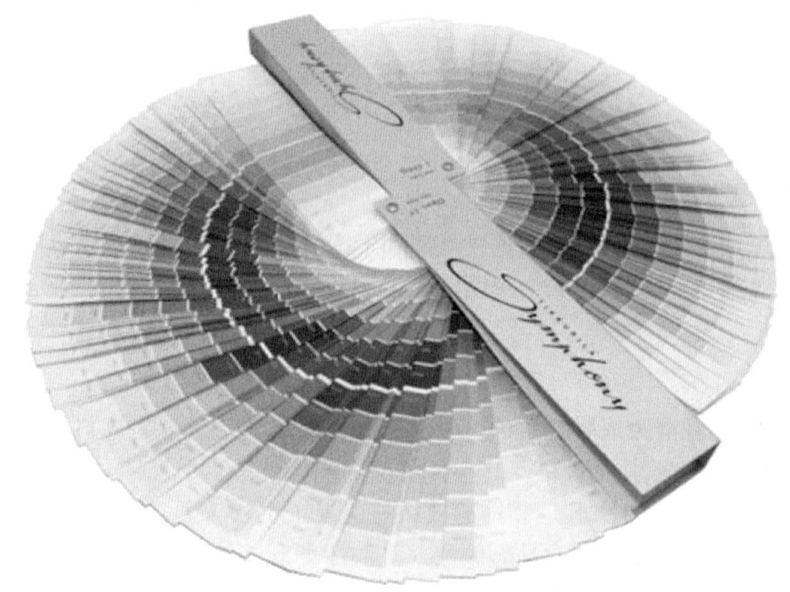

图 1-6-1　内墙漆的不同颜色

（2）耐碱性、耐水性、耐粉化性良好，且透气性好

由于墙面基层是碱性的，因而涂料的耐碱性要好。室内湿度一般比室外要高，同时为了清洁方便，要求涂层有一定的耐水性及刷洗性。透气性不好的墙面材料易结露或挂水，使人产生不适感，因而内墙涂料应有一定的透气性。

（3）环保

内墙漆基本是由水、颜料、乳液、填充剂和各种助剂组成的，这些原材料均不含毒性，符合当今环保、时尚的装饰施工工艺理念。

（三）硅藻泥

硅藻泥（图 1-6-2）是以一种生活在海洋、湖泊中的藻类经过亿万年形成的硅藻矿物（硅藻土）为主要原料的内墙环保装饰材料。它具有环保、美观、大量喷水后不花色，不流泥，用手掌轻按，就形成有天然泥的效果。该材料遇火不燃、遇水吸收、无味无害、降噪吸声、隔热保温、色彩柔和等优点。

硅藻泥适合用在家装（客厅、卧室、书房、婴儿房、顶棚）、幼儿园、医院、疗养院、主题俱乐部、高档饭店、度假酒店、写字楼、餐厅等的装饰中，根据工艺及品质的不同，其价格也会有所不同。

图 1-6-2　硅藻泥

（四）外墙漆

外墙漆基本的性能与内墙漆差不多。但众所周知，外墙漆涂刷在建筑物外表面，对于抗紫外线照射有很高的要求和指标，它必须经受长时间阳光照射而不褪色，漆膜较硬，抗水能力要更强，也可用于洗手间等高潮湿的地方。外墙乳胶漆可以内用，但不要尝试将内墙乳胶漆外用。

1. 外墙漆的种类

外墙涂料的种类很多，可以分为强力抗酸碱外墙涂料、纯丙烯酸弹性外墙涂料、有机硅自洁弹性外墙涂料、高级丙烯酸外墙涂料、氟碳涂料、低碳系列涂料等。

2. 外墙漆的特点

（1）装饰性能好。外墙涂料色彩丰富多样，保色性好，能较长时间保持良好的装饰性。

（2）耐水性好。外墙面暴露在大气中，经常受到雨水的冲刷，因而作为外墙涂料更应具有很好的耐水性。某些防水型外墙涂料的抗水性能更佳，当基层墙面发生小裂缝时，涂层仍有防水的功能，也很容易对其进行清洗。

（3）耐污损性好。大气中的灰尘及其他物质污损涂层后，涂层会失去其装饰效能，因而要求外墙装饰层不易被这些物质污损或污损后容易清除。

（4）耐候性好。暴露在大气中的涂层，要经受日光、雨水、风沙、冷热变化的作用。在这类因素反复作用下，一般的涂层会发生开裂、剥落、脱粉、变色等现象，使涂层失去原有的装饰和保护功能。作为外墙装饰的涂层要求在规定的年限内不发生上述破坏现象，即有良好的耐候性。此外，外墙涂料应施工及维修方便、价格合理等。

合成树脂乳液外墙涂料的技术指标见表 1-6-2。

表 1-6-2　合成树脂乳液外墙涂料的技术指标

项目	指示		
	优等品	一等品	合格品
容器中状态	无硬块，搅拌后呈均匀状态		
施工性	涂刷两道无障碍		
低温稳定性	不变质		
干燥时间（表干）（h）	≤2		

续表

项目	指示		
	优等品	一等品	合格品
涂膜外观	正常		
对比率（白色和浅色）	≥0.93	≥0.90	≥0.87
耐水性	96h 无异常		
耐碱性	48h 无异常		
耐洗刷性（次）	≥2000	≥1000	≥500

（五）木器漆

根据溶水性的不同，木器漆可分为水性漆和油性漆（简称涂饰）；根据使用层次，木器漆可分为底漆和面漆；根据光泽，木器漆可分为高光、半亚光、亚光；按其用途，木器漆可分为家具漆、地板漆；根据性质，木器漆可分为单组分、双组分和三组分等。

下面从水性漆和油性漆两个方面介绍木器漆。

1. 水性漆（图 1-6-3）

（1）水性漆的分类

① 以丙烯酸为主要成分的水性木器漆

采用丙烯酸乳液为主要的成分，适宜做水性木器底漆、亚光面漆。该产品主要特点是附着力好，不会加深木器的颜色，让木器保持原有的本色，但耐磨性及抗化学性较差，由于光泽度差所以无法制作高光度的漆，而且硬度也一般、成膜性较差。因其成本较低且技术含量不高，成为市场上的入门级产品。

图 1-6-3　水性漆

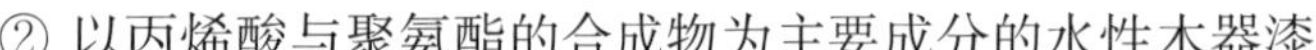
② 以丙烯酸与聚氨酯的合成物为主要成分的水性木器漆

其产品除了秉承丙烯酸漆的特点外，又增加了耐磨性及抗化学性强的特点（前两类多用于门、窗及家具的涂饰）。这种木器漆兼具了上述两类的优点，成本比较适中，可以自交联也可用于双组分体系，具有硬度好、干燥快、耐磨、耐化学性能好、黄变程度低或不变黄等特性，适合于做亮亚光漆、底漆、户外漆等。

③ 聚氨酯水性木器漆

聚氨酯水性木器漆的耐磨性能甚至达到油性漆的几倍，为水性漆中的高级产品。其成分包括芳香族和脂肪族聚氨酯分散体，采用脂肪族聚氨酯分散体为主要成分的水性木器漆，产品耐黄变性优异，更适于户外。它们的成膜性能都较好，自交联光泽较高、耐磨性好、不容易产生气泡和缩孔。但硬度一般，价格较高，适合于做亮光面漆、地板漆等。

④ 采用水性双组分聚氨酯为主要成分的水性木器漆

该产品是采用双组分的：其中一组分是带—OH 的聚氨酯水性分散体；另一组分是水性固化剂，主要是脂肪族的。此两组分通过混合施工，产生交联反应，可以显著提高水性木器漆的耐水性、硬度、漆膜丰满度、光泽度，综合性能较好，具有较高的抗黄变性能，尤其适合于户外涂装。但是该产品在施工上较为复杂，需要专业人员指导。

（2）水性漆的优缺点

① 水溶性涂料，无毒环保，不含苯类等有害溶剂，对降低污染，节省资源效果显著，附着力强。

② 施工简单方便，不易出现气泡、颗粒等油性漆常见毛病，且漆膜手感好。

③ 固体含量高，漆膜丰满。

④ 不黄变，耐水性、耐腐蚀性优良，耐盐雾性最高，并且不燃烧。

⑤ 可与乳胶漆等其他涂饰同时施工。

⑥ 部分水性漆的硬度不高，容易出划痕，这一点在选择时要特别注意。

2. 油性漆（图 1-6-4）

图 1-6-4　油性漆

(1) 油性漆的分类

① 大漆，又称天然漆，有生、熟漆之分。生漆有毒，漆膜粗糙，很少直接使用，经加工成熟漆或改性后制成各种精制漆。熟漆适于在潮湿环境中干燥，所生成漆膜光泽好、坚韧、稳定性高，耐酸性强，但干燥慢。经改性的快干推光漆、提光漆等毒性低、漆膜坚韧，可喷可刷，使用方便，耐酸、耐水，耐腐蚀，适于高级涂装。

② 清油，又名熟油、调漆油。可作为原漆和防锈漆调配时使用的油料，也可单独使用。有的清油（调薄厚漆与红丹）可单独涂于木材或金属防锈防腐。加入适量颜料可配成带色清油。

③ 厚漆，又称铅油。它是颜料与土性油混合研磨而成的，需要加油、溶剂等稀释后才能使用，被广泛用于面层的打底，也可单独作为面层涂饰。厚漆适用于要求不高的建筑物及木质打底漆，水管接头的填充材料。

④ 调合漆，又称调和漆。它是最常用的一种涂饰。质地较软，均匀，稀稠适度，耐腐蚀，耐晒，长久不裂，遮盖力强，耐久性好，施工方便。它分油性调和漆和磁性调和漆两种，后者现名多丹调和漆。在室内适宜于磁性调和漆，这种调和漆比油性调和漆好，漆膜较硬，光亮平滑，但耐候性较油性调和漆差。

⑤ 清漆，清漆又分为油基清漆和树脂清漆两大类，前者俗称“凡立水”，后者俗称“泡立水”，是一种不含颜料的透明涂料。树脂清漆采用的树脂主要是聚酯树脂、聚氨酯、丙烯酸树脂等。

⑥ 磁漆，是以清漆为基料，加入颜料研磨制成的，涂层干燥后呈磁光色彩而涂膜坚硬，常用的有酚醛磁漆和醇酸磁漆两类，适合于金属窗纱网格等。

⑦ 防锈漆。防锈漆有锌黄、铁红环氧树脂底漆，漆膜坚韧耐久，附着力好，若与乙烯磷化底漆配合使用，可提高耐热性，抗盐雾性，适用沿海地区及温热带的金属材料打底。

(2) 油性漆的特点

优点是易于生产、价格低、涂刷性好、涂膜柔韧，渗透性好。

缺点是干燥慢，涂膜物化性能较差，现大多已被性能优良的合成树脂漆所取代。

（3）油性漆与水性漆的区别

① 环保性。从环保的角度来看，水性漆较油性漆（溶剂型木器漆）有天然的优势。理论上说，VOC 含量越低环保性越高，但 VOC 的低含量对油性漆的耐磨性、硬度、抗划伤性都有影响，上述指标也一直是水性漆在技术上需要攻克的问题。如何做到既环保又高质量，是当下各大涂料生产企业技术攻关的焦点问题。

② 性价比。水性漆在干燥时间、硬度、饱满度等性能上的技术要求比较高，制造工艺相对复杂，并且需要大型的生产设备才能生产出性能比较稳定的产品，生产成本相对较高。这也是同等档次的水性漆价格远高于油性漆的原因。据了解，目前市场上的中端产品中，油性漆是 300 元左右/桶，包括固化剂、稀料、涂饰，共 5kg 左右；水性漆 500 元左右/桶，每桶 18L。

③ 耐磨度。水性木器漆在硬度、丰满度、耐老化性等装饰效果上远不如油性木器漆，对家居环境要求高的消费者三五年后甚至可能重新装修。由于一般的水性漆耐磨度不高，大部分消费者选择只在墙面部分使用水性漆，门窗家具等经常擦洗的部件则使用油性漆。

总体来说，水性漆除价格稍高以外，无论从施工和环保方面都是不错的选择。

（六）防火漆

防火漆（图 1-6-5）是由成膜剂、阻燃剂、发泡剂等多种材料制造而成的一种阻燃涂料。防火漆可以有效延长可燃材料的引燃时间，还可以阻止非可燃结构材料（如钢材）表面温度升高而引起强度急剧丧失，阻止或延缓火焰的蔓延和扩展，使人们争取到灭火和疏散的宝贵时间。

根据防火原理，防火漆可分为非膨胀型和膨胀型两种。非膨胀型防火漆由不燃性或难燃性合成树脂、难燃剂和防火填料所组成，其涂层不易燃烧。膨胀型防火漆在上述配方基础上加入成碳剂、脱水成碳催化剂、发泡剂等成分制成，在高温和火焰作用下，这些成分迅速膨胀形成比原涂料厚几十倍的泡沫状碳化层，从而阻止高温对基材的传导作用，使基材表面温度降低。

（七）涂饰工程工具分类

涂饰工程机具包括：

1. 机具类

操作架子、手动打磨机、地面抹平机、手压泵、空气压缩机、高压无气喷涂机（含配套设备）（图 1-6-6）、手持式电动搅拌器、电动弹涂器及配套设备等。

图 1-6-5　防火漆

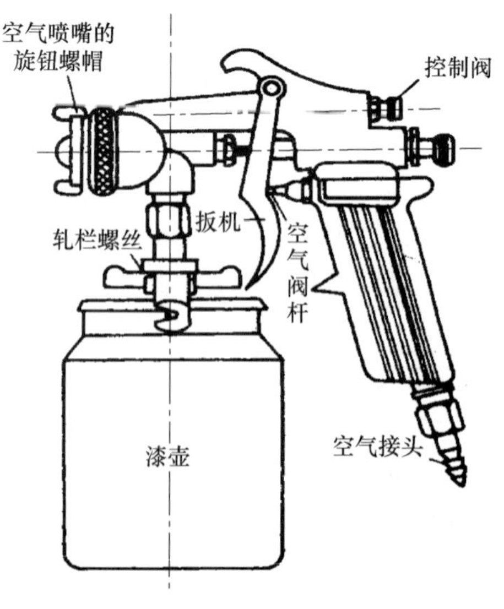

图 1-6-6　涂料喷枪

2. 工具类

涂饰工程机具包括油刷、腻子槽、排笔、棕刷、开刀、牛角板、辊筒（图 1-6-7）、带齿镘刀、砂纸、腻子托板、油刷（图 1-6-8）、油画笔、毛笔、砂布、腻子板、塑料抹子、钢皮刮板、油桶、水桶、大浆桶、小浆桶、油勺、擦布、棉丝、小锤子、小色碟、喷斗、喷枪、高压胶管、长毛绒辊、压花辊、印花辊、硬质塑料、橡胶辊、不锈钢抹子、托灰板、铜丝箩、纱箩、高凳、脚手板、安全带、钢丝钳子、指套、砂纸、砂布、小铁锹、小笤帚等。

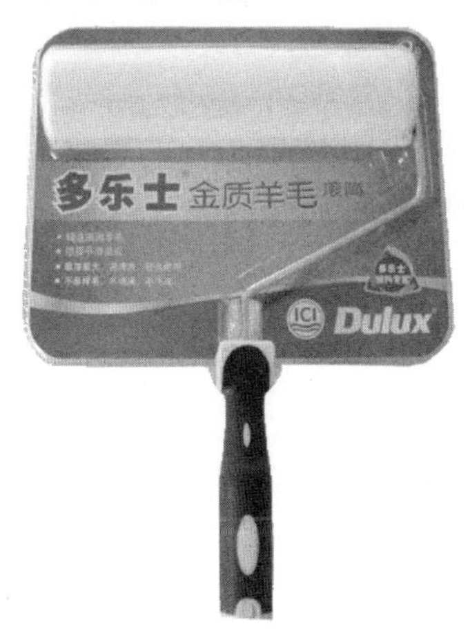

图 1-6-7　辊筒

图 1-6-8　油刷

五、知识拓展

如何选购涂料？

六、职业技能训练

1. 选择题

（1）对涂料的性质起决定性作用的是（　　）。

A. 颜料　　B. 助剂　　C. 成膜物质　　D. 溶剂

（2）（　　）是主要的水性漆。

A. 硝基漆　　B. 聚氨酯漆　　C. 乳胶漆　　D. 煤焦油

（3）外墙漆主要可分为（　　）。

A. 强力抗酸碱外墙涂料　　B. 纯丙烯酸弹性外墙涂料

C. 有机硅自洁弹性外墙涂料　　D. 高级丙烯酸外墙涂料

2. 简答题

（1）简述涂料的分类。

（2）简述水性漆的类别。

（3）简述硅藻泥的优缺点。

（4）分析水性漆和油性漆的异同点。

■任务二　涂饰工程施工流程

一、明确任务

教师给学生发放并讲解任务书（表 1-6-3）。

表 1-6-3　涂饰工程材料学习任务书

项目任务名称	涂饰工程施工	项目任务编号	1-6-2
项目组组长		项目组成员	
任务完成时间			
任务学习目标	1. 认知目标： （1）了解墙体刮瓷施工工艺流程； （2）了解墙体刮瓷施工工艺要求及国家标准； （3）了解墙体刮瓷施工工程的工艺流程及施工要求和原则 2. 技能目标： 具备墙体刮瓷施工的能力		
任务内容	1. 了解并学习墙体刮瓷施工工艺工程原则； 2. 了解并学习墙体刮瓷施工工艺的流程		
完成考核点	完成墙体刮瓷施工工艺		
完成项目任务情况分析与反思：			
组长签字		成员签字	

二、项目计划与决策

学生项目组根据项目任务书进行项目实施计划制订和进行具体实施。项目任务教学实施流程与步骤详见“附表 3：项目任务实施计划书”。

三、墙体刮瓷施工工艺实施流程

墙体刮瓷施工工艺实施流程如图 1-6-9 所示。

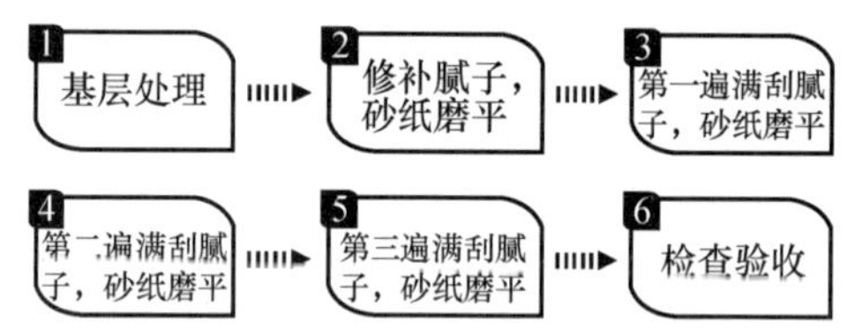

图 1-6-9　墙体刮瓷施工工艺实施流程

1. 基层处理

将墙面等基层上起皮、松动及鼓包等部位清除凿平，将残留在基层表面上的灰尘、污垢、溅沫和砂浆流痕等杂物清除扫净。对砂浆基层，要仔细检查是否存在空鼓及裂缝现象，然后用 1∶0.5∶3 水泥石灰膏砂浆分遍抹平。基层要求含水率在 8%以下，如无条件测试可用手进行估测，潮气太大不能施工，必须待干后方可施工；对墙面的阴阳角、窗洞口的收口部位特别是阴阳角检查完成后要进行交接验收；进行作业的所有门窗等采用塑料布以及其他方式进行防护，避免污染。

2. 修补腻子，砂纸磨平

用水石膏将墙面基层上磕碰的坑凹、缝隙、损处、麻面、风裂、接槎缝隙等分别找平补好，干燥后用砂纸将凸出处磨平。

3. 第一遍满刮腻子，砂纸磨平

刮腻子遍数可由墙面平整程度决定，一般情况为三遍，第一遍腻子用胶皮刮板横向满刮（图 1-6-10），一刮板紧接一刮板，接头处不得留槎，每一刮板最后收头时，要注意收得干净利落，并且将阴阳角处修整方正。

干燥后用 1 号砂纸打磨平整，将浮腻子及斑迹磨平磨光，再将墙面清扫干净。

4. 第二遍满刮腻子，砂纸磨平

第二遍腻子用胶皮刮板竖向满刮（图 1-6-11），修整墙面的垂直度和平整度。腻子干燥后，找补阴阳角及凹坑处，令阴阳角顺直，用 1 号砂纸磨将浮腻子及斑迹磨平磨光最后用胶皮刮板横向满刮，再将墙面扫干净。

图 1-6-10　第一遍满刮腻子

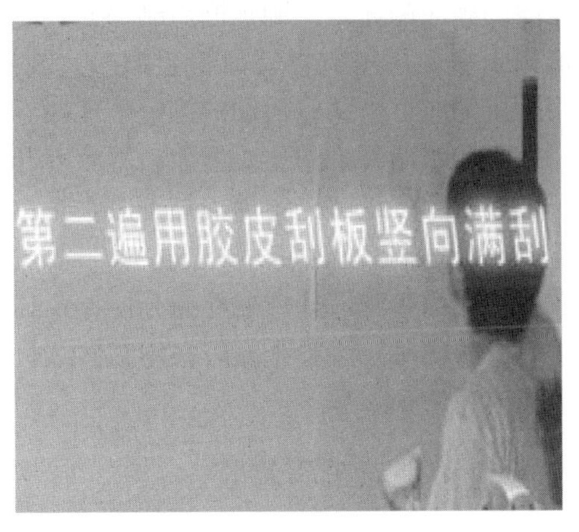

图 1-6-11　第二遍满刮腻子

5. 第三遍满刮腻子，砂纸磨平

第三遍腻子大面积用钢片刮板满刮腻子，墙面等基层部位刮平刮光干燥后，用细砂纸磨平磨光，注意不要漏磨或将腻子磨穿，阴角要直，阳角要方，墙面、顶棚要刮平刮光。

由于乳胶漆膜干燥较快，应连续迅速操作，涂刷时从一头开始，逐渐刷向另一头，要上下互相衔接，后一排笔紧接前一排笔，避免出现干燥后接头。

6. 检查验收

对完成后的墙面涂料进行的检查，重点阴阳角及门窗口无误后报验收（表 1-6-4）。

表 1-6-4　薄涂工程检验表

项次	项目	质量标准		检验方法
1	掉粉、起皮	不允许		观察、手摸检查
2	返碱、咬色	不允许		观察检查
3	漏刷、透底	合格	无明显透底	观察检查
		优良	不允许	
4	流坠、疙瘩	合格	明显处无流坠、疙瘩	观察、手摸检查
		优良	无	
5	颜色、刷纹	合格	颜色一致，砂眼、刷纹不明显	观察检查
		优良	颜色一致，无砂眼、刷纹	
6	装饰线分色线平直	合格	偏差不大于 2mm	拉 5m 线（不足 5m 拉通线）用尺量检查
		优良	偏差不大于 1mm	
7	门窗、玻璃灯具等	合格	门窗洁净，玻璃、灯具基本洁净	观察检查
		优良	全部洁净	

四、乳胶漆施工工程实施流程

在做好满刮腻子三遍找平后，需进行乳胶漆工程，流程如图 1-6-12 所示。

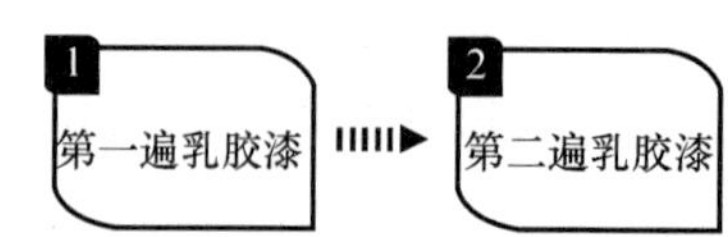

图 1-6-12 乳胶漆施工工艺实施流程

1. 第一遍乳胶漆（图 1-6-13）

乳胶漆的施涂顺序是先刷顶棚后刷墙面，刷墙面时应先上后下。先将墙面清扫干净，再用布将墙面粉尘擦净。乳液薄涂料一般用排笔涂刷，使用新排笔时，注意将活动的排笔毛理掉。乳液薄涂料使用前应搅拌均匀，适当加水稀释，防止头遍涂料施涂不开。干燥后复补腻子，待复补腻子干燥后用砂纸磨光，并清扫干净。

2. 第二遍乳胶漆

操作要求同第一遍，使用前要充分搅拌，如不太稠，不宜加水或尽量少加水。以防露底。漆膜干燥后，用细砂纸将墙面小疙瘩和排笔毛打磨掉，磨光滑后清扫干净。

图 1-6-13 乳胶漆施工

五、检查调整与工程验收

学生项目组根据施工的流程进行施工项目检查。如发现问题及时进行调整。检查所有都没有问题后才能进行工程验收（表 1-6-5）。

表 1-6-5 涂饰工程验收表

验收标准	是否合格	
	是	否
涂料是否是预算上所标注的品牌	□	□
刷涂前整体卫生是否彻底打扫干净	□	□
涂饰表面是否平整光滑	□	□
涂饰表面有无流坠	□	□
油源色泽是否均匀	□	□
漆膜是否丰满，厚度是否均匀	□	□
涂饰是否污染其他成品	□	□
乳胶漆与涂饰接口、分色线是否清楚	□	□
涂饰是否污染地砖、开关等成品	□	□
是否按公司要求两底两面	□	□
完工后甲方是否验收	□	□
施工组长和现场负责人验收房内设施是否完整并交付下一工程	□	□
卫生是否清理退场	□	□
面漆≥两遍	□	□
刷涂时周边是否粘贴纸胶带	□	□

六、知识拓展

1. 环保型涂饰。
2. 涂漆的方法。

七、职业技能训练

1. 选择题

(1) 刮瓷时，需要满刮腻子两遍。第一遍刮完后，需用粗砂纸打磨平，第二遍刮完后，需用(　　)打磨平。

A. 粗砂纸　　B. 细砂纸　　C. 粗细砂纸交替　　D. 以上都不对

(2) 滚涂顺序一般为(　　)，先远后近，先边角棱角、小面后大面。

A. 从上到下，从左到右　　B. 从下到上，从左到右

C. 从下到上，从右到左　　D. 从上到下，从右到左

(3) 第一遍中层涂料施工后，一般需干燥(　　)h 以上，才能进行下道磨光施工工艺。

A. 1　　B. 2　　C. 3　　D. 4

2. 简答题

(1) 简述墙体刮瓷的施工流程。

(2) 简述刮瓷的注意事项。

3. 实训题

刮过瓷的老房子，要重新进行装修，应怎样处理?

■任务三　清漆工程施工流程

一、明确任务

教师给学生发放并讲解任务书(表 1-6-6)。

表 1-6-6　清漆工程材料学习任务书

项目任务名称	清漆工程施工工艺	项目任务编号	1-6-3
项目组组长		项目组成员	
任务完成时间			
任务学习目标	1. 认知目标： (1) 了解清漆施工工艺流程； (2) 了解清漆施工工艺要求及国家标准； (3) 了解清漆施工工程的工艺流程及施工要求和原则。 2. 技能目标： 具备清漆施工的能力		
任务内容	1. 了解并学习清漆施工工程原则； 2. 了解并学习清漆施工工程的工艺流程		
完成考核点	完成清漆施工工艺		
完成项目任务情况分析与反思：			
组长签字		成员签字	

二、项目计划与决策

学生项目组根据项目任务书进行项目实施计划制订和进行具体实施。项目任务教学实施流程与步骤详见“附表 3：项目任务实施计划书”。

三、清漆施工工程施工

（一）涂饰工程之清漆施工工艺流程

清漆施工工艺实施流程如图 1-6-14 所示。

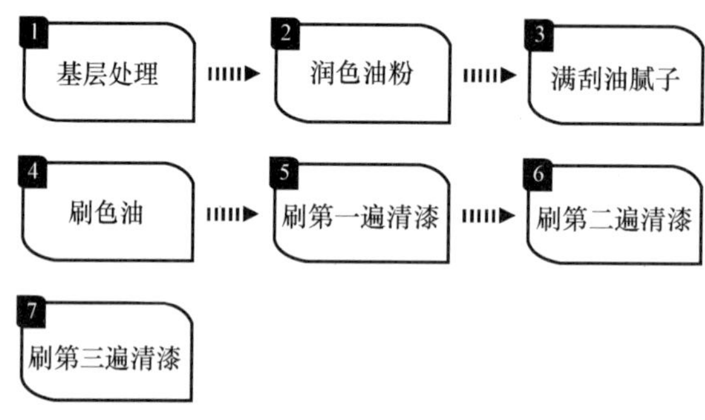

图 1-6-14　清漆施工工艺实施流程

1. 基层处理（图 1-6-15）

首先将需要处理的木质材料基层面上的灰尘、油污、斑点、污迹、胶迹等用刮刀或碎玻璃片清除干净。注意不要刮破抹灰墙面，也不要刮出毛刺。然后用 1～1.5 号的砂纸顺木纹细细打磨，先磨线角，后磨四口平面，砂纸打磨既要打磨光滑又不能磨穿油底、磨损棱角。有些木质基层有小块活翘皮时，可用小刀撕掉。表面上的缝隙、节疤和脂囊修整后用腻子填补。重皮的地方应用小钉子钉牢固，如重皮较大或有烤糊印疤，应由木工修补。

图 1-6-15　基层处理

2. 润色油粉

用质量比为熟桐油 2，松香水 16，大白粉 24 等混合搅拌成色油粉（颜色同样板颜色），盛在小油桶内。用棉丝蘸油粉反复涂于木料表面，擦过木料鬃眼内，而后用麻布或棉丝擦净，线角应用竹片除去余粉。要注意墙面及五金上不得沾染油粉。待油粉干后，用 1 号砂纸轻轻顺木纹打磨，先磨线角、裁口，后磨四口平面，直到光滑为止。注意保护棱角，不要将鬃眼内油粉磨掉。磨光后用潮湿的布将磨下的粉末、灰尘擦净。

3. 满刮油腻子（图 1-6-16）

抹腻子的质量配合比为石膏粉 20，熟桐油 7，水 50，并加颜料调成油色腻子（颜色浅于样板 1～2 色）。要注意腻子油性不可过大或过小，如油性大，刷时不易浸入木质；如油性小，则易浸入木质，油色不易均匀，颜色不能一致。用开刀或牛角板将腻子刮入钉孔、裂纹、鬃眼。刮抹时要横抹竖起，如遇接缝或节疤较大时，应用开刀、牛角板将腻子挤入缝内，然后抹平。腻子一定要刮光，不留腻子。待腻子干透后，用 1 号砂纸轻轻顺木纹打磨，先磨线角、裁口，后磨四口平面，注意保护棱角，来回打磨至光滑为止。磨完后用潮湿的布将磨下的粉末擦净。

图 1-6-16　木基层的刮腻子、砂纸打磨效果

4. 刷色油（图 1-6-17）

图 1-6-17　刷色油

先将铅油（或调和漆）、汽油、光油、清油等混合在一起过箩（颜色同样板颜色），然后倒入小油桶，使用时经常搅拌，以免沉淀造成颜色不一致。刷色油时，应从外至内，从左至右，从上至下进行，顺着木纹涂刷。刷门窗框时不得污染墙面，刷到接头处要轻柔，达到颜色一致即可。因色油干燥较快，所以刷色油时动作应敏捷，要求横平竖直，避免刷出绺。刷木门时，先刷亮子后刷门框、门扇背面，刷完后用木楔将门扇固定，最后刷门扇正面；全部刷好后，检查是否有漏刷，小五金上沾染的油色要及时擦净。

色油涂刷后，要求木材色泽一致，而又不盖住木纹，所以每一个刷面一定要一次刷好，不留接头，两个刷面交接处不要互相沾油，沾油后要及时擦掉，达到颜色一致。

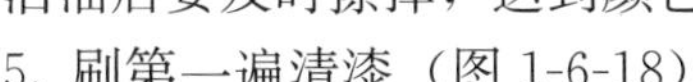

5. 刷第一遍清漆（图 1-6-18）

（1）刷清漆

刷法与刷色油相同，应加入一定量的稀料稀释漆液，以便于漆膜快干。因清漆黏性较大，最好使用已用出刷口的旧刷子，操作时顺木纹涂刷，刷时要注意不流不坠，涂刷均匀。待清漆完全干透后，用 1～1.5 号或旧砂纸将漆膜上的光亮部彻底打磨一遍，磨后用潮湿的布或棉丝擦净，以便增加与后漆的粘结强度。

（2）修补腻子

一般要求刷油色后不抹腻子，特殊情况下，可以使用油性略大的带色石膏腻子，修补残缺不全之处，操作时必须使用牛角板刮抹，不得损伤漆膜，腻子要收刮干净，光滑无腻子疤（有腻子疤必须点漆片处理）。

（3）修色

木料表面上的黑斑、节疤、腻子疤和材色不一致处，应用漆片、酒精加色调配（颜色同样板颜色），或由浅到深用清漆调和漆和稀释剂调配，进行修色；材色深的应修浅，浅的提深，将深浅色的木料拼成一色，并绘出木纹。

图 1-6-18 刷第一遍清漆

（4）磨砂纸

使用细砂纸轻轻打磨，然后用潮湿的布擦净粉末。

6. 刷第二遍清漆

应使用原桶清漆不加稀释剂，刷油操作同前，但刷油动作要敏捷，多刷多理，清漆涂刷得饱满一致，不流不坠，光亮均匀，刷完后再仔细检查一遍，有毛病要及时纠正。刷此遍清漆时，周围环境要整洁，宜暂时禁止通行。

7. 刷第三遍清漆

待第二遍清漆干透后，首先要进行磨光，然后用潮湿的布擦干净，最后刷第三遍清漆；刷法同前。

（二）应注意的问题

（1）漏刷：漏刷一般多发生在门的上、下冒头和靠合页小面以及门框、压缝条的上、下端部和衣柜门框的内侧等。其主要原因是内门扇安装时油工与木工不配合，故往往下冒头未刷涂饰就把门扇安装了，管理不到位，往往有少刷一遍油的现象。其他漏刷问题主要是操作者不认真所致。

（2）缺腻子、缺砂纸：一般多发生在合页槽、上中下冒头、榫头和钉孔、裂缝、节疤以及边棱残缺处等。主要原因是操作未认真按照工艺规程去操作。

（3）流坠、裹棱：产生的主要原因有二，一是由于漆料太稀、漆膜太厚或环境温度高，涂饰干燥慢等都易造成流坠、裹棱；二是由于操作顺序和手法不当，尤其是门边棱分色处，如一旦油量大和操作不注意就往往造成流坠、裹棱。

（4）刷纹明显：主要是油刷子小或油刷未泡开，刷毛发硬所致。应用相应合适的刷子并把油刷用稀料泡软后使用。

（5）粗糙：主要原因是基层不干净，涂饰内有杂质或尘土飞扬时施工，造成涂饰表面发生粗糙现象。应注意用湿布擦净，涂料要过箩，严禁刷油时清扫或刮大风时刷油。

（6）皱皮：主要是漆质不好、兑配不均匀、溶剂挥发快或催干剂过多等原因造成。

（7）五金污染：防止五金污染除了操作要细，还宜将拉手、门锁、插销等五金件漆后再装（但要事先把位置和门锁孔眼钻好），确保五金件洁净美观。

（三）检查调整与工程验收

学生项目组根据施工的流程进行施工项目检查。如发现问题及时进行调整。检查所有都没有问题后才能进行工程验收（表 1-6-7）。

表 1-6-7　工程质量标准

<table>
<tr><th>项次</th><th>项目</th><th colspan="2">质量标准</th><th>检验方法</th></tr>
<tr><td>1</td><td>漏刷、脱皮、斑迹</td><td colspan="2">不允许</td><td>观察检查</td></tr>
<tr><td rowspan="2">2</td><td rowspan="2">裹棱、流坠、皱皮</td><td>合格</td><td>大面无，小面明显处无</td><td rowspan="2">观察检查</td></tr>
<tr><td>优良</td><td>无</td></tr>
<tr><td rowspan="2">3</td><td rowspan="2">颜色、刷纹</td><td>合格</td><td>颜色一致，刷纹大面无，小面明显处无</td><td rowspan="2">观察检查</td></tr>
<tr><td>优良</td><td>颜色一致，无刷纹</td></tr>
<tr><td rowspan="2">4</td><td rowspan="2">木纹</td><td>合格</td><td>鬃眼刮平，木纹清楚</td><td rowspan="2">观察检查</td></tr>
<tr><td>优良</td><td>鬃眼刮平，木纹较清楚</td></tr>
<tr><td rowspan="2">5</td><td rowspan="2">光亮、光滑</td><td>合格</td><td>光亮均匀，光滑无挡手感</td><td rowspan="2">观察、手摸检查</td></tr>
<tr><td>优良</td><td>光亮柔和，光滑无挡手感</td></tr>
<tr><td rowspan="2">6</td><td rowspan="2">装饰线颜色、木纹</td><td>合格</td><td>装饰线颜色均匀，木纹清楚</td><td rowspan="2">观察检查</td></tr>
<tr><td>优良</td><td>装饰线颜色均匀一致，木纹清晰，洁净无积油</td></tr>
<tr><td rowspan="2">7</td><td rowspan="2">门窗、五金玻璃等</td><td>合格</td><td>门窗洁净，五金无污染，玻璃等基本洁净</td><td rowspan="2">观察检查</td></tr>
<tr><td>优良</td><td>全部洁净</td></tr>
</table>

四、知识拓展

清漆的优缺点。

五、职业技能训练

1. 选择题

（1）涂刷清油时，应依照（　　）的顺序施工。

A. 先上后下、先难后易、先左后右、先里后外

B. 先下后上、先易后难、先左后右、先里后外

C. 先下后上、先易后难、先右后左、先外后里

D. 先上后下、先易后难、先左后右、先里后外

（2）（　　）是涂刷清漆的首要工序。

A. 打磨基层　　B. 上润油粉　　C. 涂刷清油　　D. 以上都不对

（3）混油涂刷基层处理时，除清理基层的杂物外，还应进行局部的（　　）。

A. 上润油粉　　B. 涂干性油　　C. 腻子嵌补　　D. 以上都不对

2. 简答题

（1）简述清漆施工工艺流程。

（2）简述混色涂饰施工工艺流程。

（3）在涂饰施工工程中，如何做好通风工作？

3. 实训题

依据涂饰工程施工工艺，为旧木质家具重新涂漆。

中篇

建筑装饰之成品设备安装工程

项目一　成品竹木地板安装工程

在室内设计中，成品竹木地板安装已经成为绝大部分人的选择，学习成品竹木地板安装知识必不可少，本项目分为四个任务讲解。

任务一主要认识各种竹木地板工程材料与工具，任务二主要是了解竹木地板工程结构，如实木地板结构、强化地板结构等，任务三主要是根据室内地面铺装来设计竹木地板工程施工流程，如实木地板、强化地板工艺流程等，任务四是让学生到实训室进行竹木地板工程实训。

■ 任务一　竹木地板工程材料

一、计划决策

学生项目组根据项目任务书进行项目实施计划制订和进行决策（表 2-1-1）。

表 2-1-1　项目实施任务书

项目任务名称	竹木地板工程材料	项目任务编号	2-1-1
项目组组长		项目组成员	
任务完成时间			
任务学习目标	认知目标： 1. 了解竹木地板种类及其属性； 2. 了解竹木地板安装工程施工所需设备及其设备相关知识		
任务内容	1. 到建材市场进行材料市场调研； 2. 收集整理并汇总资料； 3. 对调研材料与工具进行分析，并形成调研报告		
项目完成验收点	1. 提交调研计划和进度表各一份； 2. 每名成员提交《建材市场调研表》一份		
完成项目任务情况分析与反思：			
组长签字		成员签字	

二、项目计划与决策

学生项目组根据项目任务书进行项目实施计划制订和进行具体实施。项目任务教学实施流程与步骤详见“附表 3：项目任务实施计划书”。

三、项目教学实施流程与步骤

确定各自在小组中的分工以及小组成员合作的形式，按照已确立的实施步骤进行实际的学习。本任务就是了解竹木地板工程材料与工具并掌握使用方法。

项目教学实施流程如下：

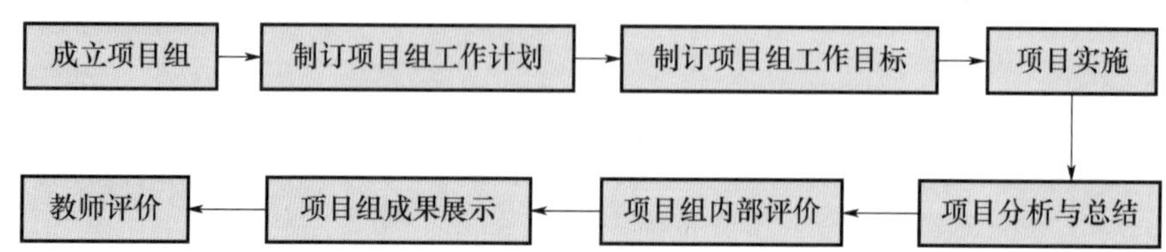

四、竹木地板材料

（一）竹地板

竹地板是一种新型建筑装饰材料，它以天然优质竹子为原料，经过 20 多道工序，脱去竹子原浆汁，经高温高压拼压，再经过多层油漆，最后烘干而成。竹地板以其天然赋予的优势和成型之后的诸多优良性能给建材市场带来一股绿色清新之风。

它有竹子的天然纹理，清新文雅，给人一种回归自然、高雅脱俗的感觉。首先竹地板以竹代木，具有木材的原有特色，而且竹在加工过程中，采用符合国家标准的优质胶种，可避免甲醛等物质对人体的危害，竹地板利用先进的设备和技术，通过对原竹进行 26 道工序的加工，兼具有原木地板的自然美感和陶瓷地砖的坚固耐用。

1. 竹地板的种类

竹地板按表面结构可分为径面竹地板（侧压竹地板）、弦面竹地板（平压竹地板）、重组竹地板三大类。

竹地板按加工处理方式又可分为本色竹地板（图 2-1-1）和炭化竹地板（图 2-1-2）。本色竹地板保持竹材原有的色泽，而炭化竹地板的竹条要经过高温高压的炭化处理，使竹片的颜色加深，并使竹片的色泽均匀一致。

图 2-1-1 本色竹地板

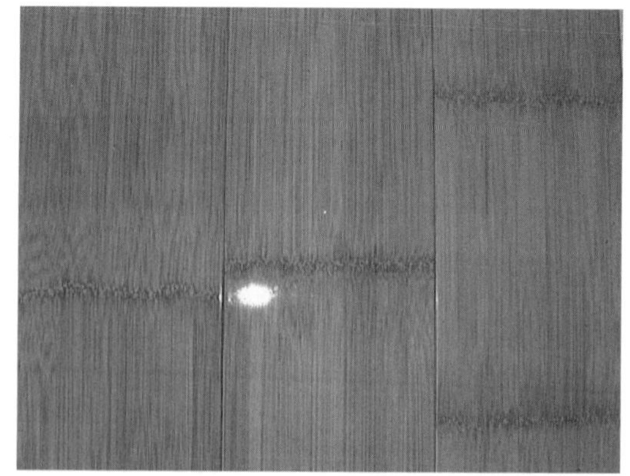

图 2-1-2 炭化竹地板

2. 竹地板的特点

（1）从总体上看竹地板的色差比木地板小。竹子的生长半径比木材要小得多，受日照不严重，没有明显的阴阳面差别。因此由新鲜毛竹加工而成的竹地板有丰富的竹纹，而且色泽匀称。

（2）表面硬度高是竹地板的一个优点。竹地板具有植物粗纤维结构，它的自然硬度比木材高出一倍多，不易变形。而且，理论上的使用寿命可达 20 年。

(3) 竹地板既有实木地板的特点又有价格的优势。竹地板由于其原料生长期较短，原材料充足，因此价格相比实木地板较低，高档的竹地板的价格相当于中低档实木地板价格。

(4) 竹地板的突出优点是冬暖夏凉。竹子因为导热系数较低，自身不生凉放热。特别适合于铺装在客厅、卧室、健身房、书房、演播厅、酒店宾馆等地面及墙壁装饰。色差较小是竹材地板的一大特点。

(5) 竹地板天然、环保、低碳，我国医学名著《本草纲目》也记载了竹子杀菌、清火等数十种不同药用功能。以天然竹子制成的竹地板在保健方面的作用不言而喻。

(二) 实木地板

实木地板（图 2-1-3）是天然木材经烘干、加工后形成的地面装饰材料。它呈现出的天然原木纹理与色彩图案，给人以自然、柔和、富有亲和力的质感，同时由于它具有冬暖夏凉、触感好的特性，因而成为卧室、客厅、书房等地面装修的理想材料。

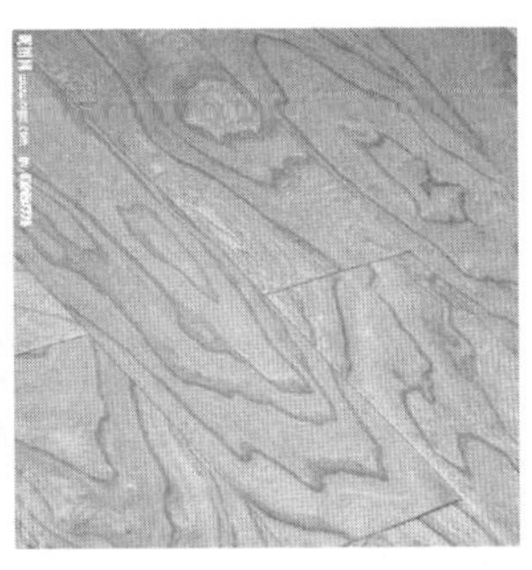

图 2-1-3　实木地板

1. 按表面加工的深度划分

(1) 淋漆板：即地板的表面已经涂刷了地板漆，可以直接安装后使用。

(2) 素板：即木地板表面没有进行淋漆处理，在铺装后必须经过涂刷地板漆后才能使用。由于素板在安装后，经打磨、刷地板漆处理后的表面平整，漆膜是一个整体，因此，无论是装修效果还是质量都优于漆板，只是安装比较费时。

2. 按加工工艺划分

(1) 企口实木地板（也称榫接地板或龙凤地板）：该地板在纵向和宽度方向都开有榫槽，榫槽一般都小于或等于板厚的 1/3，槽略大于榫。绝大多数背面都开有抗变形槽（图 2-1-4）。

图 2-1-4　企口实木地板

(2) 指接实木地板：由等宽、不等长度的板条通过榫槽结合、胶粘而成的地板块，接成以后的结构与企口地板相同（图 2-1-5）。

图 2-1-5　指接实木地板

（3）拼接地板：也称集成材地板，是由等宽小板条拼接起来，再由多片指接材横向拼接，这种地板幅面大、尺寸稳定性好（图 2-1-6）。

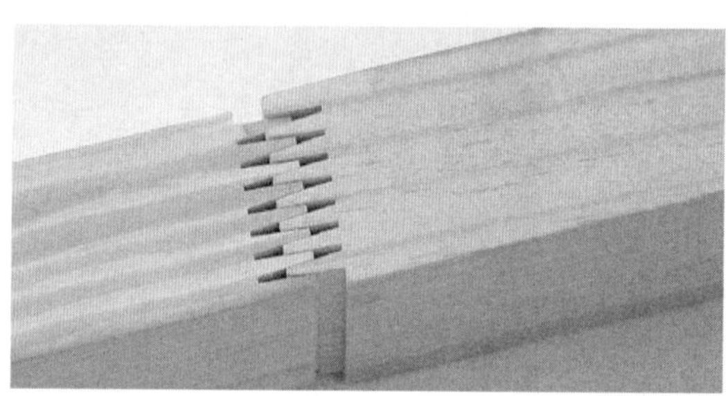

图 2-1-6　拼接地板

（4）拼方、拼花实木地板：由小块地板按一定图形拼接而成，其图案有规律性和艺术性。这种地板生产工艺复杂，精密度也较高（图 2-1-7）。

图 2-1-7　拼方、拼花实木地板

3. 实木地板常用树种

水曲柳、西南桦有较好的木纹，能获得良好的贴近自然的效果。柳安木、胡桃木色泽较理想，地面整体感很强。而康巴斯、木荚豆、红梅嗄等则色泽偏深、硬度高、相对密度大、组织较细密，可做成仿红木的地板。更高档的实木地板则有柚木、檀木、枫木、橡木、山毛榉、花梨木等，花纹、颜色、硬度都较理想，当然价格也较高。

不少树种质地、外观近似，但价格相差较大。除了上面所说的仿红木外，我国西南部产的柞木和美国橡木、国产青冈木和进口山毛榉等都很相似，选择慎重，再加上良好的施工，花低价就能获得高雅华贵的地面效果。

柚木主要产于东南亚的缅甸和泰国，木材黄褐色至深褐色，弦面常有深黑色条纹，表面触之有油性感觉，木材具有光泽，新切面带有皮革气味，是名贵的地板用材。

柞木主要产于我国的长白山及东北地区，木材呈浅黄色，纹理较直，弦面具有银光花纹，木质细密硬重，干缩性小，较适宜工薪阶层选用。

水曲柳主要产于我国的长白山区，材料性能较佳，颜色呈黄白色至灰褐色，木质结构从中至粗，纹理较直，弦面有漂亮的山水图案花纹，光泽强，略具蜡质感。

4. 实木地板材料分类

实木地板材料分类见表 2-1-2。

表 2-1-2　实木地板材料分类

中等实木地板材料	柚木（名贵、产地缅甸）、印茄（菠萝格）、香茶茱萸（芸香）
软实木地板材料	水曲柳、桦木
浅色实木地板材料	加枫（名贵、产地北美）、水青冈（山毛榉）、桦木
中间色实木地板材料	红橡（产地北美）、亚花梨（产地非洲）、槲栎（柞木）、铁苏木（金檀、产地板南美）
深色实木地板材料	香脂木豆（红檀香、产地板巴拉圭）、拉帕乔（紫檀、产地巴拉圭）、柚木（产地缅甸）、乔木树参（玉檀香、产地板南美）、胡桃木（产地板北美）、鸡翅木（产地非洲）、紫心木（酸枝、产地板东南亚）、印茄、香二翅豆、木荚豆（品卡多）
粗纹实木地板材料	柚木、槲栎（柞木）、甘巴豆、水曲柳
细纹实木地板材料	水青冈、桦木

5. 竹材地板与实木地板对比

（1）竹地板密度高、韧性好、强度大，结实耐用、不易变形、质地光洁、色泽柔和、典雅大方，是环保绿色产品。

（2）竹地板防霉、防蛀、阻燃、防静电、无副作用，安装也方便，是公认的新世纪的装饰材料。

（3）与木地板相比，竹地板收缩和膨胀小。在耐用性上，竹地板稍显薄弱，一经日晒或水湿就易出现分层现象，更有甚者会虫蛀，严重影响其使用寿命。

（4）竹地板虽然经干燥处理，其竹材是自然型材，所以它还会随气候干湿度变化而有变形。

（三）强化木地板

1. 强化木地板也称强化复合地板，主要有两类：一类是由三层及以上实木复合而成的实木企口复合地板，另一类是以中密度纤维板、高密度纤维板或刨花板为基料的浸渍纸胶膜（胶膜纸在三聚氰胺溶液中浸泡）贴面层压复合地板（图 2-1-8）。

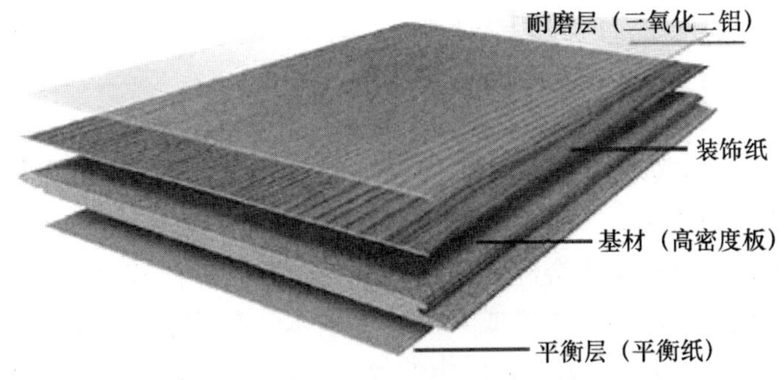

图 2-1-8　标准型强化木地板结构

强化复合地板有树脂加强保护，又是热压成型，其表面有一层三聚氰胺耐磨层，而其底面是一层高分子树脂防潮层，因此质轻高强，收缩性小，并克服了普通纯木地板易腐朽、开裂和变形的缺点，耐磨性能好，还保持了木地板的其他特征，装饰效果多样，纹理优美清晰。同时强化复合地板取材广泛，各种软硬木材的下脚料均可利用，成本低。但由于强化复合地板的加工成型方法对其质量有很大影响，因此选择时要多加注意。

（1）从厚度上分有薄木地板和厚木地板（8～12mm）。

从环保性上来看，薄的比厚的好。因为薄木地板，单位面积用的胶比较少。厚木地板密度不如薄木地板高，抗冲击能力差点，但脚感稍好点。

（2）从规格上分有标准板、宽板和窄板（表 2-1-3）。

表 2-1-3 规格

规格	宽度	长度
标准板	191～195mm	1200～1300mm
宽板	1200mm	295mm 左右
窄板	900～1000mm	100mm 左右

宽板规格是我国的强化地板加工企业为了满足消费需求，自己发明的。它的优点是地板的缝隙相对少，看着大方。多数为加厚的，即 12mm 左右。一般表面的装饰纸都是国产的，花色变化多，比较灵活。缺点是色差相对大点，装饰纸的抗紫外线能力差。

窄板规格也具有我国的特点。

强化木地板与实木地板的区别：实木地板看着大方，太贵，稳定性不好；我国的地板厂商造出仿实木地板，其规格与实木地板一样，价格低，稳定性又好，四边做成 V 形槽，厚度基本上在 12mm 左右。很受欢迎。

（3）从表面涂层分有三氧化二铝、三聚氰胺、钢琴漆面。

标准的强化地板表面，应该都含有三氧化二铝耐磨纸的。它有 46g、38g、33g，还有更低的直接在装饰纸上喷涂三氧化二铝。国家规定，室内用的强化地板的表面耐磨转数应该在 6000 转以上，只有用 46g 耐磨纸的地板，才能保证达到要求。38g 耐磨纸的耐磨转数可以达到 4000～5000 转；33g 更低；直接喷涂三氧化二铝的，能达到 2000～3000 转就很好了。耐磨转数低的，材料成本比较低；由于它耐磨程度低，加工时的刀具成本也低。相反，耐磨转数高，本身的成本就高出不少。

三聚氰胺表面涂层，一般用于墙板、桌面板等，用在耐磨程度要求不高的地方。在地板行业内将这类表面涂层的地板称为“假地板”。它的耐磨转数只有 300～500 转。使用强度大的话，两三个月，表面的装饰纸就会磨损。标准的强化地板正常使用 10 年也不会出现磨损。这类地板装饰纸上面没有耐磨层，外观花纹好看、清楚。用手摸着也比较光滑。

钢琴漆表面涂层，实际上是将用于实木地板表面的油漆，用于强化地板。采用的是比较亮的油漆而已。这种涂层的耐磨程度远不能与三氧化二铝表面相比。

（4）从地板的特性上来分有水晶面木地板、浮雕面木地板、锁扣木地板、静音木地板、防水木地板等。

水晶面木地板基本上就是平面的，好打理，好收拾（图 2-1-9）。

浮雕面木地板从正面看，与水晶面没有区别，侧面看，用手摸，表面有木纹状的花纹（图 2-1-10）。

锁扣木地板，在地板的接缝处，采用锁扣形式，既控制地板的垂直位移，又控制地板的水平位移；原来的榫槽式，即常说的企口地板，只能控制地板的垂直位移。再早的木地板块，接缝处没有榫槽，哪方面的位移都控制不了，所以地板块会经常翘起，走路绊脚，多有不便（图 2-1-11）。

静音木地板，即在地板的背面加软木垫或其他类似软木作用的垫子。用软木地垫后，踩踏地板的噪声可降 20dB 以上，起到增加脚感、吸声、隔声的效果。这对提高强化地板舒适性起到积极的作用，也是强化地板今后发展的一个方向，但价格较高。

图 2-1-9　水晶面木地板

图 2-1-10　浮雕面木地板

图 2-1-11　锁扣木地板

防水木地板，在强化地板的企口处，涂上防水的树脂或其他防水材料，这样地板外部的水分不容易侵入，内部的甲醛不容易释出，使得地板的环保性、使用寿命都得到明显提高；尤其是在大面积铺贴、不便留伸缩缝、加压条的条件下，可以防止地板起拱，减少地板缩缝。

综上所述，浮雕面木地板，确实好看；如果用相同克数的耐磨纸，水晶面木地板比浮雕面木地板耐磨程度相对高点；静音木地板脚感好，就是贵；防水木地板性价比很好。

2. 强化木地板的特点

（1）节约资源。强化木地板的表层采用了珍贵的树种，基材为速生材，因此节约了大量宝贵的林木资源。

（2）脚感舒适。强化木地板的材质由一层一层的木材组合而成，它的脚感与实木地板不相上下。

（3）适用性强，稳定性好。由于强化木地板的结构是层与层之间的木纤维互相垂直，增加了拉伸力，因此既能适应北方的地暖环境，也能适应南方潮湿的环境。

（4）环保。由于强化木地板采用的实体木材和环保胶粘剂通过先进的生产工艺加工制成，因此环保性能较好，符合国家环保强制性标准。

（5）性价比高。通常强化木地板的价格均为 100～400 元/m^2，经济耐用且装饰效果好，是一款性价比极高的地板品类。

（6）耐磨耐刮擦。品牌强化木地板的油漆多选用优质的环保漆，保证地板的耐磨度、硬度和高抗刮擦性能。

（7）装饰效果好。强化木地板的表层是由珍贵的树种加工而成，因此纹理自然美观，原木味十足，能彰显出装饰空间的独特品位。

(8) 尽管强化木地板拥有诸多的优点，但对不同的消费人群来说它也会有一些不算完美的地方，如使用珍贵材种作表皮的强化地板价格偏高，日常维护保养稍显烦琐等。

五、建筑装饰材料的市场调研

建筑装饰材料的市场调研是指利用科学的方法，系统客观、有目的、有计划地收集、分析、整理与建筑装饰材料问题相关的市场信息，为解决建筑装饰设计、建筑装饰施工、建筑装饰预决算等问题提供决策依据。市场调研通常针对具体问题，进行搜集、整理市场相关信息，利用科学的方法对信息加以分析，并形成市场调研报告的过程。

调研目标如下：

(1) 分清建筑装饰竹木地板工程材料的分类和类别；

(2) 了解当地市场建筑装饰竹木地板工程材料的常用品牌、厂家；

(3) 了解建筑装饰竹木地板工程材料的规格、价格、特性等材料属性；

(4) 了解各种建筑装饰竹木地板工程材料的在施工中的应用和要求；

(5) 对各种建筑装饰竹木地板工程材料进行横向对比，研究分析出施工中的最优选择方案。

竹木地板种类及其属性调研表见表 2-1-4。

表 2-1-4 竹木地板种类及其属性调研表

调查建材市场名称				调查建材市场地点		调查建材市场主营建材		
建材类别	建材名称或品牌	产地或厂家	规格	价格	建材特点或施工工艺	用途	建材对比	备注
竹木地板类								

调研时间：　　年　月　日　点～　点　　　　制表：贵州电子商务职业技术学院

六、项目任务考核

本项目的考核主要是由学生自评、学生互评和教师评价相结合，权重分别为 20%、20%和 60%。考核内容详见“附表 2：认识材料任务实施计划书”。

七、知识拓展

怎样根据家装风格选择合适的竹木地板。

八、职业技能训练

1. 选择题

(1) 竹地板按结构和加工工艺划分，不属于的类别是（　　）。

A. 层压板类　　B. 胶合板类　　C. 复合板类　　D. 颗粒板材

(2) 不属于竹地板的特点是（　　）。

A. 色差小　　B. 冬暖夏凉　　C. 价格最高　　D. 硬度高

(3) 强化木地板的厚度为（　　）。

A. 8～12mm　　B. 6～10mm　　C. 7～13mm　　D. 5～11mm

(4) 强化木地板由（　　）组成。

A. 耐水层、装饰层、芯层、平衡层　　B. 耐磨层、装饰层、芯层、防火层

C. 耐水层、装饰层、芯层、防火层　　D. 耐磨层、装饰层、芯层、平衡层

(5) 实木地板是地面装修的理想材料，不适合用于（　　）。

A. 客厅　　B. 卧室　　C. 卫生间　　D. 书房

2. 简答题

(1) 根据强化木地板的特性，总结出其优缺点有哪些?

(2) 强化木地板的特点有哪些?

(3) 竹材地板种类可分为哪几类?

■任务二　竹木地板工程结构

一、项目实施任务

学生项目组根据项目任务书进行项目实施任务（表 2-1-5）。

表 2-1-5　项目实施任务书

项目任务名称	竹木地板工程结构	项目任务编号	2-1-2
项目组组长		项目组成员	
任务完成时间			
任务学习目标	1. 认知目标： 了解竹木地板的工程结构 2. 技能目标： 掌握竹木地板工程结构图		
任务内容	学习并绘制竹木地板工程结构图		
项目完成验收点	提交竹木地板工程结构图		
完成项目任务情况分析与反思：			
组长签字		成员签字	

二、项目计划与决策

学生项目组根据项目任务书进行项目实施计划制订和进行具体实施。项目任务教学实施流程与步骤详见“附表 3：项目任务实施计划书”。

三、项目实施

本项目是根据竹木地板工程结构图进行实际施工，要求在施工前绘制出竹木地板工程结构图。

四、竹木地板施工结构

（1）实木地板按构造方法不同，有“实铺”和“空铺”两种。

实铺是木龙骨铺在钢筋混凝土板或垫层上，它是由木龙骨、毛地板及实木地板面层等组成，如图 2-1-12 所示。

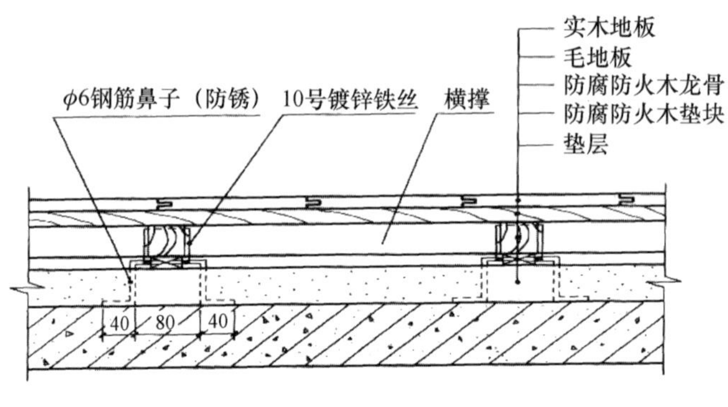

图 2-1-12　实铺

空铺是由木龙骨、剪刀撑、毛地板、实木地板面层等组成，一般设在首层房间，采用空铺法当龙骨跨度较大，应加设地垄墙，地垄墙顶上要铺防水卷材或抹防水砂浆及放置垫木，如图 2-1-13 所示。

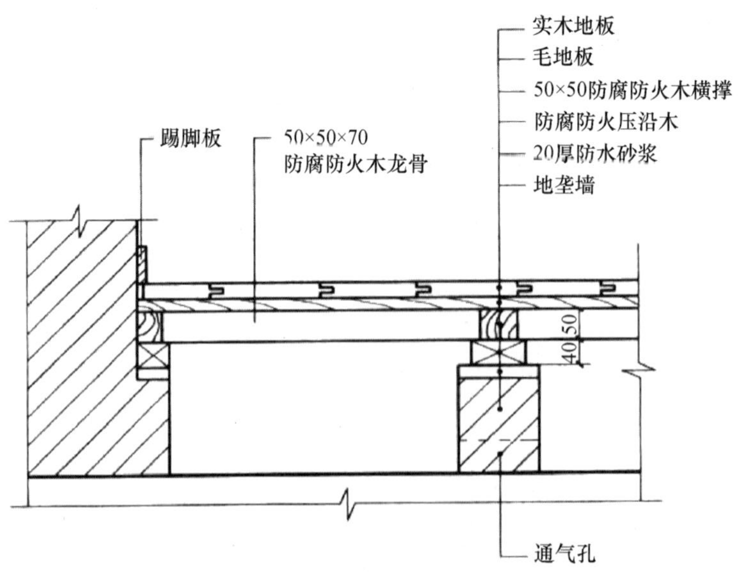

图 2-1-13　空铺

（2）强化木地板一般采用浮铺式铺贴方式，其施工构造如图 2-1-14 所示。

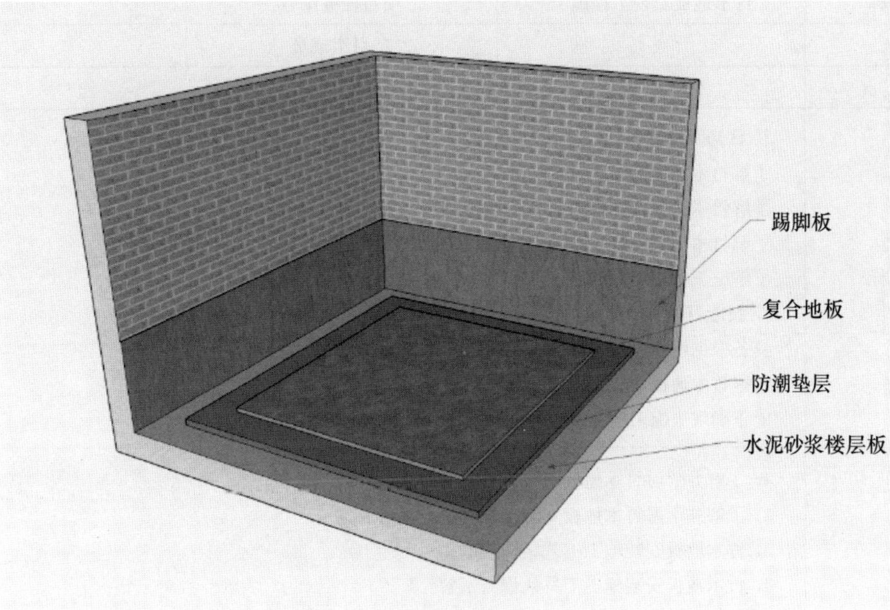

图 2-1-14　强化木地板浮铺式构造图

五、知识拓展

强化木地板的维护和保养。

六、职业技能训练

1. 选择题

（1）宽板规格的木地板厚度是（　　）。

A. 12mm　　B. 10mm　　C. 14mm　　D. 11mm

（2）下列不属于强化木地板铺贴材质的是（　　）。

A. 防潮垫　　B. 防腐防火压沿木

C. 复合地板　　D. 踢脚板

2. 简述题

简述实木地板“空铺”的定义。

3. 操作题

运用 AutoCAD 软件，绘制出强化木地板的铺装构造图。

■任务三　竹木地板安装工程施工流程

一、计划决策

学生项目组根据项目任务书进行项目实施计划制订和进行决策（表 2-1-6）。

表 2-1-6　项目实施任务书

<table>
<tr><td>项目任务名称</td><td>竹木地板安装工程施工</td><td>项目任务编号</td><td>2-1-3</td></tr>
<tr><td>项目组组长</td><td></td><td>项目组成员</td><td></td></tr>
<tr><td>任务完成时间</td><td colspan="3"></td></tr>
<tr><td>任务学习目标</td><td colspan="3">1. 认知目标：
了解竹木地板的种类及其属性；
了解竹木地板安装施工的工艺流程及施工要求和原则；
了解竹木地板安装工程施工所需设备及其设备相关知识；
了解施工中会遇到的问题及后期维护问题。
2. 技能目标：
具备根据设计风格、价格，正确选择地板的能力；
掌握竹木地板安装工程施工的工艺流程及施工方法；
能正确解决施工中会遇到的问题及后期维护问题</td></tr>
<tr><td>任务内容</td><td colspan="3">1. 了解并学习竹木地板安装工程的分组方法和技巧；
2. 了解并学习竹木地板安装工程的工艺流程；
3. 竹木地板安装施工工艺结构观摩；
4. 竹木地板安装施工工具认识与了解</td></tr>
<tr><td>项目完成验收点</td><td colspan="3">1. 提交根据项目任务目标撰写的工作计划一份；
2. 学会使用竹木地板安装施工工艺工程相关工具；
3. 熟悉竹木地板安装施工工艺工程的施工流程</td></tr>
<tr><td colspan="4">完成项目任务情况分析与反思：</td></tr>
</table>

组长签字		成员签字	

二、项目计划与决策

学生项目组根据项目任务书进行项目实施计划制订和进行具体实施。项目任务教学实施流程与步骤详见“附表 3：项目任务实施计划书”。

三、竹地板安装工程施工实施流程

竹地板安装工程施工实施流程如图 2-1-15 所示。

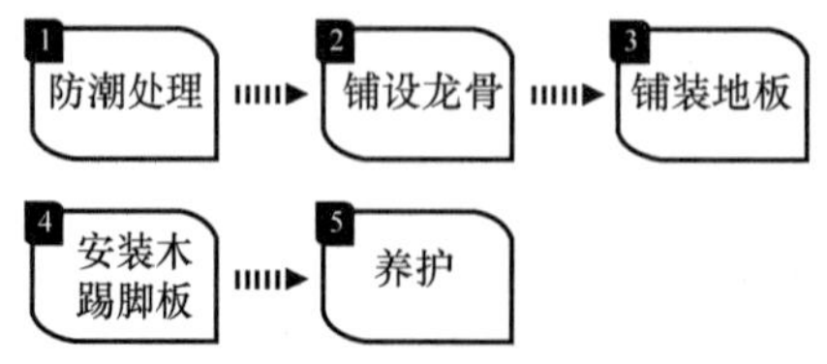

图 2-1-15　竹地板安装工程施工实施流程

（一）防潮处理

先将要铺地板的地面铺盖一层防潮材料，如油毛毡、塑料薄膜等。防潮材料要求完整，破损处或接头处应重复遮盖。铺设防潮层的目的是阻止地面凝结的水汽通过毛细管渗透，直接接触地板背面。水汽应通过四周墙脚留有的边缝，散发到空气中。防潮处理对新盖的楼房尤其必要。

（二）铺设龙骨

竹地板不同于其他柔性地板，必须使用龙骨支撑来固定。首先要选好龙骨的材料，一般来说普通的木材均可以用来做龙骨，如松木、杉木及一些阔叶树等，但以不易霉烂、握钉力较强的木材为佳。龙骨的规格为30mm×30mm左右，长度为任意长，可根据室内尺寸锯断或接长。用作龙骨的木材必须通过人工烘干或自然干燥，用四面刨或压刨机刨削成相同的厚度。接着是钉龙骨。龙骨应按室内的宽度方向平行铺设，距离是300mm左右，视地板的长度而定，要考虑地板的两头必须要搭在龙骨上，以免悬空。龙骨定位后，用水平尺调平，调平时同样以木块垫高，再用5cm左右的水泥钉将龙骨牢牢地钉在水泥地面上。

（三）铺装地板

竹地板的拼装，一般采用错位法，即将两端榫槽的结合缝与相邻的互相错开，而与相隔的结合缝处于同一条直线上。这类似于砌砖墙时采用的方法。这种拼装法，能够使结合缝均匀分布在平面上，增加平面的立体层次感。地板的宽度与长度与室内尺寸不成倍数时，可将地板锯断、锯开，但要在锯口上涂抹一层清漆，使地板能够保持对水分的封闭性。

地板与龙骨固定的方法是，用2.5cm左右长度的铁钉在地板长度方向公榫的根部，以45°的斜角钉入并穿透地板，深入龙骨深部，使地板与地面紧密地结合成“整体”。使用铁钉钉入地板前，须用一个小钻头钻出一引眼，使钉子不至于钉裂地板。因为竹材没有横向纤维，比较容易纵裂。

（四）安装木踢脚板

竹地板安装完成后，就可以安装踢脚板，注意地板间的伸缩缝内不得有任何杂物，必须清理干净。

（五）养护

铺装完毕后至少要保证12h内不能在地板上走动，以便有足够的时间让地板胶粘结。

四、实木地板安装工程施工实施流程

实木地板安装工程施工实施流程如图2-1-16所示。

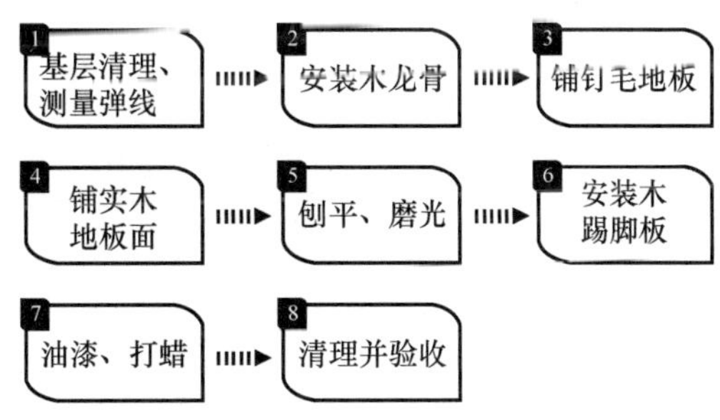

图2-1-16　实木地板安装工程施工实施流程

1. 基层清理、测量弹线

对基层空鼓、麻点、掉皮、起砂、高低偏差等部位先进行返修，并把沾在基层上的浮浆、落地灰等用錾子或钢丝刷清理掉，再用扫帚将浮土清扫干净。待所有清理工作完成后进行验收，合格后方可弹线。

2. 安装木龙骨

（1）实铺法

楼层木地板的铺贴，通常采用实铺法施工。

① 先在基层上弹出木龙骨的安装位置线（间距不大于400mm或按设计要求）及标高，将龙骨（断面呈梯形，宽面在下）放平、放稳，并找好标高，再用电锤钻孔，用膨胀螺栓、角码固定木龙骨或采用预埋在楼板内的钢筋（铁丝）绑牢，木龙骨与墙间留出不小于30mm的缝隙，以利于通风防潮。

木龙骨的表面应平直。若表面不平可用垫板垫平，也可刨平，或者在底部砍削找平，但砍削深度不宜超过 10mm，砍削处要刷防火涂料和防腐剂处理。采用垫板找平时垫板要与龙骨钉牢。

② 木龙骨的断面选择应根据设计要求。实铺法木龙骨常加工成梯形（俗称燕尾龙骨），这样不仅可以节省木材，同时也有利于稳固；也可采用 30mm×40mm 木龙骨，木龙骨的接头应采用平接头，每个接头用双面木夹板，每面钉牢，也可以用扁钢双面夹住钉牢。

③ 木龙骨之间还要设置横撑，横撑的含水率不得大于 18%，横撑间距 800mm 左右，与龙骨垂直相交，用铁钉固定，其目的是加强龙骨的整体性。龙骨与龙骨之间的空隙内，按设计要求填充轻质材料，填充材料不得高出木龙骨上表皮。

（2）空铺法

通常首层地面选择空铺法。

① 空铺法的地垄墙高度应根据架空的高度及使用的条件计算后确定，地垄墙的质量应符合有关验收规范的技术要求，并留出通风孔洞。

② 在地垄墙上垫放通长的压沿木或垫木。压沿木或垫木应进行防腐、防蛀处理，并用预埋在地垄墙里的铁丝将其绑扎拧紧，绑扎固定的间距不超过 300mm，接头采用平接，在两根接头处，绑扎的铁丝应分别在接头处的两端 150mm 以内进行绑扎，以防接头处松动。

③ 在压沿木表面画出各龙骨的中线，然后将龙骨对准中线摆好，端头离开墙面的缝隙约 30mm，木龙骨一般与地垄墙垂直，摆放间距一般为 400mm，并应根据设计要求，结合房间的具体尺寸均匀布置。当木龙骨顶面不平时，可用垫木或木楔在龙骨底下垫平，并将其钉牢在压沿木上，为防止龙骨活动，应在固定好的木龙骨表面临时钉设木拉条，使之互相牵拉。

④ 龙骨摆正后，在龙骨上按剪刀撑的间距弹线，然后按线将剪刀撑钉于龙骨侧面，同一行剪刀撑要对齐顺线，上口齐平。

3. 铺钉毛地板

实木地板有单层和双层两种。单层实木地板是将条形实木地板直接钉牢在木龙骨上，条形板与木龙骨垂直铺贴。双层是在木龙骨上先钉一层毛地板，再钉实木条板。

毛地板可采用较窄的松、杉木板条，其宽度不宜大于 120mm，或按设计要求选用，毛地板的表面应刨平。毛地板与木龙骨呈 30°或 45°斜向铺钉。毛地板铺贴时，木材髓心应向上，其板间缝隙不大于 3mm，与墙之间应留 10～20mm 的缝隙。毛地板用铁钉与龙骨钉紧，宜选用长度为板厚 2～2.5 倍的铁钉，每块毛地板应在每根龙骨上各钉两个钉子固定，钉帽应砸扁并冲进毛地板表面 2mm，毛地板的接头必须设在龙骨中线上，表面要调平，板长不应小于两档木龙骨，相邻板条的接缝要错开（图 2-1-17）。毛地板使用前必须做防腐与防潮处理，并将上面的所有垃圾、杂物清理干净，方可执行下一步铺贴工作。

图 2-1-17 铺钉毛地板

4. 铺实木地板面

（1）条板铺钉

单层实木地板，在木龙骨完成后即进行条板铺钉。双层实木地板在毛地板完成后，为防止使用中发生响声和潮气侵蚀，在毛地板上干铺一层防水卷材。铺贴时应从距门较近墙的一边开始铺钉企口条板，靠墙的一块板应离墙面留 10～20mm 缝隙，用木楔背紧。以后逐块排紧，用地板钉从板侧企口处斜向钉入，钉长为板厚 2～2.5 倍，钉帽要砸扁冲入地板表面 2mm，企口条板要钉牢、排紧。板端接缝应错开，其端头接缝一般是有规律地在一条直线上。每铺贴 600～800mm 宽应拉线找直修正，板缝宽度不大于 0.5mm。

板的排紧方法一般可在木龙骨上钉扒钉，在扒钉与板之间加一对硬木楔，打紧硬木楔就可以使板排紧。钉到最后一块企口板时，因无法斜着钉，可用明钉钉牢，钉帽要砸扁，冲入板内。企口板的接口要在龙骨中间，接头要互相错开，龙骨上临时固定的木拉条，应随企口板的安装随时拆去，铺钉完之后及时清理干净，对表面不平处，应进行刨光，先垂直木纹方向粗刨一遍，再顺木纹方向细刨一遍。实铺条板铺钉方法同上。

（2）拼花木地板铺钉

拼花木地板是在毛地板上进行拼花铺钉。铺钉前，应根据设计要求的地板图案进行弹线，一般有清水砖墙纹、斜芦苇纹、人字纹和正芦苇纹等（图 2-1-18）。

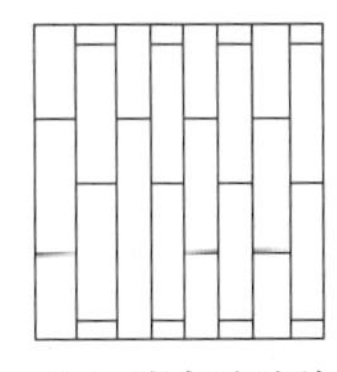
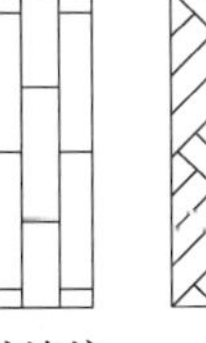
(a) 清水砖墙纹

(b) 斜芦苇纹

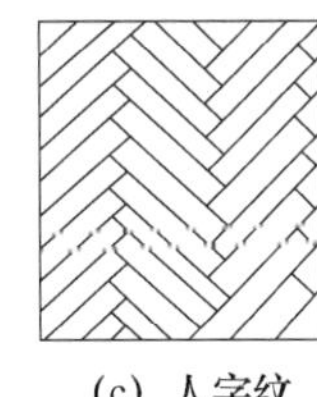
(c) 人字纹

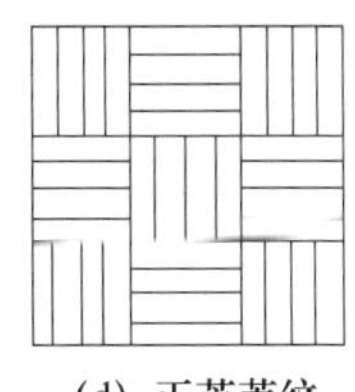
(d) 正芦苇纹

图 2-1-18 拼花木地板的拼花形式

在毛地板上弹出图案墨线，分格定位，有镶边的，距墙边留出 200～300mm 做镶边。按墨线从中央向四边铺钉，各块木板应互相排紧，对于企口拼装的硬木地板，应从板的侧边斜向钉入毛地板，钉帽不外露，钉长为板厚的 2～2.5 倍。当木板长度小于 300mm 时，侧边应钉两个钉子，长度大于 300mm 时，应钉入 3 个钉子，板的两端应各钉 1 个钉固定，宜钉在距板端 20mm 处。板块缝隙不应大于 0.3mm，毛地板与墙之间应留 10～20mm 的缝隙。面层与墙之间缝隙，应加木踢脚板封盖。有镶边时，在大面积铺贴完后，再铺镶边部分。铺钉拼花地板前，宜先铺贴一层沥青纸（或油毡），以隔声和防潮用。钉完后，清扫干净刨光，刨刀吃口不应过深，防止板面出现刀痕。

（3）胶粘剂铺贴拼花木地板

铺贴时，先处理好基层，表面应平整、洁净、干燥。在基层表面和拼花木地板背面分别涂刷胶粘剂（胶粘剂应通过试验确定，胶粘剂应放置在阴凉通风、干燥的室内，超过生产期 3 个月的产品，应取样检验，合格后方可使用，超过保质期的产品，不得使用），其厚度：基层表面控制在 1mm 左右，地板背面控制在 0.5mm 左右，待胶表面稍干后（不粘手时）即可铺贴就位，并用小锤轻敲，使地板与基层粘牢，对溢出的胶粘剂应随时擦净。刚铺贴好的木板面应用重物加压，使之粘结牢固，防止翘曲、空鼓。

5. 刨平、磨光

地板刨光宜采用地板刨光机（图 2-1-19），转速在 5000r/min 以上。长条地板应顺木纹刨，拼花地板应与地板木纹呈 45°斜刨。刨时不宜走得太快，刨刀吃口不应过深，要多走几遍，地板刨光机不用时应先将机器提起关闭，防止啃伤地面。所刨厚度应小于 1.5mm，要求无刨痕。机器刨不到的地方要用手刨，并用细刨净面。地板刨平后，用砂纸磨光，所用砂纸应先粗后细，砂纸应绷紧绷平，磨光方向及角度与刨光方向相同。

图 2-1-19 地板抛光

6. 安装木踢脚板

实木地板安装完毕后，静放 2h 后方可拆除木楔子，并安装踢脚板。踢脚板的厚度应以能压住实木地板与墙面的缝隙为准，通常厚度为 15mm，以钉固定。木踢脚板应提前刨光，背面开成凹槽，以防翘曲，并每隔 1m 钻直径为 6mm 的通风孔，在墙上每隔 750mm 设防腐木砖或在墙上钻孔打入防腐木砖，在防腐木砖外面钉防腐木块，再把踢脚板用钉子钉牢在防腐木块上，钉帽砸扁冲入木板内，踢脚板板面应垂直，上口水平。木踢脚板阴阳角交接处，钉三角木条，以盖住缝隙，木踢脚板阴阳角交角处应切割成 45°拼装，踢脚板的接头也应固定在防腐木块上。安装时注意不要把有明显色差的踢脚板连在一起。

7. 油漆、打蜡

应在房间内所有装饰工程完工后进行。硬木拼花地板花纹明显，所以，多采用透明的清漆刷涂（图 2-1-20），这样可透出木纹，增强装饰效果。打蜡可用地板蜡，以增加地板的光洁度，打蜡时均匀喷涂 1～2 遍，稍干后用净布擦拭，直至表面光滑、光亮。面积较大时用机械打蜡，可增加地板的光洁度，使木材固有的花纹和色泽最大程度地显示出来。

图 2-1-20　地板上漆

8. 清理并验收

清理木地板表面并按国标验收，主要验收地板与地板间高低差小于等于 0.2mm，缝隙小于等于 0.15mm；地板与地板之间有无明显色差。

学生项目组根据施工的流程进行施工项目检查。如发现问题及时进行调整。检查所有都没有问题后才能进行工程验收（表 2-1-7）。

表 2-1-7　木地板安装工程验收表

验收标准				是否合格	
				是	否
材料的材质、木材含水率符合设计要求和现行国家标准要求				□	□
木格栅、垫木和毛地板必须做防腐、防蛀处理				□	□
木格栅安装牢固、平直；面层铺贴牢固，无空鼓				□	□
面层应刨光、磨光，无明显刨痕和毛刺，图案清晰、颜色均匀一致				□	□
面层接头位置应错开，缝隙严密，表面洁净				□	□
拼花地板接缝应对齐，粘、钉严密，缝隙宽度均匀，表面洁净，粘胶无溢胶				□	□
踢脚线表面光滑，接缝严密，高度一致				□	□
表面允许偏差	板面缝隙宽度	松木地板	1mm	□	□
		硬木地板	0.5mm	□	□
		拼花地板	0.2mm	□	□
	表面平整度	松木地板	3mm	□	□
		硬木地板	2mm	□	□
		拼花地板	2mm	□	□
	踢脚线上口平直		3mm	□	□
	板面拼缝平直		3mm	□	□
	相邻板材高差		0.5mm	□	□
	踢脚线与面层的接缝		1mm	□	□

五、强化木地板安装工程施工实施流程

强化木地板安装工程施工实施流程如图 2-1-21。

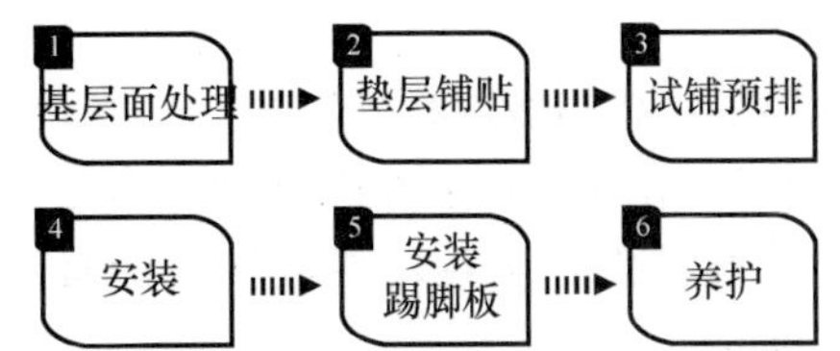

图 2-1-21　强化木地板安装工程施工实施流程

1. 基层面处理

(1) 基层地面要求平整、干燥、干净；

(2) 检查地面湿度，若是矿物质材料的地面，其相对湿度应小于 60%（图 2-1-22）；

图 2-1-22　检查地面湿度

(3) 检查地面平整度，因强化木地板厚度较薄，所以铺贴时必须保证地面的平整度。

2. 垫层铺贴

垫层的方向与地板条的方向垂直，地垫厚度不低于 2mm（以 3mm 厚度为佳）。安装时，地垫间不能重叠，接口处用 60mm 的宽胶带密封、压实，地垫需要铺贴平直。

3. 试铺预排

前三排均要求直接在地层上试铺，即不施胶铺装。

(1) 铺装方向。铺时地板走向通常与房间长度方向一致或按客户要求，自左向右逐排铺装，凹槽向墙，地板与墙之间放入木楔，保证伸缩缝隙 8～12mm。当墙有弧形、柱脚等时，要按其轮廓切割前排地板（图 2-1-23）。

(2) 每排最后一块的长度测量，可将其旋转 180°进行画线切割。

(3) 上一排最后一块地板的切割剩余部分用于下一排的起始块。

(4) 铺贴过程中应注意缺损、纹路、色差等现象，并及时调整。

图 2-1-23　地板试铺

4. 安装

(1) 根据试铺板块的程序进行拼装，在拼装时榫槽粘胶应注意以下几点：

打开胶瓶，并把瓶嘴削成45°斜口，在涂胶时胶水瓶与地板水平方向保持45°，依次涂胶。

胶应涂在榫头上沿外侧，假如涂在榫内，不仅浪费胶液，而且还使本来留作缓冲用的间隙塞满，使其无法伸胀，当地板遇潮后极易拱起。

涂胶的量为两块拼合后，能看到一条不间断的均匀白线，所以涂胶时应当保持匀速，而且要特别注意在顶角处的胶一定要涂到，操作时当胶瓶移到顶角处时稍微停顿一下。

(2) 地板粘胶榫槽配合后，用橡胶槌拍紧，然后用拉力器夹紧并检查直线度。在施胶前一定要时刻观察板面的高度差，当无高度差，无缝隙时才能施胶拍紧。

(3) 最后一排地板要采用适当的方法测量其宽度进行切割施胶，用拉钩使之严密。

(4) 在施工过程中，若遇到管道、柱脚等情况，应适当进行开孔切割、施胶安装，还要保持适当的间隙。

(5) 余胶处理。余胶应及时擦去，当余胶已稍凝固时，应用铲刀铲去。用湿布擦除胶水时，应顺着缝的方向朝有胶的一侧去擦，不要转圈擦。

5. 安装踢脚板

踢脚板厚度不得小于1.2cm。安装时地板留有的伸缩缝内不得有任何杂物，必须清除干净，以免阻碍地板膨胀。如果缝隙过大需要修补，可选用防水性好的丙烯酸类补缝胶（图2-1-24）。

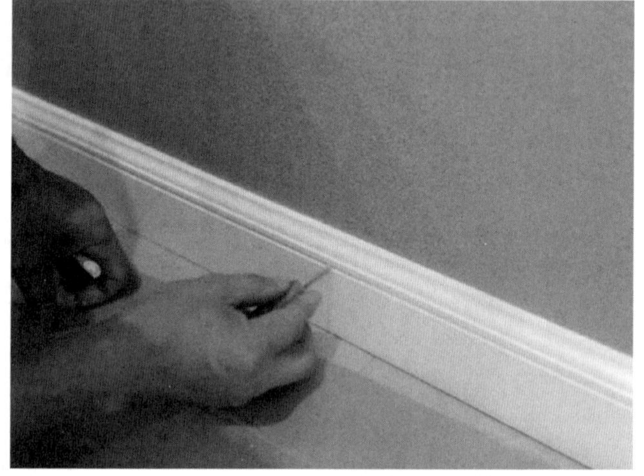

图2-1-24　安装踢脚板

6. 养护

铺装完毕后至少要保证12h内不能在地板上走动，以便有足够的时间让地板胶粘结。

7. 安装注意事项

① 强化木地板的安装，应选择在电路、水路、墙面等工序结束后。

② 勿将地板放置在潮湿的地方，勿磕碰。

③ 强化木地板可安装于水泥、乙烯基塑料、油地毡、木质地板、大理石、瓷砖等平整牢固的地面上。请检查要安装的地面是否符合安装要求；相邻两点的高度差应不大于3mm，是否牢固；地面有水管、电线等，不能高于地面，并标注清楚它们的位置；不要安装踢脚线，在地板安装好后，再行安装。

④ 强化木地板不能安装于潮湿的地方，如浴室、洗衣间等。

⑤ 保证地面干燥，如新浇水泥地面要一个月以后才可铺装地板。铺装前几天不要用水清洗地面。

⑥ 把家具等物品搬到其他地方，以免影响地板铺装。把地面清理干净，并备好扫把。

⑦ 请安排好工序，避免与其他施工人员交叉作业，这将会影响地板铺装质量。地板安装好后24h内，不要有人走动，更不要搬重物。

⑧ 在安装当天，主人要留在家里，以便与安装工人协调安装事宜。

⑨ 如有不能确定问题请及时与施工单位联系，以便及时解决，以免影响安装时间。

六、项目任务考核

本项目的考核主要是学生自评、学生互评和教师评价相结合，权重分别为20%、20%和60%。考核内容详见“附表4：认识材料任务实施计划书”。

七、知识拓展

竹、木地板的维护和保养。

八、职业技能训练

1. 选择题

(1) 安装强化木地板时，基层地面要（　　）。

A. 干净、干燥、平整　　B. 干净、潮湿、平整

C. 干净、干燥、具有凹凸性　　D. 干净、潮湿、具有凹凸性

(2) 强化木地板铺装时，应（　　）逐排铺装。

A. 自左向右　　B. 自右向左　　C. 自上向下　　D. 自下向上

(3) 强化木地板的安装，应选择在（　　）工序结束后再进行。

A. 电路、水路、墙面　　B. 家具安装

C. 电器安装　　D. 以上都对

(4) 安装竹地板，需要使用龙骨支撑来固定，选择龙骨的规格应该是（　　）。

A. 10mm×10mm　　B. 10mm×30mm　　C. 30mm×30mm　　D. 50mm×50mm

2. 简述题

(1) 简述实木地板安装施工工艺流程。

(2) 简述强化木地板安装施工工艺流程。

■任务四　竹木地板工程实训

一、计划决策

学生项目组根据项目任务书进行项目实施计划制订和进行决策（表 2-1-8）。

表 2-1-8　项目实施任务书

项目任务名称	竹木地板安装工程	项目任务编号	2-1-4
项目组组长		项目组成员	
任务完成时间			
任务学习目标	1. 认知目标： (1) 了解竹木地板的种类及其属性； (2) 了解竹木地板安装施工的工艺流程及施工要求和原则； (3) 了解竹木地板安装工程施工所需设备及其设备相关知识； (4) 了解施工中会遇到的问题及后期维护问题。 2. 技能目标： (1) 能够根据设计风格、价格合理正确选择地板的能力； (2) 掌握竹木地板安装工程施工的工艺流程及施工方法； (3) 能正确解决施工中遇到的问题及后期维护问题		
任务内容	1. 了解并学习竹木地板安装工程的分组方法和技巧； 2. 了解并学习竹木地板安装工程的工艺流程； 3. 竹木地板安装施工工艺结构观摩； 4. 竹木地板安装施工工具认识与了解； 5. 竹木地板安装施工技术实际操作实践		

续表

项目完成验收点	1. 提交根据项目任务目标撰写的工作计划一份； 2. 学会使用竹木地板安装施工工艺工程相关工具； 3. 能实际进行竹木地板安装施工工艺工程的施工		
完成项目任务情况分析与反思：			
组长签字		成员签字	

二、项目计划与决策

学生项目组根据项目任务书进行项目实施计划制订和进行具体实施。项目任务教学实施流程与步骤详见“附表3：项目任务实施计划书”。

三、安装竹木地板施工工具及其使用方法

（一）材料准备

（1）实木地板：实木地板面层所采用的材料，其技术等级和质量应符合设计要求，含水率长条木地板不大于12%，拼花木地板不大于10%。实木地板面层的条材和块材应采用具有商品检验合格证的产品，其产品类别、型号、适用树种、检验规则及技术条件等均应符合现行国家标准《实木地板》（GB/T 15036）的规定。

（2）木材：木龙骨、垫木、剪刀撑和毛地板等应做防腐、防蛀及防火处理。木龙骨要用变形较小的木材，常用红松和白松等；毛地板常选用红松、白松、杉木或整张的细木工板等。木材的材质、品种、等级应符合现行国家标准《木结构工程施工质量验收规范》（GB 50206—2012）的有关规定，安装时的含水率不大于12%。拼花木地板的长度、宽度和厚度均应符合设计要求。双层板下的毛地板、木地板面下木搁栅和垫木均要做防腐处理，其规格、尺寸应符合设计要求。

（3）硬木踢脚板：宽度、厚度应按设计要求的尺寸加工，其含水率不大于12%，背面应满涂防腐剂，花纹和颜色应力求与面层地板相同。

（4）其他材料：防腐剂、防火涂料、胶粘剂。镀锌铁丝、50～100mm钉子（地板钉）、扒钉、角码、膨胀螺栓、镀锌木螺钉、隔声材料等。防腐剂、防火涂料、胶粘剂应具有环保检测报告。

（5）地面所用材料应符合《民用建筑工程室内环境污染控制规范》（GB 50325—2010）。

（二）机具准备

安装使用机具见表2-1-9。

表2-1-9　安装使用工具

序号	种类	工具名称
1	机械	多功能木工机床、刨地板机、磨地板机、平刨、压刨、小电锯、电锤等
2	工具	斧子、冲子、凿子、手锯、手刨、木槌、墨斗、錾子、扫帚、钢丝刷、气钉枪、割角尺等
3	计量检测用品	水准仪、水平尺、方尺、钢尺、靠尺等

（三）安装地板验收表

安装地板验收表见表2-1-10。

表 2-1-10　安装地板验收表

序号	条件	检验是否达标	
1	顶棚、墙面的各种湿作业已完，粉刷干燥程度达到 80%以上	是□	否□
2	地板安装前应清理基层，不平的地方是否已经剔除或用水泥砂浆找平	是□	否□
3	墙面是否已弹好标高控制线（+500mm），并预检合格	是□	否□
4	门窗玻璃、油漆、涂料是否已施工完，并验收合格	是□	否□
5	水暖管道、电气设备及其他室内固定设施安装完，上、下水及暖气试压通过验收并合格	是□	否□
6	房间四周是否弹好踢脚板上口水平线，并已预埋好固定木踢脚的木砖（必须经过防腐处理）	是□	否□
7	凡是与混凝土或砖墙基体接触的木材，如木搁栅、踢脚板背面、地板地面、剪刀撑、木楔子、木砖等，是否预先涂满木材防腐材料	是□	否□
8	木地板采用空铺法时，按设计要求的尺寸砌好地垄墙，每道墙预留 120mm×120mm 通风孔 2 个，并预埋好铁丝，墙顶抹一层防水砂浆	是□	否□
9	实木地板采用实铺法时，是否预先在垫层内预埋好铁丝	是□	否□
条件准备是否合格：　是□　否□			

四、实训指导

安装施工方法如下：

（1）地面画线。弹出木龙骨、水平标高线、安装位置。

（2）木龙骨铺垫及固定（图 2-1-25）。

图 2-1-25　木龙骨铺垫及固定

① 必要时木龙骨铺垫前应进行防腐处理；

② 木龙骨之间一定要拉直线拽平；

③ 垫木长度以 200mm 为宜，厚度可根据具体填充情况而定，垫木间距以不超过 400mm 为宜；

④ 主龙骨间距由木地板长度来决定，龙骨间距最大不可超过 400mm；

⑤ 木龙骨靠墙部位应与墙面留有 5～10mm 伸缩缝，木龙骨固定方法为钉连接或胶连接；

⑥ 根据地面混凝土强度等级来决定采用电锤钉眼法或射钉固定法；如果地面有找平层，一般采用电锤钉眼法；

⑦ 对安装完毕的木龙骨进行全面的平直度调整和牢固性的检测，使其达到标准后方可进行下道工序；

⑧ 在龙骨上安装防潮膜，防潮膜接头应重叠 200mm，四边往上弯。

（3）地板面层安装。面层安装时应做到以下几点：

① 地板面层一般为错位安装；从墙面一侧留出 8～10mm 的缝隙后，安装第一块木地板，地板凸角向外，以气钉、螺纹钉把地板固定于木龙骨上，以后逐块排紧钉牢，最后一块以明钉靠边直角打入气钉，以利牢固；

② 每块地板凡接触木龙骨的部位，必须用气钉、螺纹钉或普通钉固定，视情况打入 1～2 气钉，气钉必须钉在地板凸角处，气钉打入方向为 45°～60°，斜向打入，最低钉长不得少于 25mm；

③ 为使地板平直均匀，应每安装 3～5 块地板，即拉一次平直线检查地板是否平直，如不平直，应及时调整；

④ 面板安装完后，若面板为素板要打磨、上漆；若为漆板则直接安装踢脚板并及时清理干净，做

好成品保护；

⑤ 门及门套修整。

五、安装注意事项

（1）当地面过高时，木龙骨应刨薄处理，但龙骨厚度不低于20mm；

（2）影响木地板安装的地面浮灰，残余砂浆等杂物必须清除干净，以免地面杂物影响地板安装的平直度或受潮、生虫等影响；

（3）木龙骨铺垫平直并验收合格后，方可安装地板面层；

（4）所有木龙骨，必须做好防腐处理，而且均需与地面固定连接；

（5）木龙骨、木地板安装靠墙处必须留有5～10mm的缝隙，以利通风，防止地板因受潮而起拱。

六、质量标准与检验

（一）主控项目

（1）竹木地板面层所采用的材质和安装时的木材含水率必须符合设计要求。木搁栅、垫木和毛地板等必须进行防腐、防蛀处理。

检验方法：观察和检查材质合格证明文件及检验报告。

（2）木搁栅安装应牢固、平直，其间距和稳固方法必须符合设计要求。

检验方法：观察、脚踩检验。

（3）面层安装应牢固，粘结无空鼓。

检验方法：观察、脚踩或用木槌轻击检验。

（二）一般项目

（1）竹木地板面层应刨平、磨光、无明显刨痕和毛刺等现象；图案清晰，颜色均匀一致。

检验方法：观察、手摸和脚踩检查。

（2）面层缝隙应严密；接头位置应错开，表面洁净。

检验方法：观察检查。

（3）拼花地板接缝应对齐，粘、钉严密；缝隙宽度均匀一致；表面洁净，胶粘无溢胶。

检验方法：观察检查。

（4）踢脚线表面应光滑，接缝严密，高度一致。

检验方法：观察和钢尺检查。

（5）竹木地板面层允许的偏差和检验方法符合表2-1-11的规定。

表2-1-11 木地板面层允许的偏差和检验方法

项次	项目	允许偏差（mm）				检验方法
		木地板面层			强化木地板、中密度强化地板	
		松木地板	硬木地板	拼花地板		
1	板面缝隙宽度	1.0	0.5	0.2	0.5	用钢尺检查
2	表面平整度	3.0	2.0	2.0	2.0	用2m靠尺和水平尺
3	踢脚线上口平齐	3.0	3.0	3.0	3.0	
4	板面拼缝平直	3.0	3.0	3.0	3.0	
5	相邻板材高差	3.0	0.5	0.5	0.5	
6	踢脚线上口平直	1.0				

七、安全环保措施

（1）在施工过程中防治噪声污染，选择使用低噪声的设备，也可采取其他降低噪声的措施。

（2）废料及垃圾必须及时清理干净，装袋运至指定地点，堆放垃圾处必须进行围挡。

（3）注意检查电动工具有无漏电现象。

八、成品保护

（1）验收并挑选完的地板应编号按房间码放整齐，使用时应轻拿轻放，不能乱堆乱放，严禁碰坏棱角。

（2）搬运和安装木地板时，不应损坏墙面已装修好的部位，严禁互相损坏。

（3）施工作业人员和质量检查人员应穿软底鞋，到面层施工时还应加套软鞋套，走路要轻。

（4）不得已在铺好的面层上施工作业，特别是敲砸等，严禁将电动工具等放在已铺好的木地板上，以防止损坏面层。

（5）地板施工应注意施工环境温、湿度的变化。施工完毕用软布将地板擦拭干净，覆盖塑料薄膜，以防止开裂和变形。

（6）地板磨光后应及时刷油和打蜡。

（7）指定专人负责成品保护工作，特别是门口交接处和交叉作业施工时，须协调好各项工作。

（8）防止卫生间水和涂料油漆的污染。

九、实训作业验收和评价

学生项目组根据施工的流程进行施工项目检查。检查木地板安装是否达到要求，如发现问题及时进行调整。最后对实训作业作品进行验收和评价（表 2-1-12）。

表 2-1-12　木地板安装工程验收表

验收标准			是否合格	
			是	否
材料质量是否符合设计要求和现行国家标准要求			□	□
面层铺贴是否牢固			□	□
面层外观质量和接头是否符合设计要求及施工规范规定			□	□
面层允许偏差	板面隙宽度	0.5mm	□	□
	表面平整度	2.0mm	□	□
	踢脚线上口平齐	3.0mm	□	□
	板面拼缝平直	3.0mm	□	□
	相邻板材高差	0.5mm	□	□
	踢脚线与面层接缝	1.0mm	□	□

十、项目任务考核

本项目的考核主要是学生自评、学生互评和教师评价相结合，权重分别为 20%、20%和 60%。考核内容详见“附表 2：认识材料任务实施计划书”。

十一、职业技能训练

案例分析题

某家庭装修，客厅与卧室采用实木地板，铺装工艺采用地面固定龙骨的实铺法工艺，面积为

$60m^2$，装修结束一年没有人居住，现在检查出现了开裂、板缝宽窄不一、踩在上面有响声等现象。

问题：

（1）实木地板安装质量有什么要求？

（2）实木地板变形开裂原因是什么？

（3）如何防止实木地板变形开裂？

（4）为什么踩在地板上面会出现响声？

项目二　成品卫生洁具设备安装工程

卫生间是人们日常起居离不开的功能区，几乎每天都在使用。在整个家居装修过程中，卫生间中卫生洁具的选择与安装，是最烦琐复杂的工作。常见的卫生洁具有蹲便器、坐便器、淋浴、浴缸、洗面盆、拖布池、水龙头等。本项目将分为三个任务讲解卫生洁具设备安装工程。

■ 任务一　卫生洁具安装工程设备与工具

一、计划决策

学生项目组根据项目任务书进行项目实施计划制订和进行决策（表 2-2-1）。

表 2-2-1　项目实施任务书

项目任务名称	卫生洁具安装工程设备与工具	项目任务编号	2-2-1
项目组组长		项目组成员	
任务完成时间			
任务学习目标	1. 了解卫生洁具种类及其属性； 2. 了解各种卫生洁具的品牌； 3. 了解卫生洁具安装工程施工所需设备及其设备相关知识		
任务内容	1. 到建材市场进行调研； 2. 收集整理并汇总资料； 3. 对调研材料与工具进行分析，并形成调研报告		
项目完成验收点	1. 提交调研计划和进度表各一份； 2. 每名成员提交《建材市场调研表》一份		
完成项目任务情况分析与反思：			
组长签字		成员签字	

二、项目计划与决策

学生项目组根据项目任务书进行项目实施计划制订和进行具体实施。项目任务教学实施流程与步骤详见“附表 3：项目任务实施计划书”。

三、卫生洁具材料

（一）蹲便器

1. 蹲便器的种类

（1）根据外形不同，蹲便器可分为无遮挡蹲便器（图 2-2-1）和有遮挡蹲便器（图 2-2-2）。

图 2-2-1　无遮挡蹲便器

图 2-2-2　有遮挡蹲便器

（2）根据结构不同，蹲便器可分为有存水弯蹲便器（图 2-2-3）和无存水弯蹲便器（图 2-2-4）。

图 2-2-3　有存水弯蹲便器

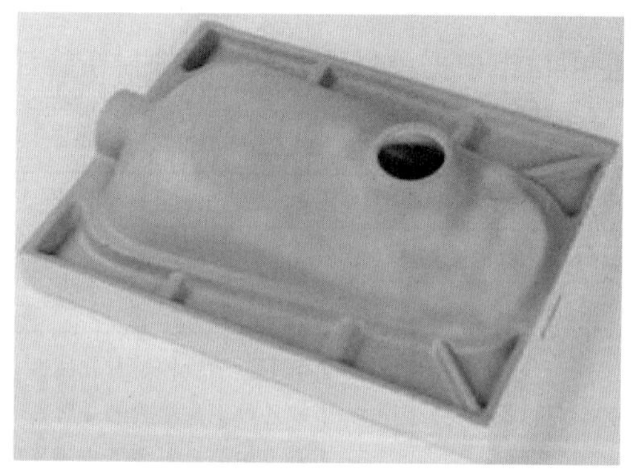
图 2-2-4　无存水弯蹲便器

2. 蹲便器的特点

（1）有存水弯蹲便器：工作原理就是利用拐弯处，造成一个“水封”，防止下水道的臭气上返。

（2）无存水弯蹲便器：结构为直通式，气味直接上返。旧式房屋中洗手间存在的异味问题，大部分是因为蹲便器无存水弯的原因。如果不改变结构，可在外买专用的防臭器，安装在蹲便器的出水口处，可以起到一定的防臭作用。

3. 蹲便器使用效果说明图（图 2-2-5）

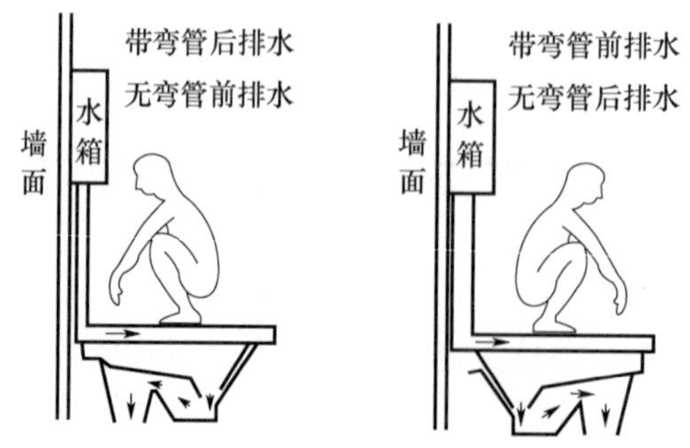

图 2-2-5　蹲便器使用效果说明图

（二）坐便器

1. 坐便器的种类

（1）从坐便器的结构来分，可分为分体坐便器（图 2-2-6）和连体坐便器（图 2-2-7）两种。

图 2-2-6　分体坐便器

图 2-2-7　连体坐便器

（2）从卫生间的出水口来分，可分为有下排水（又叫底排）坐便器和横排水（又叫后排）坐便器；

（3）从不同的排水方式来分，可分为直冲式坐便器和虹吸式坐便器。

2. 坐便器的特点

（1）分体和连体坐便器

分体坐便器所占空间大些，外形要显得传统些，价格也相对较低；连体坐便器所占空间小些，显得新颖高档些，价格相对较高。

（2）下排水和横排水坐便器

下排水的排水口，俗称地漏，使用时只要将坐便器的排水口与它对正就行了。横排水的排水口在地面上，使用时要用一段胶管与坐便器后出口连接。

（3）直冲式和虹吸式坐便器

直冲式坐便器是利用水流的冲力来排出污垢，一般池壁较陡，存水面积较小，这样水力集中，便圈周围落下的水力加大，冲污效率高。最大的缺陷就是冲水声大，由于存水面较小，易出现结垢现象，防臭功能也不如虹吸式坐便器，另外，直冲式坐便器在市场上品种比较少，选择面不如虹吸式坐便器大。

虹吸式坐便器的结构是排水管道呈“∽”形，在排水管道充满水后会产生一定的水位差，借冲洗水在便器内的排污管内产生的吸力将污垢排走，由于虹吸式坐便器冲排不是借助水流冲力，所以池内存水面较大，冲水噪声较小。

（三）小便器

小便器（图 2-2-8）多用于公共建筑的卫生间。现在有些家庭的卫浴间也装有小便器。按结构分为冲落式、虹吸式；按安装方式分为斗式、落地式、壁挂式。

小便器的制造材料由黏土或其他无机物质经混炼、成型、高温烧制而成，表面分为吸水率≤0.5%的有釉瓷质和 8.0%≤吸水率≤15.0%的有釉陶质。

小便器的规格：用冲洗阀的小便器进水口中心至完成墙的距离应不小于 60mm，小便器任何部位的坯体厚度应不小于 6mm，所有带整体存水弯卫生陶瓷的水封深度不得小于 50mm。

（四）淋浴器

淋浴器是一种既经济又卫生的沐浴方式，具有占地面积小、造价低、可调节水温、水体清洁等优点。现在的沐浴空间都很精致，人们的装饰意识已延伸至卫生间，除了能洗去疲惫之外，还要求能提

图 2-2-8 小便器

供一个心灵舒适与放松的淋浴环境，使人们在忙碌之后能得到身心上的最大放松与滋润。下面就来介绍淋浴用的喷头——花洒。

1. 花洒的种类

（1）按功能分，花洒可分为普通花洒、按摩花洒和自我清洁花洒等。

（2）按造型分，花洒可分为手提式花洒、头顶花洒和体位花洒等。

与花洒相配的开关有花洒开关制、浴缸淋浴水龙头等。

（1）按造型个数分，可分为双手柄和单手柄两种。

（2）按安装方式来分，可分为挂墙式和入墙式两种。

（3）按功能作用分类，可分为节水、恒温、净水、LED 灯四种。

2. 花洒的特点

（1）按摩花洒

除基本的淋浴外，按摩花洒对于按摩、洗头等都有不同的水流和水量控制，从而使每次洗浴都舒适到位。比如五段式按摩花洒，可以随意调节出强力式、轻柔式、适度式、混合式等多种强度模式，淋浴时，花洒喷出的不同强度水流可以对身体的各个部位进行有针对性的按摩。

（2）自我清洁花洒

转动喷头拧出一排绿色的细针便可自动除垢，省去了清洗的不便。其管线皆为合成塑胶，不怕烫，隔热。喷水时，除垢针会自动清洁出水口的沉淀物，不过价格比一般花洒高一些。

（3）手提式花洒

如图 2-2-9 所示的手提式花洒可以握在手中随意冲淋，靠花洒支架来固定。

（4）头顶花洒

如图 2-2-10、图 2-2-11 所示，头顶花洒的花洒头固定在头顶位置，支架入墙，不具备升降功能，不过花洒头上有一个活动小球，用来调节出水的角度，上下活动角度比较灵活。

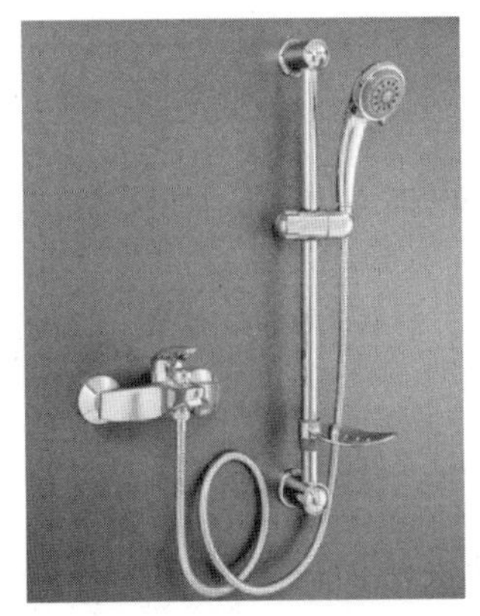

图 2-2-9　手提式花洒

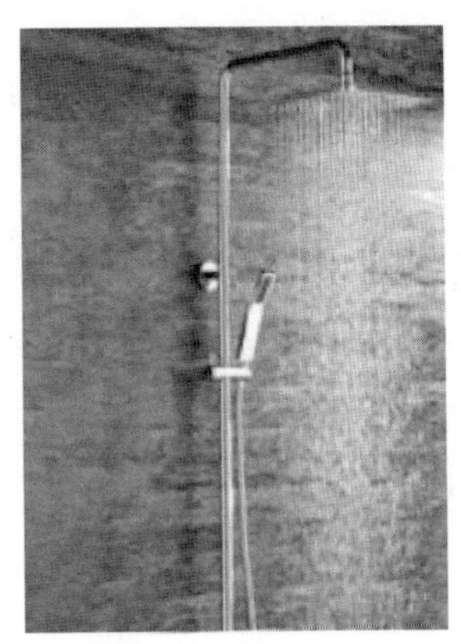

图 2-2-10　头顶花洒（一）

图 2-2-11　头顶花洒（二）

（5）体位花洒

如图 2-2-12 所示的体位花洒暗藏在墙中，对身体进行侧喷，有多种安装位置和喷水角度，起清洁、按摩作用。

图 2-2-12　体位花洒

（6）单、双手柄淋浴花洒龙头

单手柄淋浴花洒龙头：用单个手柄，通过左右旋转来调节冷热水各自的出水量，互相配合来调整水温，操作起来比较方便，但需小心使用，避免烫着。尤其家中有老人和孩子时，要特别小心叮嘱。

双手柄淋浴花洒龙头：手柄分别连接冷水和热水，如左手为热水，右手为冷水，通过旋转装置控制出水量的大小，互相配合来调节水温。

（7）挂墙式淋浴花洒龙头

安装在墙壁上，龙头本体、分水器、连接明管支柱等所有部件都是突出于墙面的。

（8）入墙式淋浴花洒龙头

仅仅手柄凸出于墙面，连接龙头的管道、分水器大多暗埋在墙内，从外面是看不到。

（9）节水式淋浴花洒龙头

花洒头通过花洒头形状或者花洒头的出水喷片的调节，达到不同出水效果，节水。

（10）恒温式淋浴花洒龙头

花洒头通过花洒下面的龙头来控制淋浴的水温，并具有记忆水温的功能。

（11）净水式淋浴花洒龙头

花洒头中装有净水的高能量净化球及表面镶嵌永久磁铁等通过磁化、吸附、过滤、氧化、电离等作用，净化水中含有的余氯、细菌、异物等杂质，让水质纯净，享受健康沐浴。常见的有三沐阳光磁化花洒头。

（12）LED灯式淋浴花洒龙头

花洒头顶端安装有LED彩光灯，通过水压的变换或水温的变化，显示不同的色彩灯光，不用另外线路供电。灯光照射水流，水流显示出五彩缤纷的色彩。

（五）浴缸

1. 浴缸的种类

（1）按款式分，可分为无裙边缸和有裙边缸，款式有心形、圆形、椭圆形、长方形、三角形等。

（2）按功能分，可分为普通浴缸、按摩浴缸等，按摩浴缸包括坐泡式按摩浴缸、水疗按摩浴缸、水疗空气按摩浴缸、脉冲按摩浴缸等。

（3）按制作材料分，可分为铸铁浴缸、亚克力浴缸、钢板浴缸、木质浴桶、按摩浴缸等。

2. 浴缸的特点

（1）铸铁浴缸

如图2-2-13所示，铸铁是一种极其耐用的材料，以它为原料生产的浴缸通常可以使用50年以上，在国外不少铸铁浴缸都是传代使用的。铸铁浴缸的表面都经过高温施釉处理，光滑平整，便于清洁。所以质量非常大，使用时不易产生噪声；由于铸造过程比较复杂，所以铸铁浴缸一般造型比较单一而价格很高。

① 优点：经久耐用是铸铁浴缸的最大优点，此外它色泽温和，注水噪声小，便于清洁。

② 缺点：由于制作成本高，故铸铁浴缸的价格普遍较高，造型较为单调，色彩选择也不多，保温性一般。由于材质的缘故，沉重，安装运输不易。

图2-2-13　铸铁浴缸

图2-2-14　亚克力浴缸

（2）亚克力浴缸

如图2-2-14所示，亚克力浴缸使用人造有机材料制造，特点是造型丰富，质量轻，表面光洁，而且价格低，但由于人造有机材料存在耐高温能力差，耐压能力差，不耐磨，表面易老化的缺点，因此亚克力浴缸在使用3年以上表面极少有不变色的。

① 特性：市场占有率较大，亚克力材料表面为聚丙酸甲酯，背面采用树脂石膏加玻璃纤维。

② 优点：由于亚克力材料柔软便于加工，故该类浴缸造型和色泽相当丰富，消费者的选择面更大。亚克力浴缸保温效果较高，冬天可长时间保温。质量较轻，便于运输和安装。表面的划痕可以进行修复。

缺点：表面容易挂花。

（3）钢板浴缸

如图2-2-15所示，钢板是制造浴缸的传统材质，钢板浴缸是由整块厚度约为2mm的浴缸专用钢板经冲压成型，表面再经搪瓷处理而制成的，它具有耐磨、耐热、耐压等特点，质量介于铸铁缸与亚克力缸之间，保温效果低于铸铁缸，但使用寿命长，整体性价比较高，所以很多消费者在装修时首选钢板浴缸。

① 优点：价格较低，质地轻巧，便于安装。

② 缺点：由于生产工艺的缘故，钢板浴缸的造型单调，保温效果很差，浴缸注水噪声较大，市面上不少钢板浴缸采用的钢板厚度不足，在承重情况下会下沉。表面的搪瓷层运输和使用过程中受到过度撞击会发生爆釉现象，导致缸体生锈而无法使用。

（4）木质浴桶

如图2-2-16所示，木质浴桶常选用木质硬、密度大、防腐性能佳的材质，如云杉、橡木、松木、香柏木等，市场上木质浴桶的材质以香柏木的最为常见。木质浴桶除了给人耳目一新的感觉外，还有容易清洗、不带静电、环保天然等优点，洗浴过后用清水就可以洗刷干净，日常保养更简单。

① 特性：由木板拼接而成，外部由铁圈箍紧。拥有木材的自然颜色和气味，有返璞归真的情趣。

② 优点：保温性强，缸体较深，可以完全浸泡身体的每一个部分，可以按照实际要求定做。

③ 缺点：价格较高，平时需要进行保养维护以防漏水变形。

图2-2-15　钢板浴缸

图2-2-16　木质浴桶

（5）按摩浴缸

如图2-2-17所示的按摩浴缸包括缸体，缸体上设有缸边，缸边上有花洒和开关，缸体为圆形，在缸体内设有冲浪喷头、气泡喷口。它具有浴洗方便、按摩效果好的特点，是一种家庭、宾馆等地方使用的洁具。

按摩浴缸利用循环水进行水力按摩，使用电力作为能源，产生气泡、保持水温恒定等功能。其价格较高、体积较大，安装施工的要求也很高。按摩浴缸主要由两大部分组成——缸体和按摩系统，而缸体材料多为钢材或亚克力，按摩系统由缸内看得见的喷头与浴缸后面隐藏着的管道、电机、控制盒等组成。

① 特性：按摩浴缸主要由电动气泵带动浴缸内壁的喷嘴喷射出混有空气的水流，使浴缸内的水流循环，舒缓肌肉酸痛、促进血液循环，从而达到人体按摩的效果。普通的为亚克力材料制造，某些高档品牌为铸铁制造。

② 优点：按摩浴缸带有模拟人体频谱的信号发生器，它发出的信号与人体的频谱十分相似，产生共振现象，起到通经活络的作用。除了按摩功能以外，有些浴缸还安装了控制板，还有的浴缸能够智能控制自动切断、上水。

③ 缺点：价格高，内部清理不易。

按摩浴缸大体分为 7 大类（表 2-2-2）。

图 2-2-17　按摩浴缸

表 2-2-2　按摩浴缸分类

1	按款式	无裙边浴缸、带裙边浴缸、独立式整体浴缸、船形按摩浴缸、镶入式浴缸
2	按缸体形状	长方形、方形、圆形、椭圆形、三角形、扇形、心形等
3	按材质	亚克力浴缸、钢板浴缸、铸铁浴缸
4	按功能	坐泡式按摩浴缸、水疗按摩浴缸、水疗空气按摩浴缸、脉冲按摩浴缸等
5	按控制方式	普通按摩浴缸、电脑控制按摩浴缸
6	按喷头的配置	单泵系统和双泵系统
7	按布置形式	搁置式、嵌入式、半下沉式

补充说明：

（1）单泵系统：即只有水按摩，或气按摩，或水气混合按摩，所有的喷头只能同时提供一种按摩方式。

（2）双泵系统：即水泵、气泵分开，一些喷头提供水按摩方式，而另一些喷头同时提供气体按摩。

（3）搁置式即把浴缸靠墙角搁置，这种方式施工方便，容易检修，适合于在楼层地面已装修完的情况下选用。

（4）嵌入式是将浴缸嵌入台面里，台面有利于放置洗浴用品，但其占用空间较大。

（5）半下沉式是把浴缸的 1/3 埋入地面下或者埋入带台阶的高台里，浴缸在浴室地面上或台面上约为 400mm，进出轻松方便，适合于年老体弱者使用。

挑选按摩浴缸：

关键一：喷头，按摩浴缸的缸壁、缸底分布着许多的喷头，它就是利用这些喷头来达到按摩的效果。基本的按摩浴缸至少包括 4 个按摩喷头，级别越高，喷头数量越多。选购时要了解喷头的功效、喷头组合的功效。同时仔细查看喷头、管道的接口是否严密，确保安全。

关键二：电动机，电动机是按摩浴缸的心脏，电动机是装在隐蔽处的，选购时要想判断电动机好坏最简单的办法就是听声音。接上电源，让按摩浴缸工作，然后仔细倾听电动机发出的声音。如是好的电动机，根本听不出声音。反之，差的电动机就能听见噪声。

关键三：安全性，按摩浴缸是电器，安全非常重要。因此，我们在选购产品时一定要查看安全证书、电动机设备安全证书。看是否具备如 CE 认证等欧洲、美国的电器安全证书。

3. 浴缸的选购

（1）尺寸：浴缸的大小要根据浴室的尺寸来确定。

① 方形浴缸的长度有：1.5m、1.6m、1.7m、1.8m、1.9m，但大多用的是 1.7m 的长度；

② 方形浴缸的宽度基本为 0.7m、0.75m、0.8m、0.85m，0.9m 比较少见，用得最多的是 0.8m；

③ 方形浴缸的高度基本为 0.58～0.9m，以 0.7m 常见。

（2）形状款式

从空间大小，感官及使用角度出发，选择合适的款式。

（3）材料

浴缸材质的优劣主要看表面是否光洁、手摸是否光滑。钢板和铸铁浴缸，如果搪瓷镀得不好，会出现细微的波纹。

4. 鉴别质量

（1）通过观察浴缸表面光泽度了解其材质的优劣，这种方法适合于任何一种材质的浴缸。表面越有光泽，则说明质量越好。

（2）可以用手触摸浴缸表面，感受其光滑平整度。这种方法适用于钢板浴缸和铸铁浴缸，因为这两种浴缸表面都需镀釉，如果镀釉工艺不好，用手触摸时，会感觉到细微的波纹起伏。

（3）用手按压、脚踩的方法测试浴缸的坚固程度。浴缸的坚固度受材料的质量和厚度影响，目测是看不出来的，需要亲自试一试。如果站或躺在浴缸里，有下沉的感觉，则说明其坚固程度不够。

四、建筑装饰材料的市场调研

建筑装饰材料的市场调研是指利用科学的方法，系统、客观、有目的、有计划地搜集、分析、整理与建筑装饰材料相关的市场信息，为解决建筑装饰设计、建筑装饰施工、建筑装饰预决算等问题提供决策依据。市场调研通常针对具体问题，进行搜集整理市场相关信息，并利用科学有效的方法对信息加以分析，并形成市场调研报告的过程（表 2-2-3）。

表 2-2-3　卫生洁具种类及其属性调研表

<table>
<tr><td colspan="2">调查建材市场名称</td><td colspan="2"></td><td>调查市场地点</td><td></td><td>调查建材市场主营卫生洁具品牌</td><td colspan="2"></td></tr>
<tr><td>建材类别</td><td>卫生洁具名称或品牌</td><td>产地或厂家</td><td>规格</td><td>价格</td><td>卫生洁具特点或施工工艺</td><td>用途</td><td>品牌对比</td><td>备注</td></tr>
<tr><td rowspan="16">卫生洁具安装工程设备与工具</td><td></td><td></td><td></td><td></td><td></td><td></td><td></td><td></td></tr>
<tr><td></td><td></td><td></td><td></td><td></td><td></td><td></td><td></td></tr>
<tr><td></td><td></td><td></td><td></td><td></td><td></td><td></td><td></td></tr>
<tr><td></td><td></td><td></td><td></td><td></td><td></td><td></td><td></td></tr>
<tr><td></td><td></td><td></td><td></td><td></td><td></td><td></td><td></td></tr>
<tr><td></td><td></td><td></td><td></td><td></td><td></td><td></td><td></td></tr>
<tr><td></td><td></td><td></td><td></td><td></td><td></td><td></td><td></td></tr>
<tr><td></td><td></td><td></td><td></td><td></td><td></td><td></td><td></td></tr>
<tr><td></td><td></td><td></td><td></td><td></td><td></td><td></td><td></td></tr>
<tr><td></td><td></td><td></td><td></td><td></td><td></td><td></td><td></td></tr>
<tr><td></td><td></td><td></td><td></td><td></td><td></td><td></td><td></td></tr>
<tr><td></td><td></td><td></td><td></td><td></td><td></td><td></td><td></td></tr>
<tr><td></td><td></td><td></td><td></td><td></td><td></td><td></td><td></td></tr>
<tr><td></td><td></td><td></td><td></td><td></td><td></td><td></td><td></td></tr>
<tr><td></td><td></td><td></td><td></td><td></td><td></td><td></td><td></td></tr>
<tr><td></td><td></td><td></td><td></td><td></td><td></td><td></td><td></td></tr>
</table>

调研时间：　　　　年　　月　　日　　点～　　点　　　　　　　　　　制表：贵州电子商务职业技术学院

调研目标如下：

（1）了解当地市场卫生洁具的常用品牌、厂家；

（2）了解卫生洁具的规格、价格、特性等材料属性；

（3）了解各种卫生洁具在施工中的应用和要求；

（4）对各种卫生洁具进行横向对比，研究分析出施工中的最优选择方案。

五、项目任务考核

本项目的考核主要是学生自评、学生互评和教师评价相结合，权重分别为20%、20%和60%。考核内容详见“附表2：认识材料任务实施计划书”。

六、知识拓展

怎样根据家装风格选择合适的卫生洁具？

七、职业技能训练

1. 选择题

（1）有存水弯的蹲便器，利用（　　）来防止臭气上返。

A. 拐角处　B. 防臭器　C. 不断冲水　D. 防臭喷雾

（2）恒温式沐浴花洒龙头具有（　　）功能。

A. 记忆水温　B. 净化水质　C. 调节水流　D. 自我清洁

（3）木质浴桶的优点是（　　）。

A. 价格低　B. 保温性强　C. 不需保养维护　D. 造型多样

（4）不属于钢板浴缸缺点的是（　　）。

A. 价格高　B. 造型单调　C. 保温差　D. 注水噪声大

2. 简述题

（1）简述坐便器的种类。

（2）简述浴缸的种类。

■任务二　卫生洁具安装工程施工流程

一、计划决策

学生项目组根据项目任务书进行项目实施计划制定和决策（表2-2-4）。

表2-2-4　项目实施任务书

项目任务名称	卫生洁具安装工程	项目任务编号	2-2-2
项目组组长		项目组成员	
任务完成时间			
任务学习目标	1. 认知目标： （1）了解卫生洁具安装施工的工艺流程及施工要求和原则； （2）了解卫生洁具安装工程施工所需设备及其相关知识； （3）了解施工中会遇到的问题及后期维护问题。 2. 技能目标： （1）具备根据设计风格、价格合理地正确选择卫生洁具的能力； （2）掌握卫生洁具安装工程施工的工艺流程； （3）能正确解决施工中遇到的问题及后期维护问题		
任务内容	1. 了解并学习卫生洁具安装施工工程的工艺流程； 2. 卫生洁具安装施工工艺结构观摩； 3. 卫生洁具安装施工工具认识与了解		

续表

项目完成验收点	1. 提交根据项目任务目标撰写的工作计划一份； 2. 学会使用卫生洁具安装施工相关工具； 3. 学会卫生洁具安装工程的施工
完成项目任务情况分析与反思：	

组长签字		成员签字	

二、项目计划与决策

学生项目组根据项目任务书进行项目实施计划制定和具体实施。项目任务教学实施流程与步骤详见“附表 3：项目任务实施计划书”。

三、项目实施

学生确定各自在小组中的分工以及小组成员合作的形式，然后按照已确立的工程实施步骤参与实训（或工作）。本项目就是按卫生洁具安装图及施工要求进行实际施工，制作出卫生洁具安装实物作品。

（一）卫生洁具尺寸图（图 2-2-18、图 2-2-19）

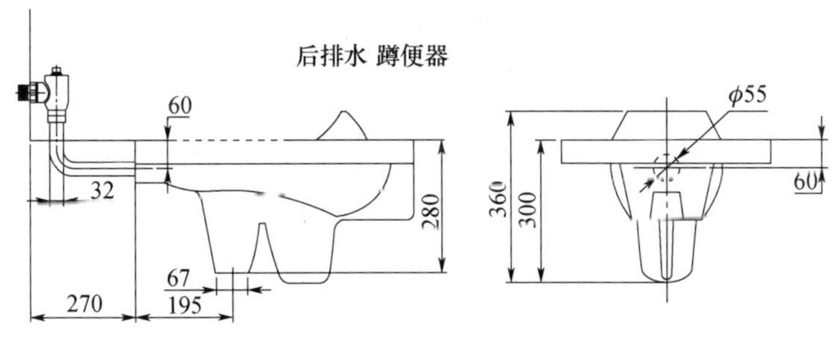

图 2-2-18　蹲便器尺寸图

（二）高水箱、蹲便器安装

1. 高水箱配件安装

（1）先将虹吸管、螺母、根母、管下垫卸下，涂抹油灰后将虹吸管插入高水箱出水孔。将管下垫、眼圈套在管上。拧紧根母至松紧适度。将螺母拧在虹吸管上。虹吸管方向、位置视具体情况自行确定。

（2）将漂球拧在漂杆上，并与浮球阀（漂子门）连接好，浮球阀安装与塞封安装略同。

（3）拉把支架安装：将拉把上螺母眼圈卸下，再将拉把上螺栓插入水箱一侧的上沿（侧位方向视给水预留口情况而定）加垫圈紧固。调整挑杆距离（挑杆的提拉距离一般以 40mm 为宜）。挑杆另一端连接拉把（拉把也可交验前统一安装），将水箱备用上水眼用塑料胶盖堵死。

2. 蹲便器、高水箱安装

（1）蹲便器安装结构，如图 2-2-20 所示。首先，将胶皮碗套在蹲便器进水口上，要套正、套实。用成品喉箍紧固（或用 14 号铜丝分别绑二道，但不允许压缩在一条线上，铜丝拧紧要错位 90°左右）。

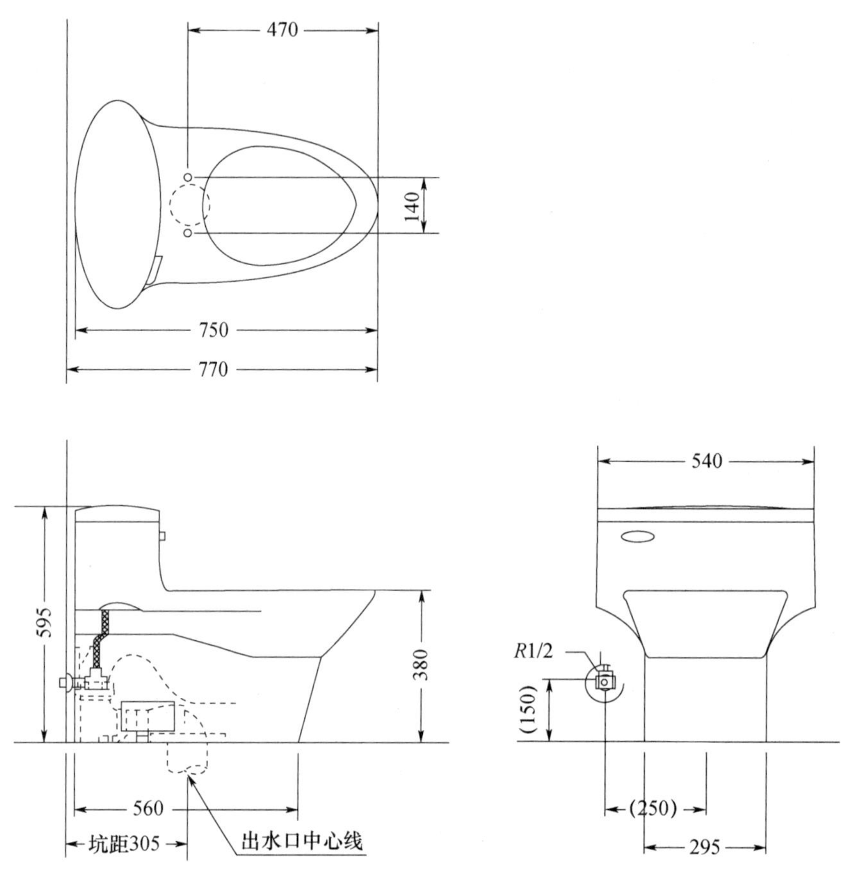

图 2-2-19　背水箱坐便器安装尺寸图

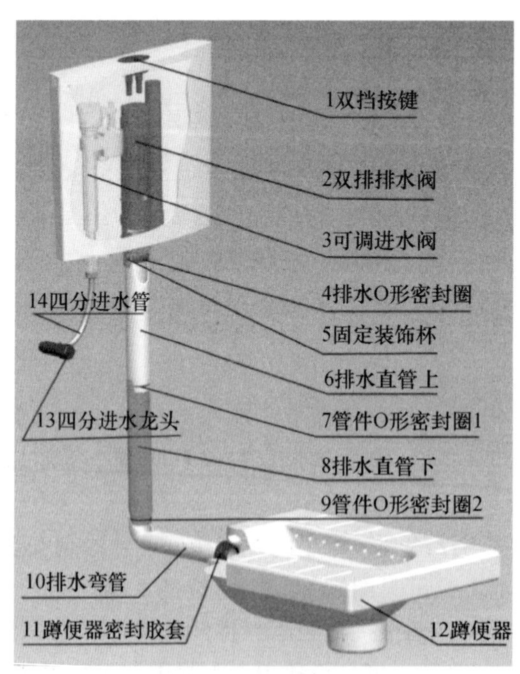

图 2-2-20　蹲便器结构

（2）将预留排水管口周围清扫干净，把临时管堵取下，同时检查管内有无杂物。找出排水管口的中心线，并画在墙上。用水平尺（或线坠）找好竖线。

将下水管承口内抹上油灰，蹲便器位置下铺垫白灰膏，然后将蹲便器排水口插入排水管承口内稳好。同时用水平尺放在蹲便器上沿，纵横双向找平、找正，使蹲便器进水口对准墙上中心线。同时蹲便器两侧用砖砌好抹光，将蹲便器排水口与排水管承口接触处的油灰压实、抹光。最后将蹲便器排水口用临时管堵封好。

（3）安装多联蹲便器时，应先检查排水管口标高、甩口距墙尺寸是否一致。找出标准地面标高，向上测量好蹲便器需要的高度，用小线找平，找好墙面距离，然后按上述方法逐个进行安装。

（4）高水箱安装：应在蹲便器安装之后进行。首先检查蹲便器的中心与墙面中心线是否一致，如有错位应及时进行调整，以蹲便器不扭斜为宜。确定水箱出水口中心位置，向上测量出规定高度（给水口距台阶面 2m）。同时结合高水箱固定孔与给水孔的距离找出固定螺栓高度位置，在墙上画好十字线，剔成 ϕ30mm×100mm 深的孔眼，用水冲净孔眼内杂物，将燕尾螺栓插入洞内用水泥填实。将装好配件的高水箱挂在固定螺栓上，加胶垫、眼圈，带好螺母拧至松紧适度。

（5）多联高水箱应按上述做法先挂两端的水箱，然后挂线拉平、找直，再安装中间水箱。

（6）高水箱冲洗管的连接：先上好八字门，测量出高水箱浮球阀距八字水门的给水管尺寸，配好短节，装在八字水门上及给水管口内。将铜管或塑料管断好，然后将浮球阀和八字水门锁母卸下，背对背套在铜管或塑料管上，两头缠石棉绳或铅油麻线，分别插入浮球阀和八字水门进出口内拧紧锁母。

（7）延时自闭冲洗阀的安装：冲洗阀的中心高度为 1100mm。根据冲洗阀至胶皮碗的距离，断好 90°弯的冲洗管，使两端合适。将冲洗阀锁母和胶圈卸下，分别套在冲洗管直管段上，将弯管的下端插入胶皮碗内 40～50mm，用喉箍卡牢。再将上端插入冲洗阀，推上胶圈，调直找正，将锁母拧至松紧适度。扳把式冲洗阀的扳手应朝向右侧，按钮式冲洗阀的按钮应朝向正面。

（三）背水箱坐便器安装

1. 背水箱配件安装

（1）背水箱中带溢水管的排水口安装与塞封安装相同。溢水管口应低于水箱固定螺孔 10～20mm。

（2）背水箱浮球阀安装与高水箱相同，有补水管者把补水管上好后揻弯至溢水管口内。

（3）安装扳手时，先将圆盘塞入背水箱左上角方孔内，把圆盘套入方螺母内用管钳拧至松紧适度，把挑杆揻好勺弯，将扳手轴插入圆盘孔，套上挑杆拧紧顶丝。

（4）安装背水箱翻板式排水时，将挑杆与翻板用尼龙线连接好。扳动扳手使挑杆上翻板活动自如。

2. 背水箱、坐便器安装

（1）将坐便器预留排水管口周围清理干净，取下临时管堵，检查管内有无杂物。

（2）将坐便器出水口对准预留排水口放平找正，在坐便器两侧固定螺栓眼处画好印记，移开坐便器，将印记做好十字线。

（3）在十字线中心处剔 ϕ20mm×60mm 的孔洞，把 ϕ10mm 螺栓插入孔洞内用水泥栽牢，将坐便器试稳，使固定螺栓与坐便器吻合，移开坐便器。将坐便器排水口及排水管口周围抹上油灰后将坐便器对准螺栓放平，找正，螺栓上套好胶皮垫、螺母拧至松紧适度。

（4）对准坐便器尾部中心，在墙上画好垂直线，在距地坪 800cm 高度画水平线。根据水箱背面固定孔眼的距离，在水平线上画好十字线。在十字线中心处剔 ϕ30mm×70mm 深的孔洞，把带有燕尾的镀锌螺栓（规格 ϕ10mm×100mm）插入孔洞，用水泥栽牢。将背水箱挂在螺栓上放平、找正。与坐便器中心对正，螺栓上套好胶皮垫，带上眼圈、螺母拧至松紧适度。

（四）小便器安装（图 2-2-21）

（1）小便器上水管一般要求暗装，用角阀与小便器连接；

（2）角阀出水口中心应对准小便器进出口中心；

（3）配管前应在墙面上画出小便器安装中心线，根据设计高度确定位置，画出十字线，按小便器中心线打眼、揳入木楔或塑料膨胀螺栓；

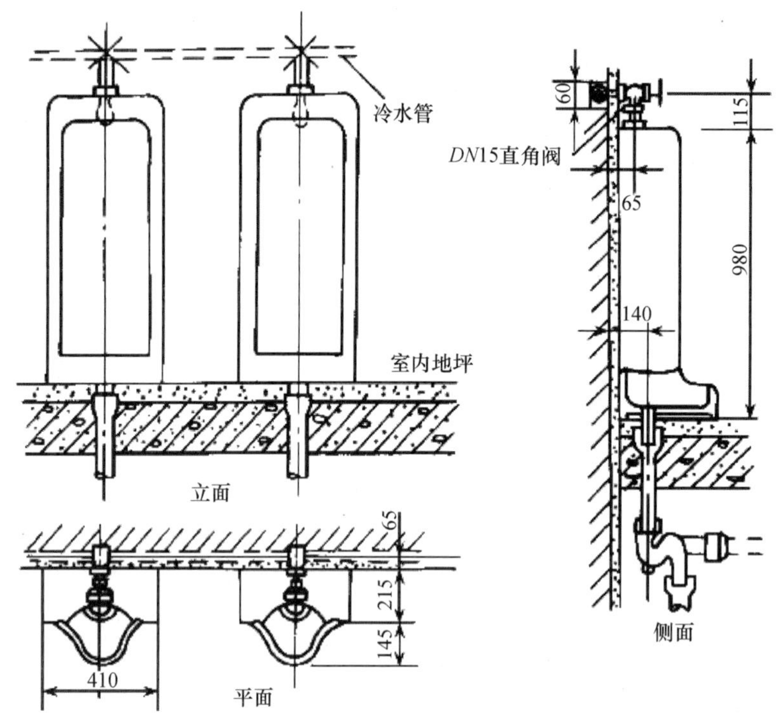

图 2-2-21　立式小便器安装图

（4）用木螺钉加尼龙热圈轻轻将小便器固定在木砖上，不得偏斜、离斜；

（5）小便器排水接口为承插口时，应用油腻子封闭。

（五）淋浴器安装（图 2-2-22）

（1）镀铬淋浴器安装：暗装管道先将冷、热水预留管口找平、找正。量好短管尺寸，断管、套丝、涂铅油、缠麻，将弯头上好。明装管道按规定标高揻好“弯”（俗称元宝弯），上好管箍。

淋浴器锁母外丝丝头处抹油、缠麻。用自制扳手卡住内筋，旋入弯头或管箍内。再将淋浴器对准锁母外丝，将锁母拧紧。将固定圆盘上的孔眼找平、找正。画出标记，卸下淋浴器，将印记剔成 ϕ10mm×40mm 的孔眼，栽好铅皮卷。再将锁母外丝口加垫抹油，将淋浴器对准锁母外丝口，用扳手拧至松紧适度。再将固定圆盘与墙面靠严，孔眼平正，用木螺钉固定在墙上。将淋浴器上部铜管预装在三通上，使立管垂直，将圆盘与墙面贴实，孔眼平正，画出孔眼标记，栽入铅皮卷，锁母外加垫淋油，将锁母拧至松紧适度。圆盘采用木螺钉固定在墙面上。

（2）铁管淋浴器的组装：铁管淋浴器的组装必须采用镀锌管及管件，阀门、各部尺寸必须符合规范规定。

由地面向上量出 1150mm，画一条水平线，为阀门中心标高，再将冷、热阀门中心位置画出，测量尺寸，装配管上零件，阀门上应加活接头。

根据组数预制短管，按顺序组装，立管栽固定立管卡，将喷头卡住。立管应吊直，喷头找正。安装时应注意男、女浴室喷头的高度。

图 2-2-22　淋浴器安装图

（六）浴缸安装

（1）浴缸安装：浴缸安装前应将浴缸内表面擦拭干净，同时检查瓷面是否完好。带腿的浴缸先将腿部的螺栓卸下，将销母插入浴缸底卧槽内，把腿扣在浴缸上，带好螺母拧紧找平。浴缸如砌砖腿时，应配合土建施工把砖腿按标高砌好。将浴缸安放于砖台上，找平、找正。浴缸与砖腿缝隙外用 1∶3 水泥砂浆填充抹平。

（2）浴缸排水安装：将浴缸排水三通套在排水横管上，缠好油盘根绳，插入三通中口，拧紧锁母。三通下口装好钢管，插入排水预留管口（铜管下端板边）。将排水口圆盘下加胶垫、油灰，插入浴缸排水孔眼，外面再套胶垫、眼圈，丝扣处涂铅油、缠麻。用自制叉扳手卡住排水口十字筋，上入弯头。

将溢水立管下端套上锁母，缠上油盘根绳，插入三通上口对准浴缸溢水孔，带上锁母。溢水管弯头处加 1mm 厚的胶垫、油灰，将浴缸堵螺栓穿过溢水孔花盘，上入弯头。浴缸排水三通出口和排水管接口处缠绕油盘根绳捻实，再用油灰封闭。

（3）混合水龙头安装：将冷、热水管口找平、找正。把混合水龙头转向对丝抹铅油，缠麻丝，带好护口盘，用自制扳手（俗称钥匙）插入转向对丝，分别拧入冷、热水预留管口，校好尺寸，找平，找正。使护口盘紧贴墙面。然后将混合水龙头对正转向对丝，加垫后拧紧锁母找平、找正。用扳手拧至松紧适度。

（4）水龙头安装：先将冷、热水预留管口用短管找平、找正。如暗装管道进墙较深者，应先量出短管尺寸，套好短管，使冷、热水龙头安完后距墙一致。将水龙头拧紧找正，除净外露麻丝。

四、检查调整与工程验收

学生项目组根据施工的流程进行施工项目检查。如发现问题及时调整。检查所有都没有问题后才能进行工程验收（表 2-2-5、表 2-2-6）。

表 2-2-5　蹲便器与坐便器安装工程验收表

验收标准	是否合格	
	是	否
1. 蹲便器安装，包括冲水阀和排水	□	□
2. 坐便器安装，包括固定方式，给水软管和排水。不得使用水泥固定底座	□	□
3. 检查冲水功能能否使用	□	□
4. 检查连接部位是否有渗漏水现象	□	□

表 2-2-6　淋浴与浴缸安装工程验收表

验收标准	是否合格	
	是	否
1. 安装位置是否合适，安装元件是否牢固	□	□
2. 已完成各给水口阀门安装，将冷、热水管串通，各种阀门关闭，管道注满清水，排除管内的空气，压力在 0.7MPa 状态下稳压 2h，压力降不得超过 0.03MPa	□	□
3. 检查连接部位（角阀、水龙头、花洒连接处）是否有渗漏水现象	□	□
4. 各种浴缸冷、热水龙头或混合龙头高度是否高出浴缸上平面 150mm。安装时应不损坏镀铬层。检查镀铬罩与墙面是否紧贴	□	□
5. 浴缸安装上平面是否用水平尺校验平整，不得侧斜。浴盆上口侧边与墙面结合处是否用密封膏填嵌密实	□	□
6. 浴缸排水与排水管连接是否牢固密实，且便于拆卸，连接处不得敞口	□	□
7. 水件安装完毕后，应该试验各个出水口是否畅顺，并且关闭去水阀，给浴缸内蓄水，观察会不会漏水，最后打开去水阀，观察排水速度是否正常，并且看看有没有水从浴缸底部溢出到外面	□	□

五、项目任务考核

本项目的考核主要是学生自评、学生互评和教师评价相结合，权重分别为 20%、20%和 60%。考核内容详见“附表 2：认识材料任务实施计划书”。

六、知识拓展

卫生洁具的选购知识。

七、职业技能训练

1. 选择题

（1）延时自闭冲洗阀安装时，冲洗阀的中心高度为（　　）mm。

A. 1000　　B. 1100　　C. 1200　　D. 1300

（2）安装背水箱坐便器时，应对准坐便器尾部中心，在墙上画好垂直线，在距地平（　　）cm 高度画水平线。

A. 700　　B. 750　　C. 900　　D. 800

（3）浴缸与地砖间缝隙需要外用（　　）水泥砂浆填充抹平。

A. 1∶1　　B. 1∶2　　C. 1∶3　　D. 1∶4

2. 简答题

（1）简述小便器的安装流程。

（2）简述淋浴器的安装流程。

■任务三　卫生洁具安装工程实训

一、计划决策

学生项目组根据项目任务书进行项目实施计划制定和决策（表 2-2-7）。

表 2-2-7　项目实施任务书

项目任务名称	卫生洁具安装工程实训	项目任务编号	2-2-3
项目组组长		项目组成员	
任务完成时间			
任务学习目标	1. 认知目标： （1）了解各种卫生洁具安装施工的工艺流程及施工要求和原则； （2）了解各种卫生洁具安装工程施工所需设备及其设备相关知识； （3）了解施工中会遇到的问题及后期维护问题 2. 技能目标： （1）掌握各种卫生洁具安装工程施工的工艺流程及施工方法； （2）能正确解决施工中遇到的问题及后期维护问题		
任务内容	1. 了解并学习各种卫生洁具安装施工的工艺流程； 2. 能够使用各种卫生洁具安装施工工具； 3. 各种卫生洁具安装施工实际操作实践		
项目完成验收点	1. 提交根据项目任务目标撰写的工作计划一份； 2. 学会使用各种卫生洁具安装施工相关工具； 3. 能实际进行各种卫生洁具安装工程的施工		

续表

完成项目任务情况分析与反思：			
组长签字		成员签字	

二、项目计划与决策

学生项目组根据项目任务书进行项目实施计划制订和具体实施。项目任务教学实施流程与步骤详见“附表3：项目任务实施计划书”。

三、实训准备材料、工具以及条件

卫生洁具安装实训准备表见表2-2-8。

表2-2-8　卫生洁具安装实训准备表

材料准备	镀锌钢管、PVC塑料管、高位水箱蹲便器、背水箱坐便器、花洒、浴缸各类阀门、存水弯等
机具准备	机械：套丝机、砂轮切割机、砂轮锯、手电钻、冲击钻、电锤、手动试压泵等
	工具：管钳、手锯、剪子、活扳手、手锤、手铲、錾子、螺钉旋具、电烙铁等
	其他：水平尺、线坠、角尺等
条件准备	1. 所有与卫生洁具连接的管道压力、闭水试验已完毕； 2. 安装设备及其配件已进行检验、清洗； 3. 浴缸的安装应待土建做完防水层及保护层后配合土建施工进行； 4. 应在室内装修基本完成后再进行安装

四、实训指导

（一）蹲便器安装要点及注意事项

1. 蹲便器的安装要点

（1）根据所安装产品的排污口，在离墙适当的位置预留下水管道，同时确定下水管道入口距地坪面的距离。

（2）在地面下预留安装蹲便器的凹坑，深度大于蹲便器的高度。

（3）将连接胶塞放入蹲便器的进水孔内卡紧。在与蹲便器进水孔接触的外边缘涂上一层玻璃胶或油灰，将进水管插入胶塞进水孔，使其与胶塞密封良好，以防漏水。

（4）在蹲便器的出水口的边缘涂上一层玻璃胶或油灰，放入下水管道的入口挤压密实，用焦渣或其他填充物将蹲便器架设水平。

（5）打开进水系统，检查各接合处有无漏水情况，若漏水，则要检查各接合处的情况，直至问题解决。

（6）检查各接合处无漏水情况后，用填充物将蹲便器周围填实，同时陶瓷与水泥砂浆的接触面填上1cm以上的沥青或油毡等弹性材料。

（7）用水泥砂浆将蹲便器固定在水平面内，平稳、牢固后，然后在水泥砂浆面上铺贴卫生间地砖。

（8）试冲水，若无异常即可使用。

2. 安装蹲便器的注意事项

（1）蹲便器所有与混凝土接触的部分要填上沥青或油毡等弹性材料，否则会因水泥膨胀导致蹲便器破裂。

（2）用加热溶解的沥青涂饰时，应防止蹲便器受热导致破裂。

（3）蹲便器安装应严格按说明书操作施工，否则易造成蹲便器破裂。

（二）坐便器的安装要点及注意事项

1. 坐便器的安装要点

（1）给水管安装角阀高度一般距地面至角阀中心为250mm，如安装连体坐便器应根据坐便器进水口离地高度而定，但不小于100mm，给水管角阀中心一般在污水管中心左侧150mm或根据坐便器实际尺寸定位。

（2）低水箱坐便器的水箱应用镀锌开脚螺栓或用镀锌金属膨胀螺栓固定。如墙体是多孔砖则严禁使用膨胀螺栓，水箱与螺母间应采用软性垫片，严禁使用金属硬垫片。

（3）带水箱及连体坐便器其水箱后背部离墙应不大于20mm。

（4）坐便器安装应用不小于6mm镀锌膨胀螺栓固定，坐便器与螺母间应用软性垫片固定，污水管应露出地面10mm。

（5）坐便器安装时应先在底部排水口周围涂满油灰，然后将坐便器排出口对准污水管管口慢慢地往下压挤密实，再将垫片螺母拧紧，清除被挤出油灰，在底座周边用油灰填嵌密实后立即用抹布擦拭干净。

（6）冲水箱内溢水管高度应低于扳手孔30～40mm，以防进水阀门损坏时水从扳手孔溢出。

2. 安装坐便器的注意事项

（1）安装坐便器时，不要往坐便器前空腔或其他空腔部位灌入水泥砂浆，以免因水泥凝结膨胀撑裂坐便器。

（2）坐便器不能在0℃以下的环境中使用，否则因水结冰膨胀会挤裂陶瓷体。不要用硬物撞击陶瓷，防止破损和漏水。为保持产品表面清洁，应用尼龙刷和专用清洁剂清洗，严禁使用钢刷和强有机溶液，以免破坏产品釉面，侵蚀管道。

（3）坐便器底部的水封高度过低可能造成卫生间返味，影响健康。过高的话，水面容易溅起来，因此要根据实际需要让厂家把水封调节到合适的位置。

（三）淋浴的安装要点及注意事项

1. 淋浴的安装要点

（1）一般来说，淋浴器的花洒和龙头都是配套安装使用，龙头距离地面70～80cm，淋浴柱高为1.1m，龙头与淋浴柱接头长度为10～20m，花洒距地面高度在2.1～2.2m，消费者购买时要充分考虑浴室空间大小。

（2）冷、热水供水管切勿装反。一般情况下，面对龙头左边为热水供水管，右边为冷水供水管。有特殊标识除外。安装完毕后，拆下起泡器、花洒等易堵塞配件，让水流出，将杂质完全清除，再装回。

（3）随龙头所附工具应保留，以便日后维修用。拆装进水软管时，不要缠密封胶带，不要用扳手，直接用手拧紧即可，否则会破坏软管。挂墙式龙头根据需要确定弯头露出长度，否则弯头露出墙面太多，影响美观。

（4）一般家庭选择手持花洒、升降杆、软管和明装挂墙式淋浴龙头的组合式淋浴器最实惠，既可以搭配淋浴房，也可以搭配浴缸。安装升降杆的高度，其最上端的高度比人身高多出10cm即可。淋浴器的软管长度选择也因人而异，如果希望使用花洒冲刷卫浴间的地面，那么可以适当选择长一些的。一般情况，125cm的就完全够用。

2. 花洒安装的注意事项

（1）在安装花洒时需要打孔，打孔时需要注意的是不能打穿墙内的水管。

（2）安装花洒上圆形底盖的时候，一定要拧紧螺钉，否则会导致花洒脱落。

（3）安装手持花洒的时候不能够打结也不能够扭曲。

(4) 安装花洒之前一定要确定好安装的高度，并做好标记。

(四) 浴缸的安装要点及注意事项

1. 浴缸的安装要点

(1) 在安装裙板浴盆时，其裙板底部应紧贴地面，楼板在排水处应预留 250～300mm 孔洞，便于排水安装，在浴盆排水端部墙体设置检修孔。

(2) 其他各类浴盆可根据有关标准或用户需求确定浴盆上平面高度。然后砌两条砖基础后安装浴盆。如浴盆侧边砌裙墙，应在浴盆排水处设置检修孔或在排水端部墙上开设检修孔。

(3) 各种浴盆冷、热水龙头或混水龙头其高度应高出浴盆上平面 150mm。安装时应不损坏镀铬层。镀铬罩与墙面应紧贴。

(4) 固定式淋浴器、软管淋浴器其高度可按有关标准或按用户需求安装。

(5) 浴盆安装上平面必须用水平尺校验平整，不得侧斜。浴盆上口侧边与墙面结合处应用密封膏填嵌密实。

(6) 浴盆排水与排水管连接应牢固密实，且便于拆卸，连接处不得敞口。

2. 浴缸安装的注意事项

(1) 注意浴缸保护，在浴缸安装和房屋装修过程中，可以用柔软的材料覆盖浴缸表面，勿在浴缸上站立施工，或在浴缸边缘放置重物，以防止损坏浴缸。

(2) 浴缸安装 24h 后才能使用。

五、质量标准与检验

(一) 保证项目

(1) 卫生洁具的型号、规格、质量必须符合设计要求；卫生洁具排水的出口与排水管承口的连接处必须严密不漏。

检查方法：检验出厂合格证，通水检查。

(2) 卫生洁具的排水管径和最小坡度，必须符合设计要求和施工规范规定（表 2-2-9、表 2-2-10）。

表 2-2-9　连接卫生器具的排水管径和最小坡度（一）

卫生器具名称		排水管管径（mm）	管道的最小坡度（‰）
大便器	高、低水箱	100	12
	自闭式冲洗阀	100	12
	拉管式冲洗阀	100	12
小便器	手动、自闭式冲洗阀	40～50	20
	自动冲洗水箱	40～50	20

检查方法：观察或尺量检查。

表 2-2-10　连接卫生器具的排水管径和最小坡度（二）

卫生器具名称	排水管管径（mm）	管道的最小坡度（‰）
淋浴器	50	20
浴缸	50	20

检查方法：观察或尺量检查。

(二) 基本项目

支托架防腐良好，埋设平整牢固，洁具放置平稳、洁净。支架与洁具接触紧密。检查方法：观察和手扳检查（表 2-2-11）。

表 2-2-11　卫生洁具安装的允许偏差和检验方法

项目		允许偏差（mm）	检查方法
坐标	单独器具	10	拉线、吊线和尺寸检查
	成排器具	5	
标高	单独器具	±15	
	成排器具	±10	
器具水平度		2	用水平尺和尺量检查
器具垂直度		3	用吊线和尺量检查

六、安全环保措施

（1）搬运卫生器具时，要握牢抓紧，防止滑倒及倾倒伤人。

（2）使用电锤、冲击钻、錾子打透眼时，楼板下及墙后严禁有人员靠近。

（3）安装好的卫生器具严禁有边角废料进入卫生器具和管道内，以免堵塞管道。

（4）施工现场清理干净。

七、成品保护

（1）洁具在搬运和安装时要防止磕碰。安装后洁具排水口应用防护用品堵好，镀铬零件用纸包好，以免堵塞或损坏。

（2）在釉面砖、水磨石墙面剔孔洞时，宜用手电钻或先用小錾子轻轻剔掉釉面，待剔至砖底灰层处方可用力，但不得过猛，以免将面层剔碎或震成空鼓现象。

（3）洁具安装后，为防止配件丢失或损坏，配件应在竣工前统一安装。

（4）安装完的洁具应加以保护，防止洁具瓷面受损和整个洁具损坏。

（5）通水试验前应检查地漏是否畅通，分户阀门是否关好，然后按层段分房间逐一进行通水试验，以免漏水使装修工程受损。

（6）在冬季室内不通暖气时，各种洁具必须将水放空。存水弯应无积水，以免将洁具和存水弯冻裂。

八、职业技能训练

1. 选择题

（1）在地面下预留安装蹲便器的凹坑深度（　　）蹲便器的高度。

A. 小于　　B. 等于　　C. 大于　　D. 大于等于

（2）蹲便器所有与混凝土接触的部分要填上（　　）等弹性材料，否则因水泥膨胀导致便器破裂。

A. 沥青　　B. 油毡　　C. 沥青或油毡　　D. 沥青和油毡

（3）给水管安装角阀高度一般距地面至角阀中心为（　　）mm。

A. 100　　B. 200　　C. 250　　D. 300

（4）坐便器底部的水封高度过低可能造成（　　）。

A. 水溅起来　　B. 卫生间返臭　　C. 冲水不畅　　D. 漏水现象

（5）带水箱及连体坐便器其水箱后背部离墙应不大于（　　）mm。

A. 15　　B. 20　　C. 25　　D. 30

2. 简答题

（1）简述花洒安装的注意事项。

（2）概述蹲便器的安装要点。

项目三　成品电器设备安装工程

■ 任务一　热水器设备安装工程

一、明确任务

教师给学生发放并讲解任务书（表 2-3-1）

表 2-3-1　项目实施任务书

项目任务名称	热水器设备安装工程	项目任务编号	2-3-1
项目组组长		项目组成员	
任务完成时间			
任务学习目标	1. 知识目标： ① 学习了解热水器的理论知识； ② 学习了解安装热水器设备中会遇到的问题及设备维护问题。 2. 技能目标： ① 能够根据设计要求正确选择热水器的种类； ② 掌握热水器安装工程的安装流程及工艺和安装方法； ③ 能正确解决安装施工中遇到的问题及设备维护问题		
任务内容	1. 学习并了解电热水器设备安装工程的分组方法和施工技巧； 2. 学习并了解电热水器设备安装工程的工艺及流程； 3. 学习并了解电热水器设备安装的流程及进行施工工艺现场观摩学习； 4. 认识了解电热水器设备安装工具； 5. 现场进行电热水器设备安装及施工工艺实际操作		
项目完成验收点	1. 根据此项目任务目标提交工作计划一份； 2. 学会应用电热水器设备安装流程中相关的工具； 3. 能独立根据电热水器设备安装流程及工艺完成电热水器设备安装施工		
完成项目任务情况分析与反思：			
组长签字		成员签字	

二、项目任务教学实施流程与步骤

各项目组根据项目任务制订计划并实施，确定各自在小组中的分工以及小组成员合作的形式，然后按照已确立的实施步骤进行任务实施与学习。项目任务教学实施流程与步骤详见“附表 2：认识材料任务实施计划书”以及“附表 3：项目任务实施计划书”。

三、热水器核心知识链接

热水器就是指通过各种物理原理，在一定时间内使冷水温度升高变成热水的一种装置。

热水器分为储水式热水器和即热式热水器（又称快速式热水器）两种，储水式热水器是将水存入水箱，一次性进行烧热；而即热式热水器是直接输入冷水输出热水。所以储水式热水器一般都体型巨大，因为都携带水箱；而即热式热水器都比较轻巧。

1. 储水式热水器

储水式热水器一般分为三大类：电加热式热水器、太阳能热水器、空气能热水器。储水式热水器的储水容量一般有 30L、40L、50L、60L、80L、90L、100L 等。根据经验，额定容积为 30～40L 的电加热式热水器，适合 3～4 人连续沐浴使用；40～60L 的电加热式热水器适合 4～5 人连续沐浴使用；70～90L 的电加热式热水器适合 5～6 人连续沐浴使用。

储水式热水器的优点：安装简单，使用方便，不受天然气、楼层、气压差异的影响，是我国比较传统的热水器形式，深受大众喜爱。

储水式热水器的缺点：体积大，需要很大的空间；洗澡前要提前预热，等待时间比较长；容易积水垢，一般一年需除水垢一次。

（1）电加热式热水器（图 2-3-1）

电加热式热水器是目前的主流产品，可以安装在浴室中，因其本身的质量加上所蓄水的质量造成其荷载较大，必须挂在承重墙（承重墙指支撑着上部楼层质量的墙体，本身承重）上。电加热式热水器还有一个大问题就是耗电量高，尤其是现在很多城市都实行了梯度电价，造成使用电加热式热水器的电费太高。在安全上，目前的电加热式热水器已完全做到水电分离，无须担心触电等安全问题。虽然洗澡时水箱会注入冷水，但大部分品牌目前都能做到水温恒定。一些中高端品牌的电加热式热水器加入了“速热”的功能，夏季可以根据自来水的温度提高水温，可以不受储水量限制。

图 2-3-1　电加热式热水器

（2）太阳能热水器（图 2-3-2）

太阳能热水器是采用真空集热管组装的热水器，有太阳光照便能产生热水，可广泛用于家庭及工业用热水。其优点是集热效率高（平均日效率≥0.46）、安全、清洁、节能、保温性能好、全年可使用、使用寿命长等。其规格有 12 支管、15 支管、18 支管、21 支管、24 支管等。太阳能热水器按照安装方式可以分为屋顶式太阳能热水器和阳台式太阳能热水器；按照水箱受压方式可分为承压式太阳能热水器和非承压式太阳能热水器。太阳能热水器的节能效果非常明显，光照充足的地区可以减少用电，夏季水温甚至可以达到 99℃，只有保温和天气不佳时需要用电辅助加热。但是，冬季日照不足的南方，并不适宜使用这种类型的热水器。

（3）空气能热水器（图 2-3-3）

空气能热水器的原理是：通过压缩机系统运转工作，吸收空气中的热能来生产热水。空气能热水器不仅能加热水还能制冷——空气能热水器能够吸取空气中的热量来加热水，被吸掉热量的冷气被运用到厨房，实现厨房制冷，解决厨房的闷热问题（图 2-3-4）。但其缺点也很明显，空气能热水器的容量大多是 150L，因体积很大而只能放在阳台，本身价格又昂贵，只有用水量巨大时才能体现出它的节能优势。并且因为它是吸收空气中的热能加热水的，气温过低时，仍需要用电辅助加热。

图 2-3-2　太阳能热水器

图 2-3-3　空气能热水器

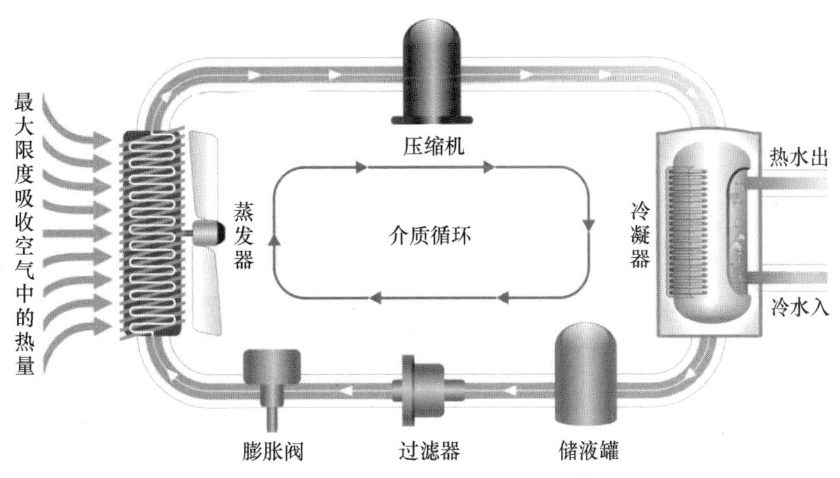

图 2-3-4　空气能热水器工作原理

空气能热水器按照加热形式可分为氟循环加热与水循环加热两类，这两种方式各有优点，互不排斥。氟循环机可分为：家用型阳台机、外墙机、厨房机，商用型的壁虎机、阁楼机这几种类型；水循环机可分为：家用型阳台机、露台机、厨房机，商用型的壁虎机、阁楼机，工程型的屋顶机、地面机这几种类型。

2. 即热式热水器

（1）即热式燃气热水器（图 2-3-5）

由于我国的实际情况和使用习惯，即热式燃气热水器目前是众多消费者的首选，其优点是占地很小，即开即用，并且燃气的热效率比较高，燃气本身的价格比电便宜，所以使用起来要比电加热式热水器便宜不少。缺点是安全问题，在加热过程中有可能会产生有毒气体，所以能否及时排走有毒气体，成为即热式燃气热水器安全性的关键。现在我国已禁止生产销售直排式即热式燃气热水器，其安全性也得到了很大的保障。目前从世界的发展情况来看，强制排气式即热式燃气热水器是即热式燃气热水器发展的必然趋势。

图 2-3-5　即热式燃气热水器

选购要点：

气源选择：即热式燃气热水器有天然气和液化气两种，若选择错误是无法安装的。

升数的选择：即热式燃气热水器的升数跟容量没有关系，升数指的是自来水温度和设定温度的差值在 25℃时，每分钟可出的热水量。目前即热式燃气热水器升数主要有 10L、11L、12L、13L、14L、16L 可选（还有 20L、24L，家用几乎很少选）。例如一厨一卫的话，一般情况下南方用户 10L 就可以满足使用要求，但对热水用量要求高的用户一般建议使用 12L；北方用户建议选择 12L。对于一厨两卫，一般情况下南方用户 14L 就可以满足使用要求，但对热水用量要求高的用户一般建议使用 16L；北方用户建议选择 16L。上述只是建议，具体仍要根据客户用水习惯及生活方式让其自主选择，另外在选择即热式燃气热水器时还要考虑花洒的流速，比如若使用的花洒每分钟流速是 13L，一般选用 10L 的机型就可以满足使用要求。

恒温的选择：即热式燃气热水器用得是否舒心，关键点就在恒温。目前市场上即热式燃气热水器都主打恒温概念，但不同档次的恒温机，实际恒温效果有很大的差距。

低端恒温机型：采用了恒温芯片，听起来“高大上”，实际上只能感知进水温度，然后通过燃气阀去调节温度，这种机型无法控制进水量的大小，冬季洗浴会有热水温度不够高的情况，用户的使用感受不好。

中端恒温机型：相比低端恒温机型，其在燃气阀调节的基础上增加了合金记忆弹簧（合金记忆弹簧根据进水温度调节进水量的大小），通过对燃气阀和进水量的双重调节，最大限度解决了冬季热水温度不足的问题。

高端恒温机型：同样是对燃气阀和进水量双调节，相比中端恒温机型，其把合金记忆弹簧升级成了水量伺服器，合金记忆弹簧只能被动地根据进水温度去调整水量，而水量伺服器是通过芯片感知出水温度变化后主动调节进水量，恒温效果与中端恒温机型对比提高了很多。

安全性的选择：即热式燃气热水器因为要燃烧气体，有可能产生有毒气体，会有一些危险性，所以需要注意以下几点。

排气方式的选择：目前主要有强排式和平衡式两种。强排式机型燃烧时使用的是室内空气，废气排在室外，所以不能在密闭空间使用，不允许安装在浴室。平衡式机型是全密闭式热水器，吸收空气和排出的废气均在室外，分顶排和后排两种，可以直接在浴室安装。

一氧化碳超标防止技术：这个功能各大品牌都有，也比较成熟，主要是从两方面防止一氧化碳超标：一方面是检测报警；另一方面是通过一些技术解决了气体燃烧不充分的问题。

连续燃烧时间过长自动关机：这个功能非常实用，可防止用户使用后忘记关闭热水器造成的安全隐患，即热式燃气热水器自动关机时间一般设置为 40 分钟或者是 60 分钟。

（2）即热式电加热热水器（图 2-3-6）

即热式电加热热水器是所有热水器里体积最小巧，价格也是最低的，但是其 6～8kW 大功率产品必须使用专线专用插座。即热式电加热热水器 6～7kW 的产品可以勉强应付南方冬季洗澡需求，但温度和水压偏低，用户使用感受不好，在北方 8kW 及 8kW 以上才足够满足使用要求。还有一些 9～12kW 的超大功率即热式电加热热水器，必须安装相对应的 60A 入户电表，因我国 50A 的入户电表就需要申请电力公司改造，所以使用这种类型的即热式电加热热水器改造过程复杂。虽然安全性有保障，耗电量比储水式低（功率高但使用时间短），但水电改造成本高，所以即热式电加热热水器没有得到大规模普及。

图 2-3-6　即热式电加热热水器

现在的即热式电加热热水器应用在厨房比较多，也就是即热式小厨宝，其功率相对较低，一拧水龙头就有热水用，对水温和水压的要求也没有对淋浴那么高。

四、电加热式热水器设备安装施工流程

（一）安装准备

1. 安装所需的工具：冲击钻、PPR冷热水管、PPR管割刀、热熔器、扳手、螺丝刀、铁锤、生料带以及检验仪器（如万用表、接地测试仪、相位仪、电源检测仪等）。

2. 检查热水器外表面是否完好无损以及随机所带的文件和配件是否齐全。

3. 仔细阅读电加热式热水器安装说明以及安装图，了解热水器的功能、使用方法、安装要求及安装方法。

4. 检查用户家的电源电压、燃气、插座位置、水压、排水、接地情况；了解安装墙面的承载能力；询问电表、电线和插座容量等是否满足待装热水器的功率要求。

5. 帮助用户选择电加热式热水器的安装位置，询问客户是否需要进行多路供水安装（针对封闭式热水器）。

6. 对不能满足待装热水器安装要求的情况，安装人员应主动明确告知用户，建议整改安装；对不能整改的，应拒绝安装，用户可以选择退机处理。

（二）安装施工

1. 测量：根据电加热式热水器挂架尺寸按照先前确定好的安装位置确定两个钻孔位置，确保两孔在同一水平线上，孔距可见说明书或实测机器挂板中心间距。

2. 钻孔：用冲击钻在确定好的位置打两个孔。打孔时，用力要均匀、持续，钻头不得有歪斜，以防划伤墙壁装饰物等；钻孔时应确认墙体内没有水管、电线等易于被破坏的物体。

3. 安装挂钩：将膨胀螺栓塞入孔内，拧紧膨胀螺栓（膨胀螺栓旋入长度要适中）并使弯钩朝上，再将随机所带的弯钩绝缘套装在挂钩的弯钩上。务必使用热水器所配置的配件来安装其电加热式热水器，在确定膨胀螺栓或支架固定可靠后，才能挂上电加热式热水器。

4. 挂机：将电加热式热水器挂到膨胀螺栓上，并保持电加热式热水器背面挂架紧贴墙壁。立式热水器要保持机身与地面垂直，卧式的要保持机身与地面平行。

5. 安全阀安装：挂好电加热式热水器后，将安全阀旋在进水管上。将排泄管拧到安全阀的泄压孔处，拧紧，将排泄管的另一端接到下水道口处。热水器通电加热时，安全阀泄压孔会有少量水滴流出，这是因机内水受热膨胀所致，属正常现象。连接安全阀的排泄管应保持向下倾斜安装，并保持与大气相通。

6. 管道连接：将冷水管道与安全阀相接，热水管道与有红色标志的出水口相接。可根据顾客要求安装球阀和三通，以提供多路供水，但热水管道不宜过长，以免热量损失。安装管路时，为防止管路下垂，要求每距离0.5m加一个管夹。

7. 安装混水阀：根据顾客要求，选择合适位置安装混水阀。将混水阀的进冷水口和出热水口螺帽内加胶垫分别连接到进冷水和出热水管上。混水阀的安装必须牢固，不得有晃动和松动现象。必要时，可加装管夹来固定。

8. 连接花洒管及花洒支座：混水阀出水口与软管相接，软管与喷头相接，在顾客要求的地方安装好喷头支座。注意，电源插座和喷头要分别固定在热水器的两侧，最好使用防水插座。

（三）后期检查及设备运行

注水：打开混水阀开关，旋至出热水方向，先向电加热式热水器注水，观察电加热式热水器管路是否有漏水或渗水现象，如有应立即关闭进水阀门进行调整检修。无漏水情况可继续通水，直至花洒排水无气泡，正常连续出水。再观察热水器和管路是否有漏水现象。如果是多路供水，每个出水口都

必须试验，以观察所有管路的密封情况。如有漏水，必须马上维修好，一定要确保管路的密封性。

通电：把漏电保护插头插入插座，按下复位按钮，插头指示灯应点亮，按动试验按钮，应能切断电源，插头上的指示灯灭，再按下复位按钮，插头指示灯和电加热式热水器的电源指示灯亮，表明热水器处于正常工作状态。将调温旋钮调至较高温度，通电加热。大约试机半小时查看热水是否达到设定温度。

安全检查：热水器安装后进行试机运行，安装人员可用试电笔或用万用表等仪器对热水器的外壳及可能漏电部位进行检查，若有漏电现象应立即停机并进一步检查和判断其故障原因，确属安装问题应解决后再进行试运行，直到热水器安全、正常运行。

（四）安装注意事项

1. 墙体选择：安装电加热式热水器的墙面应该是厚度在 10cm 以上的实心承重墙，这是保证电加热式热水器安装牢固的首要条件。另外，对于大容量热水器而言，加装热水器托架以确保牢固也是一个不错的选择。

2. 水压测试：无论是自行安装还是厂家上门安装，均需测量水压，通常水压不应该超过 0.7kPa，如果超过的话就要安装减压阀。

3. 安装环境：相对干燥、通风、阳光不直射的安装环境，并且最好靠近下水道口。

4. 供电：电加热式热水器属于高功率电器产品，因此要特别注意供电电源的可靠性：最好选用带有漏电保护装置的电源，并且确定接地良好。

5. 家庭供电标准：按照国家标准，家用电力设备的电源应采用单相三线 50Hz、220V 交流电。

6. 保护要求：家庭总电表负荷不能超标，最好设有空气保护开关，至少有熔断式保护器。

五、检查调整与工程验收

当热水器设备全部安装完工后，经监理、甲方等多方共同对施工项目检查，达到施工要求后，便可要求监理、甲方签发验收合格单或客户验收单。

填写“电热水器安装工程验收表”（表 2-3-2）。

表 2-3-2　电热水器安装工程验收表

验收标准	是否合格	
	是	否
1. 电热水器的支撑件选用质地是否坚韧、无腐朽、无扭裂、无劈裂	□	□
2. 电源线材是否符合产品的适用范围和国家现行标准规范	□	□
3. 检测电压范围是否符合产品适用范围	□	□
4. 电源线的粗细是否符合使用范围	□	□
5. 电热水器的安装选位是否合理，是否已预留保修、保养位置	□	□
6. 进水和出水温度能否满足产品的对水加热性能要求	□	□
7. 管路连接、走向是否合理，各连接处有否渗漏水	□	□
8. 使用电流是否在产品性能的正常范围内	□	□
9. 拆开热水器进水口端检查有无过滤网	□	□
10. 检查是否使用该产品所适用的混水阀和花洒	□	□
11. 支撑牢固情况良好，试给 8kg 重量产品不脱落	□	□

六、项目任务考核

学生项目组根据施工的流程进行施工项目检查。检查是否达到安装要求，如发现问题及时进行调整。最后对实训作业作品进行验收和评价。本项目的考核主要以学生自评、学生互评和教师评价相结合，权重分别为20%、20%和60%。考核内容详见“附表7：建筑装饰设计施工类项目任务考核表”。

七、职业技能训练

1. 选择题

（1）下列关于电热水器对位置的要求，叙述错误的是（　　）。

A. 安装前首先要选择承重墙　　B. 大容量热水器无须安装托架

C. 安装热水器的下方最好靠近下水道　　D. 热水器的安装位置应考虑电源位置

（2）下列哪一个不属于储水式热水器（　　）。

A. 电加热式热水器　　B. 空气能热水器

C. 太阳能热水器　　D. 即热式燃气热水器

2. 简答题

（1）简述电热水器安装施工工艺。

（2）简述储水式电热水器的特点。

（3）简述即热式燃气热水器选购要点。

■任务二　水处理设备安装工程

一、明确任务

教师给学生发放并讲解项目任务书（表2-3-3）

表2-3-3　水处理设备项目任务书

项目任务名称	水处理系统工程	项目任务编号	2-3-2
项目组组长		项目组成员	
任务完成时间			
任务学习目标	1. 认知目标： ① 了解中央水处理系统的相关知识； ② 了解家用热水循环水处理系统的相关知识； ④ 了解水处理系统相应的设备知识。 2. 技能目标： ① 掌握中央水处理系统的组成及应用； ② 掌握家用热水循环水处理系统的安装布管方法		
任务内容	1. 了解并学习中央水处理系统的相关知识； 2. 了解并学习热水循环水处理系统相关知识； 3. 水处理系统设备观摩； 4. 观摩学习热水循环水处理系统水路布管方法		
项目完成验收点	1. 提交根据项目任务目标撰写的工作计划一份； 2. 能准确说出水处理系统设备； 3. 提交热水循环水处理系统布管方案		
完成项目任务情况分析与反思：			
组长签字		成员签字	

二、项目任务教学实施流程与步骤

各项目组根据项目任务制订计划并实施。确定各自在小组中的分工以及小组成员合作的形式，然后按照已确立的实施步骤进行实际任务的实施与学习。

三、水处理设备核心知识链接

（一）中央水处理系统

中央水处理系统（又叫全屋净水系统）是一种家庭使用的自来水净化系统，一种基于高品质的用水需求而设计的净水系统，可以提供住宅、公寓、别墅的整体水处理方案（图 2-3-7）。其一般由前置过滤器、中央净水机、中央软水机、纯水机组成。

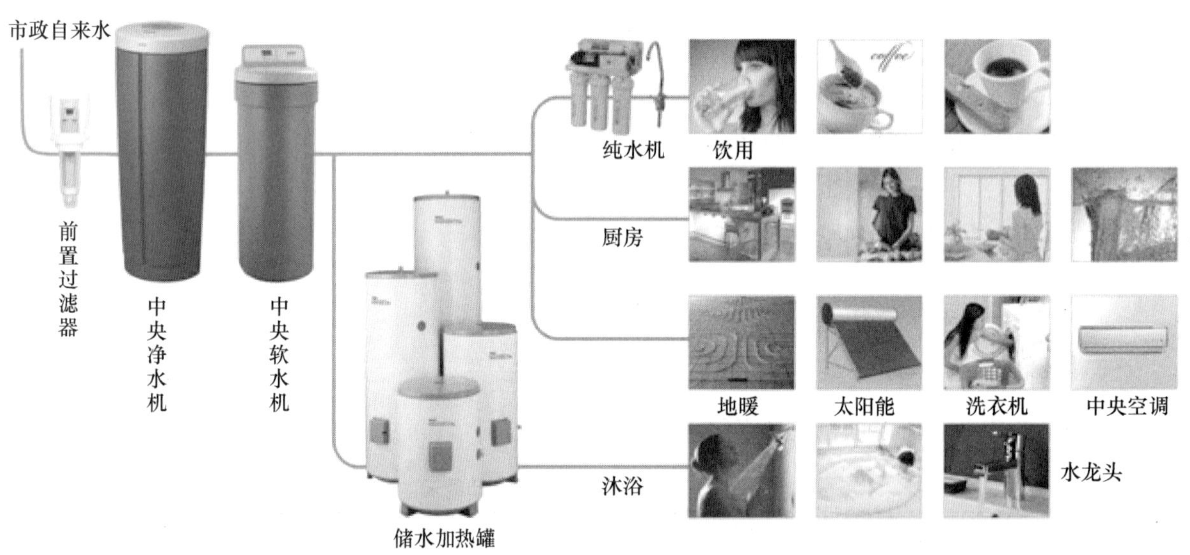

图 2-3-7 中央水处理系统分布图

1. 前置过滤器

前置过滤器通常安装在进水管道水表后，对全屋用水进行第一道粗过滤，可以有效过滤寄生虫、动物尸体和管网污染，管道老化、水箱腐蚀脱落的铁锈等杂质。有效解决二次污染，把好全屋水处理的第一关，使入户时的水达到自来水出厂时的标准，也可以对后面的净水机、软水机、纯水机起到保护作用（图 2-3-8）。

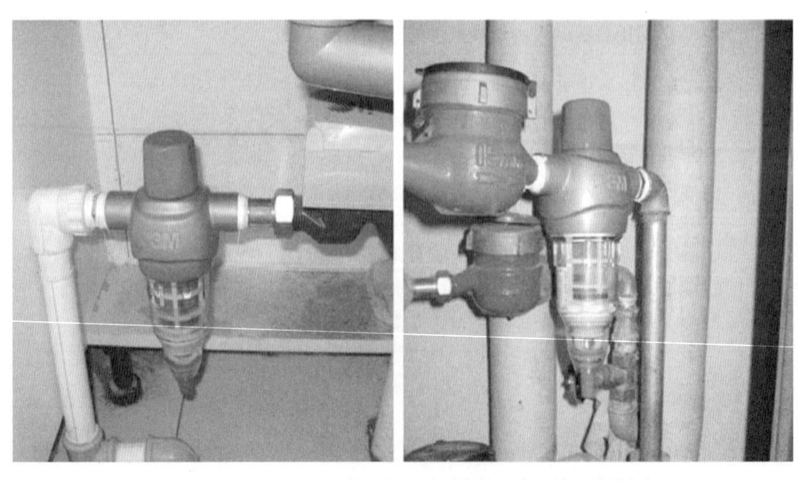

图 2-3-8 前置过滤器安装效果图

2. 中央净水机

中央净水机安装在前置过滤器的后端，可以进一步过滤水中的铁锈、泥沙、悬浮物等大颗粒杂质，利用活性炭和KDF过滤吸附水中剩余的氯、水溶性重金属、细菌、有机物和化学物质等。

经中央净水机过滤的水达到了饮用水的基本标准，也可以作为日常生活所有用水，但还不能直接饮用（图2-3-9）。

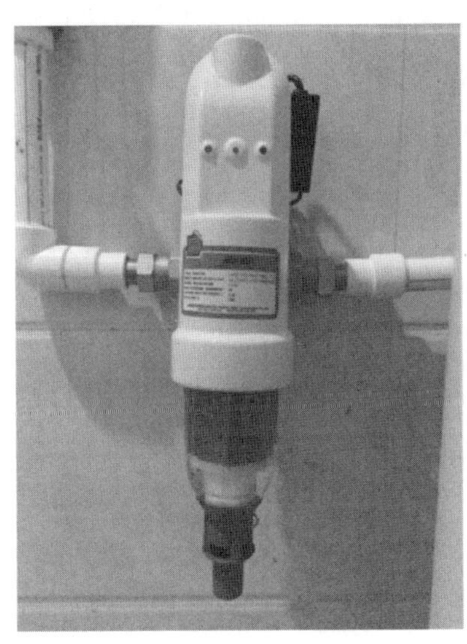

图2-3-9　前置过滤器及中央净水机安装效果图

3. 中央软水机

中央软水机接在中央净水机后面，软化后的水一般接至洗浴间，用来提供洗手、洗衣服、洗头、洗脸、洗澡等洗浴用水，不能直接饮用。

软水机是通过天然树脂置换出水中的钙、镁离子等，降低水的硬度，软化水质，使用软化后的水洗衣服可以让衣物柔软、色泽亮丽，用来洗头、洗脸、洗澡可以避免头发干枯、皮肤干燥，还能有效节约洗涤剂的用量。

4. 纯水机

纯水机安装于客厅或者厨房中，集净化水质和加热于一体，一般为多级过滤，滤芯为PP棉、活性炭、超滤膜（RO膜）、后置活性炭等，能100%去除水中污染物质，包括剩余氯、细菌病毒、农药、化学物质、重金属等，保证出水的完全纯净，出水可生饮或者冲咖啡、泡茶、煲汤等。

中央水处理系统的国内品牌主要有沁园、美的、安吉尔、立升、奔腾等。国内品牌产品销售已经超过国外品牌，但是存在产品同质化问题。

美国品牌有爱惠浦、3M、怡口等。日本品牌有东丽比诺、三菱丽阳可菱水。德国品牌有汉斯希尔、霍尼韦尔等。

（二）家用热水循环水处理系统

家用热水循环水处理系统是解决由于中央热水系统管路较长，导致用热水之前不能及时用上适宜温度热水的一种高科技产品（图2-3-10、图2-3-11）。已预埋回水管和无预埋回水管均可安装。

家用热水循环系统是一种家用热水循环的环保系统，该系统可配合即热式燃气热水器、储水式电加热热水器、即热式电加热热水器、太阳能热水器、空气能热水器等多种热水器使用。

1. 无预埋回水管热水循环系统工作原理

热水循环系统内部有温控感应器、水泵、循环系统等装置安装在热水器的下方，通过热水器最远端洗手盆下方的热水管和冷水管的连接处的单向阀，实现利用冷水管做回路来循环。

在设定的工作时间段内，当温控器检测到水管的水温低于预设温度的时候，循环系统水泵就会启动，循环水通过冷水管作为循环水路来循环，达到想要的出水温度后，循环系统水泵就停止工作，系统也停止工作。整个热水管路里面的水都是热的，达到打开水龙头就有热水流出的效果。也就是通过无回水管循环系统实现即开即出热水（图 2-3-10）。

2. 已预埋回水管热水循环系统工作原理

从热水管的最远端再接回一条水管到达热水器的下方，回来的这条水管就是我们常说的回水管。在设定的工作时间段内，当温控器检测到水管的水低于预设温度的时候，循环系统水泵就会启动，循环水通过再接回的一条水管循环水路来循环，达到想要的出水温度后，循环系统水泵就停止工作，系统也就停止工作。整个热水管路里面的水都是热的，达到打开水龙头就有热水流出的效果，也就是通过有回水管循环系统实现即开即出热水（图 2-3-11）。

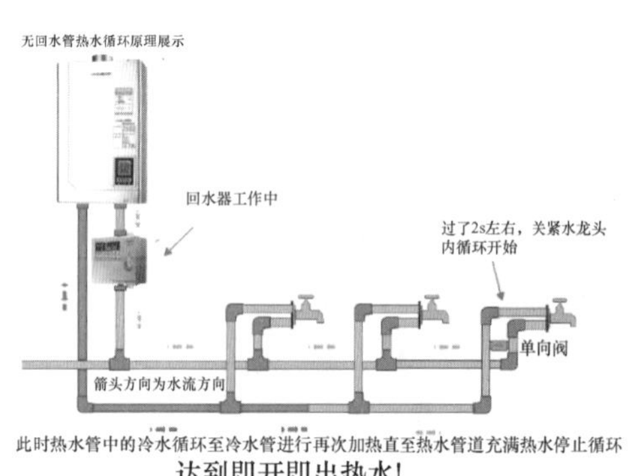

图 2-3-10　无预埋回水管路安装布管图

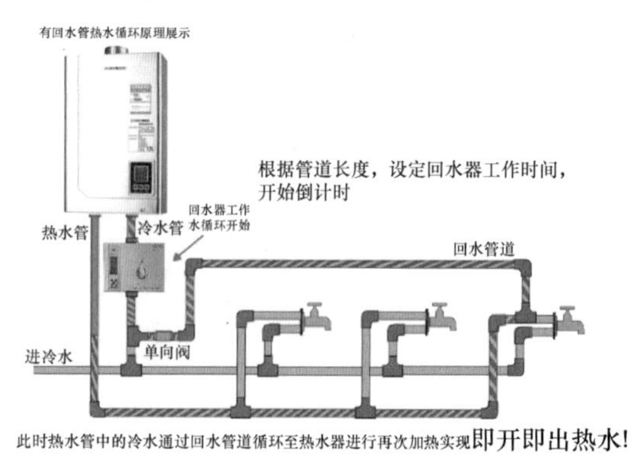

图 2-3-11　已预埋回水管路安装布管图

四、水处理设备项目实施

1. 学习水处理系统相关知识
2. 认识水处理系统设备及其工作原理
3. 观摩水处理系统施工结构
4. 分组完成热水循环水处理系统施工方案
5. 各小组进行方案展示与汇报
6. 教师对各组轮流点评并与学生共同给出成绩

五、检查调整与工程验收

学生项目组根据施工的流程进行施工项目检查。如发现问题及时进行调整。检查所有项目都没有问题后才能进行工程验收。

六、项目任务考核

先由学生对自己的工作结果进行自我评估，再由教师进行检查评分。师生共同讨论、评判项目实施中出现的问题、学生解决问题的方法以及学习行动的特征。通过对比师生评价结果，找出造成结果差异的原因。本项目的考核主要是学生自评、学生互评和教师评价相结合，权重分别为 20%、20%和 60%。考核内容详见“附表 6：认识建筑装饰材料类项目任务考核表”。

七、职业技能训练

1. 选择题

（1）前置过滤器是对全屋用水进行第一道粗过滤的设备，一般安装在（　　）后。

A. 入户水表　　B. 中央净水机　　C. 中央软水机　　D. 纯水机

（2）家用循环水处理系统是解决由于中央热水系统管路较（　　），导致用热水之前不能及时用上适宜温度热水的一种高科技产品。

A. 短　　B. 长　　C. 窄　　D. 宽

2. 简答题

（1）中央水处理系统由哪些设备组成？

（3）简述热水循环水处理系统的工作原理。

■任务三　常用家用电器设备安装工程

一、明确任务

教师给学生发放并讲解项目任务书（表 2-3-4）

表 2-3-4　常用家用电器设备安装项目任务书

项目任务名称	常用家用电器设备安装工程	项目任务编号	2-3-3
项目组组长		项目组成员	
任务完成时间			
任务学习目标	1. 知识目标： ① 了解常用家用电器的相关知识； ② 了解施工中会遇到的问题及后期维护问题。 2. 技能目标： ① 能够根据设计风格、价格区间、使用功能正确选择常用家用电器； ② 掌握常用家用电器安装工程施工的工艺流程及施工方法； ③ 能正确解决施工中遇到的问题及后期维护问题		
任务内容	1. 了解常用家用电器安装施工工程的分组方法和技巧； 2. 了解并学习常用家用电器安装施工的工艺流程； 3. 观摩常用家用电器安装施工过程； 4. 认识与了解常用家用电器安装施工工具； 5. 常用家用电器安装施工实践		
项目完成验收点	1. 提交根据项目任务目标撰写的工作计划一份； 2. 学会使用常用家用电器安装施工相关工具； 3. 能实际进行常用家用电器安装施工		
完成项目任务情况分析与反思：			
组长签字		成员签字	

二、项目任务教学实施流程与步骤

各项目组根据项目任务制订计划并实施。确定各自在小组中的分工以及小组成员合作的形式，然后按照已确立的实施步骤进行实际任务的实施与学习。项目任务教学实施流程与步骤详见“附表 3：项目任务实施计划书”。

三、常用家用电器核心知识链接

（一）什么是空调

空调学名为“房间空气调节器”，是一种对密闭空间、房间或区域内空气的温度、湿度、洁净度及空气流动速度（简称“空气四度”）等参数进行调节和控制等处理，以满足一定要求的设备。

（二）空调的主要功能

1. 温度调节

温度调节包括制冷和制热。制冷（降低气温）是指通过从室内高温空气中吸收热量并向室外放热，使得室内环境温度下降到所要求的温度，以达到凉爽舒适的目的。制热（升高气温）是通过从室外低温空气中吸收热量并向室内放热，使得室内环境温度上升到所要求的温度，以达到暖和舒适的目的。

2. 湿度调节（除湿/干燥）

湿度调节指通过调节空气中的水蒸气含量来增加或减少空气的湿度。

3. 空气流动速度调节

根据需要调节工作或生活环境中的空气流速，作用相当于风扇。

4. 洁净度调节（净化/换气）

洁净度调节是指滤去空气中的灰尘，消灭空气中的细菌，除去空气中的有害气体，除去它们的臭味，并将空气离子化，完成这一功能就要用到空气调节器。

（三）空调的分类

1. 按结构分类可分为整体式空调和分体式空调。

（1）整体式空调

整体式空调室内机和室外机是一体的，又可分为窗式和立柜式。优点：安装方便、价格便宜；缺点：噪声较大。整体式空调的进风和出风有时会形成交错，造成送风不均匀、送风量小、制冷慢以及能耗大，因此适用于小房间（图 2-3-12、图 2-3-13）。

图 2-3-12　窗式整体式空调

图 2-3-13　立柜式整体式空调

（2）分体式空调

分体式空调又叫分离式空调器，包括挂壁式、柜式、吊顶式、中央空调四种，分体式空调将空调器分成室内机组和室外机组，用管道和电线将这两部分连起来。通常把噪声比较大的压缩机、轴流风扇等，安放在室外机组中；把控制电路部件和室内换热器等室内不可缺少的部分安装在室内机组中。优点：噪声小、省电；缺点：价格贵、安装复杂。

① 壁挂式和柜式

分体壁挂式空调安装位置局限性小，易与室内装饰搭配，具备超宁静工作特性，噪声低，具有多重净化功能，操作方便，美观大方，适合一般家庭使用；分体柜式空调制冷制热功率大，风力强，适合大面积房间。在客厅中使用较为常见（图 2-3-14、图 2-3-15）。

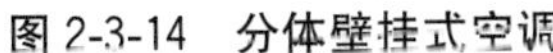

图 2-3-14　分体壁挂式空调

图 2-3-15　分体柜式空调

② 吊顶式

分体吊顶式空调的室内机组安装在室内天花板下，所以又称吸顶式或悬吊式空调。它由后平面进风，正前面出风（两侧面也可辅助出风），风压高，送风远，但安装、维修比较麻烦（图 2-3-16）。

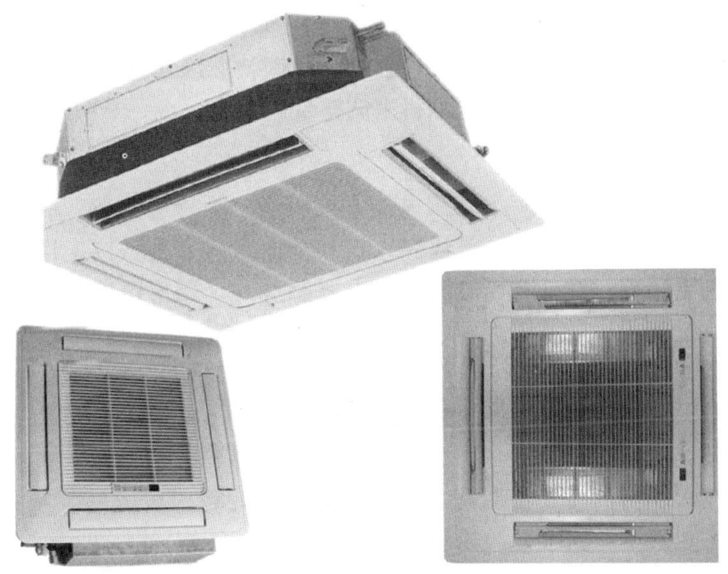

图 2-3-16　分体吊顶式空调

③ 中央空调

中央空调由一个主机（室外机）和很多个盘管风机（室内机）组成。室内机是暗藏式的，吊装在天花板上，只有一台室外机，不占用房间面积；四面广角送风，调温迅速，比普通壁挂空调感觉要舒适，效果明显，相对来说比较节能。但单独开一个房间的空调时，比挂机耗电量大（图 2-3-17）。

2. 按功能分类可分为单冷型空调和冷暖型空调。

（1）单冷型空调：仅用于制冷、除湿，适用于夏季较热或冬季供热充足地区。

（2）冷暖型空调：具有制热、制冷功能，适用于夏季炎热、冬季寒冷地区。冷暖型空调又可分为电热型、热泵型和热泵辅助电热型。

图 2-3-17　中央空调

3. 按工作原理分类可分为定频空调和变频空调

（1）定频空调：我国的电网电压为 220V、50Hz，在这种条件下工作的空调称为定频空调。由于供电频率不能改变，传统定频空调的压缩机转速基本不变，依靠不断地"开、停"压缩机来调整室内温度，其一开一关之间容易造成室温忽冷忽热，并消耗较多电能。

（2）变频空调：变频空调的压缩机是自动进行无级变速的，可以根据房间情况自动提供所需的冷（热）量；当室内温度达到期望值后，空调主机则以能够准确保持这一温度的恒定速度运转，实现"不停机运转"，从而保证环境温度的稳定。

其实，空调变频和定频的最大区别就是压缩机运行原理不同。变频空调的压缩机能够在长期开启运转的情况下适度调温，如果室内不需要大量冷热时，空调就会以低频的状态运转，智能地恒定控温，而定频空调则需要依靠不断地"开、停"压缩机来调整室内温度。

（四）厨房电器

厨房电器是专供家庭厨房使用的一类家用电器，按用途分为食物准备、制备、烹饪、储藏和厨房卫生五类；按安装的方式可分为独立式、普通嵌入式和全嵌入式三种，按工作原理分为电动、电热两类，其中电热类又分为电阻式、红外式、微波式和电磁感应式。厨房电器具体有电冰箱、消毒柜、油烟机、燃气灶、烤箱、洗碗机、微波炉等。

1. 嵌入式灶具

嵌入式灶具比较常见。嵌入式是指将橱柜台面做成凹字形，正好可嵌入燃气灶，灶柜与橱柜台面成一平面。嵌入式燃气灶从面板材质上分可分为不锈钢、搪瓷、玻璃以及特氟隆（不沾油）4 种。嵌入式灶具美观、节省空间、易清洗，使厨房显得更加和谐和完整，更方便了与其他厨具的配套设计。一般的灶具有单眼型、双眼型、三眼型，甚至更多。还有"灶连烤"的，即上方是灶具，下方是烤箱，直接整体嵌入橱柜当中，同时具备灶台及烤箱的双重功能。嵌入式灶具的台面与操作台同样高，控制按钮有在台面上方和台面下方的区别。

2. 抽油烟机

（1）中式抽油烟机（图 2-3-18）

抽油烟效果：属于深吸的烟机，一般采用大功率电机，有一个很大的集烟腔和大涡轮，是直接吸出式，能够先把上升的油烟聚集在一起，然后经过油网，将油烟排出去。该型抽油烟效果好，比较适合经常煎炒烹炸的中国家庭。除此之外，中式抽油烟机的电机扇是垂直直接面对吸进来的油烟，可以快速将油烟排出，不会存在油烟在集烟仓滞留和外溢的情况，所以油垢不会残留在集烟仓。

外观：比较厚重，容易碰头，大部分使用机械开关。

安装要求：从安装位置看，基本属于"吊顶式"抽油烟机，尺寸一般为 700～750mm，适合厨房很小的家庭，对橱柜的尺寸要求比较小。

价格问题：生产材料成本低，生产工艺也比较简单，价格适中。

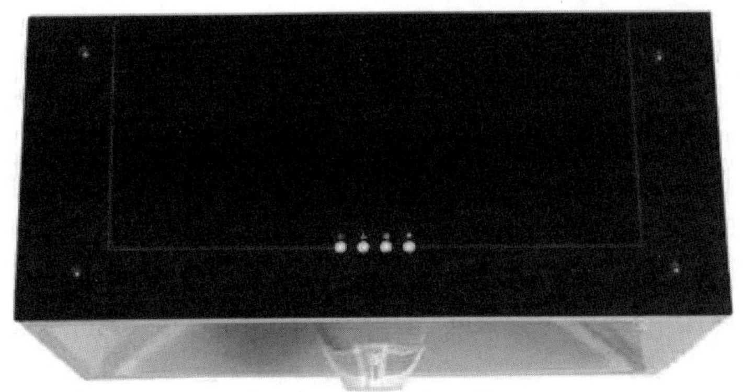

图 2-3-18　中式抽油烟机

（2）欧式抽油烟机（图 2-3-19）

抽油烟效果：原理是循环上升式，单涡轮、小集烟仓及无集烟仓、多层致密网板叠加，吸油烟效果较中式抽油烟机差，但油烟分离、噪声小、节能环保，是抽油烟机的主要机型。

外观：美观时尚，可以有多种面料供选择，开关有机械开关和触摸开关的样式可供选择，增加了厨房的亮点，样式比较新颖。

安装要求：再从安装位置角度看，基本属于“吊顶式”抽油烟机，尺寸一般在 800～900mm，开放式厨房或者大一点的厨房都可以选择，能够和大部分的橱柜配合使用。

价格问题：由于生产工艺的复杂性和材料成本的提高，在售价上高于中式抽油烟机。

缺点：功率太大。

（3）侧吸式抽油烟机（图 2-3-20）

抽油烟效果：吸油面积大，距离油烟较近，多采用空气动力学和流体力学设计，先利用油烟分离板把油烟分离，然后排出干净空气。排出干净空气、不污染环境，不滴油、不碰头，抽油烟效果好，吸油烟率较高，电动机不粘油，使用寿命长，清洗方便，特别适合中国厨房。

外观：烟机离台面外部边缘有 20～40cm，让人不会存在压抑感。可以说，侧吸式抽油烟机彻底解决了以前油烟机碰头的问题。简洁大方，强化玻璃表面样式新颖。

安装要求，与吊顶式抽油烟机不同，通过侧面进风的壁挂式安装以及特有的核心技术，在油烟吸除效果上比传统吊顶式抽油烟机进了一步，在安装的时候可隐藏在橱柜里与橱柜融为一体，不占空间，油烟不通过呼吸区。

价格问题：由于生产工艺的复杂性和材料成本的提高，在售价上高于中式抽油烟机和欧式抽油烟机。

缺点：噪声大，款式少，集烟内腔往往无法实现一体化。

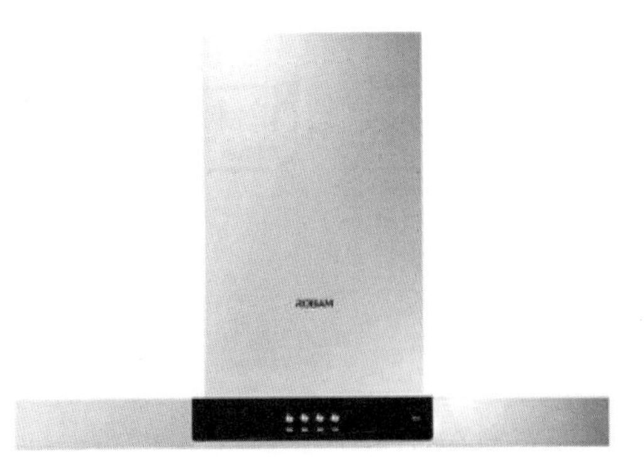

图 2-3-19　欧式抽油烟机

图 2-3-20　侧吸式抽油烟机

（4）智能抽油烟机

智能抽油烟机是采用现代工业自动控制技术、互联网技术与多媒体技术的油烟机产品，能够自动感知工作环境空间状态、产品自身状态，能够自动控制及接收用户在住宅内或远程的控制指令；更高级的智能抽油烟机作为智能家电的组成部分，能够与住宅内其他家电和家居、设施互联组成系统，实现智能家居功能。国内几大知名品牌方太、美的、海尔、老板、华帝等都相应推出了“智能油烟机”，在不同程度上实现了抽油烟机的智能化。诸如自动巡航增压、厨房空气管家、风随声动、烟灶联动、智能自清洁、智能数控等。对于消费者而言，家电智能化不应该是概念，而应该是更高效地解决用户核心问题。就油抽烟机而言，用户真正在意的问题就是吸油烟效果。

3. 嵌入式电冰箱

一般的电冰箱，其散热装置多设置在背后或两旁，而嵌入式电冰箱的散热装置设计一般是在上方或是下方。安装时，需要预留上方或下方的散热空间，为 100～200mm，外观可做成装饰用的通风栅板，冰箱后面避免直接与壁面贴合，至少预留不低于 50mm 的散热空间。门板的装饰上，现在的工艺都可达到与厨房的橱柜成为一体。

4. 嵌入式微波炉

微波炉的体积一般不大，有些橱柜在设计放微波炉的专用支架或箱体时，只考虑外表美观，而忽视了散热处理，而嵌入式微波炉一般与橱格的尺寸相同，完整地嵌入橱柜中，同时在橱柜的背板部分，会设计出热气发散的通道。

5. 嵌入式烤箱

烤箱是欧美人厨房中必备的电器，对以中餐为主的中国家庭似乎并不重要，不过，现在也有不少喜欢在节假日改善伙食的家庭，还是愿意在有足够空间的前提下，安装一台烤箱。烤箱除了嵌在操作台或灶台的下方外，也可以嵌在适合使用者高度的高柜中。需要注意的是，不论将烤箱放在什么位置，都必须采用专用的电器柜，以保证安全。

6. 嵌入式洗碗机

洗碗机虽然还不普及，但在整体厨房的设计样板间中却很常见。它们大多是被嵌在操作台的下方，门板以下翻居多。由于省时又有消毒功能，加上洗碗机的制造技术不断改进、完善，越来越向方便、快捷方向发展，也有一定市场潜力。

7. 嵌入式消毒柜

消毒柜是指通过紫外线、远红外线、高温、臭氧等方式，给茶具、餐具、毛巾、衣物、美容美发用具、医疗器械等物品进行杀菌消毒、保温除湿的工具，外形一般为柜箱状，柜身大部分材质为不锈钢。家用的消毒柜一般都是嵌入式消毒柜，进行茶具、餐具、衣服等的消毒。

四、常用家用电器设备安装施工流程

（一）分体壁挂式空调的安装施工流程

1. 安装前检查

（1）检查室外机是否符合安装要求：

① 地面或墙体要能承受空调机的质量；

② 空调安装的部位要便于操作、调整与修理；

③ 外机在运行时的噪声及冷（热）风、冷凝水不能影响人的休息；

④ 外机周围不能有可燃性气体走漏。

（2）检查室内机是否符合安装要求：

① 防止太阳直射在机组上，远离热源；

② 内机的进、出风口处，没有障碍物；

③ 测量内、外机之间的间隔，内、外机之间间隔应小于5m，大于5m应预备新的衔接铜管；

④ 测量内、外机之间位差，内、外机之间位差间隔应小于3m，否则会降低空调的制冷能力，增加空调压缩机的负荷。

2. 安装操作

（1）根据安装要求确定内、外机安装位置后，应首先安装好内机挂板，待外机与内机挂板安装好后，再把衔接铜管捋平，查看管道是否有弯折现象；接着应查看两头喇叭口是否有裂纹，如有裂纹，应从头扩口，不然会出现漏氟现象；最终，查看控制线是不是有短路、断路现象，在断定管路、控制线、出水管无异常后，把它们绑扎在一起并将衔接收口密封好。过墙时应两个人分别在墙内、外合作缓慢穿出，防止拉伤；衔接好管道与内、外机，并接好控制线（图2-3-21、图2-3-22）。

图2-3-21　安装室内机

图2-3-22　安装室外机

（2）基本安装好空调位置后，需要排除管道和内机中的空气，方法如下：

把衔接好的外机接头拧紧（细），用专用扳手松开截止阀门的阀杆1圈左右；

听到外机接头（粗）吱吱响声，30s左右，用扳手拧紧（粗）接头；松开（粗）管上截止阀门的阀杆；完全松开（细）管上截止阀门的阀杆。这时空调器排空完毕。

最终，用洗涤剂进行检漏，仔细调查每一个接头有无气泡冒出，检验明确无泄漏后，旋紧阀门保险帽，即可开机试运转。

3. 运行调试

空调器安装完毕，应铺设独立的空调器使用电源线路，家用分体式空调的电源线一般有ϕ1.5mm～ϕ2mm三股铜芯线。插座为220V、15A规格。

通电前先查一下电压，再用遥控器启动运行。室外机工作以后，检查运行电流是否与铭牌标注一致，如小于铭牌标注的电流可视为氟利昂量少，不急于加氟，可继续观察管道接头处的结露或结霜情况。

任何一台分体空调器正常运行应符合下列条件：

（1）低压压力4.9～5.4kg/cm^2；

（2）连接管只能结露，不能结霜；

（3）运行电流与铭牌标注一致；

（4）内机出风口温度符合要求：即夏天12～16℃；冬天35～40℃。室内温度：夏天25～28℃，冬天18～23℃。

4. 补充制冷剂

在空调器移机中，只要是按操作规范要求去做，开机运行后制冷良好，不需添加制冷剂。但对于使用中的微漏或在移机中由于排空时动作迟缓，制冷剂会微量减少，或由于移机中管道加长等因素，空调器在运行一段时间后就不能满足正常运行的 4 个条件，即压力低于 4.9kg/cm^2、管道结霜、电流减小、内机出风温度不符合要求，这个时候就需要补充制冷剂。

运行中加氟，必须从低压侧加注。加氟前，先旋下室外机低压气体截止阀维修口上的工艺帽，根据公制、英制单位要求选择加气管；用加气管带顶针端，把加气阀门上的顶针顶开与制冷系统连通，另一端接三通表。用另一根加气管一端接三通表，另一端须接 R22 气瓶，并用系统中制冷剂排出连接管的空气。听到管口吱吱响声 1～2s，表明空气排完，拧紧加气管螺母，打开制冷剂瓶阀门。把气瓶倒立，缓慢加氟。当表压力达 4.9～5.4kg/cm^2 时，表明制冷剂已充足。

关好瓶阀门，使空调器继续运行，观察电流、管道结露现象，当室外机水管有结露水流出，低压气管（粗）截止阀结露，确认制后状况良好，卸下低压气体维修工艺口加气管，旋紧外保险帽，充注制冷剂工作完成。

（二）中央空调安装施工流程

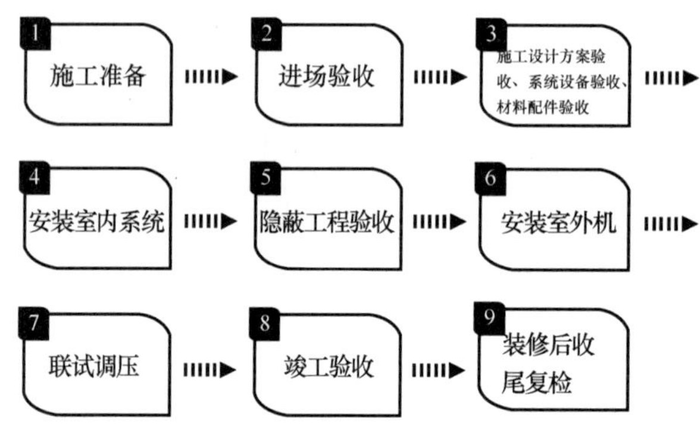

1. 施工准备

组织人员、准备工具、设计确认、组织进货、采购材料。

2. 进场验收

施工设计方案验收、系统设备验收、材料配件验收。

3. 安装室内系统

（1）内机就位：施工队进场第一步就是吊装内机，这里只要注意两点就可以避免后续问题。

① 内机离房顶距离不得小于 1cm，避免机器运行时与墙顶产生共振。

② 内机必须吊装于水平位置，安装后需要用专用工具测量机器是否水平。

（2）冷媒铜管的安装：

安装完内机即可安装冷媒铜管，这是中央空调安装过程中最重要的一个环节。

① 所有的焊接点应该是铜管与分歧管的连接处进行焊接，不存在铜管与铜管焊接。

② 在焊接过程中必须在铜管内冲入氮气（充氮焊接工艺），这使铜管内部没有空气，避免了焊接管内壁结炭从而在正式运转时压缩机的故障。焊接完成后应该用高压氮气对管内吹灰，保持铜管内清洁。

（3）充氮保压：

这是焊接完成后必须对铜管进行的压力测试，方法是往铜管内充入一定压力的氮气进行保压，一般压力测试时间为 24h。需要特别说明：使用 R410 冷媒，需保持管内压力为 40kg/cm^2，R22 冷媒则需要保持管内压力为 20kg/cm^2。

氮气是惰性气体，膨胀系数小，几乎不存在由于热胀冷缩而产生的压力变化。如果测试过程中压力表压力下降，则应该检查冷媒管焊接是否有问题。篱笆网特别要求：为了保证安装施工到位，所有压力表在常规 24h 保压后不做拆除，保持到外机通电测试前才拆除（为避免其他装修施工时误损冷媒系统），能够充分保证冷媒系统的安全运行。

（4）冷凝水管的安装：

冷凝水管从内机接出后至室外或地漏，至少保持>1%的坡度。安装宜从室内机接出后就近落地，最后会同其他冷凝水管一起接至室外或地漏。

4. 隐蔽工程验收

室内机系统吊装验收、系统线路验收、风管道或水管道安装验收、冷凝水管安装验收。

5. 安装外机

（1）做到外机风扇出风口必须在50cm内、外机后部15cm之内无遮挡物，所有落地脚必须安装减振块，保证外机运转正常。外机安装完毕后在充填冷媒前需要对冷媒管抽真空，把管内的空气抽出，保持管内干燥、无水分，否则空气和水会与冷媒混合产生冰晶，严重的会造成设备损坏。

规范：冷媒管需要连接上外机后进行操作；抽真空的时间一般多联机不少于2h，一拖一风管机不少于20min。

（2）充填冷媒：

上述工作完成后，则可以开启冷媒阀，释放出外机内自带的冷媒，开机测试并检测压力，适当进行补充，直至调试完成，达到理想工作状态后即可。

（3）风口测量安装：

回风口：通常回风口会与检修口安装在一起，风口尺寸必须与内机回风口吻合，不能出现错位情况，这样才可以达到最佳回风量，并保证有足够的维修空间。

出风口：若使用ABS风口，在测量风口时要留有一定的热胀冷缩空间。另要格外注意，出风口一定不能装在灯带附近（理由：如果出风口前有灯带，会造成空调在制热时遮挡出风，而热空气是往上流动的，使得热空气滞留在房间的上部，从而整个活动空间感觉热量不足，需很长时间才能有热的感觉）。

嵌入式或凹入吊顶内部的出风口，需注意检查吊顶是否完成，如果吊顶部分内有裂缝，造成漏风，会造成气流短路，出来的风未到达使用区域，已经回到空调内机了，影响使用效果。如果采用下送下回风/侧送侧回风方式，则需保证出风口与回风口之间的间距在1.2m左右。

6. 联试调压

系统调试、打压试验（水机）。

7. 竣工验收

主机系统安装验收、系统运行试验验收、冷凝水排放试验验收、书面文档及遗留问题交接。

8. 装修后收尾复检

在客户装修完工后，完成收尾、免费复检，复检内容与竣工验收相同。

（三）家用厨房电器安装工程实施流程

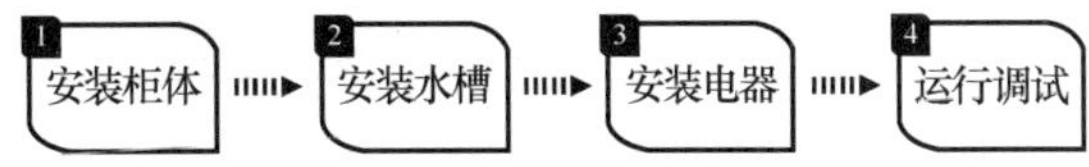

1. 安装柜体

吊柜的安装应根据不同的墙体采用不同的固定方法。底柜在安装前应先调整水平旋钮，保证各柜体台面、前脸均在一个水平面上，两柜连接使用木螺钉，后背板为通管线、表、阀门等应在背板划线打孔。

为安装洗物柜，底板下水孔处要加塑料圆垫，下水管连接处应保证不漏水、不渗水，不得使用各类胶粘剂连接接口部分（图2-3-23）。

2. 安装水槽

安装不锈钢水槽时，要保证水槽与台面连接缝隙均匀，不渗水。安装水龙头时，不仅要求安装牢固，而且上水连接不能出现渗水现象。

图 2-3-23　厨房柜体

3. 安装电器

在安装嵌入式电器时，要注意水、电、气的管路以及相关的插头、插座、阀门等位置情况，一般来说，插座及阀门的位置一定要安排到电器的一侧，设在后面肯定会有深度不够而导致电器不能安全到位的情况发生（图 2-3-24）。

图 2-3-24　厨房电器

（1）安装抽油烟机

厨房的顶部空间需要合理利用，而抽抽烟机则是这个位置的主体，需要特别注意。

现代整体厨房一般都选用上行吊顶式或下吸式两种主流抽油烟机款式。吊顶式是把抽油烟机安装在炉灶的正上方，然后通过空气上吸把油烟抽换到室外。这种样式现在已经被多数家庭所采用，因为它的排烟比下吸式要彻底。如果家中的炉灶规格略大，也可以考虑根据排烟量和火力的大小搭配适合的下吸式抽油烟机。

在安装抽油烟机时，由于烟管是可以伸缩的，最好把长出来的烟管固定在抽油烟机的正上方（避免烟管太长增大风阻和噪声，影响吸力）。

（2）安装消毒柜

注意安装孔和消毒柜面板与厨柜左右活动位置的尺寸大小；

尽可能离灶具远些，特别是高温消毒柜；

厨柜里安装孔内一定要有电源插座，建议把插座巧妙地引入孔外某个不起眼而又能操作到的位置，最好是带开关的插座；

消毒柜如果是安装在灶具下的话，厨柜注意给灶具留通气孔；

注意不要让消毒柜的电源线在安装孔内受到挤压，也要留出足够的孔位；

尽可能远离水源，躲避潮湿。

（3）安装电饭煲

电饭煲属Ⅰ类电器，为保证使用安全，必须使用250V、10A的单相三孔插座供电，其接地极应安装可靠的接地线。电饭煲的电源插头是专用的，用户不要贪图方便擅改两线插头。若电饭煲漏电会酿成触电事故。

4. 运行调试

（1）检查安装柜体、电器是否水平，倾斜也会影响使用效果。

（2）开机检查电器是否正常工作。

五、检查调整与工程验收

当常用家用电器设备全部安装完工后，经监理、甲方等多方共同对施工项目检查，达到施工要求后，便可要求监理、甲方签发验收合格单或客户验收单。

填写“空调安装工程验收表”（表2-3-5）以及“厨房电器安装工程验收表”（表2-3-6）。

表2-3-5　空调安装工程验收表

验收标准	是否合格	
	是	否
1. 风管表面应平整、无损坏，接管合理，风管的连接以及风管与设备或调节装置的连接无明显缺陷	□	□
2. 风口表面应平整，颜色一致，安装位置正确，风口可调节部件应正常动作	□	□
3. 各类调节装置的制作和安装应正确牢固，调节灵活，操作方便。防火及排烟阀等关闭严密，动作可靠	□	□
4. 制冷及管道系统的管道、阀门及仪表安装位置正确，系统无渗漏	□	□
5. 风管、管道的软性接管位置应符合设计要求，接管正确、牢固、自然无强扭	□	□
6. 通风机、制冷机、水泵、风机盘管机组的安装应正确牢固	□	□
7. 组合式空气调节机组外表面平整光滑，接缝严密，组装顺序正确，喷水室外表面无渗漏	□	□
8. 除尘器、积尘室安装应牢固，接口严密	□	□
9. 消声器安装方向正确，外表面应平整、无损坏	□	□
10. 风管、部件、管道及支架的油漆应附着牢固，漆膜厚度均匀，油漆颜色与标志符合设计要求	□	□
11. 绝热层的材质、厚度应符合设计要求，表面平整，无断裂和脱落，室外防潮层或保护壳应顺水搭接、无渗漏	□	□

表 2-3-6　厨房电器安装工程验收表

验收标准	是否合格	
	是	否
1. 厨房电器的电源线到电源插座处的布线是否顺当	□	□
2. 用电笔测试接线处判断有无漏电现象	□	□
3. 各类电器开启运转 5min 是否有异常	□	□

六、项目任务考核

学生项目组根据施工的流程进行施工项目检查。检查是否达到安装要求，如发现问题及时进行调整。最后对实训作业作品进行验收和评价。本项目的考核主要以学生自评、学生互评和教师评价相结合，权重分别为 20％、20％和 60％。考核内容详见“附表 7：建筑装饰设计施工类项目任务考核表”。

七、职业技能训练

1. 选择题

（1）下列关于空调的功能，叙述错误的是（　　）。

A. 温度调节　　B. 湿度调节（除湿/干燥）

C. 水流流动速度调节　　D. 洁净度调节（净化/换气）

（2）下列哪一个不属于按结构分类的空调种类（　　）。

A. 壁挂式空调　　B. 柜式空调　　C. 中央空调　　D. 变频空调

2. 简答题

（1）简述中央空调安装施工工艺。

（2）简述空调的种类。

■任务四　智能家居设备安装工程

一、明确任务

教师给学生发放并讲解任务书（表 2-3-7）。

表 2-3-7　智能家居安装项目任务书

项目任务名称	智能家居安装工程	项目任务编号	2-3-4
项目组组长		项目组成员	
任务完成时间			
任务学习目标	1. 知识目标： ① 了解智能家居设备相关知识； ② 了解施工中会遇到的问题及后期维护问题。 2. 技能目标： ① 能够根据设计风格、价格区间正确选择智能家居； ② 掌握智能窗帘安装工程施工的工艺流程及施工方法； ③ 能正确解决施工中遇到的问题及后期维护问题		

续表

任务内容	1. 了解并学习智能家居设备相关理论知识； 2. 观摩智能窗帘安装施工工艺； 3. 认识与了解智能窗帘安装施工工具； 4. 智能窗帘安装施工技术实际操作实践		
项目完成验收点	1. 提交根据项目任务目标撰写的工作计划一份； 2. 学会使用智能窗帘安装工程相关工具； 3. 能实际进行智能窗帘安装工程的施工		
完成项目任务情况分析与反思：			
组长签字		成员签字	

二、项目任务教学实施流程与步骤

各项目组根据项目任务制订计划并实施。确定各自在小组中的分工以及小组成员合作的形式，然后按照已确立的实施步骤进行实际任务的实施与学习。项目任务教学实施流程与步骤详见“附表 3：项目任务实施计划书”。

三、智能家居核心知识链接

（一）智能家居的定义

智能家居（smart home，home automation）是以住宅为平台，利用综合布线技术、网络通信技术、安全防范技术、自动控制技术、音视频技术将家居生活有关的设施集成，构建高效的住宅设施与家庭日常事务的管理系统，提升家居安全性、便利性、舒适性、艺术性，并实现环保节能的居住环境。

（二）智能家居的系统组成

智能家居包括数字可视对讲系统、远程控制系统、视频监控系统、家庭影音控制系统、室内安防报警系统、信息咨询系统、环境控制系统、智能控制系统等（图 2-3-25）。

（三）智能家居的主要功能

1. 智能灯光控制

实现对全宅灯光的智能管理，可以用遥控等多种智能控制方式实现对全宅灯光的遥控开关、调光、全开全关及会客、影院等多种一键式灯光场景效果的实现；并可用定时控制、电话远程控制、计算机本地及互联网远程控制等多种控制方式实现功能，从而达到智能照明的节能、环保、舒适。

优点：

（1）控制：就地控制、多点控制、遥控控制、区域控制等。

（2）安全：通过弱电控制强电方式，控制回路与负载回路分离。

（3）简单：智能灯光控制系统采用模块化结构设计，简单灵活、安装方便。

（4）灵活：根据环境及用户需求的变化，只需做软件修改设置就可以实现灯光布局的改变和功能扩充。

2. 智能电器控制

电器控制采用弱电控制强电方式，既安全又智能，可以用遥控、定时等多种智能控制方式实现对家中的饮水机、插座、空调、地暖、投影机、新风系统等进行智能控制，可避免饮水机在夜晚反复加热影响水质；在外出时断开插排通电，避免电器发热引发安全隐患；对空调、地暖进行定时或者远程控制，让您到家后马上享受舒适的温度和新鲜的空气。

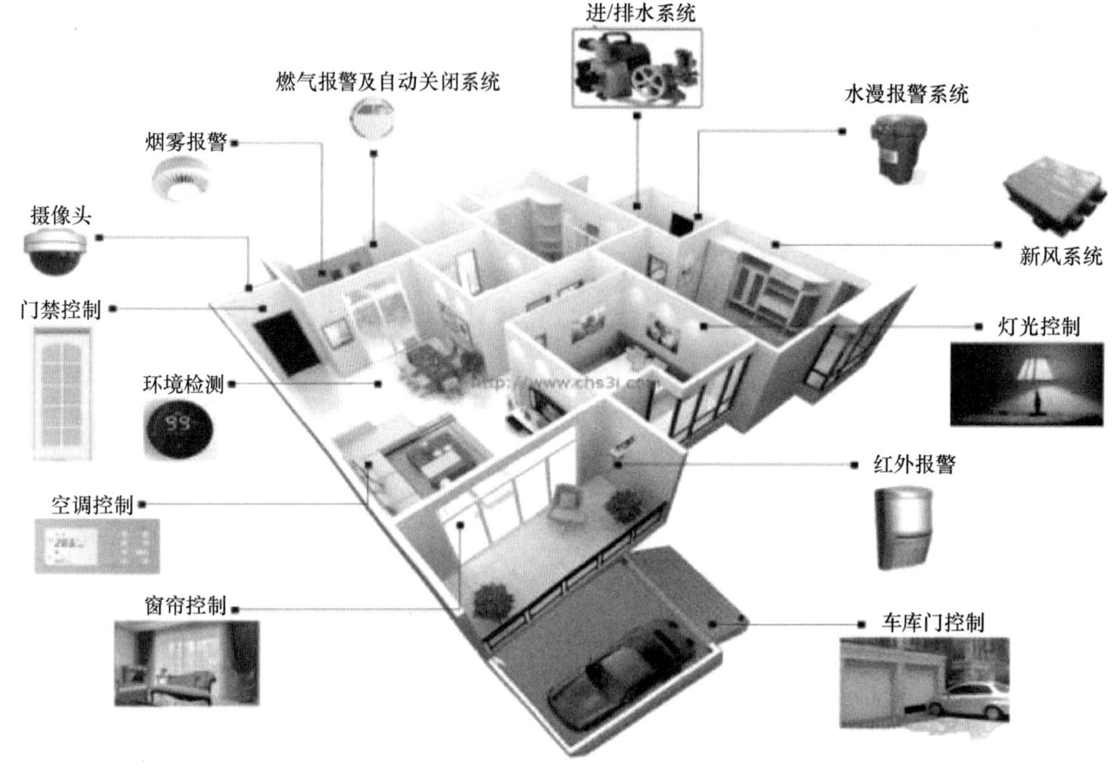

图 2-3-25　智能家居系统环境图

优点：

（1）方便：就地控制、场景控制、遥控控制、计算机远程控制、手机控制等。

（2）控制：通过红外或者协议信号控制方式，安全方便不干扰。

（3）健康：通过智能监测器，能够对家里的温度、湿度、亮度进行监测，并驱动电器设备自动工作。

（4）安全：系统可以根据生活节奏自动开启或关闭电路，避免不必要的浪费和电器老化引起的火灾。

3. 安防监控系统

随着居住环境的升级，人们越来越重视个人安全和财产安全，对家庭以及小区的安全提出了更高的要求；同时，经济的飞速发展伴随着城市流动人口的急剧增加，给城市的社会治安增加了新的难题，要保障小区的安全，防止偷盗事件的发生，就必须有独立的安全防范系统，人防的保安方式难以适应我们的要求，智能安防已成为当前的发展趋势。

视频监控系统已经广泛地应用于银行、商场、车站和交通路口等公共场所，但实际的监控任务仍需要较多的人工完成，而且现有的视频监控系统通常只是录制视频图像，提供的信息是没有经过解析的视频图像，只能用作事后取证，没有充分发挥监控的实时性和主动性功能。为了能实时分析、跟踪、判别监控对象，并在异常事件发生时提示、上报，为政府部门、安防部门及时决策、正确行动提供支持，视频监控的“智能化”就显得尤为重要。

优点：

（1）安全：安防系统可以提前发现陌生人入侵、煤气泄漏、火灾等情况并通知主人。

（2）简单：操作非常简单，可以通过遥控器或者门口控制器进行布防或者撤防。

（3）实用：视频监控系统可以依靠安装在室外的摄像机有效地阻止小偷进一步行动，并且可以在事后给警方取证提供有力证据。

4. 智能背景音乐

家庭背景音乐是在公共背景音乐的原理基础上结合家庭生活的特点发展而来的新型背景音乐系统。

简单地说，就是在家庭任何一个空间里，比如客厅、卧室、厨房或卫生间，可以将 MP3、FM、DVD、计算机等多种音源进行系统组合，让每个房间都能听到美妙的背景音乐。音乐系统既可以美化空间，又起到很好的装饰作用。

优点：

（1）独特：与传统音乐不同，专业针对家庭进行设计。

（2）效果：采用高保真双声道立体声喇叭，音质效果非常好。

（3）简单：控制器人性化设计，操作简单，无论老人小孩都会操作。

（4）方便：人性化，主机隐蔽安装，只需通过每个房间的控制器或者遥控器就可以控制。

5. 智能视频共享

视频共享系统是将数字电视机顶盒、DVD、录像机、卫星接收机等视频设备集中安装于隐蔽的地方，系统可以做到让客厅、餐厅、卧室等多个房间的电视机共享家庭影音库，并可以通过遥控器选择自己喜欢的视频进行观看，采用这样的方式既可以让电视机共享影音设备，又不需要重复购买设备和布线，既节省了资金又节约了空间。

优点：

（1）简单：布线简单，一根线可以传输多种影音信号，操作更方便。

（2）实用：无论主机在哪里，一个遥控器就可以对所有影音主机进行控制。

（3）安全：采用弱电布线，网线传输信号，永不落伍，即使以后升级还是用网线。

6. 可视对讲系统

可视对讲产品已比较成熟，成熟案例随处可见，这其中有大型联网对讲系统，也有单独的对讲系统，比如别墅用的，其中又分一拖一、一拖二、一拖三等；一般实现的是呼叫、可视、对讲等功能，但是通过整合后很多不同平台的产品实现了统一，增强了整套系统控制部分的优势，让室内主机也可以控制家里的灯光和电器。

7. 家庭影院系统

对于高档别墅或者公寓的户型，客厅一般为 20m^{2}左右，这是目前最主要的建筑面积之一，自然是家中最气派的地方，除了要宽敞舒适，也要满足娱乐要求才行，要满足这样的要求，“家庭云平台”是必不可少的。

优点：

（1）简单：操作非常简单，一键可以启动场景，如音乐模式、试听模式、卡拉 OK、电影模式等。

（2）实用：拥有私人电影院，在家可以随时看大片，为您节约宝贵时间。称其“镇宅之宝”一点儿也不为过，在周末可以与好朋友拉近距离。

（3）气派：通过千兆交换机连接到各个房间，即可通过遥控器/平板电脑在不同的房间操作投影仪、电视机，分享私家影库。

四、智能窗帘安装施工流程

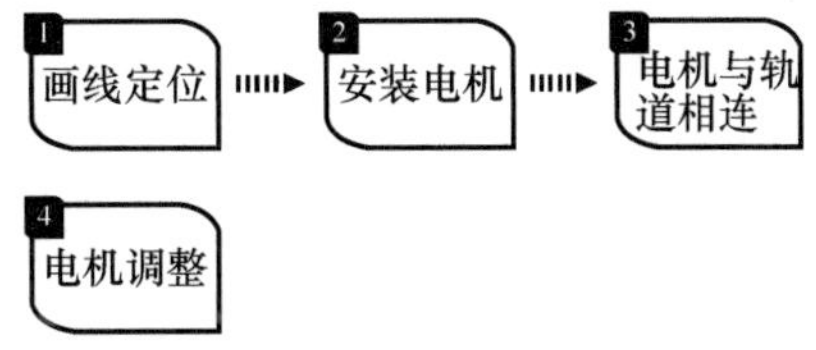

1. 画线定位

画线定位直接关系到后期窗帘轨道的安装，这个定位十分关键，所以做这项工作的时候一定要相当准确；接下来需要测量好相关的尺寸，包括固定的孔距、窗帘轨道安装的尺寸、窗帘电机的尺寸等。这里需要提醒一点：某些智能窗帘的轨道是弧形的，其测量方法可按照建筑物弧度造成弯曲弧形的窗帘轨道测量，其中轨道的总长度就是电机和轨道长度以及副传动箱长度的和。

2. 安装电机

安装窗帘电机之前，用户需要将吊装卡子按照旋转 90°与轨道衔接好，然后用自攻螺钉安装到顶板上，接着将智能窗帘的电机连好线。这里需要注意在安装卡子的时候，如果墙壁是混凝土结构，除了自攻螺钉之外，还需要增加膨胀螺钉固定，用来确保窗帘电机能够更加坚固和稳定。

3. 电机与轨道相连

通常情况下，窗帘电机使用的履带式窗帘轨道两端装配有传动箱，其中与窗帘电机相连的为主传动箱，另一端的是副传动箱。在将电机和轨道相连的时候，需要先将窗帘电机放入主传动箱内，顺时针旋转 90°，然后将插片推入到传动箱极限位置，这个时候传动箱会自动锁住，这样电机与传动箱就连接好了。

4. 电机调整

最后要调整电机，实现电机接线的正转和反转，这样才能够实现窗帘的开启和闭合的自我定位。在调整之前，需要将电机和轨道的传动箱分离，调整电机上的两个旋钮，使电机上的齿轮进入咬合状态，当两个旋钮全部进入咬合状态时，再将电机后盖盖好，用螺钉拧紧，固定好定位锁片，这项工作就完成了。最后再检查一遍，通电后确认智能窗帘是否能够正常运行即可。

五、检查调整与工程验收

当智能窗帘全部安装完工后，经监理、甲方等多方共同对施工项目检查、达到施工要求后，便可要求监理、甲方签发验收合格单或客户验收单。

填写“智能窗帘安装工程验收表”（表 2-3-8）。

表 2-3-8　智能窗帘安装工程验收表

验收标准	是否合格	
	是	否
1. 智能窗帘电机是否安装到位、稳固	□	□
2. 用电笔测试接线处判断有无漏电现象	□	□
3. 对智能窗帘进行十次开关测试有无异常	□	□

六、实训作业验收和评价

学生项目组根据施工的流程进行施工项目检查。检查是否达到安装要求，如发现问题及时进行调整。最后对实训作业作品进行验收和评价。本项目的考核主要以学生自评、学生互评和教师评价相结合，权重分别为 20%、20%和 60%。考核内容详见“附表 7：建筑装饰设计施工类项目任务考核表”。

七、职业技能训练

1. 选择题

（1）下列关于智能家居的组成，叙述错误的是（　　）。

A. 数字可视对讲系统　　B. 家庭影音控制系统

C. 远程控制系统　　D. 监听系统

（2）下列哪一个是智能窗帘安装的第一步（　　）。

A. 画线定位　　B. 安装电机　　C. 安装窗帘盒　　D. 安装轨道

2. 简答题

（1）简述智能家居的定义。

（2）简述智能窗帘安装实施流程。

项目四　其他成品设备安装工程

■任务一　成品门安装工程

一、明确任务

教师给学生发放并讲解项目任务书（表 2-4-1）。

表 2-4-1　成品门安装项目任务书

<table>
<tr><td>项目任务名称</td><td>成品门安装工程</td><td>项目任务编号</td><td>2-4-1</td></tr>
<tr><td>项目组组长</td><td></td><td>项目组成员</td><td></td></tr>
<tr><td>任务完成时间</td><td colspan="3"></td></tr>
<tr><td>任务学习目标</td><td colspan="3">1. 认知目标：
① 了解成品门的种类及其属性；
② 了解成品门安装施工的工艺流程及施工要求和原则；
③ 了解成品门安装工程施工所需设备及其设备相关知识；
④ 了解施工中会遇到的问题及后期维护问题。
2. 技能目标：
① 具备根据设计风格、价格区间正确选择成品门的能力；
② 掌握成品门安装工程施工的工艺流程及施工方法；
③ 能正确解决施工中会遇到的问题及后期维护问题</td></tr>
<tr><td>任务内容</td><td colspan="3">1. 了解并学习成品门安装施工工程的施工方法和技巧；
2. 了解并学习成品门安装施工工程的工艺流程；
3. 观摩成品门安装施工过程；
4. 认识与了解成品门安装施工工具；
5. 成品门安装施工技术实际操作实践</td></tr>
<tr><td>项目完成验收点</td><td colspan="3">1. 提交根据项目任务目标撰写的工作计划一份；
2. 学会使用成品门安装施工工艺相关工具；
3. 能实际进行成品门安装施工工艺的施工</td></tr>
<tr><td colspan="4">完成项目任务情况分析与反思：

</td></tr>
<tr><td>组长签字</td><td></td><td>成员签字</td><td></td></tr>
</table>

二、项目任务教学实施流程与步骤

各项目组根据项目任务制订计划并实施。确定各自在小组中的分工以及小组成员合作的形式，然后按照已确立的实施步骤进行实际任务的实施与学习。项目任务教学实施流程与步骤详见“附表 2：认识材料任务实施计划书”以及“附表 3：项目任务实施计划书”。

三、成品门核心知识链接

（一）成品门的类型

成品门按材料分类：常用的有木门、塑钢门、铝合金门以及一些其他材料门；按使用功能分类：一般工业及民用建筑门、特殊工业及民用建筑门、围墙大门、隔声门、防火门、防光门、防辐射门、密闭门、防盗门、抗冲击波门、卸爆门等；按开启方式分类：平开门、推拉门、上提门、上翻门、下滑门、折叠门、卷帘门、旋转门；按控制方式分类：手动门、传感控制自动门。

1. 木门

（1）实木门：取原木为主材做门芯，经过烘干处理，然后经过下料、抛光、开榫、打眼等工序加工而成。实木门所取的原木树材品种大多较名贵，如胡桃木、柚木等。经实木加工后的成品木门具有不变形、耐腐蚀、隔热保温、无裂纹等特点，此外，实木具有良好的声学性能和调温调湿功能，吸声性好。实木门在木料上里外都用同种木料，所以外观上没有明显差异，在室内门中档次很高。

（2）实木复合门：主材主要以松木、杉木或进口填充料等黏合加工而成，面层以粘贴高密度板和实木木皮为主，在高温下，经热压而成，最后由实木线条封边。略高级的实木复合门的门芯多为优质白松，表面则为实木单板。白松有很好的低密度性，质量轻，能够很好地控制含水率，因此即使质量非常轻的实木复合门也不容易发生变形和裂纹。实木复合门的组成材料以粘贴为主，因此具有保温隔热、阻燃等特性，只是隔声效果低于实木门。造型一般非常美观，款式多样化，能够适合不同风格的家庭装修，价格合理。其主要的优点是不开裂变形、隔声、环保，耐久性、耐撞击性好，易修复，有很强的实木感和手感，价格偏贵。目前在市场上最畅销，也是最被看好的一个品种。

（3）模压木门：依托干燥的方木组合做龙骨架，并在龙骨架上粘贴带造型和仿真木纹的高密度纤维模压门皮板，由机械压制而成。由于门芯是空的，因此模压木门的隔声、隔热效果相对实木门来说要差些，最大的缺陷就是不耐冲击和碰撞。但是，模压木门具有防潮、耐膨胀、不变形的特点，并且价格较实木门要经济实惠，为一般家庭装修的首选。

2. 塑钢门

所谓的塑钢门就是在塑料型材内加钢衬套，以此增加型材的刚性。塑钢门具有优良的保温隔热性能，易于生产加工，便于日常的维护保养。塑料型材很容易改变颜色，可以在型材外面覆盖木纹膜，使得塑钢门具有更多的装饰性能。塑钢门的门扇制造与铝合金门一样，分为以下三种结构：插接式门扇、半覆盖式门扇、全覆盖式门扇。

3. 铝合金门

在当前的科技材料中，几乎没有任何工程材料能够与铝合金相提并论，铝合金材料既保持了本身材料的坚固、耐用和耐磨损性能，又具有优雅的视觉效果和易于加工生产的特性。铝合金门质地坚硬，即使在极端恶劣的天气条件下，也能保持优良的性能。如果在节能上有较高的要求，最好采用铝合金门，因为铝合金门具有优良的隔热保温性能。铝合金门不像木质门那样容易吸潮变形，也不像钢质门那样氧化生锈，更不会像塑钢门有老化变质的问题。

铝合金门表面的颜色可以按照国际色标 RAL 通过粉末喷涂或者烤漆处理，达到各种理想的色彩。还可以覆盖木纹装饰膜，既具有天然木材的质感，又能抗磨损和抵抗极端恶劣的天气。铝合金门维护保养极其方便。铝合金门在中国市场发展迅猛，通过优秀的结构设计、高品质生产加工的铝合金门无疑是门中的精品。

四、成品门安装施工流程

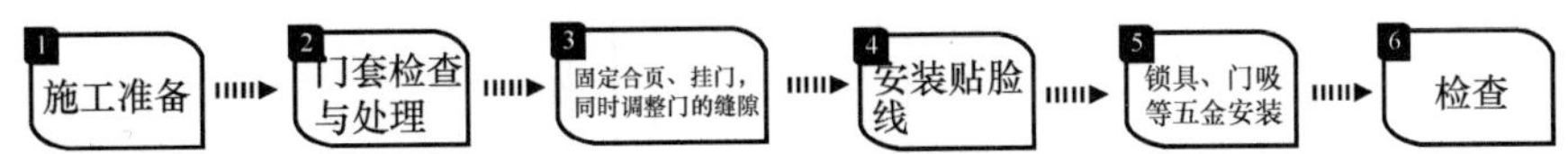

（一）施工准备

清理现场杂物、工作面，确保无螺钉、无颗粒、无硬物等，熟悉周围环境，设计合理的工作顺序。将安装产品分类整齐，摆放到位。安装工人应对工作场地、通道进行适当保护。

（二）门套检查与处理

1. 确认洞口与门套的尺寸、型号相符合，根据墙体的厚度、门板宽度，在墙体定位画线，画线应平直准确。墙体不平整时，以两点为基准并作为基准面进行画线，线必须垂直。在线上找准木销定位点进行定位。每米木销点不少于 3 个。

2. 门套与墙体应三维水平垂直，垂直度允许公差 2mm。水平平直度允许公差 1mm。门套与墙体间应加装固定螺钉，每米不少于 3 个。角接门套应加装固定铁片。门套与墙体间缝隙用发泡胶双面密封，发泡胶应涂匀，干后切割平整。套线接口处应平整严密无缝隙。同侧面套线应在一个平面，套线弯度允许公差 1mm。套线与墙体间缝隙用胶密封处理。

（三）固定合页、挂门，同时调整门的缝隙

开槽：合页固定前要在套板上和门的侧面开好槽，并保证槽的大小和合页的大小相匹配，保证美观。这些最好在工厂提前完成。

固定合页螺钉：固定螺钉注意要拧进去，而不能用锤子砸进去，保证安装后的牢固性，同时螺帽拧完后要与合页面层平齐，并保证螺钉的数量齐全。

合页的数量：合页数量要根据门的质量来定，以保证门的牢固性。

（四）安装贴脸线

安装贴脸线时要注意线条尺寸必须精确，保证两个竖线条高低一致，并与横线条接触紧密，保证美观效果，同时保证安装牢固，线条锯口平齐。

（五）锁具、门吸等五金安装

锁孔需要在工厂开好，以免在安装过程中不小心碰坏油漆，并能保证槽边圆滑平齐，套板上的槽孔一般在现场开，开的同时也要保证槽口平齐，保证美观。

（六）检查

门框与墙体间需填塞保温材料时，应填塞饱满、均匀；门扇安装应裁口顺直，刨面平整光滑，开关灵活、稳定，无回弹和倒翘；小五金安装应位置适宜，槽深一致，边缘整齐，尺寸准确；小五金安装齐全，规格符合要求（图 2-4-1）；木螺钉拧紧，插销开启灵活；门盖口条、压缝条、密封条的安装应尺寸一致，平整光滑，与门结合牢固严密，无缝隙。成品门做法图解如图 2-4-2 所示。

图 2-4-1　小五金安装效果图

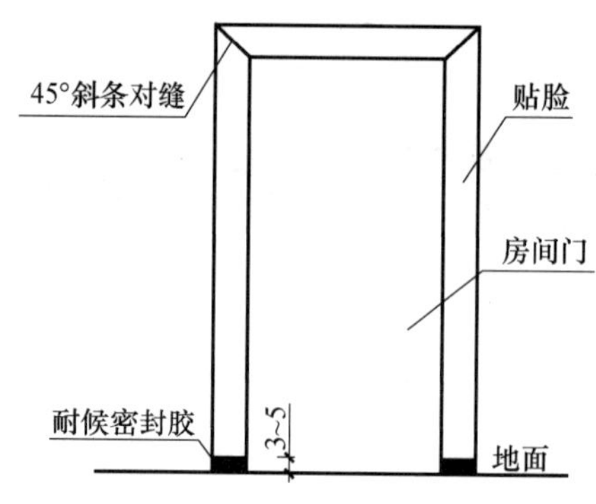

图 2-4-2 成品门做法图解

五、检查调整与工程验收

当成品门全部安装完工后，经监理、甲方等多方共同对施工项目检查、达到施工要求后，便可要求监理、甲方签发验收合格单或客户验收单。

填写“成品门安装工程验收表”（表 2-4-2）。

表 2-4-2 成品门安装工程验收表

验收标准	是否合格	
	是	否
1. 门套制作、安装位置、规格、开启方向符合设计要求	□	□
2. 所用材料为指定品牌和规格，材料质量合格	□	□
3. 门套正、侧面垂直度≤3mm，上口水平度≤1mm，上口直线度≤3mm	□	□
4. 门扇合页外边缘距门上、下口距离为门高的 1/10；门窗小五金制作安装应位置适宜，安装牢固，槽边整齐	□	□
5. 门锁不宜安装在冒头与立梃的接合部，门拉手距地面宜为 0.9～1.05m	□	□
6. 门扇开关灵活，严密，无阻滞、回弹、翘曲和变形	□	□
7. 推拉门轨道水平、顺直，安装牢固，推拉灵活、轻便	□	□
8. 骨架表面平整度≤3mm，接缝高低≤1mm，阴阳角方正≤3mm，立面垂直度≤3mm	□	□
9. 框与扇、扇与扇接触处高差 1～2mm，框与扇留缝 1～2mm，居室门扇与地面间留缝宽度 6～7mm，卫生间门 8～10mm	□	□

六、项目任务考核

学生项目组根据施工的流程进行施工项目检查。检查是否达到安装要求，如发现问题及时进行调整。最后对实训作业作品进行验收和评价。本项目的考核主要以学生自评、学生互评和教师评价相结合，权重分别为 20%、20%和 60%。考核内容详见“附表 7：建筑装饰设计施工类项目任务考核表”。

七、职业技能训练

1. 选择题

（1）下列关于成品门安装叙述错误的是（　　）。

A. 开始前需要做施工准备

B. 需要确认洞口与门套的尺寸、型号相符合

C. 锁孔无须在工厂开好

D. 安装贴脸线时要注意线条尺寸必须精确

（2）下列哪一类门不属于按功能分类的门（　　）。

A. 隔声门　　B. 防辐射门　　C. 防火门　　D. 铝合金门

2. 简答题

（1）简述成品门安装施工流程。

（2）简述成品门分类。

■任务二　成品衣柜安装工程

一、明确任务

教师给学生发放并讲解任务书（表 2-4-3）。

表 2-4-3　成品衣柜安装项目任务书

项目任务名称	成品衣柜安装	项目任务编号	2-4-2
项目组组长		项目组成员	
任务完成时间			
任务学习目标	1. 知识目标： ① 了解成品衣柜安装的工艺流程及施工要求和原则； ② 了解成品衣柜安装所需设备及其相关知识； ③ 了解施工中遇到的问题及后期维护问题。 2. 技能目标： ① 具备合理、正确使用成品衣柜安装施工工具的能力； ② 能够根据实际选择木工材料； ③ 掌握成品衣柜安装的工艺流程及施工方法； ④ 能正确解决施工中遇到的问题及后期维护问题		
任务内容	1. 了解并学习成品衣柜安装施工方法和技巧； 2. 了解并学习成品衣柜安装的工艺流程； 3. 观摩成品衣柜安装施工过程； 4. 认识与了解成品衣柜安装施工工具； 5. 成品衣柜安装施工实际操作实践		
项目完成验收点	1. 提交根据项目任务目标撰写的工作计划一份； 2. 学会使用成品衣柜安装相关工具； 3. 能实际进行成品衣柜安装的施工		
完成项目任务情况分析与反思：			
组长签字		成员签字	

二、项目任务教学实施流程与步骤

各项目组根据项目任务制订计划并实施。确定各自在小组中的分工以及小组成员合作的形式，然后按照已确立的实施步骤进行实际任务的实施与学习。项目任务教学实施流程与步骤详见“附表 3：项目任务实施计划书”。

三、成品衣柜核心知识链接

（一）成品衣柜的材质与组成

衣柜是由柜体和柜门、五金配件构成的。一般的衣柜柜体由板材（实木多层板、刨花板、密度板、禾香板）或实木通过不同的组合组成相应的衣柜内部格局来满足用户的需求，而柜门的材料有实木、双饰面板、波浪板、百叶板、玻璃等，实木的厚度在 22mm，玻璃材质是 5mm，平开门的衣柜一般用 16mm 或者 18mm 的材料做，五金配件有领带夹、抽屉、衣柜裤架、拉篮、挂衣杆、层板扣、更衣镜等，这些都是用户根据自己的需求搭配。

（二）成品衣柜的特点

成品衣柜是由制造商制造而成的衣柜，可在建材市场、家居卖场买到。品牌企业生产的衣柜在做工和材质方面更有保证，而且风格款式多，购买也很方便，可以直接安装。不过，成品衣柜很难与居室装修风格完美结合，因为成品衣柜的尺寸都是固定的，很多成品衣柜不能做到顶，会造成空间浪费。

四、成品衣柜安装施工流程

（一）熟悉图纸

安装衣柜前，安装工必须看懂衣柜安装图后方可进行安装作业。检查其柜体板件、功能件的数量并且弄清各部件及功能件安装位置。

（二）安装准备

为避免板件被刮花，安装前首先要整理场地并现场进行清洁，安装时要垫上地毯或地毯类型的垫子，然后进行作业，并将所需工具及所需五金配件准备齐全（图 2-4-3）。

A 	B 	C 	D	E1
三合一连接杆	三合一偏心件	二合一螺钉	二合一螺母	抽屉导轨
F	G 	H 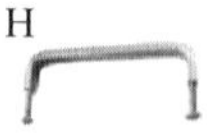	I 	J 
防潮脚钉	门铰	拉手	木榫	抽屉螺钉
K	L	M	N	O
小自攻螺钉				

图 2-4-3　安装衣柜所需的五金配件

（三）板件分类

根据安装场地的情况分布拆包区、板件堆放区及安装区；根据图纸将衣柜的侧板、顶板、底板、固定层板，小件板（地脚板、抽屉板等），活动层板，功能配件作为四块区域堆放，摆放整齐，保证拿取方便，安装顺畅。

（四）主体衣柜安装（柜体主要通过三合一偏心件、木榫进行连接）

1. 将三合一连接杆用电钻或螺丝刀拧入侧板预埋胶粒孔孔内，连接杆要与板表面成 90°，连接杆与侧板胶粒连接要拧到位，如果连接杆与侧板连接时不到位，板件与板件连接时导致板件与板件结合时不严密，影响整个柜体的牢固性（图 2-4-4）。

2. 将三合一连接杆用电钻或螺丝刀拧入侧板预埋胶粒孔孔内，连接杆要与板件表面成 90°，连接杆与侧板胶粒连接要拧到位，如果连接杆与侧板连接时不到位，板件与板件连接时导致偏心件与连接杆锁不紧，产生柜体松动，影响柜体的强度，一般情况下，连接杆露出板件的长度为 27～28mm。

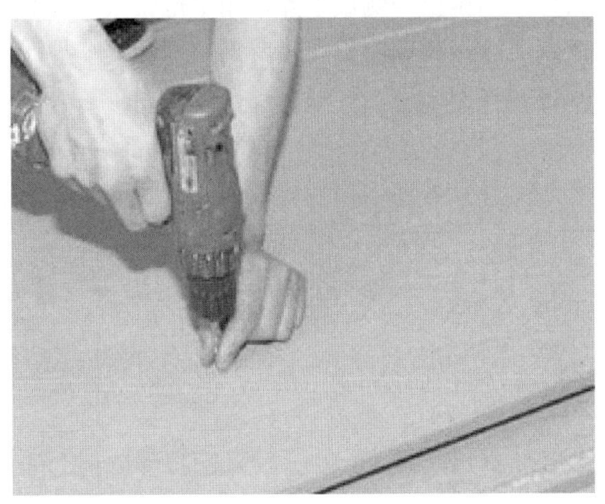

图 2-4-4　固定三合一连接杆

3. 脚线与底板连接，将脚线的连接杆孔插入底板的连接杆，依次将脚线的偏心件孔装入偏心件，偏心件偏心“Δ”对准连接杆孔，用螺丝刀逆时针旋转偏心件 180°锁紧偏心件。

4. 将定位木榫插入顶板、底板、固定层板木榫孔孔内，定位木榫露出板件截面的尺寸以 8～10mm 为宜，不允许超过 10mm，木榫露出过长容易使板件板面起泡和损坏板件板面。

5. 将顶板、底板、固定层板分别与侧板连接，并用偏心件锁紧，偏心件的安装方法：将偏心件依次装入顶板、底板、固定层板偏心件孔内，偏心件的偏心“Δ”要对准连接杆的孔位，然后将顶板、底板、固定层板的一端插入侧板上的连接杆，将偏心件用螺丝刀逆时针方向旋转 180°锁紧（图 2-4-5）。

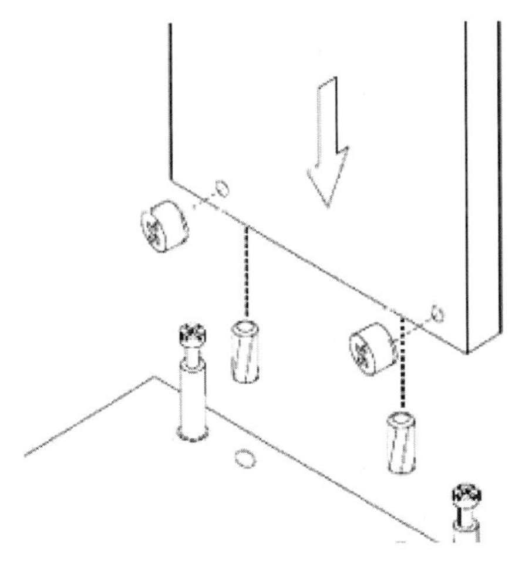

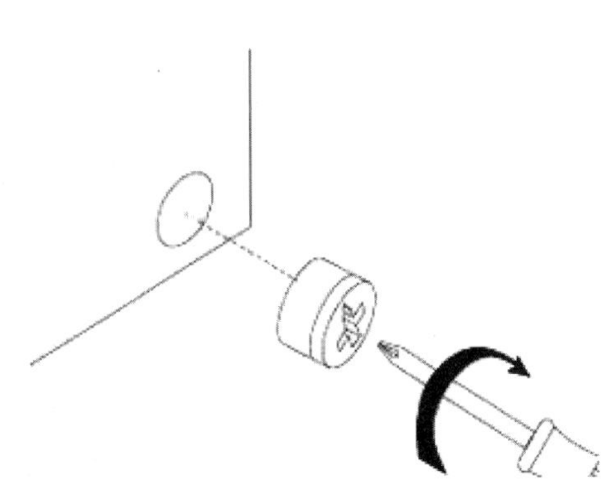

图 2-4-5　偏心件的安装

6. 将各部位锁紧后，检查槽位、背板两面有无刮花，将好的一面向正视面，然后插入背板（图 2-4-6）。

7. 连接另一块侧板，按照上述方法将顶板、底板、固定层板依次连接，将偏心件用螺丝刀逆时针方向旋转 180°锁紧。

8. 当第一个单元柜完成后，装入活动层板与两侧板进行连接。活动层板托的安装方法：将活动层板托的金属托臂用专用自攻螺钉与侧板的引孔进行连接，金属托臂与侧板连接不宜过紧，手稍加用力能拨动为宜。金属托臂依次安装完成，然后将层板托的预埋件用橡胶槌轻轻敲入活动层板的预埋孔内，注意预埋件的缺口要与活动层板的缺口相对应，缺口与缺口要保证在同一个平面上，同时预埋件要平齐板面，不允许有露出板件表面的现象。以上工作完成后，左手将层板提起，右手将层板托住对准两侧板的金属托臂放下，然后用手将层板平衡敲入层板托臂，并用预埋件上的偏心螺钉逆时针方向旋转180°锁紧。当有中侧板时，按照上述步骤依次连接，并锁紧各连接件。

9. 宽度大于600mm柜子必须用背板扣将背板与侧板进行连接，当第一个单元柜柜体完成后进行背板扣的连接，背板扣的装入及连接方法：将背板扣带钩的一端装入背板上的背扣引孔内，将背板扣的另一端压至与侧板平齐，用手枪钻或螺丝刀将背板扣和侧板用自攻螺钉连接，自攻螺钉要平行垂直拧入，背板扣和侧板连接要锁紧（图2-4-7）。

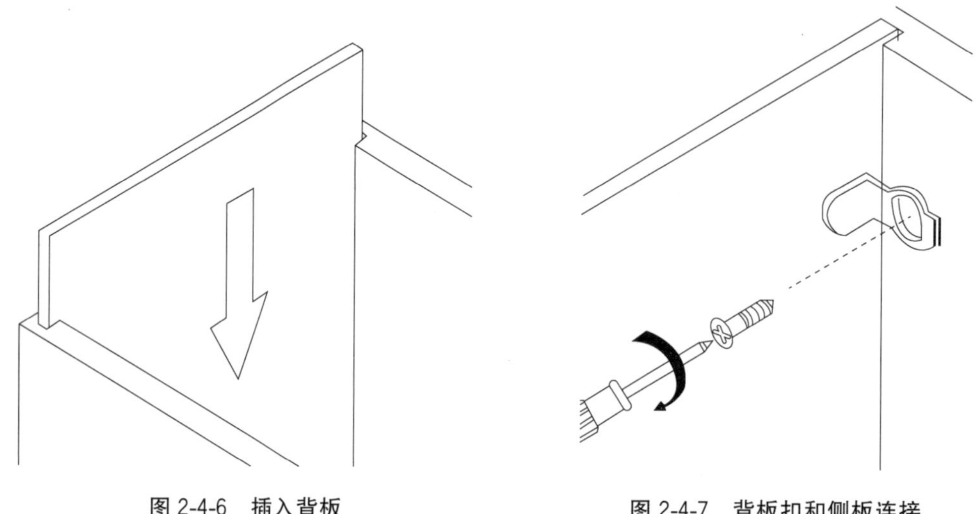

图2-4-6　插入背板　　　图2-4-7　背板扣和侧板连接

10. 根据图纸设计要求按顺序装入柜体各种功能件，如格子架、裤架、拉板、抽屉、领带架、挂衣杆（图2-4-8）等。

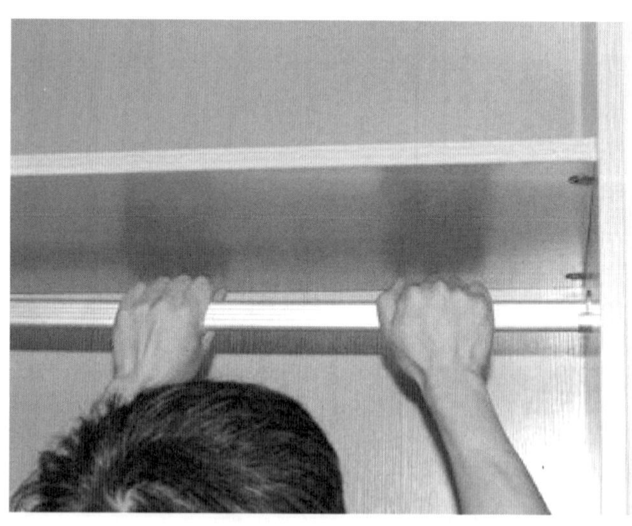

图2-4-8　安装挂衣杆

（五）顶柜的安装

主体柜组装完成后，进行顶柜的组装（安装方法同主体柜），顶柜需独立组装，安装完成后再放到主体柜上，调整好主体柜和顶柜的对角线与垂直度，然后进行主体柜与顶柜的连接。

（六）拉手的安装

将拉手的专用螺杆从门板背面拉手孔插入门板正面，露出螺丝杆，然后将拉手丝孔对准门板正面露出的螺丝杆，用螺丝刀将拉手通过螺丝杆与门板锁紧。

（七）门铰的安装

将门板的反面朝上，平放在垫有地毯的地板上，将门铰嵌入门板的门铰预留孔内，用手电钻或螺丝刀依次将门铰用自攻螺钉锁在门板上，以上工作完成后，将装好门铰的门板依照顺序装入柜体。

五、检查调整与工程验收

当成品衣柜全部安装完工后，经监理、甲方等多方共同对施工项目检查、达到施工要求后，便可要求监理、甲方签发验收合格单或客户验收单。

填写“成品衣柜安装工程验收表”（表 2-4-4）。

表 2-4-4　成品衣柜安装工程验收表

验收标准	是否合格	
	是	否
1. 木制品造型尺寸、安装位置、标高必须符合设计要求	□	□
2. 所用材料为指定品牌和规格，材料质量合格	□	□
3. 表面质量：表面平整，无开裂、无污迹，线角直顺，无弯曲变形，棱角凹凸层次分明，出墙尺寸一样，均匀一致	□	□
4. 拼接质量：板面拼接纹理通顺，表面平整、严密，无缝隙，拼花吻合、对称，装饰线接头、拼角处凹凸棱角对位准确	□	□
5. 与顶、墙、踢角线交接处质量：交接严密无缝隙、交接线顺直，清晰美观，出墙尺寸一致	□	□
6. 两端高低差≤2mm，表面平整度≤1mm，上下口平直度≤2mm，垂直度≤2mm，阴阳角方正≤2mm	□	□

六、项目任务考核

学生项目组根据施工的流程进行施工项目检查。检查是否达到安装要求，如发现问题及时进行调整。最后对实训作业作品进行验收和评价。本项目的考核主要以学生自评、学生互评和教师评价相结合，权重分别为 20%、20%和 60%。考核内容详见“附表 7：建筑装饰设计施工类项目任务考核表”。

七、职业技能训练

1. 选择题

（1）下列关于成品衣柜安装叙述错误的是（　　）。

A. 开始前需要做施工准备

B. 板件要分类摆放

C. 连接杆与侧板胶粒连接要拧到位

D. 组装顶柜后进行主体柜组装

（2）下列哪一个不属于成品衣柜的组成部分（　　）。

A. 柜体　　B. 五金配件　　C. 柜门　　D. 成品门

2. 简答题

（1）简述成品衣柜安装施工流程。

（2）简述成品衣柜的特点。

■任务三　玻璃制品安装工程

一、明确任务

教师给学生发放并讲解任务书（表 2-4-5）。

表 2-4-5　玻璃制品安装项目任务书

项目任务名称	玻璃制品安装工程	项目任务编号	2-4-3
项目组组长		项目组成员	
任务完成时间			
任务学习目标	1. 认知目标： ① 了解玻璃制品的相关知识； ② 了解施工中遇到的问题及后期维护问题。 2. 技能目标： ① 能够根据设计风格、价格区间，正确选择玻璃制品； ② 掌握玻璃制品安装工艺流程及施工方法； ③ 能正确解决施工中遇到的问题及后期维护问题		
任务内容	1. 了解并学习玻璃制品安装施工方法和技巧； 2. 了解并学习玻璃制品安装工艺流程； 3. 观摩玻璃制品安装施工过程； 4. 认识与了解玻璃制品安装施工工具； 5. 玻璃制品安装施工操作实践		
项目完成验收点	1. 提交根据项目任务目标撰写的工作计划一份； 2. 学会使用玻璃制品安装相关工具； 3. 能实际进行玻璃制品安装工程的施工		
完成项目任务情况分析与反思：			
组长签字		成员签字	

二、项目任务教学实施流程与步骤

各项目组根据项目任务制订计划并实施。确定各自在小组中的分工以及小组成员合作的形式，然后按照已确立的实施步骤进行实际任务的实施与学习。项目任务教学实施流程与步骤详见“附表 2：认识材料任务实施计划书”以及“附表 3：项目任务实施计划书”。

三、玻璃制品核心知识链接

1. 平板玻璃

未经其他加工的平板状玻璃制品就是平板玻璃，也称白片玻璃或净片玻璃。

按生产方法，平板玻璃分为普通平板玻璃和浮法玻璃。平板玻璃是建筑玻璃中生产量最大、使用最多的一种，主要用于门窗，起采光、围护、保温、隔声等作用，也是进一步加工成其他类型玻璃的原片。

平板玻璃按用途分为窗玻璃和装饰玻璃。根据国家标准《平板玻璃》（GB 11614—2009）的规定，平板玻璃根据其外观质量分为优等品、一等品和合格品三个等级。

平板玻璃的用途：3～5mm的平板玻璃一般是直接用于门窗的采光，8～12mm的平板玻璃可用于隔断。平板玻璃的另外一个重要用途是作为钢化、夹层、镀膜、中空等玻璃的原片。

2. 钢化玻璃

钢化玻璃又称强化玻璃。钢化玻璃具有较好的机械性能和热稳定性，所以在建筑工程、交通工程及其他领域内得到广泛应用。平板钢化玻璃常用作建筑物的门窗、隔墙、幕墙及橱窗等，曲面钢化玻璃常用于汽车、火车及飞机等方面。

钢化玻璃强度高，其抗压强度可达125MPa以上，比普通玻璃大4～5倍；抗冲击强度也很高，用钢球法测定时，0.8kg的钢球从1.2m高度落下，玻璃可保持完好。

钢化玻璃热稳定性好，在急冷急热时，不易发生炸裂。这是因为钢化玻璃的压应力可抵消一部分因急冷急热产生的拉应力。钢化玻璃耐热冲击，最大安全工作温度为288℃，能承受204℃的温差变化。

3. 夹丝玻璃

夹丝玻璃也称防碎玻璃或钢丝玻璃，可用于建筑的防火门窗、天窗、采光屋顶、阳台等部位。它由压延法生产，就是在玻璃熔融状态下将经预热处理的钢丝或钢丝网压入玻璃中间，经退火、切割而成。夹丝玻璃表面可以是压花的或磨光的，颜色可以制成无色透明或彩色的。特点是安全性和防火性好。由于钢丝网的骨架作用，不仅提高了玻璃的强度，而且当受到冲击或温度骤变而破坏时，碎片也不会飞散，避免了碎片对人的伤害。我国生产的夹丝玻璃分为夹丝压花玻璃和夹丝磨光玻璃两类。

4. 夹层玻璃

夹层玻璃是在两片或多片玻璃原片之间，用PVB树脂胶片，经过加热、加压黏合而成的平面或曲面的复合玻璃制品。用于夹层玻璃的原片可以是普通平板玻璃、彩色玻璃、吸热玻璃、浮法玻璃、钢化玻璃或热反射玻璃等。

夹层玻璃的层数有2、3、5、7层，最多可达9层。透明性好，抗冲击性能要比一般平板玻璃高好几倍，用多层普通玻璃或钢化玻璃复合起来，可制成防弹玻璃。由于PVB胶片的黏合作用，玻璃即使破碎时，碎片也不会伤人。通过采用不同的原片玻璃，夹层玻璃还可具有耐久、耐热、耐湿等性能。夹层玻璃有着较高的安全性，一般在建筑上用作高层建筑门窗、天窗和商店、银行、珠宝的橱窗等。

5. 钛化玻璃

钛化玻璃又称永不碎铁甲箔膜玻璃，是将钛金箔膜紧贴在任意一种玻璃基材之上，结合成一体的新型玻璃。其具有高抗碎、高防热和防紫外线等功能。不同的基材玻璃与不同的钛金箔膜，可组合成不同色泽、不同性能、不同规格的钛化玻璃。钛化玻璃常见的颜色有：无色透明、茶色、茶色反光、铜色反光等。

6. 吸热玻璃

吸热玻璃能吸收大量红外线辐射能，并保持较高可见光的透过率。吸热玻璃还可以进一步加工制成磨光、钢化、夹层或中空玻璃。其广泛用于建筑物的门窗、外墙以及用作车、船挡风玻璃等，起到隔热、防眩、采光及装饰等作用。灰色、茶色、蓝色是我国目前吸热玻璃生产的常见颜色，厚度有2mm、3mm、5mm、6mm四种。

7. 热反射玻璃

热反射玻璃也称镜面玻璃，既有较高的热反射能力又保持良好透光性。它有金色、茶色、灰色、紫色、褐色、青铜色和浅蓝等颜色。热反射率高，常用它制成中空玻璃或者夹层玻璃，来增加绝热性能。如6mm厚浮法玻璃的总反射热仅为16%，同样条件下，吸热玻璃的总反射热为40%，而热反射玻璃则可高达61%。

四、玻璃制品安装施工流程

（一）塑料框扇玻璃安装

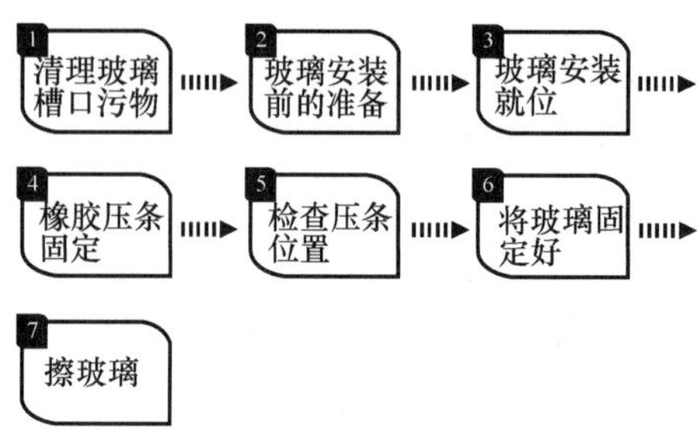

1. 应去除玻璃表面的尘土、油污等污物和水膜，并将玻璃槽口内的灰浆、异物清除干净，使排水孔畅通。

2. 核对玻璃的品种、尺寸、规格是否正确，框扇是否平整、牢固。

3. 玻璃安装：将已裁割好的玻璃放入塑料框扇凹槽中间，内外两侧的间隙不少于 2mm。装配后应保证玻璃与镶嵌槽间隙，并在主要部位装有减震垫块，使其能缓冲启闭等力的冲击。

4. 用橡胶压条固定：玻璃安装后，及时将橡胶压条嵌入玻璃两侧密封，然后将玻璃挤紧。橡胶压条的规格要与凹槽的实际尺寸相符，所嵌的压条要和玻璃、玻璃槽口紧贴，安装不能偏位，不能强行填入压条，防止玻璃承受较大安装应力而产生裂纹。

5. 检查玻璃橡胶压条设置的位置是否正确，防止堵塞排水通道和泄水孔。查无问题后将玻璃固定。

6. 玻璃表面清理：关闭框扇，插好插销，防止风吹将玻璃振碎。

（二）铝合金门窗玻璃安装

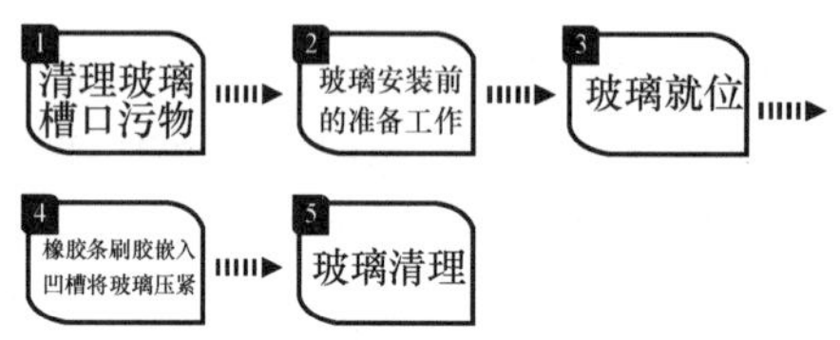

1. 除去玻璃和铝合金表面的尘土、油污和水膜，并将玻璃槽口内的砂浆及异物清除干净，畅通排水孔，并复查框扇开关是否灵活。

使用密封胶固定时，应先调整好玻璃的垂直及水平位置，密封胶与玻璃及其槽口粘结处必须干燥、洁净。

2. 玻璃安装准备：将玻璃下部用约 3mm 厚的氯丁橡胶垫块垫于凹槽内，避免玻璃直接接触框扇。

3. 玻璃安装：将已裁割好的玻璃在铝合金框扇中就位，就位的玻璃应摆在凹槽中间，并应有充足的嵌入量。装配后应保证玻璃与镶嵌槽间隙，并在主要部位装有减震垫块，使其能缓冲启闭等力的冲击。

平板玻璃与窗玻璃槽的配合尺寸、名称详见图 2-4-9 及表 2-4-6。

表 2-4-6　平板玻璃与窗玻璃槽的配合尺寸（mm）

玻璃厚度	$a\geqslant$	$b\geqslant$	$c\geqslant$
3	2.5	5	3
4，5，6	2.5	6	3
8	3	8	3

注：玻璃槽宽≤9mm 时，玻璃镶嵌口净宽则应≥2mm。

4. 用橡胶压条固定：先将橡胶压条放在玻璃两侧挤紧，检查安装位置是否正确，应不堵塞排水孔，然后将橡胶压条拿出，在其上均匀地刷胶（硅酮系列密封胶），重新将橡胶压条依次嵌入玻璃凹槽内固定。橡胶压条的规格应与凹槽实际尺寸相符，其长度应短于玻璃周边长度，拐角处应将橡胶压条切成八字角连接并用胶粘牢。橡胶压条应与玻璃槽口紧贴，不得松动，安装不得偏位，不得强行填入橡胶压条。

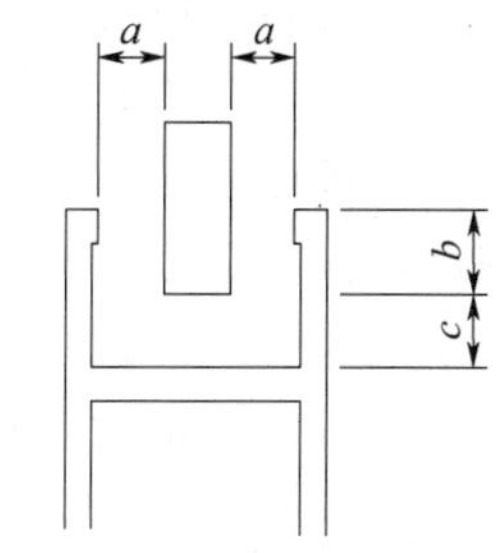

图 2-4-9　平板玻璃与窗玻璃槽的配合尺寸示意图

a—镶嵌口净宽；*b*—镶嵌深度；*c*—镶嵌槽间隙

5. 擦净玻璃，关闭门窗。

6. 安装时注意事项

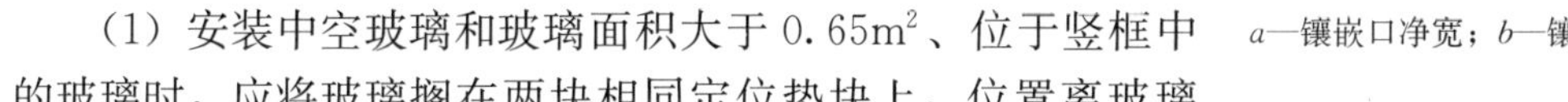

（1）安装中空玻璃和玻璃面积大于 0.65m² 、位于竖框中的玻璃时，应将玻璃搁在两块相同定位垫块上，位置离玻璃垂直边缘距离不小于玻璃宽度的 1/4，且不宜小于 150mm；位于扇中的玻璃，按开启方向确定垫块位置，其定位垫块的宽度应大于所支撑玻璃的厚度，长度不应小于 25mm。中空玻璃与窗玻璃槽的配合尺寸详见图 2-4-10 及表 2-4-7。

表 2-4-7　中空玻璃与窗玻璃槽的配合尺寸（mm）

中空玻璃	固定部分					可动部分				
玻璃＋A＋玻璃	a≥	b≥	c≥			a≥	b≥	c≥		
			下边	上边	两侧			下边	上边	两侧
3＋A＋3	5	12	7	6	5	5	12	7	3	3
4＋A＋4		13					13			
5＋A＋5		14					14			
6＋A＋6		15					15			

注：A＝6～12mm。

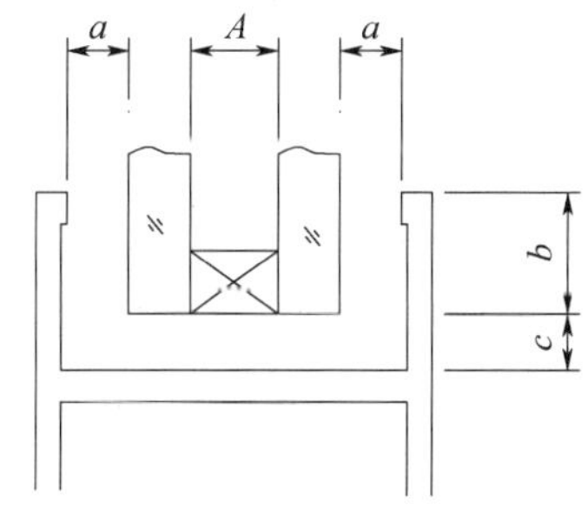

图 2-4-10　中空玻璃与窗玻璃槽的配合尺寸示意图

a—镶嵌口净宽；*b*—镶嵌深度；*c*—镶嵌槽间隙；*A*—空气层厚度

定位垫块下面可设铝合金垫片，垫块和垫片均固定在框扇上。

（2）安装迎风面玻璃时，玻璃镶入框内后要及时用通长镶嵌条在玻璃两侧挤紧或用垫块固定，防止阵风将玻璃拍碎。

（3）平开门窗玻璃外侧要采用玻璃胶嵌封，应使玻璃与铝框连成整体。

（4）安装时检查垫块、镶嵌条是否堵塞排水通道和排水孔。

（三）玻璃砖墙安装流程

1. 白水泥：细砂：建筑胶水：水按照 10：10：0.3：3 比例拌匀成砂浆。
2. 安装“+”形或“T”形定位支架。
3. 用砂浆砌玻璃砖。自下而上，逐层叠加。
4. 砌完后，去除定位支架上多余的板块。
5. 用腻子刀勾缝，并去除多余的砂浆。
6. 及时用潮湿的抹布擦去玻璃砖上的砂浆。

五、检查调整与工程验收

当玻璃制品全部安装完工后，经监理、甲方等多方共同对施工项目检查、达到施工要求后，便可要求监理、甲方签发验收合格单或客户验收单。

填写“玻璃制品安装工程验收表”（表 2-4-8）。

表 2-4-8　玻璃制品安装工程验收表

验收标准	是否合格	
	是	否
1. 所有的玻璃制品尺寸是否按图施工	□	□
2. 玻璃制品吵砂、磨砂、钢化处均按要求处理，连接点采用无影胶处理	□	□
3. 玻璃制品是否划伤、碰坏、缺角	□	□

六、项目任务考核

学生项目组根据施工的流程进行施工项目检查。检查是否达到安装要求，如发现问题及时进行调整。最后对实训作业作品进行验收和评价。本项目的考核主要是学生自评、学生互评和教师评价相结合，权重分别为 20%、20%和 60%。考核内容详见“附表 7：建筑装饰设计施工类项目任务考核表”。

七、职业技能训练

1. 选择题

（1）下列关于铝合金门窗安装叙述错误的是（　　）。

A. 应去除玻璃表面的尘土、油污等污物和水膜

B. 将已裁割好的玻璃在铝合金框扇中就位，就位的玻璃应摆在凹槽中间

C. 无须畅通排水孔

D. 装配后应保证玻璃与镶嵌槽间隙，并在主要部位装有减震垫块

（2）下列哪一个不属于未经其他加工的平板玻璃制品的简称（　　）。

A. 平板玻璃　　B. 白片玻璃　　C. 净片玻璃　　D. 钢化玻璃

2. 简答题

（1）简述铝合金门窗玻璃安装施工流程。

（2）简述玻璃砖墙安装施工流程。

下篇

建筑装饰之集成化装修

项目一　集成吊顶工程

集成装饰是现在新兴的装修方式，它整合了与装修所有相关的产业资源，最大限度地为客户节约装修时间、成本、材料、资源，是一种非常环保的装修全方位服务模式。其实集成装饰就是装修公司将瓷砖、墙板、角线、管材、电线网线、插板插座等主材品牌进行直接采购，然后通过物流配送到不同的施工工地。这样就避免了装修中需要分散式采购带来的费用提高、质量无保障等问题。而且集成装饰在功能上要求单元尽可能部品化，譬如整体浴室、整体厨房、集成吊顶、集成门套和窗套等，都可以标准化生产，让这些比较复杂的装修部位能更简单地打造出精致美观、功能性强、收边精准的效果。本项目分三个任务来进行讲解，分别是集成吊顶工程材料、集成吊顶工艺结构、集成吊顶施工流程与实训。

■任务一　集成吊顶工程材料

一、明确任务

教师给学生发放并讲解任务书（表 3-1-1）。

表 3-1-1　集成吊顶工程材料学习任务书

项目任务名称	集成吊顶工程材料	项目任务编号	3-1-1
项目组组长		项目组成员	
任务完成时间			
任务学习目标	1. 认知目标： （1）了解集成吊顶的含义及其组成； （2）了解集成吊顶的吊杆、龙骨、配件和饰面板的材料特性； （3）了解集成吊顶的吊杆、龙骨、配件和饰面板材料的规格。 2. 技能目标： （1）能根据实际分析出集成吊顶的材料特性，并选择相应的品牌； （2）能根据设计要求及实际使用选择集成吊顶的吊杆、龙骨、配件和饰面板材料的规格		
任务内容	1. 学习并了解集成吊顶工程材料的种类、特性等知识； 2. 按计划到建材市场进行材料市场调研，收集整理并汇总资料； 3. 对调研材料进行分析，并形成调研报告； 4. 进行成果展示与汇报		
完成考核点	小组对调研材料的市场、属性、功能等进行分析，撰写并提交调研报告一份		
完成项目任务情况分析与反思：			
组长签字		成员签字	

二、项目任务教学实施流程与步骤

各项目组根据项目任务制订计划并实施。确定各自在小组中的分工以及小组成员合作的形式，然后按照已确立的实施步骤进行实际任务的实施与学习。项目任务教学实施流程与步骤详见“附表 2：认识材料任务实施计划书”。

三、集成吊顶工程材料核心知识

（一）集成吊顶的定义及功能

1. 集成吊顶的定义

集成吊顶（又称整体吊顶、组合吊顶、智能吊顶）是 HUV 金属方板与电器的组合，是整体卫生间和整体厨房出现后，厨卫上层空间吊顶装饰的最新产品，它代表着当今厨卫吊顶装饰的最新技术。集成吊顶打破了原有传统吊顶的一成不变，真正将原有产品做到了模块化、组件化，让客户自由选择吊顶材料、换气、照明及取暖模块，效果一目了然，购物一步到位。

2. 集成吊顶的功能

（1）集成吊顶能够丰富室内光源层次，产生多变的光影层次，达到良好的照明效果。有些建筑空间的照明线路单一，照明灯具简陋，无法创造良好的照明环境。通过集成吊顶的处理，能产生点光、线光、面光相互辉映的光照效果及丰富的光影形式，增添了空间的装饰性；集成吊顶也可以将许多建筑设备管线隐藏起来，保证了整个顶棚的平整干净。在材质的选择上，可以选用一些不同色彩、不同纹理质感的材料搭配，增添了室内的美感。

（2）集成吊顶能改善室内环境、满足室内功能的需求。集成吊顶处理不仅要考虑室内装饰效果及艺术要求，也要综合考虑室内不同的使用功能需求，如照明、保温、隔热、通风、吸声、防火等。在进行集成吊顶时，要结合实际需求考虑。例如，顶楼的住宅如无隔温层，夏季阳光直射屋顶，室内的温度会很高，可以通过集成吊顶作为隔温层，起到隔热降温的作用；冬天，又可成为一个保温层，使室内的热量不易通过屋顶流失。再如影剧院的集成吊顶，不仅要考虑美观的需求，更要考虑声学、光学等方面的需求，通过不同形式的集成吊顶，满足声音反射、吸收和混响方面的要求，从而达到良好的视听效果。

（3）集成吊顶是分割空间的手段之一。通过集成吊顶，可以使原来层高相同的两个相连的空间变得高低不一，从而划分出两个不同的区域，增添了空间的层次感。如客厅与餐厅，通过集成吊顶分割，既能使两部分空间分工明确，又能使整体空间保持连贯性与通透性，进而达到理想的空间使用和装饰效果。

（4）集成吊顶选择不同的处理方法，会产生不同的空间感，有的可以延伸和扩大空间感，有的可以使人感到亲切温暖，从而满足人们不同的生理方面和心理方面的需求。也可以通过集成吊顶来改善原建筑结构。例如原建筑层高较低，会使人感到压抑，可以通过对集成吊顶的不同处理方法，利用人们视觉的误差，使房间“变高”；同样地，如原建筑层高较高，会使人感觉房间比较空旷，若同时房间地面面积小，则更使人有“井底之蛙”之感，可以通过集成吊顶来降低空间高度，营造不同空间层次。

（二）集成吊顶的分类

集成吊顶的形式和种类多种多样，按龙骨材料的不同可分为木龙骨集成吊顶、轻钢龙骨集成吊顶和其他龙骨集成吊顶等；按饰面材料的不同可分为纸面石膏板集成吊顶、矿棉板集成吊顶、金属饰面板集成吊顶、玻璃集成吊顶及软质悬吊式集成吊顶等；按其功能不同可分为发光集成吊顶、艺术装饰集成吊顶、吸声隔声集成吊顶等；按顶棚受力大小不同可分为上人集成吊顶和不上人集成吊顶；按安装方式不同可分为直接式集成吊顶、悬吊式集成吊顶、配套组装式集成吊顶等。本项目的集成吊顶以轻钢龙骨为例，所以本任务只进行轻钢龙骨集成吊顶材料的讲解。

（三）轻钢龙骨集成吊顶

轻钢龙骨是现代装饰装修常用的吊顶龙骨，轻钢龙骨是用镀锌钢带或薄钢板轧制经冷弯或冲压而成的。它具有坚硬、防火、施工方便等特点。轻钢龙骨集成吊顶由吊杆、龙骨（主龙骨、次龙骨、边龙骨）、配件、饰面板组成。

1. 吊杆

吊杆又称吊筋，是承载整个集成吊顶的质量，同时也是控制集成吊顶空间高度以适应不同场合、不同艺术处理的构件。轻钢龙骨集成吊顶的吊杆材料主要有镀锌全丝吊杆和型钢吊杆两种。如选用镀锌全丝吊杆，其直径应不小于6～10mm；型钢吊杆一般用于整体刚度要求高或重型顶棚的场合，具体规格尺寸要经过结构计算来确定，如图3-1-1、图3-1-2所示。

图3-1-1　镀锌全丝吊杆

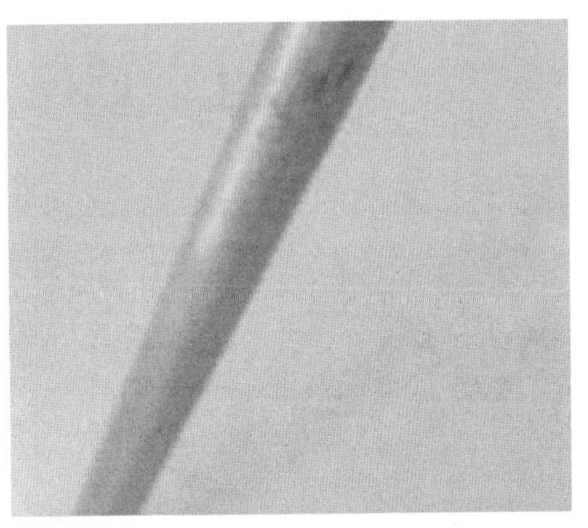

图3-1-2　型钢吊杆

2. 龙骨

集成吊顶龙骨是指用轻钢龙骨做成的骨架，用于天花吊顶的主材料。它通过吊杆与楼板相接，用来固定饰面板。集成吊顶所用的龙骨有主龙骨、次龙骨和边龙骨之分。主龙骨是集成吊顶骨架中主要受力构件，位于次龙骨之上，并为次龙骨的架设提供受力面，是承担次龙骨和饰面部分的荷载并将荷载传至吊杆上的构件；次龙骨是集成吊顶骨架中固定饰面板的构件，主要作用是分散集成吊顶承重受力面，并为饰面板的铺设提供受力面，也是承担饰面部分荷载的构件，边龙骨用于集成吊顶四周的固定及水平定位，制作检修孔。

轻钢龙骨按龙骨断面形状可分为：U型龙骨、C型龙骨、T型龙骨、H型龙骨、V型龙骨、L型龙骨等。按规格主龙骨分为D38系列、D50系列、D60系列三种，次龙骨分为D50系列和D60系列两种。集成吊顶龙骨产品分类及规格见表3-1-2。

表3-1-2　集成吊顶龙骨产品分类及规格　　mm

类别	名称		断面图形	实物图片	规格尺寸	备注
轻钢龙骨	U型龙骨	主龙骨			$A\times B\times t$ 38×12×1.0 50×15×1.2 60×B×1.2	B=24～30
	C型龙骨	主龙骨			$A\times B\times t$ 38×12×1.0 50×15×1.2 60×B×1.2	
		次龙骨			$A\times B\times t$ 50×19×0.5 60×27×0.6	

续表

类别	名称		断面图形	实物图片	规格尺寸	备注
轻钢龙骨	T 型龙骨	主龙骨			$A\times B\times t_1\times t_2$ 24×38×0.27×0.27 24×32×0.27×0.27 14×32×0.27×0.27	1. 中型主龙骨 $B\geqslant$ 38，轻型主龙骨 $B<38$； 2. 龙骨由一整片钢板（带）成型时，规格为 $A\times B\times t$
		次龙骨			$A\times B\times t_1\times t_2$ 24×38×0.27×0.27 24×25×0.27×0.27 14×25×0.27×0.27	
	H 型龙骨				$A\times B\times t$ 20×20×0.3	
	V 型龙骨	主龙骨			$A\times B\times t$ 20×37×0.8	造型用龙骨规格为 20×20×1.0
		次龙骨			$A\times B\times t$ 49×19×0.5	
	L 型龙骨	主龙骨			$A\times B\times t$ 20×43×0.8	
		边龙骨			$A\times B_1\times B_2\times t$ $A\times B_1\times B_2\times 0.4$ $A\geqslant 20$；$B_1\geqslant 25$、$B_2\geqslant 20$	
		边龙骨			$A\times B\times t$ $A\times B\times 0.4$ $A\geqslant 14$；$B\geqslant 20$	

3. 配件

轻钢龙骨集成吊顶的配件主要有吊件、主龙骨连接件、次龙骨连接件、主次龙骨连接件、螺帽和膨胀管等。集成吊顶配件表见表 3-1-3。

表 3-1-3 集成吊顶配件表 单位：mm

产品名称	适用范围及特点	规格型号		尺寸（mm）							备注
		图形	型号	A	A'	B	B'	C	C'	T	
垂直吊挂件	主龙骨与吊杆的连接件		D38 吊件	95	55	18	22	20		2	不上人集成吊顶，吊杆一般用 ϕ6 镀锌全丝吊杆与 D38 吊件配合将 D38 主龙骨吊挂牢固；上人吊顶采用 D50 或 D60 主龙骨及相应配件，吊杆一般用 ϕ8 型钢吊杆
			D50 吊件	110、113	65、78	21、24	23、30	20、25		2	
			D60 吊件	130	86、88	36、34	40、40	20、25		3	
	主龙骨与次龙骨连接件		D38 挂件	52		29		50	49		D38 主龙骨与次龙骨相连接的挂件；D50 主龙骨与次龙骨相连接的挂件；D60 主龙骨与次龙骨相连接的挂件
			D50 挂件	64		30		50	49		
			D60 挂件	74		52		50	49		
	明、暗架吊顶大龙骨与 T 型主龙骨连接；暗架吊顶大龙骨与 H 型龙骨连接		D38 铁丝钩	60		20		18、25		ϕ3、ϕ3.5	D38 大龙骨与 T 型主龙骨连接件；D50 大龙骨与 T 型主龙骨连接件；D60 大龙骨与 T 型主龙骨连接件
			D50 铁丝钩	75、60		23		25、22		ϕ3、ϕ3.5	
			D60 铁丝钩	75、72		38、35		28、20		ϕ3、ϕ3.5	
			D-T 挂件	48		30		20			D38 大龙骨与 T 型主龙骨连接件
			D-H 长挂件	117.8		30		25			D50 大龙骨与 H 型主龙骨连接件
	大龙骨挂件		38H 卡钩	45		18				ϕ2	D38 大龙骨与 H 型主龙骨连接用；D50 大龙骨与 H 型主龙骨连接用；D60 大龙骨与 H 型主龙骨连接用
			50H 卡钩	60		20				ϕ2	
			60H 卡钩	67		37				ϕ2	
			D-H 挂件	50		30		25		ϕ2	D58 大龙骨与 H 型主龙骨连接用
	吊杆与 H 型龙骨、T 型龙骨连接		卡簧烤漆 T 吊件型主龙骨	107		30		20		ϕ2～ϕ4	ϕ4 吊杆与 T 型主龙骨连接
			卡簧 H 型吊件	90		34		20		ϕ3～ϕ4	ϕ4 吊杆与 H 型龙骨连接
			T 型吊件	70		22		20		ϕ8	

续表

产品名称	适用范围及特点	规格型号		尺寸（mm）							备注
		图形	型号	A	A′	B	B′	C	C′	T	
纵向连接件	D38 接长		38H 接件	35		8		128			D38 大龙骨接长用
	D50 接长		50 接件	42		12		120			D50 大龙骨接长用
	D60 接长		60 接件	54		22		120			D60 大龙骨接长用
	D50 副接长		50 副接件	15		48		83			C 型副龙骨接长用
	H 型龙骨接长		H 接件	17		5		155			H 型龙骨接长用
平面连接件	50 副连接		50 支托	12		33			49		C 型 50 副龙骨之间垂直连接
	暗插片龙骨配		H 插片			22			279		配合 H 型龙骨使用于暗架吊顶
活动企口件	接 H 型骨架活动企口		L 型龙骨	19		10			598		Z 型龙骨搭在 L 型龙骨上配合使用。用于暗架龙骨的活动启口
			Z 型龙骨	21		6.5	8.5		570		

4. 饰面板

集成吊顶的饰面板主要体现了整体集成吊顶的外在美，集成吊顶饰面板的材料主要有石膏板、硅钙板、澳松板、木丝板、矿棉吸声板、金属穿孔吸声板、铝塑板、PVC 扣板、铝扣板、金属格栅、聚氯乙烯柔性天花等。

（1）纸面石膏板

纸面石膏板是由双面贴纸内压石膏而形成，目前市场上纸面石膏板的常用规格有 1200mm×3000mm 和 1220mm×2440mm 两种，厚度一般为 8.5 mm 和 9.5mm。其特点是价格便宜、质量轻、强度高、防火、隔热、吸声等，并且具有很好的加工性，可锯、可钉、可刨等，但遇水、遇潮容易软化或分解。纸面石膏板一般用于客厅、餐厅、过道、卧室等对防水要求不高的吊顶，如图 3-1-3 所示。

图 3-1-3　纸面石膏板

（2）硅钙板

硅钙板又称石膏复合板，它是一种多孔材料，具有良好的隔声、隔热性能，在室内空气潮湿的情况下能吸收空气中水分子，空气干燥时，又能释放水分子，可以适当调节室内干湿度，增加舒适感。石膏制品又是特级防火材料，在火焰中能产生吸热反应，同时，释放出水分子阻止火势蔓延，而且不会分解产生任何有毒的、侵蚀性的、令人窒息的气体，也不会产生任何助燃物或烟气。硅钙板与石膏板比较，在外观上保留了石膏板的美观；质量方面大大低于石膏板，强度方面远高于石膏板；彻底改变了石膏板因受潮而变形的致命弱点，数倍地延长了材料的使用寿命；在消声吸声及保温隔热等功能方面，也比石膏板有所提高。硅钙板一般规格为 600mm×600mm，主要用于办公室、商场等场所，不适宜在家庭装修中使用，如图 3-1-4 所示。

（3）澳松板

澳松板（学名定向结构刨花板）是一种进口的中密度板，是大细木工板、欧松板、胶合板的升级换代产品。澳松板表面具有天然木材的强度和各种优点，同时又避免了天然木材的缺陷，具有极好的同质机构和独特的强度及稳定性。每张板的板面均经过高精度的砂光，确保一流的光洁度，可以弯曲成曲线状，适用于复杂的弧形顶。澳松板易于胶粘、定钉、螺钉固定。尺寸一般为 1200mm×2400mm，厚度有 3mm、5mm、9mm、12mm、18mm，如图 3-1-5 所示。

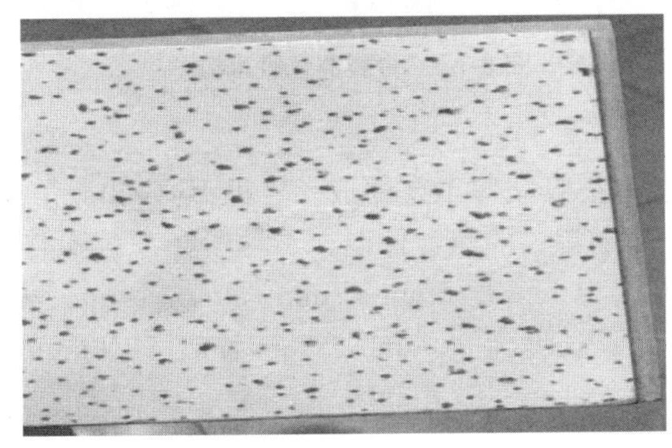

图 3-1-4 硅钙板

图 3-1-5 澳松板

（4）木丝板

木丝板是用选定的晾干木料刨成细长木丝，经过化学浸渍稳定处理后，表面浸有水泥浆再加压形成的水泥板。木丝板是纤维吸声材料中的一种硬质板，具有隔热、防潮、防火、防菌、防虫害和防结露等特点。木丝板具有强度和刚度较高、吸声构造简单、安装方便、价格低廉等特点。主要用于电影院、剧院、录音室、演播室、广播室、电话室、报告厅、礼堂等建筑中。尺寸一般为 1200mm×2400mm、1220mm × 600mm，厚度有 8mm、10mm、12mm，如图 3-1-6 所示。

图 3-1-6 木丝板

（5）矿棉吸声板

矿棉吸声板是以矿渣棉为主要原料，再经表面处理与其他材料复合，可控制纤维飞扬，是一种轻质吊顶装饰材料。它具有吸声、防火、隔热、质轻、美观大方、施工简便等优点，但其防水性能较差，受潮后强度降低，会下坠。主要用于办公空间、计算机房、商场、走廊等场合。尺寸一般为 1200mm×600mm、600mm×600mm、600mm×300mm，厚度有 10 ～12mm，如图 3-1-7 所示。

（6）金属穿孔吸声板

金属穿孔吸声板是使用各种不同穿孔率的金属板来达到降低噪声的目的。选用材料有不锈钢板、铝单板、彩色镀锌钢板等。它具有强度高、耐高温、防火、防潮、组装方便等特点。适用于各类公共建筑的吊顶。尺寸一般为 1200mm×600mm、1000mm×500mm、600mm×600mm、500mm×500mm 和 300mm×400mm，厚度 0.8～2.5mm，同时可以根据要求异型加工，如图 3-1-8 所示。

（7）铝塑板

铝塑板是指由铝和塑料复合而成的一种板材，是铝板和塑料芯材在一定工艺条件下通过专用黏合剂粘贴复合而成的一种板材。铝塑板有 3mm、4mm、5mm、6mm 等几种不同厚度的板片，其结构为外表面厚 0.08～0.5mm 高刚性铝箔，中间芯材为 2～4mm 厚的高强度聚乙烯，具有阻燃性能（添加阻燃剂）。适用于各类公共建筑的干挂和粘贴吊顶，标准尺寸为 1220mm×2440mm。同时可根据要求定制加工，如图 3-1-9 所示。

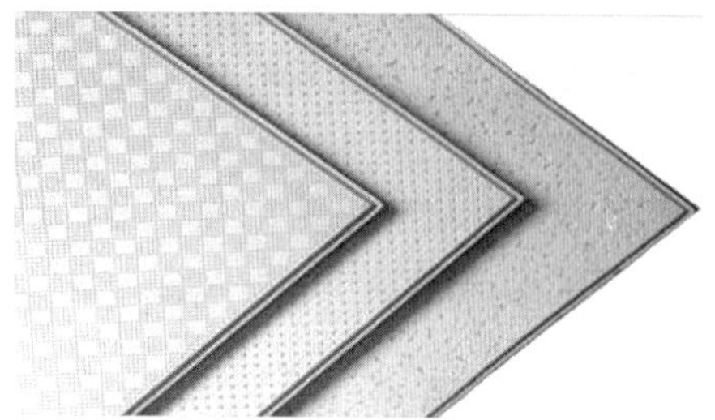

图 3-1-7 矿棉吸声板

图 3-1-8 金属穿孔吸声板

（8）PVC 扣板

PVC 扣板吊顶材料是以聚氯乙烯树脂为基料，经真空吸塑等工艺而成。这种 PVC 扣板吊顶材料特别适用于厨房、卫生间的吊顶装饰；具有质量轻、防潮湿、隔热、保温、不易燃烧、不吸尘、易清洁、可涂饰、易安装、价格低等优点。尺寸一般是厚度为 5mm、6mm、7mm、8mm、9mm、10mm、11mm、12mm 等；宽度为 200mm、250mm、300mm 等；长度为 3000mm、5800mm、5950mm 等，如图 3-1-10 所示。

图 3-1-9 铝塑板

图 3-1-10 PVC 扣板

（9）铝扣板

铝扣板是 20 世纪 90 年代出现的一种吊顶饰面板材料，主要用于厨房和卫生间的吊顶工程。由于铝扣板的整个工程使用全金属打造，在使用寿命和环保性方面，更优越于 PVC 材料和塑钢材料，它对厨房和卫生间具有更好的保护性能和美化装饰作用。铝扣板的规格有长条形、方块形、长方形等多种，颜色也较多，因此在厨卫吊顶中有很多的选择余地。目前常用的长条形规格有 50mm、100mm、150mm 和 200mm 等几种；方块形的常用规格有 300mm×300mm、600mm×600mm 多种，小面积多采用 300mm×300mm，大面积多采用 600mm×600mm。为使吊顶看起来更美观，可以宽窄搭配，两种颜色组合搭配。铝扣板的厚度有 0.4 mm、0.6 mm、0.8mm 等多种，越厚的铝扣板越平整，使用年限也就越长。铝扣板耐久性强，不易变形，不易开裂，质感和装饰感方面均优于塑料扣板，具有防火、防潮、防腐、抗静电、吸声、隔声、美观、耐用等性能，如图 3-1-11 所示。

（10）金属格栅

金属格栅是以铝质或铁质为原材料加工的型材单元体，表面经喷涂或烤漆处理，其单元构件有直线形、曲线形、方块形、三角形、圆形等多种类型。格栅天花具有较强的立体感和层次感，使空间气氛活跃。并且冷气口、排风口、灯具可直接装在格栅上面，不影响整体效果，通风性好。适用于各类公共建筑的吊顶空间，例如地铁站、快餐店、商场等。常规金属格栅标准为 10mm 或 15mm，高度有 20mm、40mm、60mm 和 80mm；格子尺寸分别有 50mm×50mm、75mm×75mm、100mm×100mm、125mm×125mm、150mm×150mm、200mm×200mm。其间距越小，价格越高。如图 3-1-12 所示。

图 3-1-11 铝扣板

图 3-1-12 金属格栅

(11) 聚氯乙烯柔性天花

聚氯乙烯柔性天花又称软膜天花。软膜采用特殊的聚氯乙烯材料制成，厚 0.18mm，其防火级别为 B1 级。它质地柔韧，色彩丰富，可随意张拉造型，彻底突破传统天花在造型、色彩、小块拼装等方面的局限性。同时，它又具有防火、防菌、防水、节能、环保、抗老化、安装方便等卓越特性，适用于曲廊、敞开式观景空间等各种场合。但软膜需要在实地测量天花尺寸后，通过一次或多次切割成型，并且高频焊接在工厂里制作完成。如图 3-1-13 所示。

图 3-1-13 聚氯乙烯柔性天花

四、集成吊顶工程材料验收

(一) 集成吊顶工程材料验收标准

1. 进行吊杆、龙骨、连接件与饰面板的数量核对（与清单数量一致）。

2. 合格证的查验：合格证内容填写应齐全、完整。

3. 外观检查：包装完好，标识应齐全。抽检的吊杆、龙骨、连接件与饰面板应完整无损，看外包装上标注的品牌、规格、型号是否与订货单上所写的一样。

(二) 填写完成材料验收表

详见“附表 4：建筑装饰材料验收表”。

五、项目任务考核

本项目的考核主要是学生自评、学生互评和教师评价相结合，权重分别为 20%、20%和 60%。考核内容详见“附表 6：认识建筑装饰材料类项目任务考核表”。

六、练习题

（一）选择题

1. 吊杆的作用是（　　）。

A. 承担吊顶的全部荷载并将其传递给建筑结构层，满足使用功能的要求

B. 调整、确定顶棚的空间高度，以适应顶棚的不同部位需要；增强室内装饰效果

C. 满足使用功能的要求，增强室内装饰效果，承担吊顶的全部荷载并将其传递给建筑结构层；调整、确定顶棚的空间高度，以适应顶棚的不同部位需要

D. 承担吊顶的全部荷载并将其传递给建筑结构层，调整、确定顶棚的空间高度，以适应顶棚的不同部位需要

2. 轻钢龙骨吊顶的优点是（　　）。

A. 拆装方便　　B. 强度高　　C. 质量轻　　D. 以上都对

3. 轻钢龙骨吊顶的主龙骨主要规格分（　　）三种系列。

A. D38、D50、D60　　B. Q50、Q75、Q100

C. Q38、Q75、Q100　　D. D38、D50、D75

4. 轻钢龙骨吊顶中连接主龙骨和次龙骨的配件是（　　）。

A. 挂件　　B. 支托　　C. 插接件　　D. 吊件

5. 下列（　　）图形是主龙骨与吊杆的连接构件。

A. 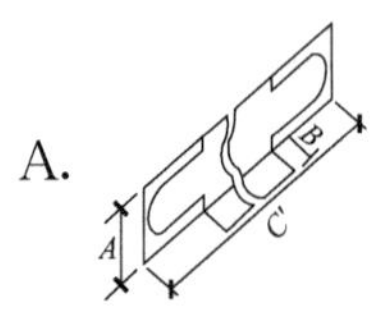

B. 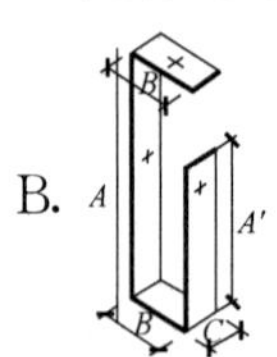

C. 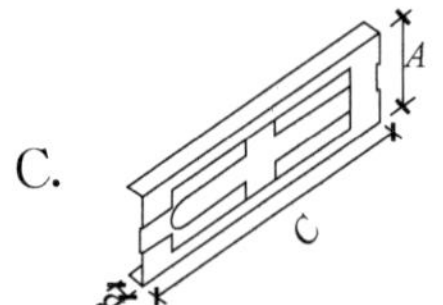

D. 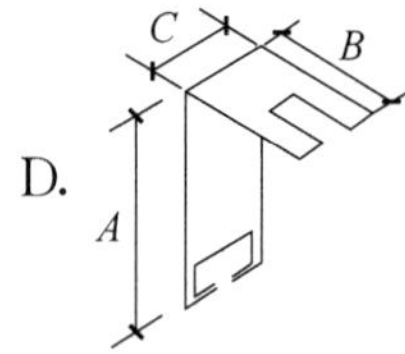

6. 下列（　　）是 D60 挂件。

A. 主龙骨与次龙骨连接　　B. 主龙骨与主龙骨连接

C. 主龙骨与吊杆连接　　D. 次龙骨与吊杆连接

7. 下列（　　）是 D38 系列 U 型主龙骨的规格尺寸。

A. 38×15×1.2　　B. 38×12×1.0　　C. 50×19×0.5　　D. 60×27×0.6

8. 下列（　　）是集成吊顶骨架中固定饰面板的构件。

A. 次龙骨　　B. 边龙骨　　C. 主龙骨　　D. 吊杆

9. D50 接长是下列（　　）的集成吊顶配件。

A. 纵向连接件　　B. 垂直吊挂件　　C. 平面连接件　　D. 活动企口件

10. 下列（　　）是使用各种不同穿孔率的金属板来达到降低噪声的目的。

A. 纸面石膏板　　B. 金属穿孔吸声板

C. 铝扣板　　D. 金属格栅

（二）简述题

1. 简述吊顶的定义及分类。
2. 简述吊顶的功能。
3. 简述吊顶材料的验收标准。

（三）实训题

以小组形式到建材市场对集成吊顶工程材料进行调研，并填写调研表，写出不少于 3000 字的调研报告。

■任务二　集成吊顶工艺结构

一、明确任务

教师给学生发放并讲解任务书（表 3-1-4）。

表 3-1-4　集成吊顶工艺结构学习任务书

<table>
<tr><td>项目任务名称</td><td>集成吊顶工艺结构</td><td>项目任务编号</td><td>3-1-2</td></tr>
<tr><td>项目组组长</td><td></td><td>项目组成员</td><td></td></tr>
<tr><td>任务完成时间</td><td colspan="3"></td></tr>
<tr><td>任务学习目标</td><td colspan="3">1. 认知目标：
（1）了解集成吊顶轻钢龙骨架安装的工艺结构与饰面板安装的工艺结构；
（2）了解集成吊顶图纸的工艺结构要求及国家标准。
2. 技能目标：
能根据集成吊顶工程设计平面图纸画出轻钢龙骨吊杆安装、龙骨安装、饰面板安装的工艺结构图</td></tr>
<tr><td>任务内容</td><td colspan="3">1. 了解并学习集成吊顶工艺结构绘制原则；
2. 了解并学习集成吊顶工艺结构图纸要求及国家标准</td></tr>
<tr><td>完成考核点</td><td colspan="3">完成集成吊顶轻钢龙骨架安装的工艺结构与饰面板安装的工艺结构的图纸</td></tr>
<tr><td colspan="4">完成项目任务情况分析与反思：

</td></tr>
</table>

组长签字		成员签字	

二、项目计划与决策

学生项目组根据项目任务书进行项目实施计划制订和具体实施。项目任务教学实施流程与步骤详见“附表 3：项目任务实施计划书”。

三、集成吊顶工艺结构核心知识

吊顶是现代室内装饰处理的重要部位，它是围成室内空间除墙体、地面以外的另一主要部分。它的装饰效果优劣，直接影响整个建筑空间的装饰效果。吊顶还起吸收和反射音响，安装照明、通风和防火设备的作用。它的安装形式有直接式和悬吊式两种。

（一）直接式吊顶

直接式吊顶与悬吊式吊顶的区别是其面层与基层之间没有较大空间，不使用吊杆，在楼板结构基层上或者在结构楼板底部铺设龙骨，安装饰面板，并进行抹灰、喷刷、裱糊等装饰处理形成顶棚饰面。这种方法简单、经济，且不影响室内原有的净高。但是这种形式的顶棚处理不能满足对设备管线的敷设、艺术造型的表现等要求。

（二）悬吊式吊顶

悬吊式吊顶是目前广泛采用的吊顶形式，分为上人吊顶与不上人吊顶两种。它是指在楼板结构层之下，通过设置吊筋形成的与楼板有一定垂直距离的吊顶。上人吊顶需要人员对顶面层与结构层之间的建筑设备进行安装或检修。因此，上人吊顶与不上人吊顶主要是相对主龙骨而言，而不是对次龙骨，按《建筑用轻钢龙骨》（GB/T 11981 —2008）规定：上人龙骨承载 800N，不上人龙骨承载 500N，测定其残余变形量，应满足要求。次龙骨按承载 300N 的指标要求而测定。另外，上人吊顶应在吊顶预留上人孔（检修孔）走道（马道）检修平台。不上人吊顶是指不需要上人的一般吊顶，吊顶作为一个整体 ，不留上人孔，可预留需要的检查孔。

悬吊式吊顶结合灯具、通风口、消防设施等进行整体设计，这种吊顶形式能够改善室内环境，为满足不同使用功能要求创造了较为宽松的前提条件。但是，这种吊顶施工工期较长，造价偏高，且要求建筑空间有较大层高。在进行具体吊顶装饰设计时，应结合空间的尺度大小、装饰要求、经济因素综合考虑。一般而言，悬吊式吊顶的装饰效果相对于直接式吊顶较好，形式变化丰富，适用于中高档次的建筑吊顶装饰。悬吊式吊顶由吊杆、龙骨、饰面三部分组成，如图 3-1-14 所示。

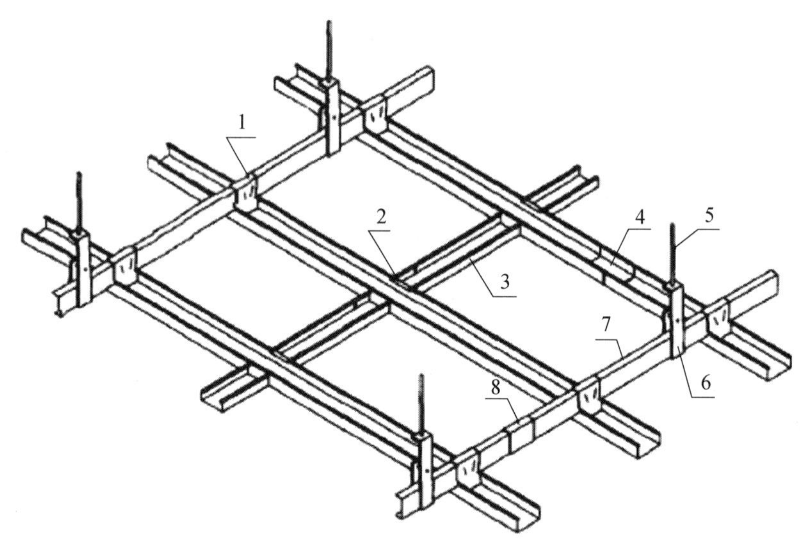

图 3-1-14　悬吊式吊顶工艺结构图

1—挂件；2—挂插件；3—次龙骨；4—次龙骨连接件；5—吊杆；6—吊件；7—主龙骨；8—主龙骨连接件

（三）集成吊顶吊杆安装的工艺结构

吊杆的使用与吊顶的自重及吊顶所承受的灯具、风口等设备荷载的大小有关，看其抗拉强度是否满足安全的要求。根据国家规范，当吊杆长度大于 1500mm 时应该设置反支撑。若采用标准图集，吊杆的规格及固定方法已经计算，只要按标准图集上所标注的规格尺寸选用即可。

1. 吊杆与吊顶固定的工艺结构

吊杆与吊顶的固定分为上人和不上人两种固定方式。其中上人吊顶吊杆与吊顶固定方式是在吊点位置用电锤打孔，然后预埋 ϕ6、ϕ8 或 ϕ10 的吊杆短钢筋，要求外露板底长度不小于 150mm。这种直接将吊杆固定于吊顶的方式施工方法简单，施工速度快。不上人吊顶吊杆与吊顶固定方式是用 M8、M10 膨胀螺栓或 ϕ5 以上的射钉将∠25 × 3 或∠30 × 3 角钢固定在楼板底面上。注意钻孔深度应≥60mm，打孔直径略大于螺栓直径 2～3mm。不上人的吊顶，吊杆长度小于 1000mm，可采用 ϕ6 吊杆；如大于 1000mm，应采用 ϕ8 吊杆，还应设置反向支撑，如图 3-1-15、图 3-1-16 所示。

2. 龙骨安装的工艺结构

龙骨安装的工艺结构分为吊杆与龙骨安装的工艺结构、龙骨与龙骨安装的工艺结构、龙骨与饰面板安装的工艺结构。

吊杆与主龙骨的连接采用金属龙骨配套的吊挂件组装形式。另外，金属挂件的形式主要是根据金属龙骨的断面来设计，不同的金属龙骨断面，需要不同的吊挂件，安装方法也有所不同。

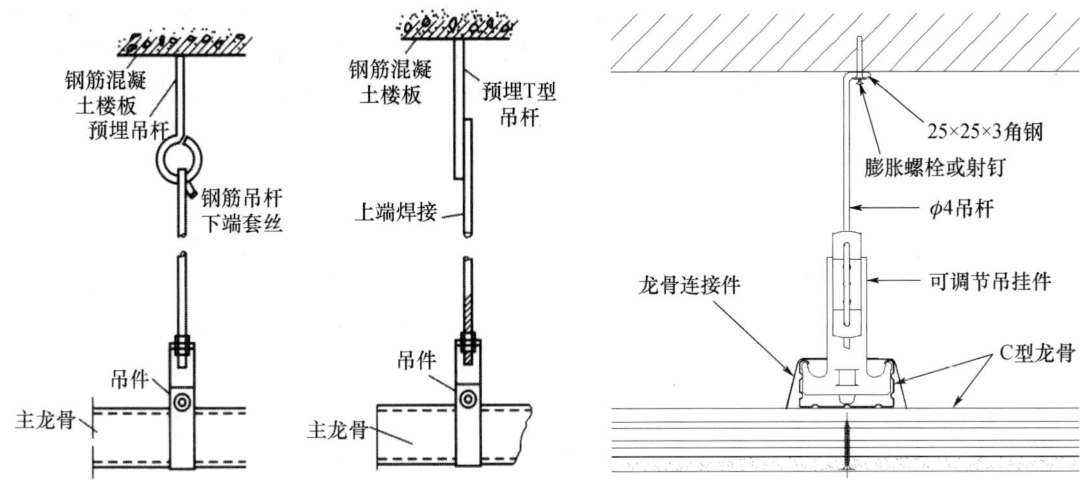

图 3-1-15　上人吊顶吊杆与吊顶的固定　　图 3-1-16　不上人吊顶吊杆与吊顶的固定

（1）轻钢龙骨纸面石膏板吊顶

用料及分层工艺做法（不上人）：①龙骨吸顶吊件用膨胀螺栓与钢筋混凝土板固定；②用 ϕ6 吊杆和配件固定 38 系列的 C 型主龙骨；③用挂件将 38 系列的 C 型主龙骨与 50 系列 C 型次龙骨固定；④纸面石膏板用自攻螺钉与 50 系列 C 型次龙骨固定；⑤满刮 2mm 厚面层耐水腻子，涂料饰面，如图 3-1-17 所示。

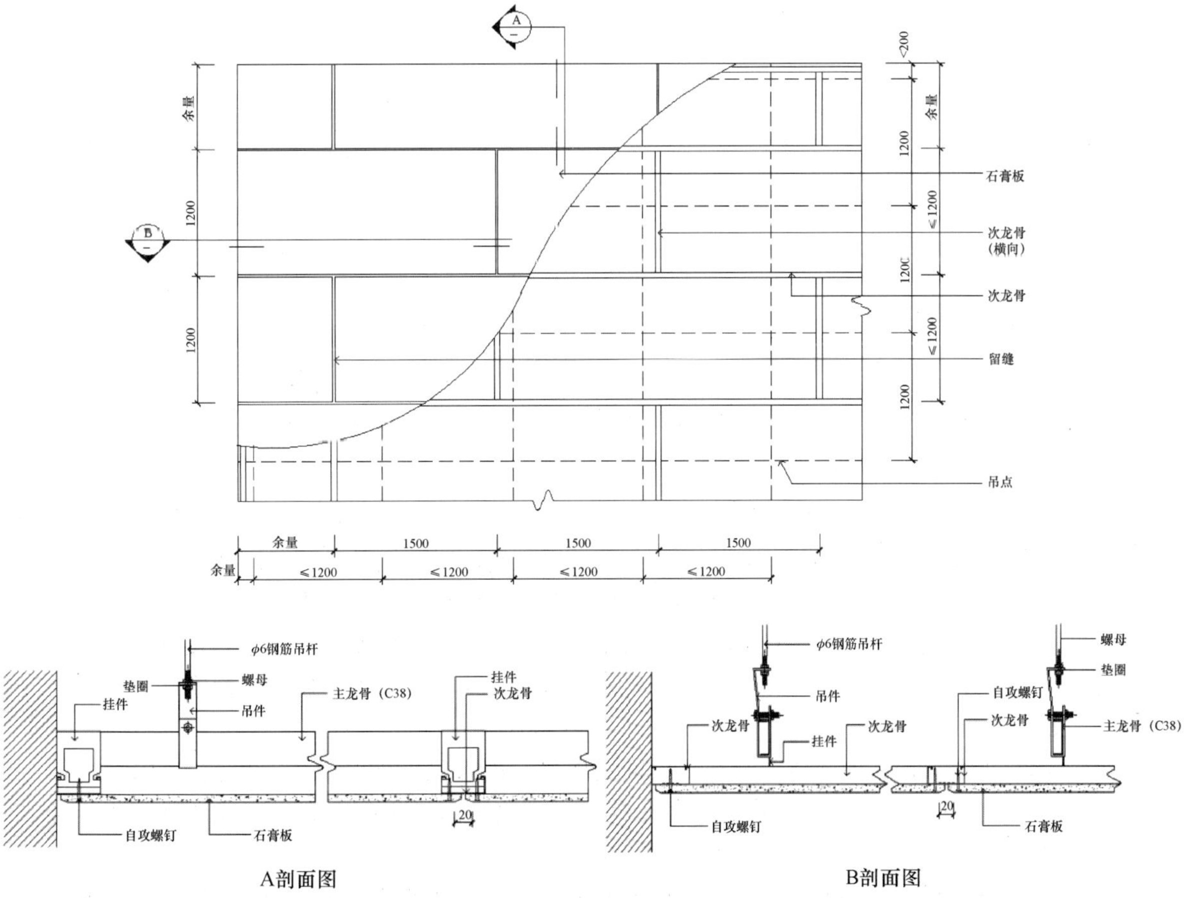

A剖面图　　B剖面图

图 3-1-17　38 配 50 轻钢龙骨纸面石膏板吊顶系统（不上人）工艺结构示意图

用料及分层工艺做法（上人）：①龙骨吸顶吊件用膨胀螺栓与钢筋混凝土板固定；②用 ϕ8 吊杆和配件固定 50 系列的 C 型主龙骨；③用挂件将 50 系列的 C 型主龙骨与 50 系列 C 型次龙骨固定；④纸面石膏板用自攻螺钉与 50 系列 C 型次龙骨固定；⑤满刮 2mm 厚面层耐水腻子，涂料饰面，如图 3-1-18 所示。

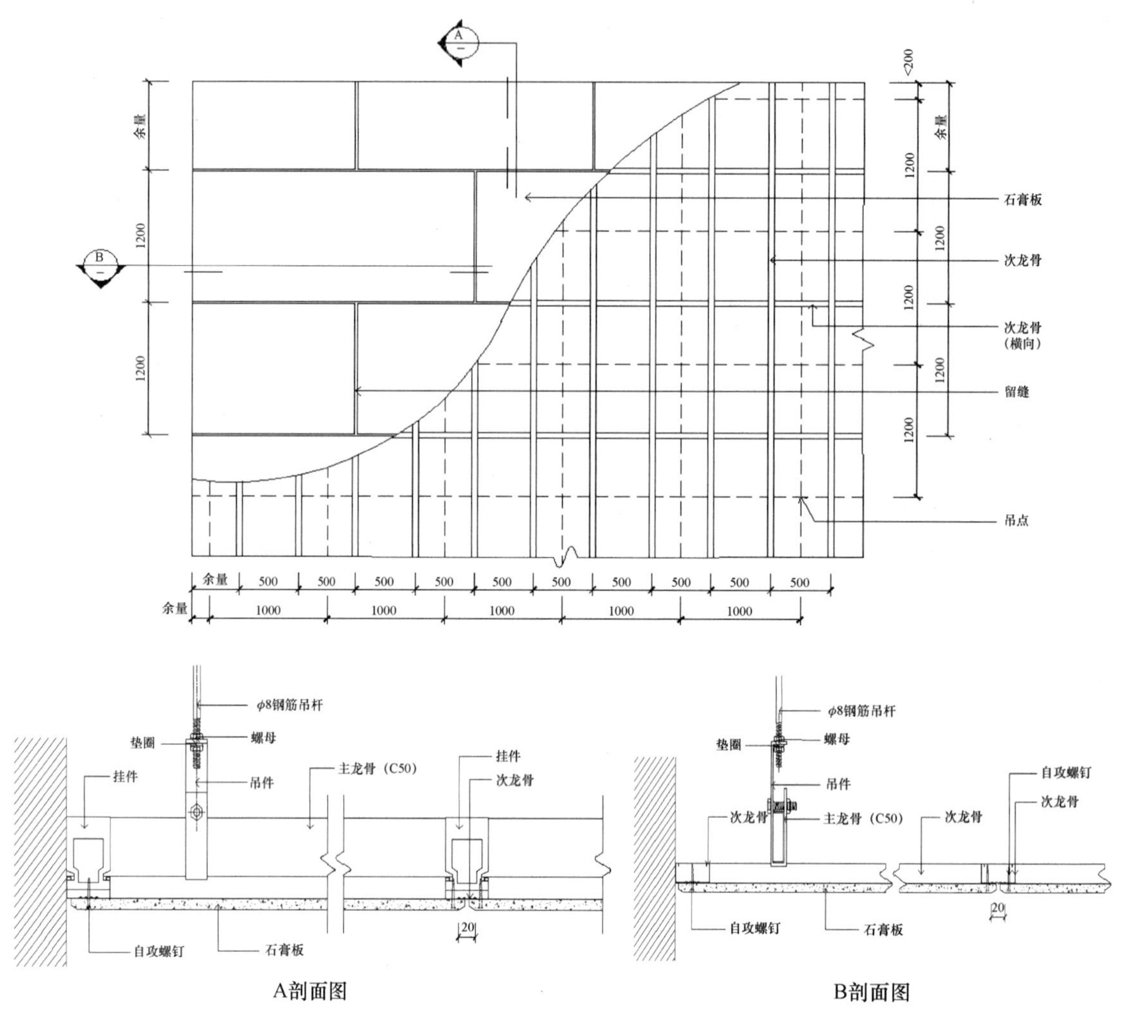

图 3-1-18　50 配 50 轻钢龙骨纸面石膏板吊顶系统（上人）工艺结构示意图

（2）轻钢龙骨矿棉吸声板双层、单层吊顶

双层吊顶用料及分层工艺做法（明架式、暗架式）：①龙骨吸顶吊件用膨胀螺栓与钢筋混凝土板固定；②将 L 型边龙骨固定在墙面或柱面上；③用 ϕ6 吊杆和配件固定主龙骨；④用挂件将主龙骨与 T 型次龙骨固定；⑤矿棉吸声板直接搭在 T 型烤漆龙骨上即可，如图 3-1-19、图 3-1-20 所示。

单层吊顶用料及分层工艺做法（明架式）：①龙骨吸顶吊件用膨胀螺栓与钢筋混凝土板固定；②将 L 型边龙骨固定在墙面或柱面上；③用 ϕ6 吊杆和配件固定次龙骨；④矿棉吸声板直接搭在 T 型烤漆龙骨上即可，如图 3-1-21 所示。

明架式龙骨（明龙骨）：明龙骨就是在吊顶饰面板之间能看见的龙骨（龙骨外露）。家庭装修一般使用明龙骨，明龙骨所采用的板是直接搁放在龙骨上，每块饰面板之间会有很明显的饰面板压条，一眼就能辨别出每块饰面板的接槎。

暗架式龙骨（暗龙骨）：暗龙骨就是在吊顶饰面板之间不能看见的龙骨（龙骨内藏）。暗龙骨较常用于工装，暗龙骨所采用的板周边有槽，盖板插进龙骨里，因此龙骨被板盖住而看不见。

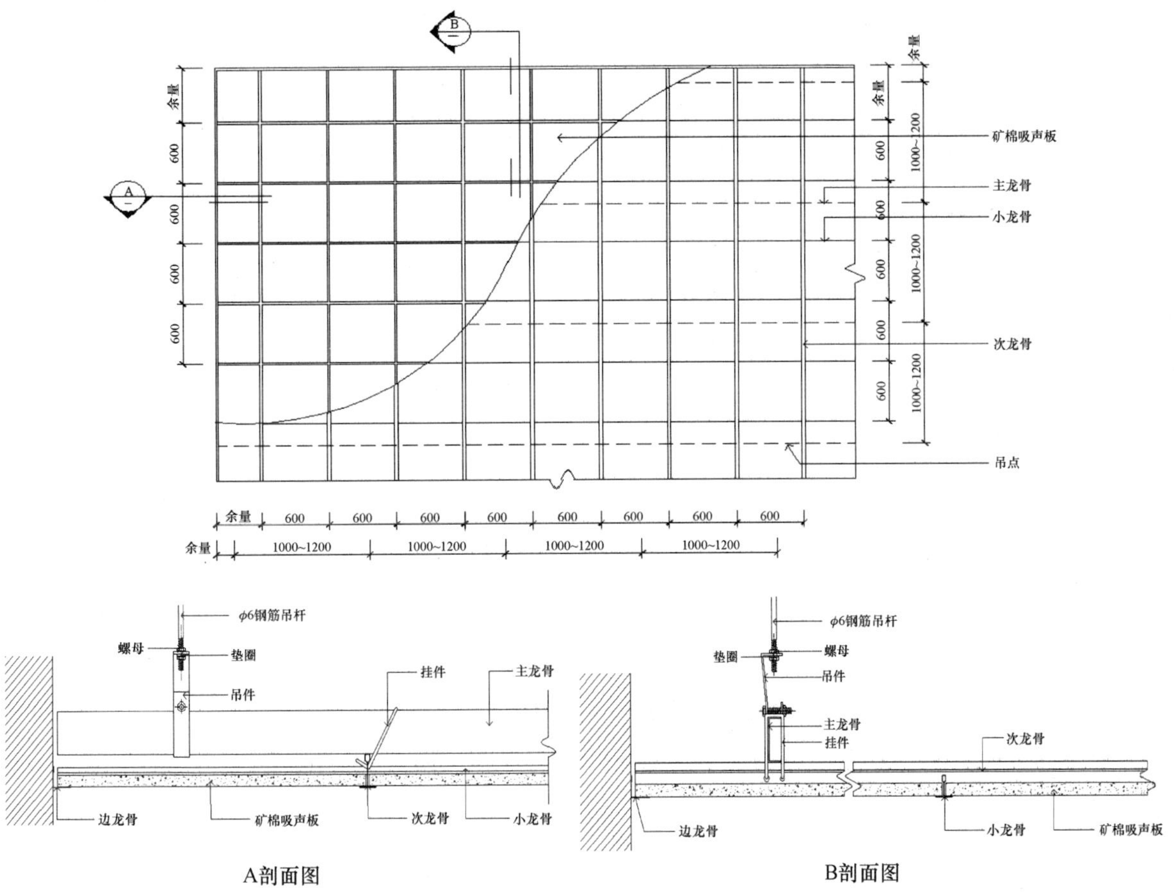

图 3-1-19　明架式矿棉吸声板双层吊顶工艺结构示意图

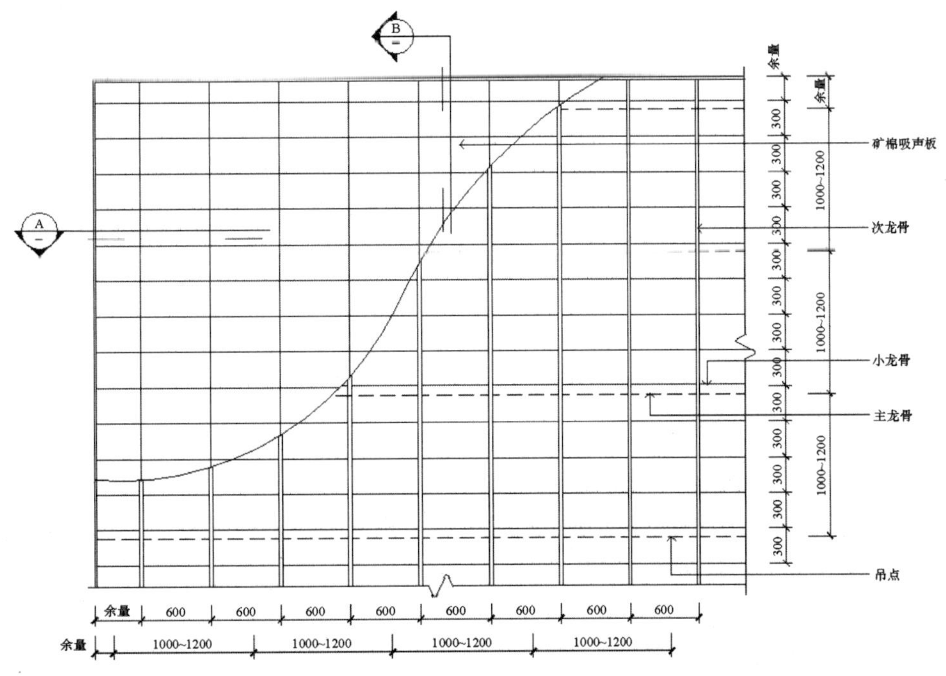

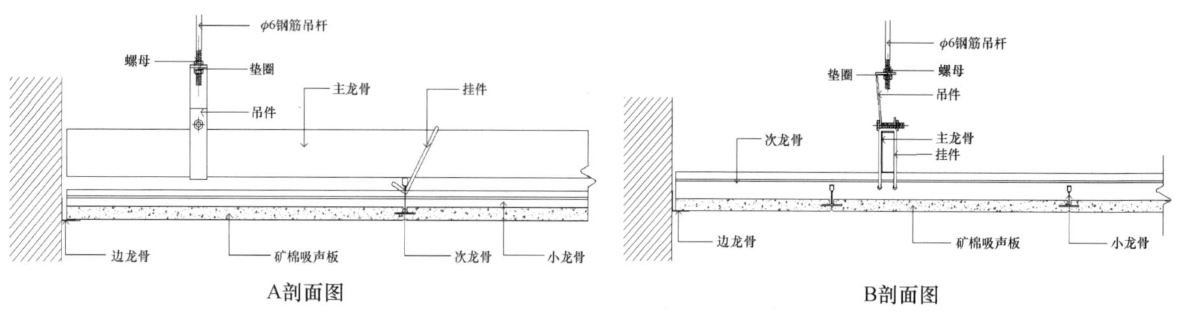

图 3-1-20　暗架式矿棉吸声板双层吊顶工艺结构示意图

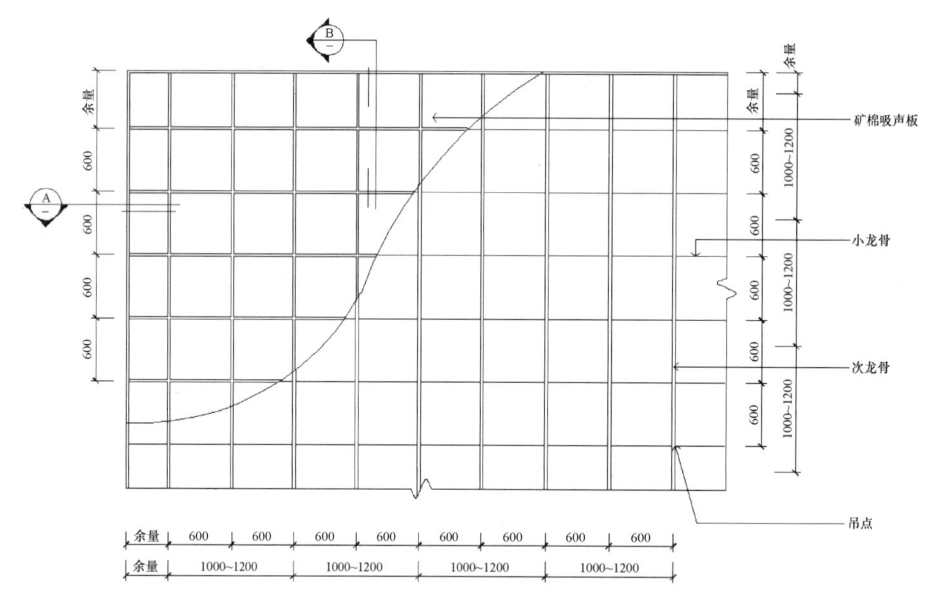

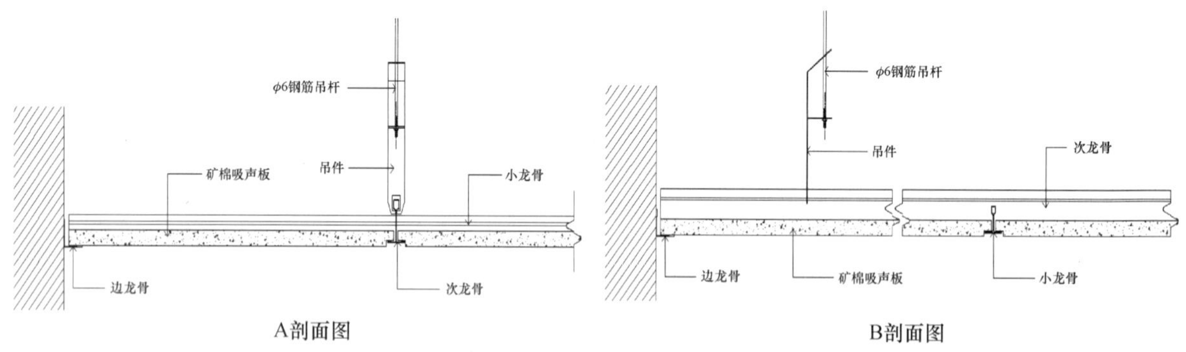

图 3-1-21　明架式矿棉吸声板单层吊顶工艺结构示意图

（3）轻钢龙骨金属方格吊顶

用料及分层工艺做法：①龙骨吸顶吊件用膨胀螺栓与钢筋混凝土板固定；②将 L 型边龙骨固定在墙面或柱面上；③用弹簧吊扣和配件固定主龙骨；④用挂件将主龙骨与次龙骨固定；⑤金属方格饰面板直接扣在次龙骨上即可，如图 3-1-22 所示。

（4）轻钢龙骨金属条板吊顶

用料及分层工艺做法：①龙骨吸顶吊件用膨胀螺栓与钢筋混凝土板固定；②将 L 型边龙骨固定在墙面或柱面上；③用弹簧吊扣和配件固定吊挂龙骨；④金属条板直接扣在吊挂龙骨上即可，如图 3-1-23 所示。

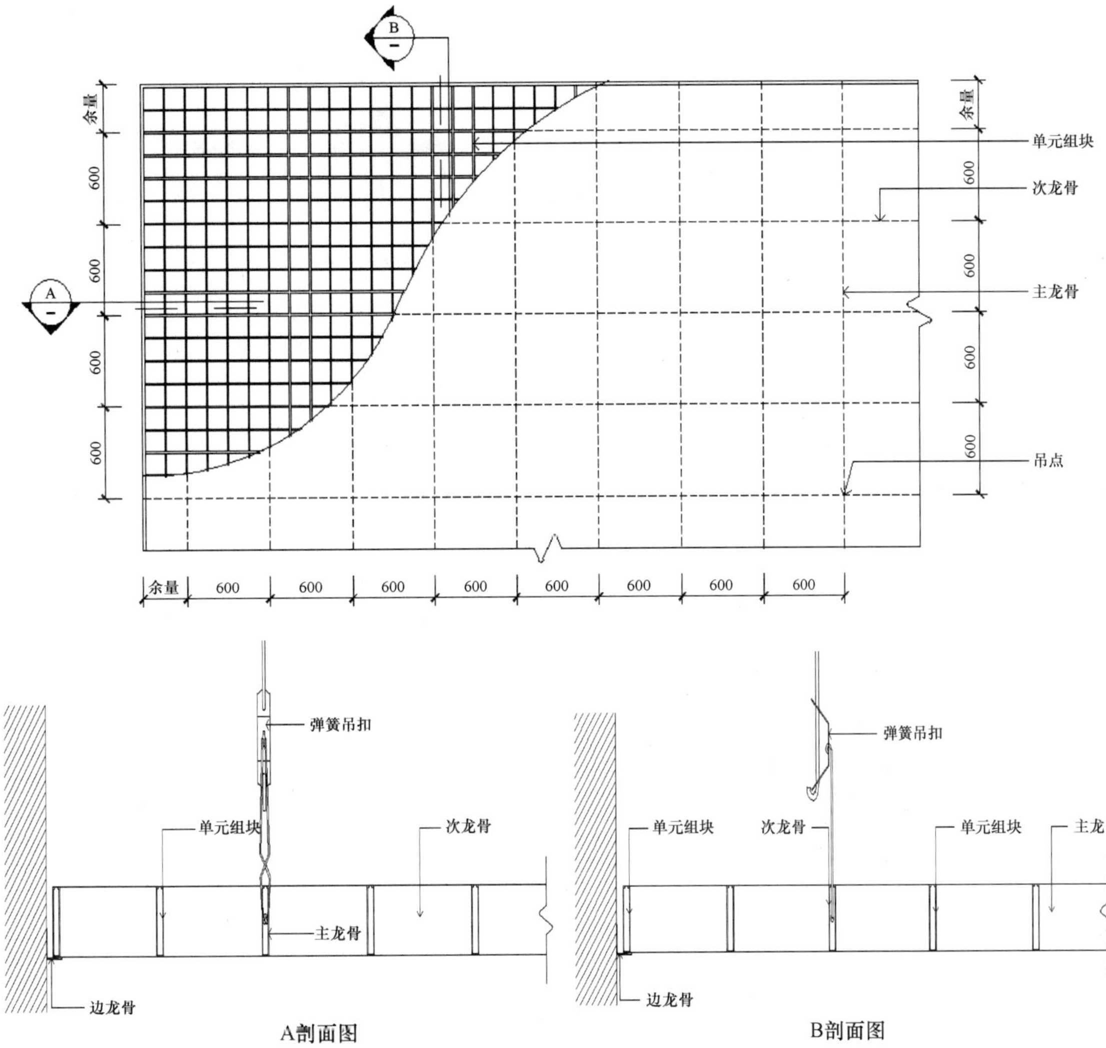

B
A
余量
600
600
600
600
余量
单元组块
次龙骨
主龙骨
吊点
余量
600
600
600
600
600
600
600
600
弹簧吊扣
单元组块
次龙骨
主龙骨
边龙骨
A剖面图
弹簧吊扣
单元组块
次龙骨
单元组块
主龙骨
边龙骨
B剖面图

图 3-1-22　金属方格吊顶工艺结构示意图

A
B
<300
1200~1500
1200~1500
条形吊顶板
吊挂龙骨
吊点
<150
1000~1200
1000~1200
1000~1200
1000~1200

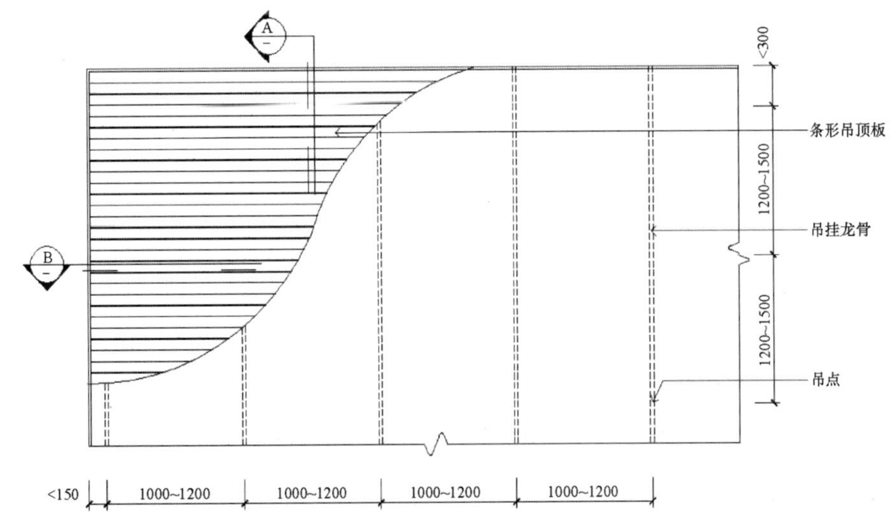

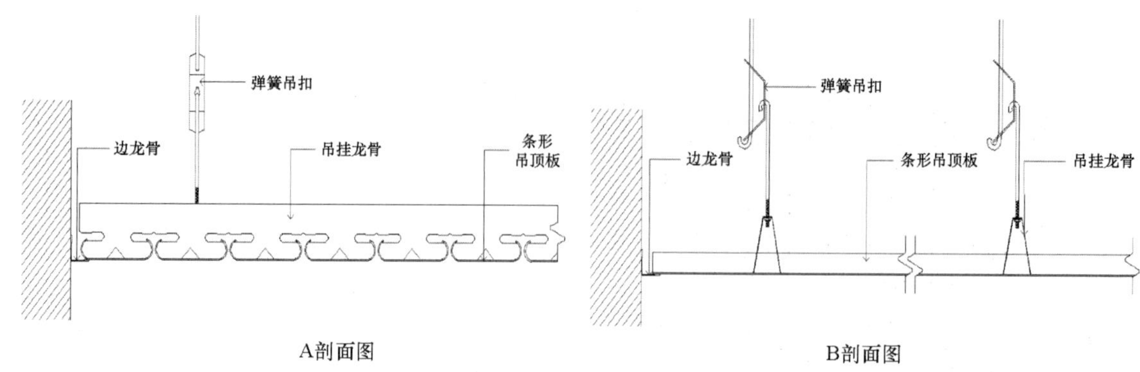

图 3-1-23　金属条板吊顶工艺结构示意图

（5）轻钢龙骨金属插片吊顶

用料及分层工艺做法：①龙骨吸顶吊件用膨胀螺栓与钢筋混凝土板固定；②用弹簧吊扣和配件固定龙骨；③金属铝板直接扣在龙骨上即可，如图 3-1-24 所示。

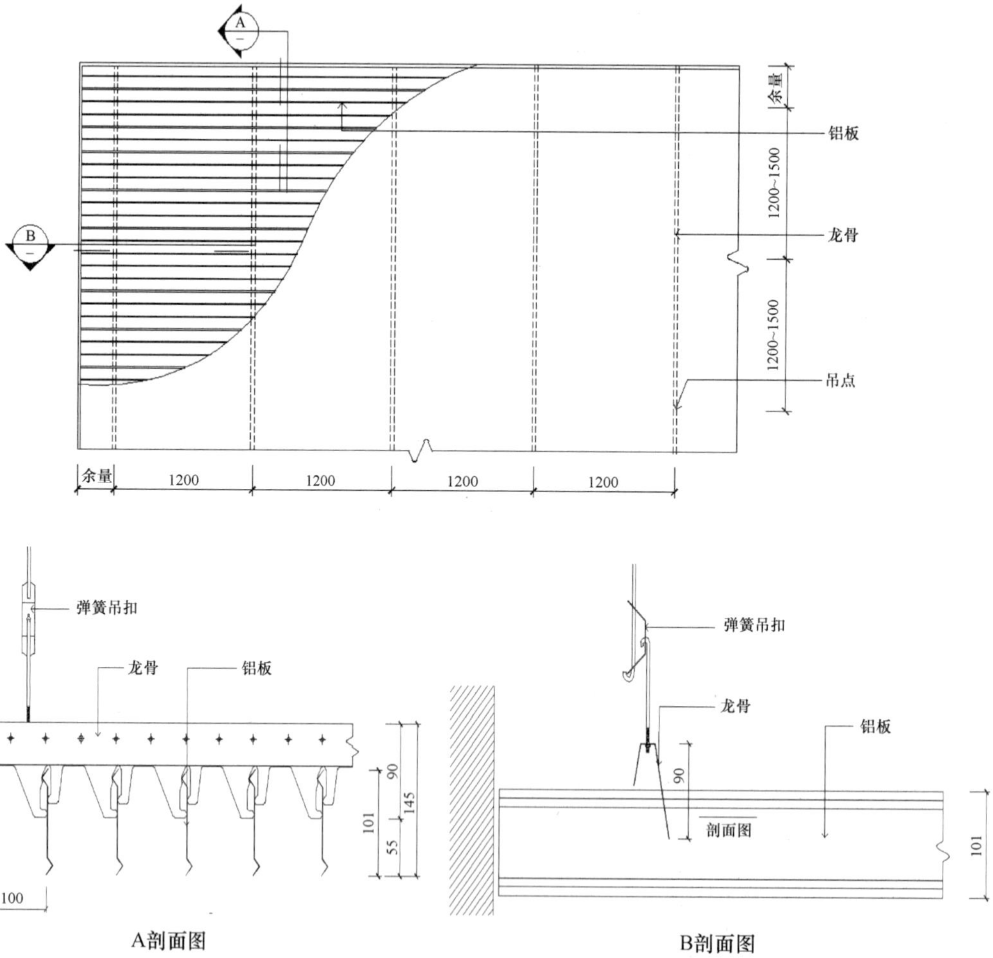

图 3-1-24　金属插片吊顶工艺结构示意图

四、绘制吊顶工艺结构图

学生在教师的指导下绘制不同类型的吊顶工艺结构图。

五、项目任务考核

先由学生对自己的工作结果进行自我评估，再由教师进行检查评分。师生共同讨论、评判项目工作中出现的问题，学生解决问题的方法以及学习行动的特征。通过对比师生评价结果，找出造成结果差异的原因。本项目的考核主要是学生自评、学生互评和教师评价相结合，权重分别为 20%、20%和 60%。考核内容详见“附表 2：认识材料任务实施计划书”。

六、职业技能训练

（一）选择题

1. 下列不属于金属饰面板中龙骨与饰面板连接方式的是（　　）。

A. 嵌　　B. 卡　　C. 挂　　D. 粘

2. 直接式吊顶和悬吊式吊顶的区别是前者不安装（　　）。

A. 主龙骨　　B. 吊杆　　C. 次龙骨　　D. 边龙骨

3. 吊顶工程中的预埋件、钢筋吊杆和型钢吊杆应采取的表层处理方法是（　　）。

A. 防火处理　　B. 防蛀处理　　C. 防碱处理　　D. 防锈处理

4. 下列不属于上人型轻钢龙骨吊顶构件的是（　　）。

A. U 型龙骨　　B. C 型龙骨　　C. L 型龙骨　　D. T 型龙骨

5. 38 系列轻钢龙骨适用于吊点距离（　）不上人吊顶。

A. 0.6～0.9m　　B . 1.2～1.5m　　C. 0.9～1.2m　　D. 0.6m 以下

6. 轻钢龙骨吊顶的吊杆长度大于 1500mm 时，应采取的最佳稳定措施是（　）。

A. 设置反向支撑　　B. 增加龙骨吊点

C. 加粗吊杆　　D. 加大龙骨

7. T 型龙骨的安装构造分为有主龙骨和（　　）两种形式。

A. 横撑龙骨　　B. 无主龙骨　　C. 次龙骨　　D. 小龙骨

8. 轻钢吊顶龙骨包括（　　）。

A. 竖龙骨、横龙骨　　B. 主龙骨、次龙骨

C. 竖龙骨、通贯龙骨　　D. 横龙骨、通贯龙骨

9. 轻钢龙骨吊顶的吊杆、龙骨不得固定在（　　）上。

A. 通风管道　　B. 墙面　　C. 房梁　　D. 柱子

10. 上人龙骨能承载（　　）N 的重量。

A. 500　　B. 200　　C. 600　　D. 800

（二）简答题

（1）简述轻钢龙骨吊顶吊杆与楼面板安装的施工工艺及操作要点。

（2）简述悬吊式吊顶。

（3）简述明龙骨与暗龙骨。

（三）实训题

根据设计要求运用 AutoCAD 软件绘制吊顶的工艺结构图。

■ 任务三 集成吊顶施工流程与实训

一、明确任务

教师给学生发放并讲解任务书（表 3-1-5）。

表 3-1-5 集成吊顶施工流程与实训学习任务书

项目任务名称	集成吊顶施工流程与实训	项目任务编号	3-1-3
项目组组长		项目组成员	
任务完成时间			
任务学习目标	1. 认知目标： （1）了解集成吊顶工程施工实训的注意事项； （2）了解集成吊顶施工工艺的要求及国家标准； （3）了解集成吊顶施工工艺的工艺流程及施工要求和原则； （4）了解集成吊顶施工工艺所需设备及其设备相关知识； （5）了解集成吊顶工程中遇到的问题及后期维护问题。 2. 技能目标： （1）掌握集成吊顶设计的方法； （2）掌握集成吊顶施工工艺的工艺流程； （3）掌握集成吊顶工程工具的使用方法和技巧； （4）能够进行集成吊顶实际操作实践； （5）能正确解决施工中遇到的问题及后期维护问题		
任务内容	（1）掌握集成吊顶设计的方法； （2）掌握集成吊顶施工工艺的工艺流程； （3）掌握集成吊顶工程工具的使用方法和技巧； （4）集成吊顶实际操作实践		
完成考核点	完成集成吊顶施工工艺实训内容		
完成项目任务情况分析与反思：			
组长签字		成员签字	

二、项目计划与决策

学生项目组根据项目任务书进行项目实施计划制订和具体实施。项目任务教学实施流程与步骤详见“附表 3：项目任务实施计划书”。

三、集成吊顶施工工程原则

（1）安装龙骨前，应按设计要求对房间净高、洞口标高和吊顶管道、设备及其支架的标高进行交接检验。

（2）吊顶工程中的预埋件、镀锌全丝吊杆和型钢吊杆应进行防锈处理，并应符合有关设计的规定。

（3）安装饰面板前应完成吊顶内管道和设备的调试及验收。

（4）吊杆的间距不得大于 1200mm，吊杆距主龙骨端部距离不得大于 300mm，当大于 300mm 时，应增加吊杆。当吊杆长度大于 1500mm 时，应设置反向支撑。当吊杆与设备相遇时，应调整并增设吊杆。

（5）重型灯具、电扇及其他重型设备严禁安装在吊顶工程的龙骨上。

（6）吊顶的安装底面与灯箱、浴霸底面要平齐。

（7）按设计要求选用龙骨及配件和饰面板，材料品种、规格、质量应符合设计要求。

（8）对人造板材的甲醛含量进行复检，检测报告应符合国家环保规定要求。

（9）吊顶工程在施工工作中应做好各项施工记录，收集好各种有关文件：

① 进场验收记录和复检报告、技术交底记录。

② 材料的产品合格证书、性能检测报告。

四、集成吊顶工程施工流程

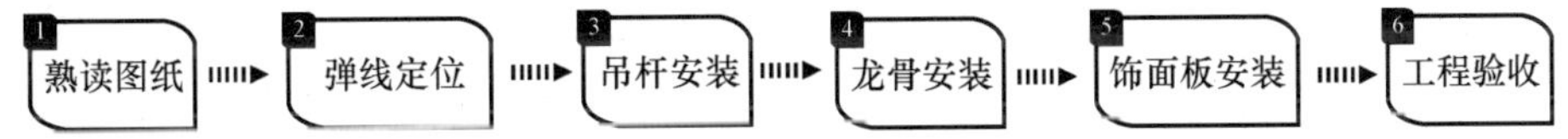

（一）熟读图纸

在吊顶工程施工之前，首先要对建筑装饰空间的吊顶要求进行全方位的了解，对吊顶工程做到心中有数，并熟读吊顶图纸。吊顶图纸是吊顶施工的基础，整个空间的吊顶必须按照图纸的设计要求严格执行，施工人员在正式施工之前必须读懂吊顶图纸，并由监理工程师、设计师、业主三方在施工现场进行施工交底。做到设计图与施工现场相一致，若发现有出入，应综合各方意见提出修改意见，并重新绘制修改的吊顶施工图。

（二）弹线定位

根据吊顶施工图，结合具体情况，利用墙面水平基准线将吊顶标高线用墨线弹到四周墙面或柱面上。同时，在楼板底面上弹出主龙骨的位置线，主龙骨应从吊顶中心向两边分，最大间距为 1000mm。并标出吊杆的固定点，吊杆固定点间距为 900～1000mm，如遇到梁或管道，固定点大于设计和规程要求时，应增加吊杆的固定点，如图 3-1-25 所示。

图 3-1-25　弹线定位

（三）吊杆安装

在弹好顶棚标高水平线、龙骨位置线及吊杆的固定点后，确定吊杆下端头的标高，安装吊杆。吊杆的安装分为上人和不上人两种安装方法。其中上人吊杆安装是在吊点位置用电锤打孔（注意钻孔深度应≥60mm，打孔直径略大于螺栓直径 2～3mm），然后预埋 $\phi 6$、$\phi 8$ 或 $\phi 10$ 的吊杆短钢筋，要求外露板底不小于 150mm。这种直接将吊杆固定于顶棚的方式其施工方法简单，施工速度快。不上人吊杆安装是用 M8、M10 膨胀螺栓或 $\phi 5$ 以上的射钉将∠25×3 或∠30×3 角钢固定在楼板底面上。不上人的吊杆长度小于 1000mm，可采用 $\phi 6$ 吊杆；如大于 1000mm，应采用 $\phi 8$ 吊杆，还应设置反向支撑，如图 3-1-26 所示。

（四）龙骨安装

吊杆安装完后，进行龙骨骨架的安装，以下是龙骨安装的流程：边龙骨安装→主龙骨安装→次龙骨安装。

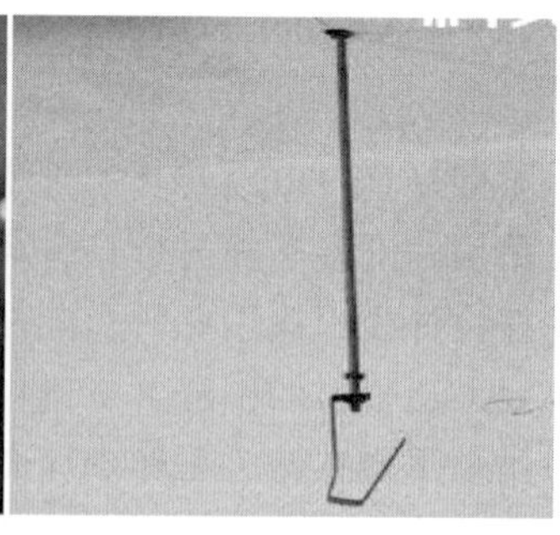

图 3-1-26　吊杆安装

1. 边龙骨安装

在预先弹好的标高线上将 L 型边龙骨或其他封口材料固定在墙面或柱面上，封口材料的底面与标高线重合。L 型边龙骨常用的规格为 25mm×25mm，色彩应同龙骨一致。L 型边龙骨固定时，一般常用高强水泥钉，钉的间距不宜大于 500mm。如果基层材料强度较低，紧固力不好，应采取相应的措施，改用膨胀螺栓或加大钉的长度等办法。边龙骨一般不承重，只起封口作用，如图 3-1-27 所示。

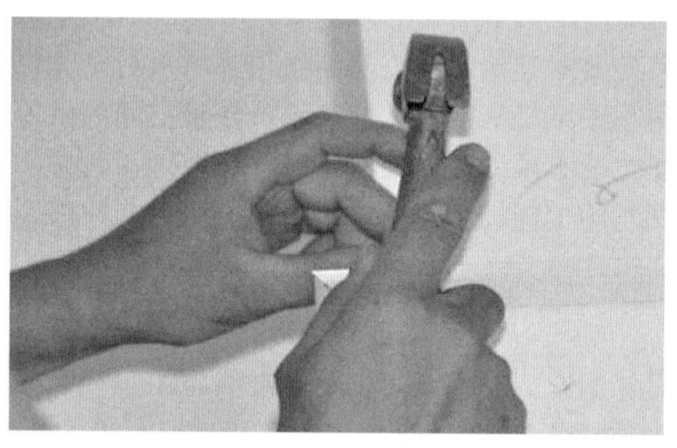

图 3-1-27　边龙骨安装

2. 主龙骨安装

首先装配好吊杆上的螺母和吊挂件，按设计主龙骨走向，将主龙骨穿于吊挂件上并拧紧螺母。待全部主龙骨安装就位后，拉线进行调直调平定位校正。主龙骨校正平直后，将吊杆上的螺母调平拧紧。主龙骨中间部分按具体设计起拱（一般起拱高度不得小于房间的短向跨度的 0.3%）。主龙骨间距不应超过 1200mm，建议采用 900mm，如图 3-1-28 所示。

3. 次龙骨安装

主龙骨安装完毕后即可安装次龙骨。按设计规定的次龙骨间距，将次龙骨通过吊挂件吊挂在主龙骨上并与主龙骨扣牢，不得有松动及歪曲不直之处。设计无要求时，一般间距为龙骨中心到龙骨中心 400mm，在潮湿环境下以 300mm 为宜，如图 3-1-29 所示。

图 3-1-28　主龙骨安装

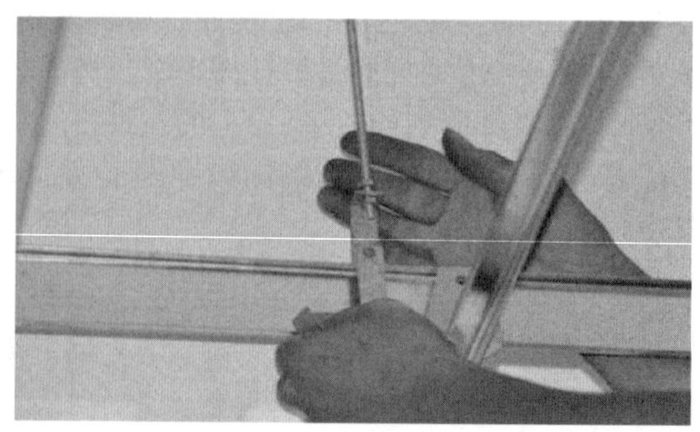

图 3-1-29　次龙骨安装

（五）饰面板安装

龙骨安装完后对安装到位的吊顶龙骨骨架进行全面检查校正，其主次龙骨的结构位置及水平度等应合格，将所有的吊挂件及连接件拧紧，夹挂牢固，使整体骨架稳定可靠，并在顶棚内各种（空调、消防、照明）等隐蔽工程安装完毕后才可进行饰面板的安装。饰面板安装时，从房间一个方向按照弹好的饰面板块布置线依次安装。饰面板要轻拿轻放，必须顺着翻边部位顺序将方板两边轻压，卡进龙骨后再推紧。饰面板安装完毕后，需要用布把板面全部擦拭干净，不得有污物及手印等，如图 3-1-30 所示。

图 3-1-30　饰面板安装

（六）工程验收

当集成吊顶工程全部完工后，经监理、甲方等多方共同对吊顶工程的所有施工工序及质量标准检查符合设计、达到施工要求后，便可要求监理、甲方签发验收合格单或客户验收单，填写“集成吊顶施工工程验收表”（表 3-1-6）。

表 3-1-6　集成吊顶施工工程验收表

验收标准	是否合格	
	是	否
1. 吊顶标高、尺寸、起拱和造型是否符合设计要求	□	□
2. 饰面材料的材质、品种、规格、图案和颜色是否符合设计要求。当饰面材料为玻璃板时，是否使用了安全玻璃或采取可靠的安全措施	□	□
3. 饰面材料的安装是否稳固、严密。饰面材料与龙骨的搭接宽度是否大于龙骨受力面宽度的 2/3	□	□
4. 吊杆与龙骨的材质、规格、安装间距及连接方式是否符合设计要求。吊杆与龙骨是否进行了表面防锈处理。吊挂件、连接件是否符合产品配套要求	□	□
5. 饰面材料表面是否洁净、色泽一致，有无翘曲、裂缝及缺损。饰面板与龙骨的搭接是否平整、吻合，压条是否平直、宽窄一致	□	□
6. 饰面板上的灯具、烟感器、喷淋头、风口等设备的位置是否合理、美观，与饰面板的交接是否吻合、严密；感应器、喷淋头与灯具的间距是否不小于 300mm	□	□
7. 龙骨的接缝是否平整、吻合、颜色一致，有无划伤、擦伤等表面缺陷	□	□
8. 吊顶内填充吸声材料的品种和铺贴厚度是否符合设计要求，并做了防散落措施	□	□
9. 吊顶边与墙面的连接是否严密，有没有损伤墙面	□	□
10. 检查是否有产品合格证书、性能检测报告、进场验收记录和隐蔽工程验收记录	□	□

五、实际的集成吊顶工程施工流程与实训

学生在实训指导教师指导下，项目组严格按照施工实施流程及施工要求分组进行集成吊顶安装的实际实训，并填写实训操作的学习资源。

学生确定各自在小组中的分工以及小组成员合作的形式，然后按照已确立的工程实施步骤进行实际的实训操作。本项目就是按集成吊顶安装实施流程及施工要求进行施工，制作出集成吊顶安装工程实物作品。

实训指导教师根据各组学生实训操作进行指导和安全作业的管理。

六、实训作业验收和评价

学生项目组根据施工的流程进行施工项目检查。检查龙骨安装是否平整、牢固和顺直，配件安装是否正确，饰面板安装完表面是否全部擦拭干净，有没有污物及手印等，如发现问题及时进行调整。最后对实训作业作品进行验收和评价。本项目的考核主要是学生自评、学生互评和教师评价相结合，权重分别为20%、20%和60%。考核内容详见“附表7：建筑装饰设计施工类项目任务考核表”。

七、职业技能训练

（一）选择题

1. 轻钢龙骨吊顶施工最后应进行的是（　　）。

A. 饰面板安装　　B. 弹线定位　　C. 主龙骨安装　　D. 吊杆安装

2. 轻钢龙骨吊顶施工弹线定位不包括的是（　　）。

A. 顶棚标高线　　B. 造型位置线　　C. 吊挂点线　　D. 龙骨线

3. 轻钢龙骨吊顶，龙骨安装完成后要进行（　　）。

A. 牢固验收　　B. 间距验收　　C. 隐蔽工程验收　　D. 防火验收

4. 下列不是轻钢龙骨吊顶安装流程工序的是（　　）。

A. 标高弹线　　B. 吊杆安装　　C. 罩面板材切割　　D. 龙骨安装

5. 上人吊顶预埋 $\phi6$、$\phi8$ 或 $\phi10$ 的吊杆短钢筋，要求外露板底不小于（　　）mm。

A. 100　　B. 120　　C. 150　　D. 200

6. 当在楼板底面上弹出主龙骨的位置线，主龙骨应从吊顶中心向两边分，最大间距为（　　）mm。

A. 500　　B. 600　　C. 800　　D. 1000

7. 次龙骨安装在设计无要求时，一般间距为龙骨中心到龙骨中心（　　）mm，在潮湿环境下以（　　）mm 为宜。

A. 400、100　　B. 400、200　　C. 400、300　　D. 400、400

8. L 型边龙骨固定时，一般常用高强水泥钉，钉的间距不宜大于（　　）mm。

A. 200　　B. 400　　C. 500　　D. 1000

9. 一般吊杆固定点间距为（　　）mm，但如遇到梁或管道，固定点大于设计和规程要求时，应增加吊杆的固定点。

A. 700～800　　B. 700～900　　C. 800～900　　D. 900～1000

10. 上人吊杆安装是在吊点位置用电锤打孔，孔深度应大于或等于（　　）mm，打孔直径略大于螺栓直径（　　）mm。

A. 30、1～3　　B. 30、2～3　　C. 60、1～3　　D. 60、2～3

（二）简述题

（1）简述吊顶施工前的准备工作。

（2）简述吊顶工程质量验收规范有哪些，一般分为哪些项目和要求。

（3）简述轻钢龙骨吊顶的施工流程。

（三）实训题

以项目小组形式进行家装厨房集成吊顶的实际施工操作。

项目二　集成装修工程

一、明确任务

教师给学生发放并讲解任务书（表 3-2-1）。

表 3-2-1　集成装修工程学习任务书

项目任务名称	集成装修工程	项目任务编号	3-2-1
项目组组长		项目组成员	
任务完成时间			
任务学习目标	1. 认知目标： （1）了解集成装修的定义以及装修内容； （2）了解集成装修的发展历程和合作模式； （3）了解集成装修的趋势与前景、利弊。 2. 技能目标： （1）能根据集成装修的效果图，讲解使用的材料规格及品牌； （2）能根据设计风格用相关软件绘制集成装修的效果图		
任务内容	1. 学习并了解集成装修的装修内容、发展历程、趋势与前景等知识； 2. 按计划到集成装修企业进行调研，收集整理并汇总资料； 3. 对调研材料进行分析，并形成调研报告； 4. 进行成果展示与汇报		
完成考核点	小组对调研资料的市场、属性、功能等进行分析，撰写并提交调研报告一份		

完成项目任务情况分析与反思：

组长签字		成员签字	

二、项目任务教学实施流程与步骤

各项目组根据项目任务制订计划并实施。确定各自在小组中的分工以及小组成员合作的形式，然后按照已确立的实施步骤进行实际任务的实施与学习。

三、集成装修的核心知识

（一）集成装修的定义

集成装修是指装修所需的主材产品向系统化、规模化发展的深入与升华，装修公司通过整合与装修相关的所有产业资源，打破了以往装修模式中主材与辅材简单组合的格局，联合建材、家具、家电、软装等企业，把前期设计、中期装修和后期的装饰、家具、家电等均纳入装修公司的运作流程中，并且把装修所需的所有材料都一并打包，形成以“工厂化”为主导的生产模式。这样，客户装修时不必四处购买各类主材，而是由装修公司在固定的展厅订货后，将成品送到消费者家中进行组装，并通过整体设计、售中跟踪、交叉作业协调、售后服务等过程，使整个装修过程科学合理，客户不必在此过程中东奔西跑。但集成装修不是一个叠加的概念，并不是把装修的各个环节简单地糅合在一起，而是从室内装修设计到家具选择搭配的每个环节、每道工序都有专门的人员，集成装修都是以客户生活方式为核心，最大限度地满足消费者质量、价格、服务和个性化的需求，提供给客户一个更省心、省钱的“买家”模式。

（二）集成装修的装修内容

集成装修围绕装修顶面、地面、墙面，将各种基础材料、装饰主材实现集成化、成品化。集成装修还包括集成墙饰，如卧室床头背景墙、餐厅背景墙、书房背景墙、玄关隔断等各个区域装饰，将全包家装服务升级化，并由装修公司来提供主材给业主挑选。集成装修的效率非常高，装修日程也快速，为用户提供了完整的配套、完美的服务，最终实现让用户可以拎包入住。

1. 集成墙面全屋整装

随着市场的不断变化，装修消费的年轻化、时尚化，尤其是互联网思维带来的全新理念，现在墙面装修又多了个“全屋整装”的集成墙面。集成墙是2010年针对家装污染以及工序烦琐等弊端推出的一种新型纳米墙面装修材料，采用国外进口高分子纳米技术，原生态竹木纤维合成，采用高档时尚装饰膜，环保时尚。集成墙表面除了墙纸、涂料所拥有的彩色图案外，其最大特色就是立体感很强，拥有凹凸感的表面，是墙纸、涂料的换代产品。与传统装修相比，集成墙面全屋整装的优势有很多。

（1）集成墙面全屋整装效果好：因为集成墙面全屋整装选择的风格和装饰都是一致的，所以整体看起来的效果是最好的，而且装修风格选择多，各种颜色、款式都可以，视觉上无论是温婉的木纹还是大气的石材纹理，都能达到很好的效果。

（2）集成墙面全屋整装施工速度非常快：集成墙面全屋整装可以节省70%的工期，只要是毛坯房就可以完成，可以即刻开始拼装，比如面积为200m²的房子，2个工人3天就可以完成，无论是材料本身还是人工、时间，都达到最佳性价比，因为拼装采用的无死角、内部预留收缩缝、表面无缝对接的快速施工方式。

（3）集成墙板不含甲醛，健康环保：集成墙面全屋整装定制时采用的材料是复合材料，以天然竹木纤维集成墙板等环保材料为主，整个拼装过程也不会用到胶水等辅材，所以说是无毒无甲醛的，一旦拼装好，就可以直接入住。

（4）防水性、阻燃性非常好：生活中经常会出现水、火还有小孩子涂鸦等，会让墙面变得难以处理，从而影响到墙面的性能和美观。集成墙面全屋整装就不用担心这个问题，经过处理后的材质，不管是什么污渍，都能够轻松清理干净，就算是厨房、卫生间也一样。

（5）拆除简便：如果想换一个新的装修风格，拆除是很简单的，只需要换个面层就可以，不用除灰、砸墙等步骤，节省了成本和材料，节省了施工时间，同时也减少了环境污染等。

集成墙是在毛坯墙上直接安装，使用范围有家装餐厅、卧室、客厅、卫生间、厨房、阳台、酒店、休息室、娱乐场所、会议室、办公室、酒店大厅等，如图3-2-1～图3-2-4所示。

2. 集成吊顶

集成吊顶是HUV金属方板与电器的组合，分扣板模块、取暖模块、照明模块、换气模块。其安装简单，布置灵活，维修方便，成为卫生间、厨房吊顶的主流。如今，随着集成吊顶行业的日益发展，全屋吊顶、阳台吊顶、餐厅吊顶、客厅吊顶、过道吊顶等逐渐成为装修的主流。集成吊顶改变了石膏板颜色单调、漏水就变黄的困扰，正成为市场的新宠。集成吊顶的核心理念即“模块化，自组式”，它的意思就是将一个产品拆分为若干个模块，然后对各个模块进行单独开发，最大限度地优化其功能，再组合成为一个新的体系。取暖模块、照明模块、换气模块，可合理排布，它的每一个细节都是经过精心设计、专业安装而完成，其线路布置也是经过严格的设计测试，非常人性化。

图 3-2-1　卧室集成墙

图 3-2-2　餐厅集成墙

图 3-2-3　客厅集成墙

图 3-2-4　卫生间集成墙

集成吊顶绿色、环保、节能，而且升级高效，个性化定制功能强。与传统的吊顶相比，集成吊顶的优势如下：

（1）漂亮“顶”：区别于以往厨卫吊顶上生硬地安装浴霸、换气扇或照明灯后的效果，集成吊顶安装完毕后看到的不再是生硬组合，而是美观协调的顶部造型，甚至还可以定制个性的吊顶。比如，音乐集成吊顶便是个性定制吊顶的体现。音乐集成吊顶以音频功能为核心采用大功率集成数字技术来打造更高音质效果。除了音频之外，还增加了视频观看、相册浏览、电子图书、录音留言、资源管理、娱乐游戏等多项实用的附加功能。采用了 7 寸大型触摸彩屏显示，尽显简洁、大方、时尚的优美风格，大容量扩展 SD 卡，可以添加更多你喜欢的音乐，拥有无线红外遥控，让你随时随地都能选择喜欢的音乐。高品质的产品、高水平的工艺、高品位的造型，非常符合消费者追求的高品质生活标准。

（2）功能“顶”：独立的取暖灯、独立的照明灯、独立的换气扇，可合理排布安装位置，克服了传统浴霸安装位置的尴尬，可将取暖灯安装在淋浴区正上方，照明灯安装在房间中间或洗手台的位置，换气扇安装在坐便器正上方，从而可使每一项功能都安放在了最需要的空间位置上。比如，集成吊顶的“取暖模块”，其模块化的技术理念不仅有效调节室内空气温度，同时通过安全便捷的控制循环，使得整个空间温度得到均匀提升，这一点完全区别于浴霸单点取暖的缺陷。同时集成吊顶的“取暖模块”在设计上根据人体工程学采用线性设计方案，暖灯大距离、“一”字形排列，合理地分散热量，达到卫浴空间均匀取暖，从而有效避免头热脚凉的现象。

（3）耐用“顶”：传统的浴霸产品将很多功能硬性地结合为一体，并采用底壳包裹的形式。这样在使用过程中，由于功率非常大，机温也就随之升高，从而降低元器件的寿命。而集成吊顶各功能模块拆分之后，采用开放分体式的安装方式，使电器组件的寿命提升3倍以上。

集成吊顶一般用于厨房、卫生间以及阳台，随着行业的不断发展壮大，现阶段已向全房集成家居吊顶方向发展，如应用于客厅、卧室、书房、餐厅、过道、会所、KTV、商业装修等，如图3-2-5～图3-2-8所示。

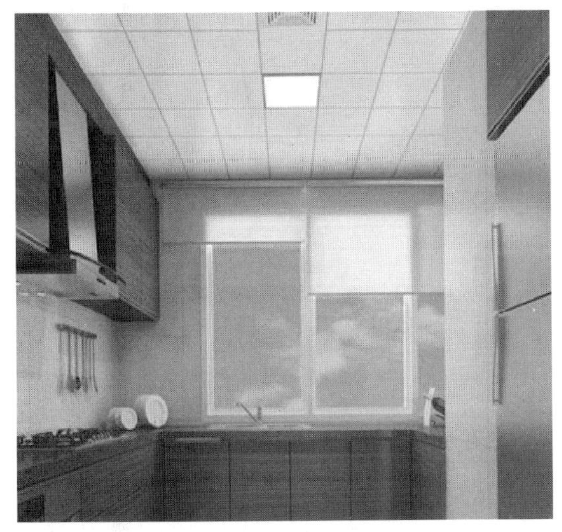

图3-2-5　厨房集成吊顶

图3-2-6　卧室集成吊顶

图3-2-7　卫生间集成吊顶

图3-2-8　办公楼集成吊顶

3．集成地板

家庭装修少不了的就是地板装饰，目前使用比较多的是实木地板。传统的实木地板是用完整木材加工的，保留了天然木材的原始状态，纹理真实美观，环保程度很高。实木地板的安装必须在地面事先铺设龙骨，然后用钉把地板固定到龙骨上。而作为实木地板下的集成地板，是将优质木材经指接延长、液压拼宽而成。集成地板生产工艺是把天然木材分层做，每一层之间纵横交错，使每一层木材互相牵制，内应力多次相互抵消，所以它的稳定性非常可靠，安装的时候不需要龙骨钉，直接铺设就可以了。集成地板有以下特点：

(1) 集成地板突破了以前的三聚氰胺板以密度板和刨花板为基材的游离甲醛高、容易起泡、分层、爆边、防潮性差、握钉力差等缺点，更是克服了烤漆板表面容易产生划痕和产生对人体有危害气体的难题。

(2) 由于集成地板是用天然的原木加工制作而成，所以总的来说比较能够亲近自然的特性，会给人一种比较高档的享受。同时由于是纯木制品，材质性温，真实自然，基本没有什么污染。

(3) 集成地板的制作表面比较光滑，抛光做得比较好。表面涂层光洁均匀，规格多，选择余地大，保养方便，而且脚踩在上面的感觉比较真实。

(4) 集成地板的涂抹油漆比较少，所以对人体的危害比较小，而且集成地板的安装简便，方便日后的拆装或者换装等，如图 3-2-9、图 3-2-10 所示。

图 3-2-9 集成地板（一）

图 3-2-10 集成地板（二）

4. 集成家具

集成家具之所以备受青睐，源于它既实现了工业化的生产，又可以根据个人喜好或居住空间量身定做，而它的环保、时尚、品质、专业等诸多方面更是传统家具无法比拟的，凸显了其成为现代家庭必备时尚家具的绝对优势。以往的家庭装修，人们选择家具无非就是到家具店购买现成的，要不就是直接请木工现场制作。虽然购买的现成产品外形美观，可以随意移动摆放，品质相对稳定，批量生产价格也相对便宜，但是存在空间尺寸不严密、与家居风格难匹配等问题，其人性化考量及个性化体验也非常匮乏，而且每一家公司都有自己的特点、风格、颜色等，较难搭配。现场制作虽可量身定做，但施工的环境差，品质不易控制，专业化不足且产品粗糙，现场的万能胶、油漆造成室内污染，造价比较高。集成家具不仅兼具了二者的优点，更是弥补了二者的不足。它的多种组合搭配，可以适合不同尺寸和空间变化；它的工厂机械化生产，可以保证产品品质并为家庭装修降低成本；它的省时省力、简单快捷的安装方式，非常适合追求简单生活的都市时尚家庭，如图 3-2-11、图 3-2-12 所示。

（三）集成装修的特点

1. 优点

① 健康环保

集成装修也可以称之为装配式装修，它的材料都是根据环保理念而研发设计的，其主要原料为竹木纤维、铝合金等，不仅稳定性强，还采用扣板式安装，环保无味。

② 整体风格

集成装修的整体风格更为协调，它突破了常规的平面空间，突出整体空间造型，不仅拥有丰富色彩、图案的墙纸与涂料，而且表面凹凸，立体感更强，装饰效果更丰富。

图 3-2-11　集成家具（一）

图 3-2-12　集成家具（二）

③ 智能拼接，即装即住

它不需要对基面进行特殊处理，直接在毛坯房墙面、天花和地面安装施工，避免了装修时间过长、装修垃圾过多、装修后难保洁等问题。省时省工又省钱，安装完即可入住。

④ 持久光亮

其原材料不变形、不老化，经过抗油污处理，清洁非常方便，还有极好的耐候性，使用长达50年。

⑤ 保温隔热

集成装修的房子在夏季可阻挡45%～85%的太阳直射热量，冬天同样有隔热作用，减少30%以上的热量损失，可保持室内温度相对恒定。

⑥ 节能低碳

传统装修是在原材料进场后再制作的，其环保程度不高，而且在制作过程中还会产生有害物质造成环境污染。而集成装修材料是由产业化标准流水线生产的，不仅环保，而且对生产中产生的污染也有很好的处理。

⑦ 施工过程安静快捷

传统装修施工噪声大，严重扰乱居民的正常生活，已成为装修公害之一。装配式住宅装修部品生产工厂化、现场施工装配化、结构装修一体化，真正做到噪声低，施工速度快，有效地解决了扰民问题。

⑧ 高效简易

传统装修工序多、手工操作为主，效率低。装配式装修是建立在部件产品的模块化、标准化和工厂化的基础上，用预制型装修代替传统的现场装修，提高了生产效率、居住空间使用率，节约了成本，提升了居住品质，极大地满足了社会需求，同时将整个行业和企业经济效益的提高建立在提高劳动生产率的基础上等。

2. 缺点

① 占面积

集成装修完成后相对于传统的装修会比较占空间面积。比如集成装修的集成墙面厚度在1cm左右，安装集成墙面会减少室内空间面积。这不像传统的家庭装修在墙面涂漆，薄薄的一层，不占空间面积。

② 易刮花

集成装修的表面是金属的，所以在遇到硬物的时候容易刮花，痕迹比较明显。

③ 费用高

集成装修相对于传统的装修费用会比较高。集成墙面的价格比普通墙面高，但是施工时间减少了，所以人工费用会比普通墙面人工费用低。

④ 运输不方便

由于集成墙板是整块的，所以在运输上会比较麻烦，在运输的过程中也要特别注意折弯刮伤等情况。

（四）集成装修的现状与前景

1. 集成装修的现状

集成装修在 1997 年出现。

集成装修行业 2010 年的市场需求量超过 100 亿元。由于行业技术含量较低，门槛也不高，再加上行业利润丰厚，进入集成装修行业的企业在大幅度增加。

2013 年近 500 家大大小小的企业在从事集成装修的生产与销售，其中 80%的企业为小型企业，仅有大约 50 家的品牌形成一定的规模，但这 50 家品牌中全国性的大品牌屈指可数，行业竞争还处于起步阶段，还未出现绝对的领导品牌，市场集中度较低。

随着市场需求的增加，市场竞争也将更加激烈。因此，如何在行业由导入期向成长期发展的阶段，保持企业的上升势头，并不断提升品牌的美誉度，是摆在集成装修企业面前最重要的问题。

（1）行业还未形成规模，品牌型企业缺乏

现阶段集成装修行业还未出现绝对的领导品牌。市场集中度较低，未达到成熟行业的要求。由于集成装修行业 80%以上是中小型企业，行业经营的门槛太低（技术含量比其他行业相对较低、初期投资较少），大量生产企业的涌现也使行业竞争加剧。因此在规模、技术、资金方面，尤其是在品牌推广等方面存在着较大的差距，全国性的集成装修品牌屈指可数，行业内所谓知名品牌较多，但是被市场和消费者认知和信赖的集成装修品牌几乎没有。

（2）市场还未被完全开拓，行业市场潜力巨大

虽然集成装修已经取得骄人成绩，但是对于整个全国市场来说，购买集成装修的人群只占整个消费群体的 30%左右。尤其是在二三线城市市场、广大农村市场，集成装修的占有率则更低。这就说明还有 2/3 的人群没有购买集成装修，这为集成装修行业进一步发展带来了巨大的机会。由于集成装修产品主要属于耐用消费品，一般情况下产品和品牌的关注度并不高。集成装修消费主要集中在新居装修或者更换集成装修的消费情境中，因此消费者在选购集成装修过程中，存在盲目性和相关的购买经验、知识缺乏，很多消费者挑选集成装修产品凭感觉。不少消费者对品牌的认知度并不高，大部分消费者在购买集成装修之前，心中并没有心仪的品牌，只是随便看看，最终决定购买的也多为款式和产品质量还较满意的产品。

（3）行业同质化现象严重，产品创新乏术

集成装修材料、工艺、技术、设计、包装、终端陈列、导购、推广等多方面竞争激烈，同质化相当严重，互相抄袭同行业的设计款式，价格战、促销战、广告战此起彼伏。但是在产品设计开发等方面，缺少主导设计思想和理念，缺少优秀的设计队伍，不愿意在基础研发方面进行投资，造成千篇一律、产品款式大同小异、设计风格如出一辙的现象出现，导致产品的附加值和品牌形象不高，影响了企业进一步可持续发展。

2. 集成装修的前景

新的装修材料带来了新的装修可能，也带来了新的商机。当前市场集成装修的占有率虽不高，但无论是投资者还是消费者都十分看好集成装修的未来。因为随着时代的进步与市场需求，集成装修拥有更多优势。

未来集成装修不仅是把家庭装修的每个过程打包消化后，给消费者一个最终的答案，更应该是整合资源的平台建设。集成装修模式更加注重的是对资源平台的打造，运用集成化的思想对平台的各个环节统一调配，以相同的管理制度规范各环节的工作，以开放的信息化平台共享资源，通过各系统要素的协同合作，实现系统要素的最优配置。集成装修面向装修消费者，给予的是一个全新的装修模式，

得到的是一个简单便捷的筑家产品，但实际上集成装修应该形成自己的平台，成为行业资源的供需平台。平台里应包含所有的数据、信息、业务等资源。集成装修应该对这些资源进行统一管理和记录，从而形成系统的资源数据库，建立基本资源配置、执行的生产线。

四、项目任务考核

本项目的考核主要是学生自评、学生互评和教师评价相结合，权重分别为20%、20%和60%。

五、职业技能训练

（一）简述题

1. 简述集成装修的定义。
2. 简述集成装修与传统装修的区别。
3. 简述集成墙的特点。
4. 简述集成吊顶的定义及特点。
5. 简述集成装修的现状与前景。

附　录

附表 1：装饰材料调研表

装饰材料调研表

调查建材市场名称				调查建材市场地点		调查建材市场主营建材		
建材类别	建材名称或品牌	产地或厂家	规格	价格	建材特点或施工工艺	用途	建材对比	备注
××工程建材类								
调研时间		年　月　日			制表：			

附表 2：认识材料任务实施计划书

认识材料任务实施计划书

项目任务与内容	学生工作任务	教师工作任务	实施场所	备注
项目分析及目标、计划制订	1. 确定项目学习目标，制订项目实施计划； 2. 制订项目组工作制度、计划及考核评价制度	1. 布置任务； 2. 审核计划	建筑装饰材料展示实训工场	
认识对应装饰工程材料	认识各种对应装饰工程材料，并做好记录	1. 提供技术咨询服务，解惑答疑； 2. 组织管理好实训工场纪律		
进行对应装饰工程材料的市场调研	1. 发放对应装饰工程材料的市场调研表； 2. 分小组到本地各大建材市场进行对应装饰工程材料的市场实际调研	1. 提供技术咨询服务，给学生解惑答疑； 2. 对学生在外调研进行管理	本地各大建材市场	
进行市场调研材料分析总结	1. 项目组将调研材料汇总分析； 2. 写出项目组调研报告	给学生解惑答疑	室内装饰材料展示工场	
学生自评与互评	1. 项目组首先在小组内进行评价，发现在项目实施过程中出现的问题，并提出解决方案； 2. 成果展示，小组间相互评价，总结项目实施成果，给出评定成绩	1. 给学生解惑答疑； 2. 组织管理好纪律		
教师讲评	根据教师的讲评进行项目实施反思	1. 对项目组项目实施成果进行总体评价； 2. 找出问题，进行归纳，反思如何做得更好； 3. 成果归档		
合计				

附表 3：项目任务实施计划书

项目任务实施计划书

项目任务与内容	学生工作任务	教师工作任务	实施场所	备注
项目分析及目标、计划制订	1. 阅读任务书，理解并明确项目任务； 2. 熟读各施工项目施工图； 3. 领取实训学习资源； 4. 确定项目学习目标，制订项目实施细则	1. 下发任务书，讲解项目施工图； 2. 框架条件给定，发放实训学习资源； 3. 讲解实训原则与安全事项	教室	
掌握施工相关工具	1. 项目组通过观察学习并理解施工工具原理； 2. 通过实际操作掌握施工工具的使用方法	1. 由实训指导教师讲解并演示施工工具原理及使用方法和技巧； 2. 组织管理好实训工场纪律	室内装饰施工技术实训工场	
建筑装饰工程设计实施与施工实训	1. 进行建筑装饰工程项目设计； 2. 绘制相应的施工图	1. 讲解设计的相关要求、原则等； 2. 给学生解惑答疑并进行设计指导		
	1. 按施工实施流程及施工要求进行实践实训； 2. 填写学习资源	1. 给学生解惑答疑并进行施工实训指导； 2. 组织管理好实训工场纪律		
学生自评与互评	1. 项目组首先在小组内进行评价，发现在项目实施过程中出现的问题，并提出解决方案； 2. 成果展示，小组间相互评价，总结项目实施成果，给出评定成绩	1. 组织自评与互评； 2. 做好点评与指导		
教师讲评	根据教师的讲评对项目实施反思	1. 对项目组项目实施成果进行总体评价； 2. 找出问题，进行归纳，反思如何做得更好； 3. 成果归档		
项目教学后记：				

附表 4：建筑装饰材料验收表

建筑装饰材料验收表

工程名称：

序号	材料名称	规格或型号	数量	验收结果 合格/不合格	备注
1					
2					
3					
4					
5					
6					
7					
8					
9					
10					
11					
12					
13					
14					
15					

甲方：　　年　　月　　日	乙方项目经理：　　年　　月　　日

附表 5：工程验收记录表

工程验收记录表

<table>
<tr><td>装饰装修工程名称</td><td></td><td>项目经理</td><td></td></tr>
<tr><td>分项工程名称</td><td></td><td>专业工长</td><td></td></tr>
<tr><td>工程项目</td><td colspan="3"></td></tr>
<tr><td>施工单位</td><td colspan="3"></td></tr>
<tr><td>施工标准名称及代号</td><td colspan="3"></td></tr>
<tr><td>施工图名称及编号</td><td colspan="3"></td></tr>
<tr><td>工程部位</td><td>质量要求</td><td>施工单位自查记录</td><td>监理（建设）单位验收记录</td></tr>
<tr><td></td><td></td><td></td><td></td></tr>
<tr><td></td><td></td><td></td><td></td></tr>
<tr><td></td><td></td><td></td><td></td></tr>
<tr><td></td><td></td><td></td><td></td></tr>
<tr><td></td><td></td><td></td><td></td></tr>
<tr><td>施工单位自查结论</td><td colspan="3">施工单位项目技术负责人：
年　月　日</td></tr>
<tr><td>监理（建设）单位验收结论</td><td colspan="3">监理工程师（建设单位项目负责人）：
年　月　日</td></tr>
</table>

附表 6：认识建筑装饰材料类项目任务考核表

认识建筑装饰材料类项目任务考核表

项目组班级			被考核项目组					
序号	考核项目	考核内容及要求	评分标准	配分	学生自评	学生互评	教师考评	得分
1	时间要求	2 课时	不按时完成不计分	10				
2	调研计划与目标	调研计划	1. 是否按时完成计划书； 2. 是否高质量地完成计划书	5				
		调研目的	1. 调研目的是否明确； 2. 是否达到调研目的	5				
3	市场调研	原始资料	1. 原始调研资料是否收齐，调研表是否填写完整； 2. 是否对该资料进行整理和分析	10				
		调研报告	1. 是否撰写调研报告； 2. 调研报告质量是否达标	20				
4	成果展示	材料认识	能否认识各种装饰材料及配件	20				
		材料使用	能否根据设计要求及实际需要选择各种材料的品牌和规格	20				
总评成绩								
项目组长			项目组成员					

附表 7：建筑装饰设计施工类项目任务考核表

建筑装饰设计施工类项目任务考核表

项目组班级			被考核项目组					
序号	考核项目	考核内容及要求	评分标准	配分	项目组自评	项目组互评	教师考评	得分
1	时间要求	4 课时	不按时完成不计分	10				
2	项目实施计划	调研计划	1. 是否按时完成计划书； 2. 计划书是否符合该工程施工进度及要求	5				
3	项目实施	施工工具	是否完全掌握施工工具的使用方法和技巧	10				
		项目施工实施	1. 是否按施工图进行施工； 2. 是否按照施工流程和顺序进行施工； 3. 施工是否规范，是否达到质量标准	10 10 50				
4	项目组管理制度	考勤与纪律	1. 是否制订完整的项目组管理制度、考核评价制度等 2. 是否严格按管理制度进行管理	5				
总评成绩								
项目组长			项目组成员					

附图 1　开关插座分组分布图

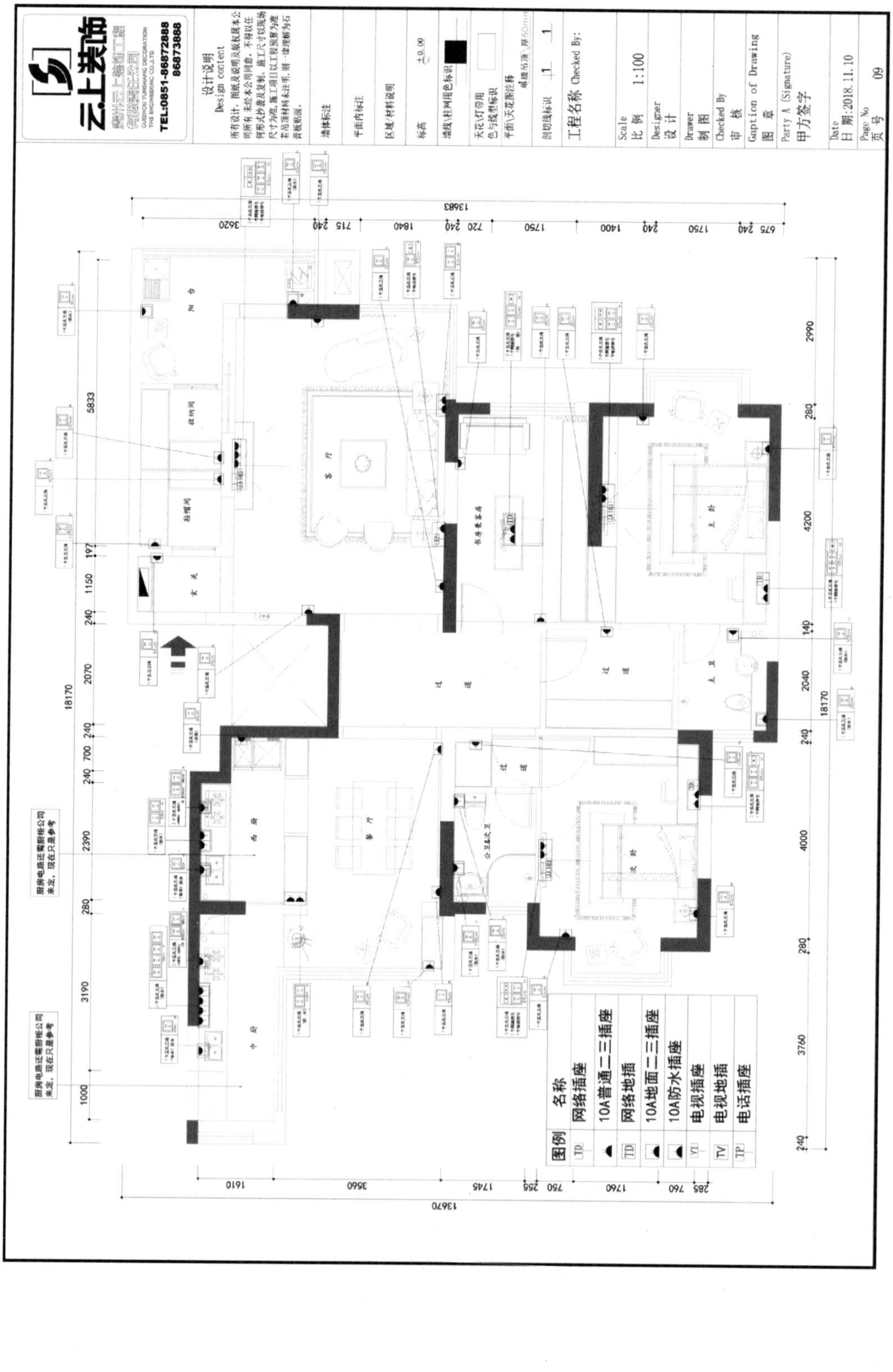

图例	名称
TD	网络插座
	10A普通二三插座
TD	网络地插
	10A地面二三插座
	10A防水插座
TV	电视插座
TV	电视地插
TP	电话插座

附图 2　强电电路分组布线图

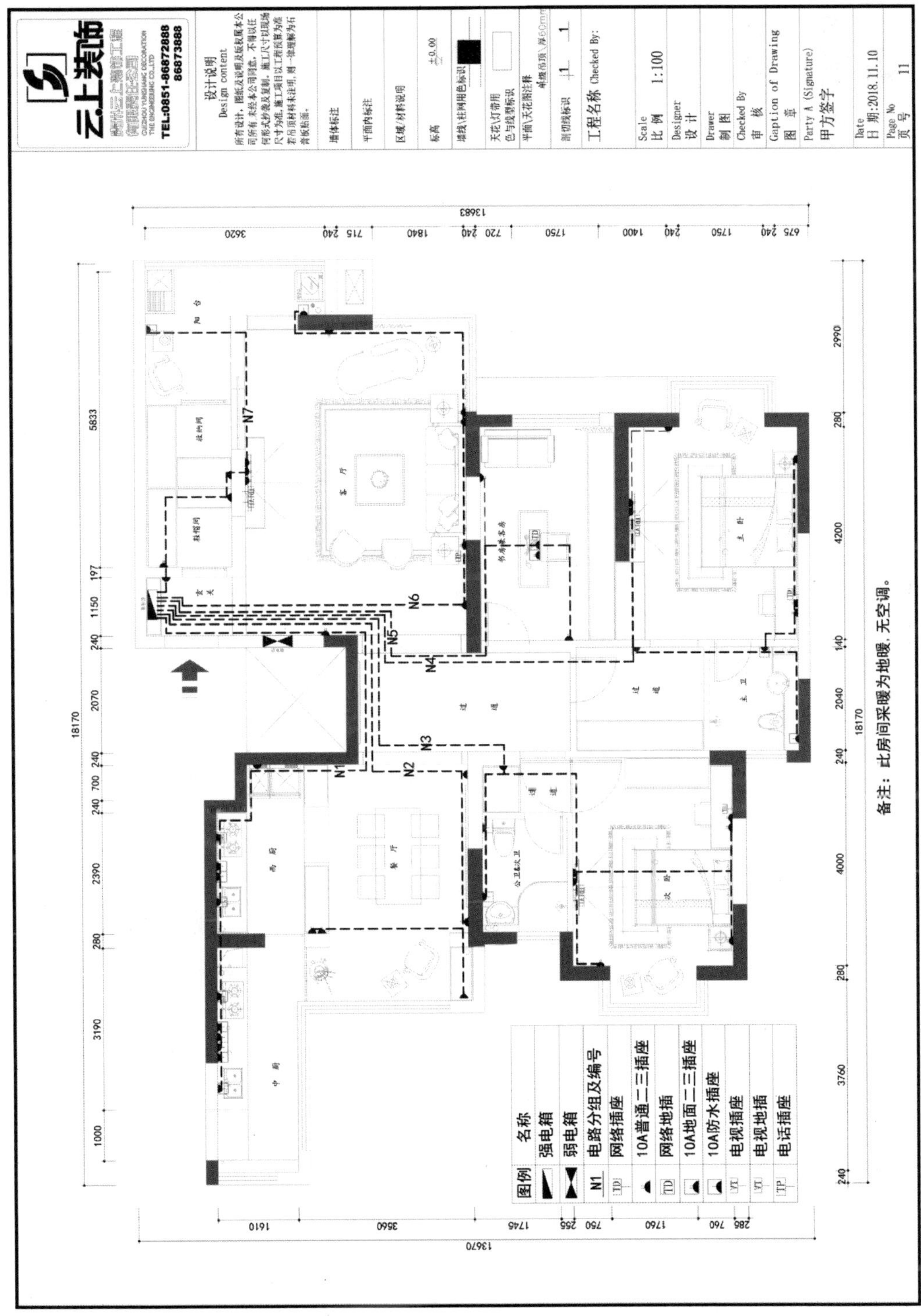

附图 3　照明电路分组布线图

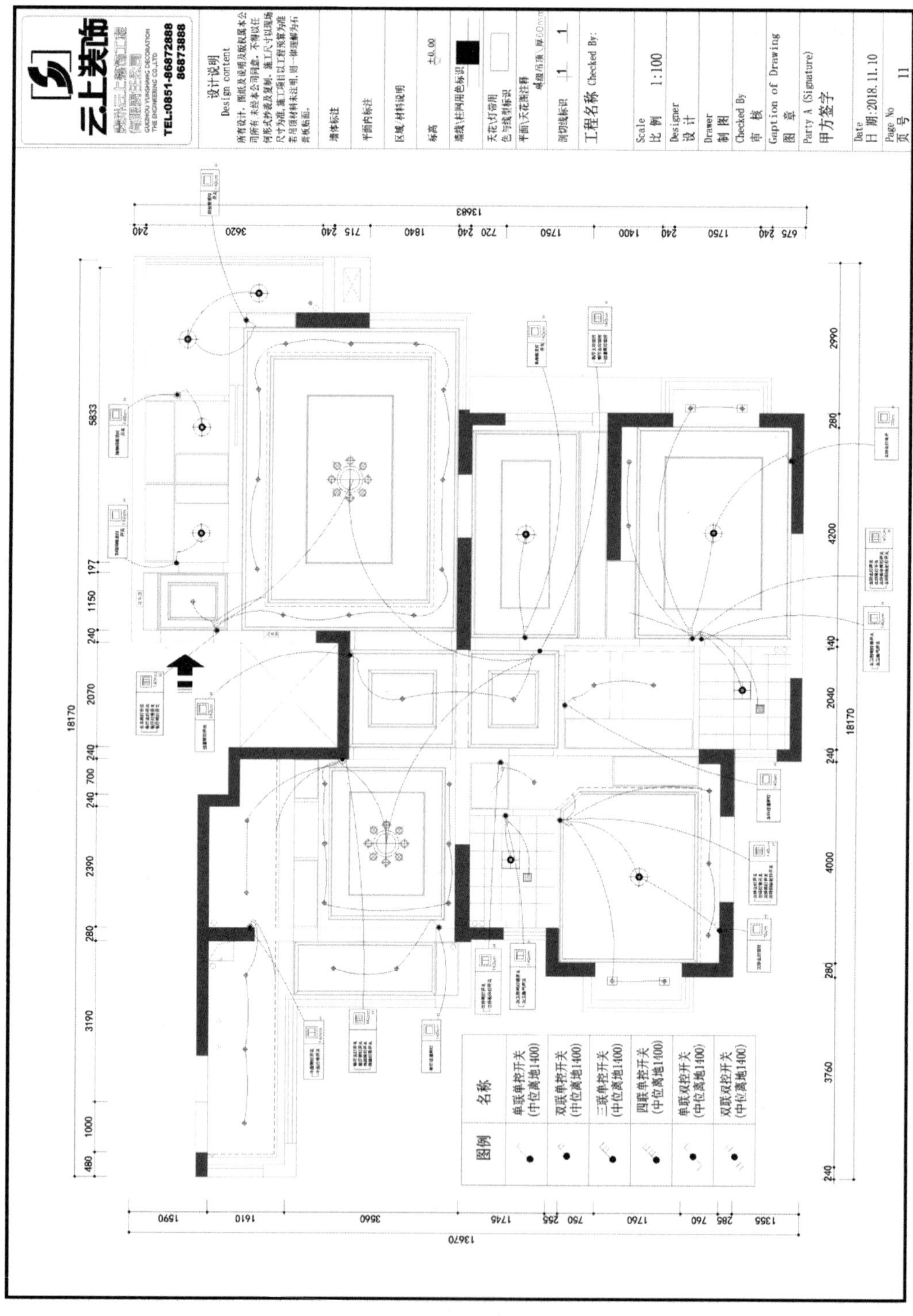

附图 4 弱电电路分组布线图

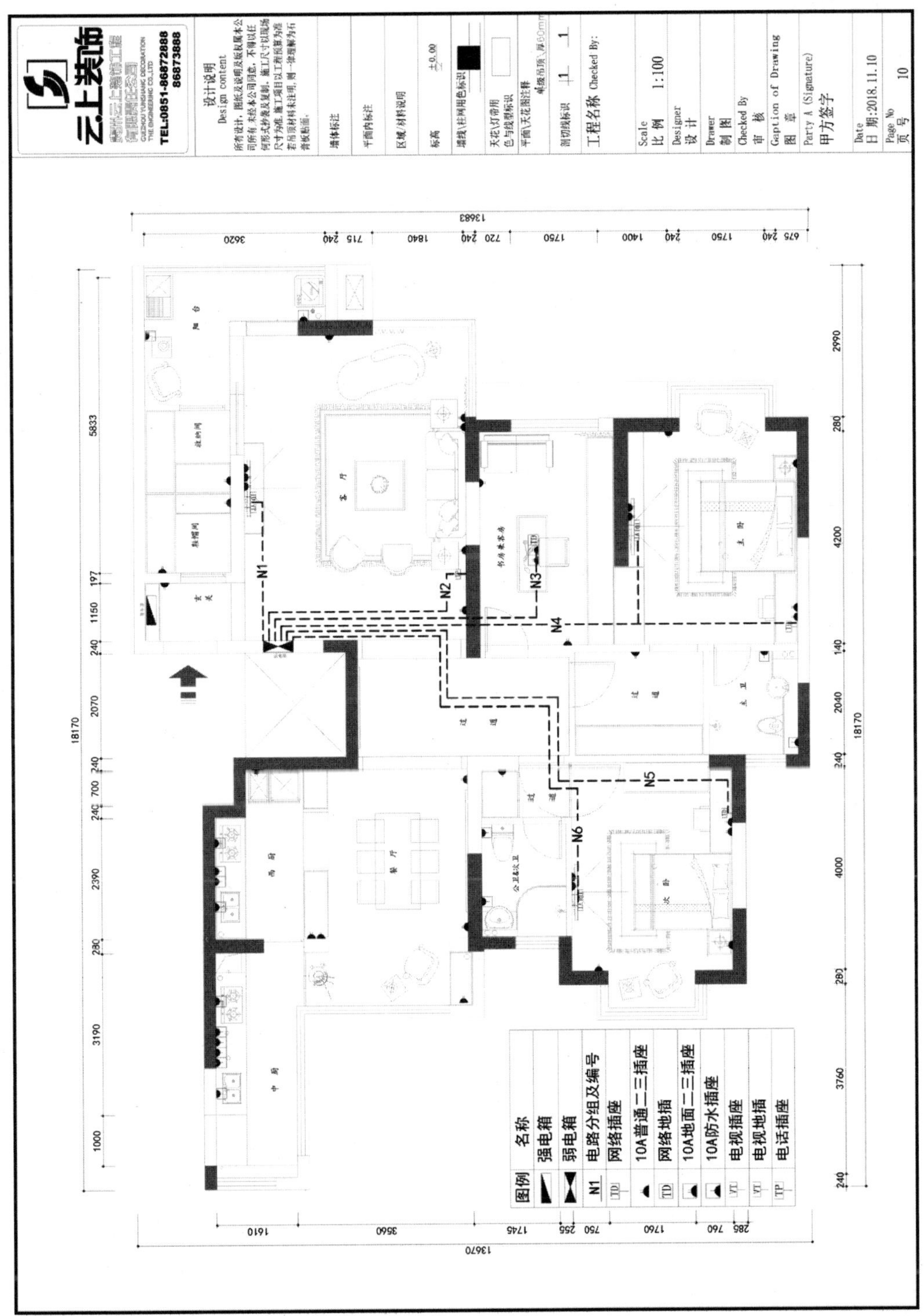

参考文献

[1] 中华人民共和国国家质量监督检验检疫总局，卫生部．室内空气质量标准：GB/T 18883—2002 [S]．北京：中国标准出版社，2003.

[2] 中华人民共和国国家质量监督检验检疫总局，中国国家标准化管理委员会．室内装饰装修材料 人造板及其制品中甲醛释放限量：GB 18580—2017 [S]．北京：中国标准出版社，2017.

[3] 中华人民共和国住房和城乡建设部，中华人民共和国国家质量监督检验检疫总局．民用建筑工程室内环境污染控制规范：GB 50325—2010 [S]．北京：中国计划出版社，2011.

[4] 中华人民共和国住房和城乡建设部．建筑内部装修设计防火规范：GB 50222—2017 [S]．北京：中国计划出版社，2018.

[5] 中华人民共和国住房和城乡建设部．建筑电气工程施工质量验收规范：GB 50303—2015 [S]．北京：中国建筑工业出版社，2016.

[6] 中华人民共和国国家质量监督检验检疫总局，中国国家标准化管理委员会．聚氯乙烯（PVC）防水卷材：GB 12952—2011 [S]．北京：中国标准出版社，2012.

[7] 中华人民共和国国家质量监督检验检疫总局，中国国家标准化管理委员会．聚合物水泥防水涂料：GB/T 23445—2009 [S]．北京：中国标准出版社，2010.

[8] 上海石材行业协会．建筑装饰工程石材应用技术规范：DG/TJ 08-2134—2013 [S]．上海：同济大学出版社，2013.

[9] 中国工程建设标准化协会．建筑装饰室内石材工程技术规程：CECS 422—2015 [S]．北京：中国计划出版社，2016.

[10] 中华人民共和国国家质量监督检验检疫总局，中国国家标准化管理委员会．实木复合地板：GB/T 18103—2013 [S]．北京：中国标准出版社，2014.

[11] 中华人民共和国住房和城乡建设部，中华人民共和国国家质量监督检验检疫总局．建筑给水排水及采暖工程施工质量验收规范：GB 50242—2002 [S]．北京：中国标准出版社，2004.

[12] 中华人民共和国国家质量监督检验检疫总局，中国国家标准化管理委员会．室内装饰装修材料 内墙涂料中有害物质限量：GB 18582—2008 [S]．北京：中国标准出版社，2008.

[13] 中华人民共和国国家质量监督检验检疫总局，中国国家标准化管理委员会．室内装饰装修用天然树脂木器涂料：GB/T 27811—2011 [S]．北京：中国标准出版社，2012.

[14] 中华人民共和国国家质量监督检验检疫总局，中国国家标准化管理委员会．室内装饰装修材料 水性木器涂料中有害物质限量：GB 24410—2009 [S]．北京：中国标准出版社，2010.

[15] 中华人民共和国住房和城乡建设部．建筑工程施工质量验收统一标准：GB 50300—2013 [S]．北京：中国建筑工业出版社，2014.

[16] 中华人民共和国住房和城乡建设部．建筑装饰装修工程质量验收标准：GB 50210—2018 [S]．北京：中国建筑工业出版社，2018.

[17] 中华人民共和国商务部．集成家装产品售后安装技术规范：SB/T 11165—2016 [S]．北京：中国标准出版社，2017.